高等职业教育改革与创新新形态教材

AutoCAD 项目化教程

（2020 版）

主　编　黄少华
副主编　魏晓荣
参　编　车永昌　汪　洋　柳　晨

机 械 工 业 出 版 社

本书为 AutoCAD 机械设计基础教程，将 AutoCAD 2020 的知识点与工程制图及相关国家标准有机结合，采用项目任务式编写模式，精选典型案例，讲解了 AutoCAD 2020 在机械设计中的应用和各种使用技巧。本书内容包括 AutoCAD 基础技能、AutoCAD 进阶技能、AutoCAD 核心技能、AutoCAD 拓展技能 4 个模块，共 50 个任务，在详细讲解 AutoCAD 2020 相关命令操作方法的同时，注重职业素养的规范，培养良好的学习习惯。本书数字化资源丰富，每个任务均有操作视频，不仅可以让读者更好地理解和掌握知识内容，还可以提高读者的动手能力，锻炼实践技能。

本书适合从事 AutoCAD 机械设计工作的读者使用，也适合作为高等职业院校本科层次、专科层次相关课程的教材，以及培训机构的参考用书。

图书在版编目（CIP）数据

AutoCAD 项目化教程：2020 版/黄少华主编．—北京：机械工业出版社，2023.6（2025.1 重印）

高等职业教育改革与创新新形态教材

ISBN 978-7-111-73180-1

Ⅰ.①A… Ⅱ.①黄… Ⅲ.①机械设计-计算机辅助设计-AutoCAD 软件-高等职业教育-教材 Ⅳ.①TH122

中国国家版本馆 CIP 数据核字（2023）第 086871 号

机械工业出版社（北京市百万庄大街 22 号 邮政编码 100037）

策划编辑：赵文婕 责任编辑：赵文婕 章承林

责任校对：潘 蕊 李 婷 封面设计：严娅萍

责任印制：单爱军

北京虎彩文化传播有限公司印刷

2025 年 1 月第 1 版第 5 次印刷

184mm×260mm · 16.25 印张 · 398 千字

标准书号：ISBN 978-7-111-73180-1

定价：49.00 元

电话服务 网络服务

客服电话：010-88361066 机 工 官 网：www.cmpbook.com

010-88379833 机 工 官 博：weibo.com/cmp1952

010-68326294 金 书 网：www.golden-book.com

封底无防伪标均为盗版 机工教育服务网：www.cmpedu.com

前言

AutoCAD 2020 在功能及运行性能上都达到了新的水平，其新增和改进的功能对于各个设计领域都有很大的帮助。基于党的二十大报告中关于“坚持尊重劳动、尊重知识、尊重人才、尊重创造”的要求，本书在详细讲解 AutoCAD 2020 在机械设计方面的基本操作技能的同时，融入丰富的实践内容，以增强学生的自信心和创造力，促进学生活跃思维、敢于创新。

本书是进一步学习 AutoCAD 机械设计的实例图书，其特色如下：

1）注重培养职业兴趣和实际操作能力，符合现代职业教育理念，体现课程内容的职业性、实践性和开放性的特点。

2）选用的任务实例都是常用的标准件和典型零件，对于实际的产品设计过程具有很好的指导和借鉴作用，操作步骤讲解详细，图文并茂，利于复习与预习。

3）以“素养目标”“学习目标”“任务描述”“任务分析”环节引领学生学习，以“任务实施”“相关知识”激发学生的学习兴趣，以“小结”“课后训练”巩固学习的知识，培养专业能力。

4）本书配有任务操作视频，通过手机扫描二维码即可浏览相应资源。

本书由黄少华任主编，魏晓荣任副主编，车永昌、汪洋、柳晨参与编写。编写分工如下：柳晨编写模块 1 的项目 1~3；魏晓荣编写模块 2；车永昌编写模块 3 的项目 1~4；汪洋编写模块 3 的项目 5~7；黄少华编写模块 1 的项目 4 和项目 5、模块 4，以及附录，并负责本书统稿。

本书在编写过程中得到兰州石化职业技术大学领导的大力支持，在此表示感谢！

由于编者经验欠缺，书中不足之处在所难免，敬请读者批评指正。读者意见反馈邮箱：280198713@ qq. com。

编　者

二维码清单

名　称	图　形	名　称	图　形
1-01 创建图形样板		1-08 线对象的基本编辑	
1-02 利用直线命令采用绝对坐标方式绘制图形		1-09 绘制圆与圆环	
1-03 利用直线和圆命令采用相对坐标方式绘制图形		1-10 绘制圆弧	
1-04 利用极轴追踪模式绘制平面图形		1-11 绘制椭圆与椭圆弧	
1-05 绘制点和等分点		1-12 绘制矩形	
1-06 绘制多线和多段线		1-13 绘制正多边形	
1-07 绘制各类曲线		1-14 创建边界与面域	

（续）

名　称	图　形	名　称	图　形
1-15 创建填充图案		2-07 快速选择	
1-16 绘制复合图形		2-08 设置标注样式与标注常用尺寸	
1-17 绘制阵列图形		2-09 标注复合尺寸	
1-18 编辑图形夹点		2-10 编辑尺寸标注	
2-01 定义块		2-11 参数化图形	
2-02 编辑块		2-12 创建单行文字	
2-03 修改块的属性		2-13 创建与编辑多行文字	
2-04 创建动态块		2-14 创建引线文字与公差标注	
2-05 创建外部参照		2-15 编辑表格与表格样式	
2-06 应用设计中心		3-01 绘制棱柱的三视图	

（续）

名　　称	图　　形	名　　称	图　　形
3-02 绘制棱锥的三视图		3-10 绘制支承臂零件图	
3-03 绘制回转体的三视图		3-11 绘制连杆零件图	
3-04 绘制切割体的三视图		3-12 绘制缸体零件图	
3-05 绘制组合体三视图		3-13 绘制定位器装配图	
3-06 绘制齿轮轴零件图		4-01 打印文件	
3-07 绘制套筒零件图		4-02 电子出图	
3-08 绘制 V 带轮零件图		4-03 运行 AutoCAD 2020 VBA 程序	
3-09 绘制阀盖零件图		4-04 绘制抛物线	

目　录

前言
二维码清单
模块 1　AutoCAD 基础技能 …… 1
项目 1　制作图形样板 …… 1
任务　创建图形样板 …… 1
项目 2　AutoCAD 的辅助绘图功能 …… 7
任务 1　利用直线命令采用绝对坐标方式绘制图形 …… 7
任务 2　利用直线和圆命令采用相对坐标方式绘制图形 …… 9
任务 3　利用极轴追踪模式绘制平面图形 …… 12
项目 3　AutoCAD 点线绘制功能 …… 18
任务 1　绘制点和等分点 …… 18
任务 2　绘制多线和多段线 …… 22
任务 3　绘制各类曲线 …… 27
任务 4　线对象的基本编辑 …… 30
项目 4　绘制圆、圆弧、多边形 …… 34
任务 1　绘制圆与圆环 …… 34
任务 2　绘制圆弧 …… 40
任务 3　绘制椭圆与椭圆弧 …… 45
任务 4　绘制矩形 …… 48
任务 5　绘制正多边形 …… 53
项目 5　绘制边界、面域与图案填充 …… 57
任务 1　创建边界与面域 …… 57
任务 2　创建填充图案 …… 61
任务 3　绘制复合图形 …… 67
任务 4　绘制阵列图形 …… 74
任务 5　编辑图形夹点 …… 79
模块 2　AutoCAD 进阶技能 …… 83
项目 1　图块、属性与外部参照 …… 83
任务 1　定义块 …… 83
任务 2　编辑块 …… 86
任务 3　修改块的属性 …… 88
任务 4　创建动态块 …… 90
任务 5　创建外部参照 …… 92
项目 2　设计中心与选项板 …… 96
任务 1　应用设计中心 …… 96
任务 2　快速选择 …… 99
项目 3　尺寸标注 …… 102
任务 1　设置标注样式与标注常用尺寸 …… 102
任务 2　标注复合尺寸 …… 106
任务 3　编辑尺寸标注 …… 109
任务 4　参数化图形 …… 113
项目 4　文字、表格与信息查询 …… 116
任务 1　创建单行文字 …… 116
任务 2　创建与编辑多行文字 …… 118
任务 3　创建引线文字与公差标注 …… 121
任务 4　编辑表格与表格样式 …… 125
模块 3　AutoCAD 核心技能 …… 130
项目 1　绘制基本体的三视图 …… 130
任务 1　绘制棱柱的三视图 …… 130
任务 2　绘制棱锥的三视图 …… 132
任务 3　绘制回转体的三视图 …… 133
项目 2　绘制组合体的三视图 …… 137
任务 1　绘制切割体的三视图 …… 137
任务 2　绘制组合体的三视图 …… 138
项目 3　绘制轴套类零件图 …… 140
任务 1　绘制齿轮轴零件图 …… 140
任务 2　绘制套筒零件图 …… 146
项目 4　绘制盘盖类零件图 …… 147
任务 1　绘制 V 带轮零件图 …… 148
任务 2　绘制阀盖零件图 …… 150

项目 5　叉架类零件图 …………………………… 152
任务 1　绘制支承臂零件图 ……………………… 152
任务 2　绘制连杆零件图 ………………………… 159
项目 6　绘制箱体类零件图 ……………………… 170
任务　绘制缸体零件图 …………………………… 171
项目 7　机械装配图 ……………………………… 188
任务　绘制定位器装配图 ………………………… 189
模块 4　AutoCAD 拓展技能 ……………………… 202
项目 1　文件的打印 ……………………………… 202
任务　打印文件 …………………………………… 202
项目 2　数据交换 ………………………………… 214
任务　电子出图 …………………………………… 215
项目 3　AutoCAD VBA 编程 ……………………… 224
任务　运行 AutoCAD 2020 VBA 程序 …………… 225
项目 4　AutoCAD VBA 绘制函数曲线 …………… 230
任务　绘制抛物线 ………………………………… 231
附录 ……………………………………………… 237
附录 A　AutoCAD 常用快捷命令 ………………… 237
附录 B　AutoCAD 常用工具按钮 ………………… 243
附录 C　AutoCAD 常用快捷键 …………………… 246
附录 D　AutoCAD 一键快捷键 …………………… 247
参考文献 ………………………………………… 249

模块1　AutoCAD基础技能

【素养目标】

通过学习 AutoCAD 2020 中的基础技能，了解 AutoCAD 的绘图原理及方法，熟练掌握相关命令的操作方法，培养学生踏实肯学、敬业乐群的精神，为后续学习夯实基础。

项目 1　制作图形样板

【学习目标】

熟练掌握 AutoCAD 2020 中图形样板的设置方法。

任务　创建图形样板

【任务描述】

按照有关国家标准的要求，创建一个名为“制图样板 1”的样板文件，设置包括粗实线、细实线、细虚线、细点画线、细双点画线等类型的图线。

【任务分析】

绘制符合国家标准要求的 A4 图幅不留装订线线框，并包括常用的线型，要求在制图国家标准中查阅相应标准进行绘制。

【任务实施】

创建步骤如下。

1. 新建图层

1）选择“格式”→“图层”命令，弹出图 1-1 所示的图层特性管理器。

2）在图层特性管理器中，单击“新建图层”按钮，系统会自动创建一个名为“图层 1”的新图层。修改图层名称，例如“粗实线”“细实线”“细虚线”等，如图 1-2 所示。

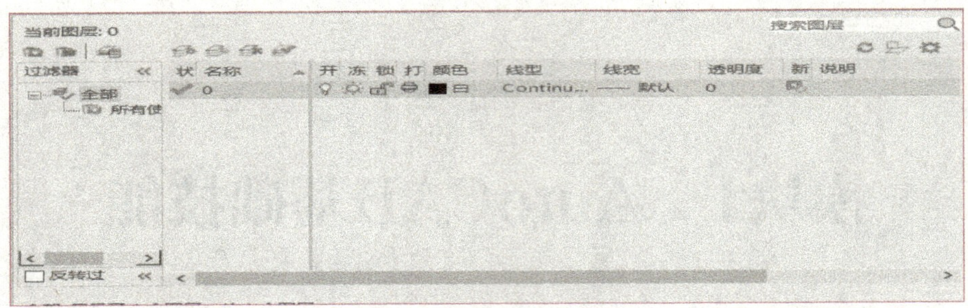

图 1-1　图层特性管理器

状态	名称	开	冻结	锁定	颜色	线型	线宽	透明度	打印...	打印
✔	0				■白	Continuous	—— 默认	0	Color_7	
	粗实线				■白	Continuous	—— 默认	0	Color_7	
	细实线				■白	Continuous	—— 默认	0	Color_7	
	细虚线				■白	Continuous	—— 默认	0	Color_7	
	细点画线				■白	Continuous	—— 默认	0	Color_7	
	细双点画线				■白	Continuous	—— 默认	0	Color_7	

图 1-2　新建图层

2. 设置图层颜色

新建图层后，要改变图层的颜色，可单击对应图层线条中的“颜色”按钮，打开图 1-3 所示的“选择颜色”对话框。选择相应的颜色，单击“确定”按钮完成设置。按图 1-4 所示要求设置所有图层颜色。

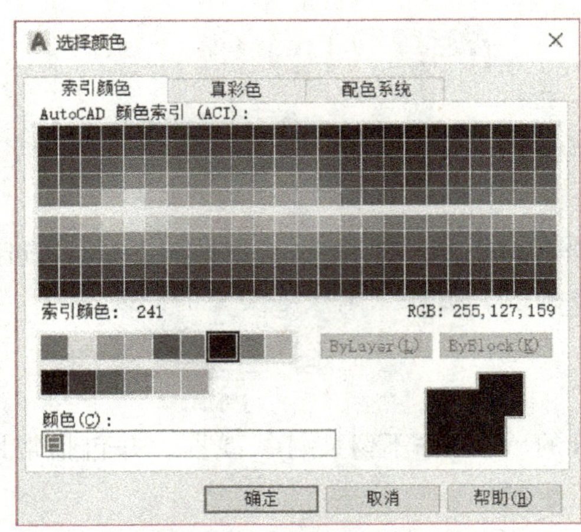

图 1-3　“选择颜色”对话框

3. 设置图层线型

单击相应图层上的线型“Continuous”按钮，弹出图 1-5a 所示的“选择线型”对话框。单击“加载”按钮，弹出图 1-5b 所示的“加载或重载线型”对话框。选择线型，单击“确定”按钮，完成线型加载，弹出图 1-5c 所示对话框。选择已加载进来对应的线型，单击“确定”按钮完成线型设置。

图线类型	粗实线	细实线	细虚线	细点画线	细双点画线
屏幕上的颜色	白色	绿色	黄色	红色	洋红色

状态	名称	开	冻结	锁定	颜色	线型	线宽	透明度	打印...	打印
✓	0				白	Continuous	—— 默认	0	Color_7	
	粗实线				白	Continuous	—— 默认	0	Color_7	
	细实线				绿	Continuous	—— 默认	0	Color_3	
	细虚线				黄	Continuous	—— 默认	0	Color_2	
	细点画线				红	Continuous	—— 默认	0	Color_1	
	细双点画线				洋红	Continuous	—— 默认	0	Color_6	

图 1-4　图层颜色设置要求

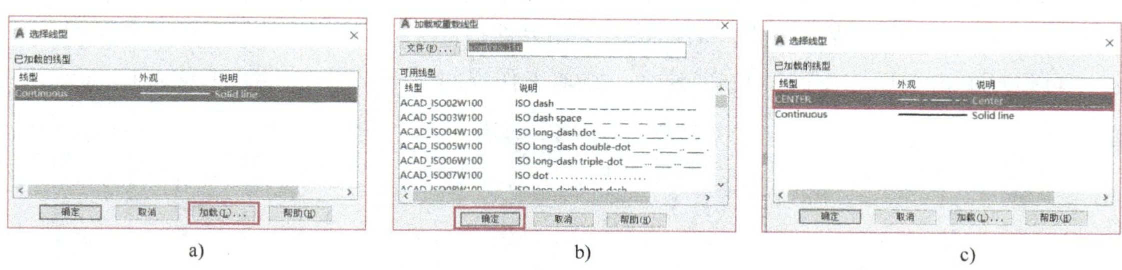

a)　　b)　　c)

图 1-5　设置图层线型

按照表 1-1 所列要求，完成其他图层线型的设置。

表 1-1　图层线型

图线类型	粗实线	细实线	细虚线	细点画线	细双点画线
AutoCAD 线型	Continuous	Continuous	ACAD_ISO02W10	CENTER	JIS_09_08

4. 设置图层线宽

设置图层线宽，具体要求如下：“粗实线”图层的“线宽”设置为 0.30mm，“细实线”“细虚线”“细点画线”“细双点画线”图层的“线宽”均设置为 0.15mm，如图 1-6 所示。

状态	名称	开	冻结	锁定	颜色	线型	线宽	透明度	打印...	打印
✓	0				白	Continuous	—— 默认	0	Color_7	
	粗实线				白	Continuous	—— 0.30 毫米	0	Color_7	
	细实线				绿	Continuous	—— 0.15 毫米	0	Color_3	
	细虚线				黄	ACAD_ISO0...	—— 0.15 毫米	0	Color_2	
	细点画线				红	CENTER	—— 0.15 毫米	0	Color_1	
	细双点画线				洋红	JIS_09_08	—— 0.15 毫米	0	Color_6	

图 1-6　设置图层线宽

5. 保存图形样板

1）选择“另存为”命令，弹出“图形另存为”对话框。

2）设置“文件名”为“制图样板 1”。

3）设置“文件类型”为“. dwt”。

4）指定文件保存位置（默认在 Template 目录下）后，单击“保存”按钮。

【相关知识】

一、用户界面

1. 启动

在默认情况下，成功地安装 AutoCAD 2020 简体中文版以后，在桌面上会产生一个 AutoCAD 2020 简体中文版快捷图标，双击快捷图标启动 AutoCAD 2020 简体中文版。

2. 界面介绍

AutoCAD 2020 为用户提供了四个空间界面可供选用，其中常用的有“草图与注释”界面（图 1-7），这是 AutoCAD 2020 第一次安装后的启动界面；“三维建模”界面用于三维建模；“AutoCAD 经典”界面是用户最熟悉的工作界面。

可通过单击“工作空间”按钮，选取工作空间。

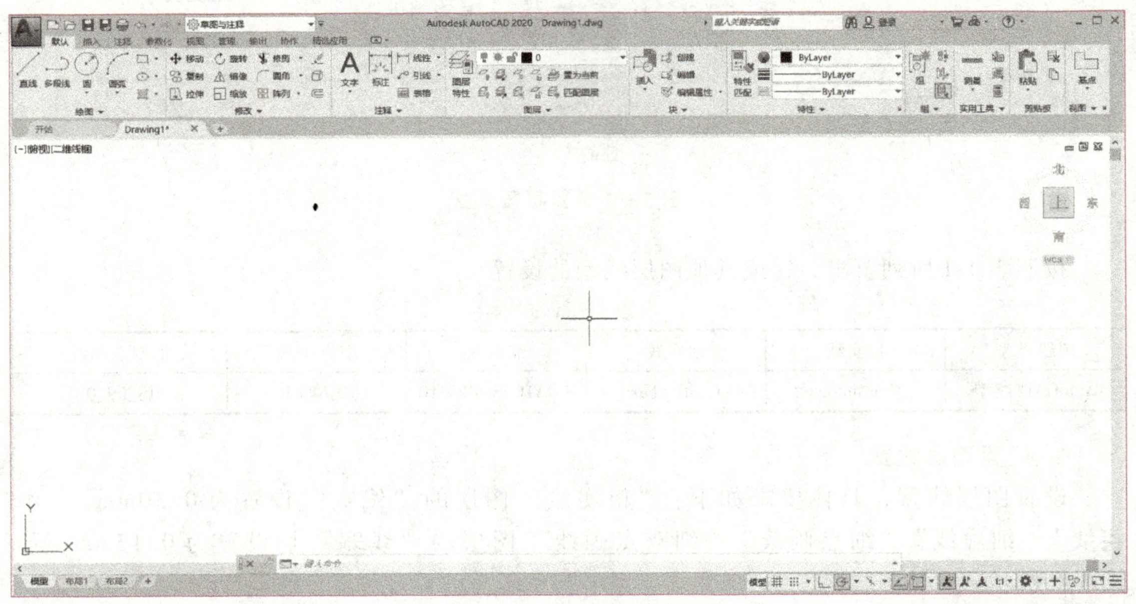

图 1-7 “草图与注释”界面

（1）菜单浏览器　位于 AutoCAD 2020 工作界面的左上角，显示为一个按钮，它主要有以下作用。

1）显示菜单项的列表。图 1-8 所示为菜单浏览器的展开菜单。

2）查看或访问最近使用的文档、最近执行的动作和打开的文档。

3）展开菜单的左下角有“选项”按钮，单击可打开“选项”对话框。

4）用户可通过展开菜单上方的“搜索命令”文本框进行搜索。

（2）下拉菜单　在“AutoCAD 经典”界面中有 12 个菜单项目，其下拉菜单中的命令选项有三种形式。

1）普通菜单：选择该菜单中的某一命令将直接执行相应的命令。

2）子菜单：命令的后面有向右的箭头符号，光标放在此命令上时将弹出下一级菜单。

3）对话框：命令的后面有省略号，选择该命令将弹出相应的对话框。

（3）工具栏　除了利用菜单栏执行命令外，还可以使用工具栏来执行命令。“AutoCAD 经典”界面预先设置了“标准”“图层”“绘图”“修改”“样式”“工作空间”等工具栏。

（4）状态工具栏　位于界面最下方，从左至右依次排列若干按钮，分别对应相关的辅助绘图工具，即“模型”“栅格”“捕捉”“正交”“极轴追踪”“对象捕捉追踪”“对象捕捉”“显示线宽”“动态UCS”“切换工作空间”等。

（5）绘图区和命令窗口　绘图区位于界面的中部，是绘图的工作区。光标在绘图区显示为十字形。在绘图区左下角显示坐标系图标。坐标原点（0，0）位于图纸左下角。命令窗口在绘图区下方。

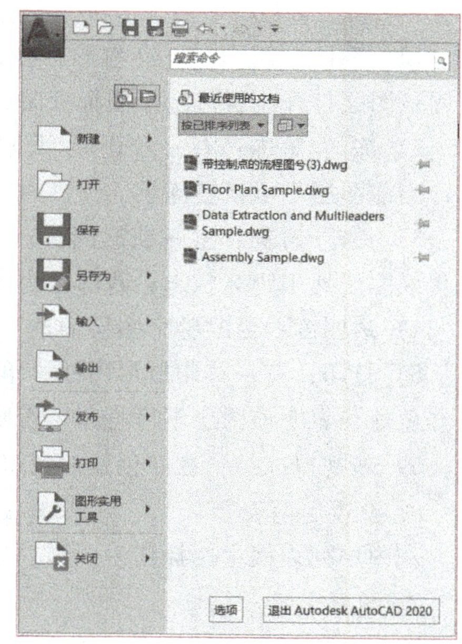

图 1-8　菜单浏览器的展开菜单

二、样板的创建及使用

样板图形存储图形的所有设置，还可能包含预定义的图层、标注样式和视图。如果需要创建或使用相同惯例和默认设置的多个图形，可以通过创建或自定义样板文件而不必每次启动时都指定惯例和默认设置。样板图形通过文件扩展名 .dwt 区别于其他图形文件。默认情况下，图形样板文件存储在 Template 文件夹中，以便访问。

1. 创建图形样板文件

1）选择“文件”→“打开”命令。

2）在“选择文件”对话框中，选择要用作样板的文件，单击“确定”按钮。

3）要删除现有文件内容时，可利用删除命令删除不需要的图形。

4）选择“文件”→“另存为”命令。

5）在“图形另存为”对话框的“文件类型”列表框中选择“图形样板”选项，在“文件名”文本框中输入此样板名称，单击“保存”按钮。

6）输入样板说明，单击“确定”按钮完成样板图形的创建。

2. 使用样板图形文件

使用样板图形文件的方法很简单，只要在新建文件时打开的“选择样板”对话框中选取要打开的样板图形文件，单击“打开”按钮即可；若弹出“创建新图形”对话框，可在“创建新图形”对话框中单击“使用样板”按钮，再选择样板图形文件打开即可。

三、图层的管理

使用图层特性管理器可对图层进行设置与管理。

1. 设置图层状态

1）打开/关闭：有一灯泡形图标，单击此图标可打开/关闭图层。若灯泡形图标变亮，说明该图层打开，若灯泡形图标变暗，说明该图层关闭。

2）冻结/解冻：有一雪花形/太阳形图标，单击此图标可冻结/解冻图层。需要注意的是，当前图层不可以被冻结。

3）锁定/解锁：有一锁形图标，单击此图标可以锁定/解锁图层。若图标为打开的锁，说明该图层处于解冻状态；若图标为闭合的锁，说明该图层被锁定。

4）透明度：更改整个图层的透明程度。

5）打印：有一打印机形图标，单击此图标可控制图层的打印特性。若打印机图标上有一红色球，表明该图层不可打印，否则可被打印。

6）新视口冻结：在新创建的视口中冻结所选图层。

2. 设置当前图层

从图层列表框中选择任一图层，单击“置为当前”按钮，把它设置为当前图层。

3. 图层排序

单击“图层”列表中的“名称”即可改变图层的排序。例如，要按层名排序第一次单击“名称”，系统按字母顺序降序排列；第二次单击“名称”，系统按字母顺序升序排列。若单击“颜色”，则“图层”按颜色排序。

4. 删除已创建的图层

选中某图层，单击“删除”按钮则该图层消失。系统创建的“0”层不能被删除。

5. 重命名图层

若要重命名图层，可先选中该图层，然后在图层特性管理器上双击图层的名称，使其变为待修改状态，重新输入新名称。

6. 过滤图层

使用“新建特性过滤器”过滤图层。当图形中包含大量图层时，在图层特性管理器上单击“新建特性过滤器”按钮，打开“图层过滤器特性”对话框，通过“过滤器定义”来过滤图层。

【提示】

图层的相关内容在后面章节做详细介绍。

【小结】

绘图之前可以按需求创建样板图形，下次使用时直接打开样板图形文件即可，可以提高绘图效率。

【课后训练】

按照国家标准要求创建名为“A3 图形样板”，图形样板中包含留装订线 A3 图幅的图框和相应的线型图层。

项目 2　AutoCAD 的辅助绘图功能

【学习目标】

1）能在 AutoCAD 中应用直线命令绘制简单的平面图形。
2）熟练应用绝对坐标和相对坐标绘制图形。
3）能利用极轴追踪模式绘制平面图形。

任务 1　利用直线命令采用绝对坐标方式绘制图形

【任务描述】

利用直线命令，采用绝对坐标方式绘制图 1-9 所示矩形。

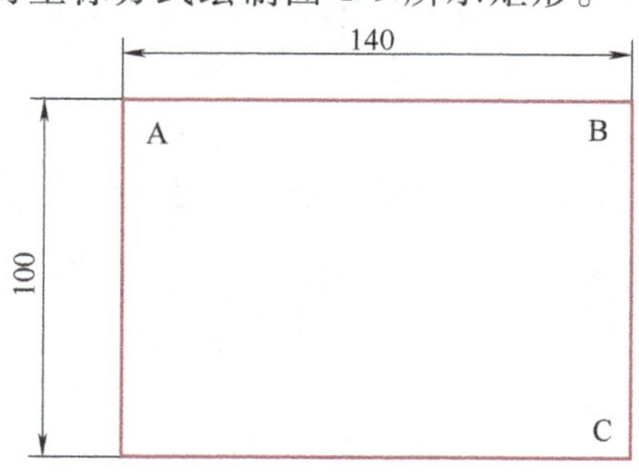

图 1-9　矩形

【任务分析】

矩形采用直线命令绘制，绘制时从坐标原点开始，分别输入矩形四个顶点的坐标值。

【任务实施】

利用绝对直角坐标绘制图 1-9 所示矩形。
绘图步骤如下。

1. 设置图形界限

1）选择“格式”→“图形界限”命令。

2）命令行提示：指定左下角点或［开(ON)/关(OFF)］<0.0000,0.0000>：

默认左下角坐标为（0，0），按<Enter>键，如图 1-10 所示。

重新设置模型空间界限：
指定左下角点或 [开(ON)/关(OFF)] <0.0000,0.0000>:

图 1-10　设置左下角点图形界限

3）命令行提示：指定右上角点<420.0000，297.0000>:

默认右上角坐标为（420，297），可按<Enter>键，也可按实际需要输入坐标值，如图 1-11 所示。

```
指定左下角点或 [开(ON)/关(OFF)] <0.0000,0.0000>:
指定右上角点 <420.0000,297.0000>:
```

图 1-11　设置右上角点图形界限

2. 显示缩放并使用直线命令绘制图形

```
命令：_line
指定第一个点:0,0↙                                  //从原点开始绘制
指定下一点或[放弃(U)]:0,140↙                       //输入点 A 的绝对坐标值
指定下一点或[放弃(U)]:140,100↙                     //输入点 B 的绝对坐标值
指定下一点或[放弃(U)]:0,100↙                       //输入点 C 的绝对坐标值
指定下一点或[闭合(C)/放弃(U)]:C↙                   //输入 C 表示将图形闭合
```

【提示】

在用绝对坐标绘制图形时，要在状态栏左侧将“动态输入”按钮关闭，否则将以相对坐标的方式输入。

【相关知识】

一、直线命令

1）工具栏：在“绘图”选项卡中单击“直线”按钮。

2）菜单栏：选择“绘图”→“直线”命令。

3）命令行：输入“line（L）”。

二、坐标的输入

在 AutoCAD 中，有两种坐标系：世界坐标系（WCS）和用户坐标系（UCS）。WCS 为固定坐标系，UCS 为可移动坐标系。在 WCS 中，X 轴是水平的，Y 轴是垂直的，Z 轴垂直于 XY 平面，符合右手法则，世界坐标系存在于任何一个图形中且不可更改。因此，坐标形式分别如下。

1）绝对直角坐标（x，y）：x、y 为指定点在 WCS 中的坐标值。

2）绝对极坐标（d<a）：d 为指定点到 WCS 坐标原点的距离，a 为指定点到原点连线与 X 轴正向夹角。夹角有正负值，默认沿逆时针方向为正。

3）相对直角坐标（@x，y）：x 为指定点到上一点的 x 坐标差，y 为指定点到上一点的 y 坐标差，坐标差有正负值。

4）相对极坐标（@d<a）：d 为指定点到上一点的距离，a 为指定点到上一点连线与 X 轴正向夹角。夹角有正负值，默认沿逆时针方向为正。

【小结】

1）若图形轮廓都由直线组成，可采用直线命令绘制。

2）使用绝对坐标绘制图形时，从坐标原点（0，0）开始绘制，注意点坐标的正负值。

【课后训练】

1）如图 1-12 所示，已知点 A 坐标为（0，0），列出各点的绝对坐标。

A.（0，0） B. ________ C. ________

D. ________ E. ________ F. ________

G. ________ H. ________ I. ________

2）在 410mm×297mm 范围内，用绝对坐标输入法绘制图 1-13 所示平面图形。

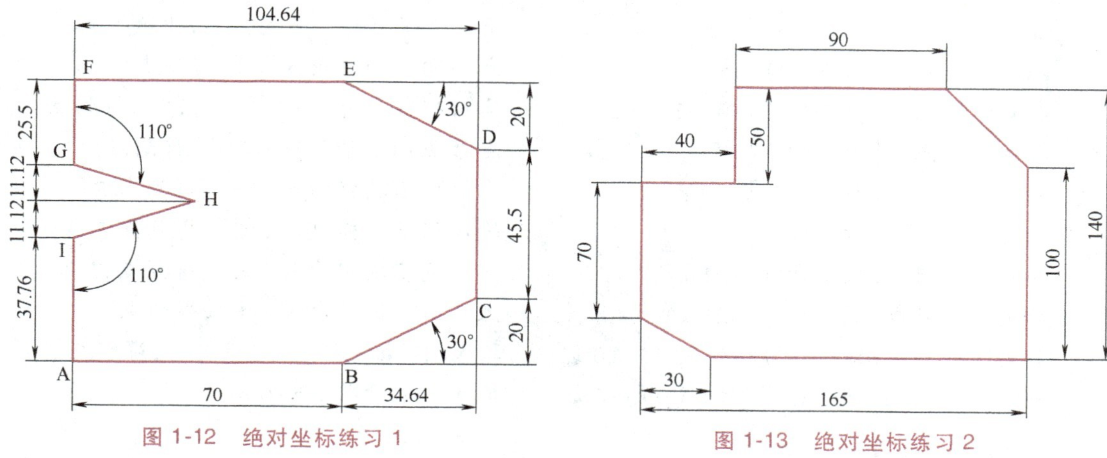

图 1-12 绝对坐标练习 1　　图 1-13 绝对坐标练习 2

任务 2 利用直线和圆命令采用相对坐标方式绘制图形

【任务描述】

利用直线命令，采用相对坐标方式绘制图 1-14 所示图形。

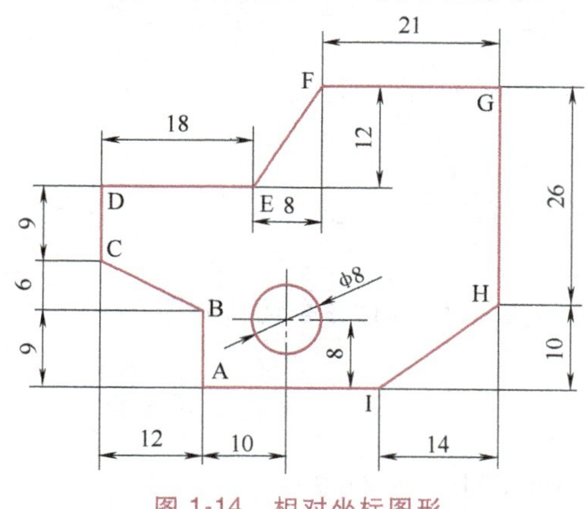

图 1-14 相对坐标图形

【任务分析】

图 1-14 所示图形外部轮廓由直线组成，内部有 ϕ8mm 的圆，因此要用到直线命令和圆命令。绘制圆时，先要确定圆心位置。

【任务实施】

绘图步骤如下。

1. 设置图形界限

2. 显示缩放

3. 选择“直线”命令绘制图形

```
命令：_line
指定第一个点：                              //屏幕上任意位置指定点 A,开始绘制
指定下一点或[放弃(U)]:9↙                    //点 A 向上捕捉输入“9”,得到点 B
指定下一点或[放弃(U)]:@ -12,6↙              //输入相对直角坐标“@ -12,6”,得到点 C
指定下一点或[放弃(U)]:9↙                    //点 C 点向上捕捉输入“9”,得到点 D
指定下一点或[放弃(U)]:18↙                   //点 D 向右捕捉输入“18”,得到点 E
指定下一点或[放弃(U)]:@ 8,12↙               //输入相对坐标“@ 8,12”,得到点 F
指定下一点或[放弃(U)]:21↙                   //点 F 向右捕捉输入“21”,得到点 G
指定下一点或[放弃(U)]:26↙                   //点点向下捕捉输入“26”,得到点 H
指定下一点或[放弃(U)]:@ -14,-10↙            //输入相对极坐标“@ -14,-10”,得到点 I
指定下一点或[闭合(C)/放弃(U)]:C↙             //输入 C 表示将图形闭合
```

4. 选择“圆”命令绘制图形

单击“直线”按钮，命令行提示：

```
命令:_line
指定第一点:捕捉点 A,向上捕捉,8↙                          //从相对于点 A 向上 8mm
                                                           处开始绘制
指定下一点或[放弃(U)]:向右绘制,在合适位置单击              //绘制横向中心线
指定下一点或[放弃(U)]:按<Esc>键或者<Enter>键              //结束当前指令
```

单击“直线”按钮，AutoCAD 命令行提示：

```
命令：_line
指定第一点:捕捉点 A,向右捕捉,10↙                          //从相对于点 A 向右
                                                           10mm 处开始绘制
指定下一点或[放弃(U)]:向上绘制,在合适位置单击              //绘制竖向中心线,确
                                                           定点 O
指定下一点或[放弃(U)]:按<Esc>键或者<Enter>键              //结束当前指令
```

单击“圆”按钮，AutoCAD 命令行提示：

```
命令:_circle
指定圆的圆心或者[三点(3P)/两点(2P)/切点、切点、半径(T)]:
          捕捉点O                              //确定圆心位置
指定圆的半径或[直径(D)]:4↙                     //输入半径值“4”
```

【提示】

在输入相对坐标时，要注意坐标差的正负值。

【相关知识】

一、圆命令

1）工具栏：在“绘图”选项卡中的单击“圆”按钮。
2）菜单栏：选择“绘图”→“圆”命令。
3）命令行：输入“circle”。

二、几种坐标的比较

如图1-15所示，用“直线”命令绘制线段OA和AB。先用绝对坐标的两种方法输入点A的坐标“150，200”，如图1-15a、c所示，再用相对坐标的两种方法输入点B的坐标“350，350”，如图1-15b、d所示。

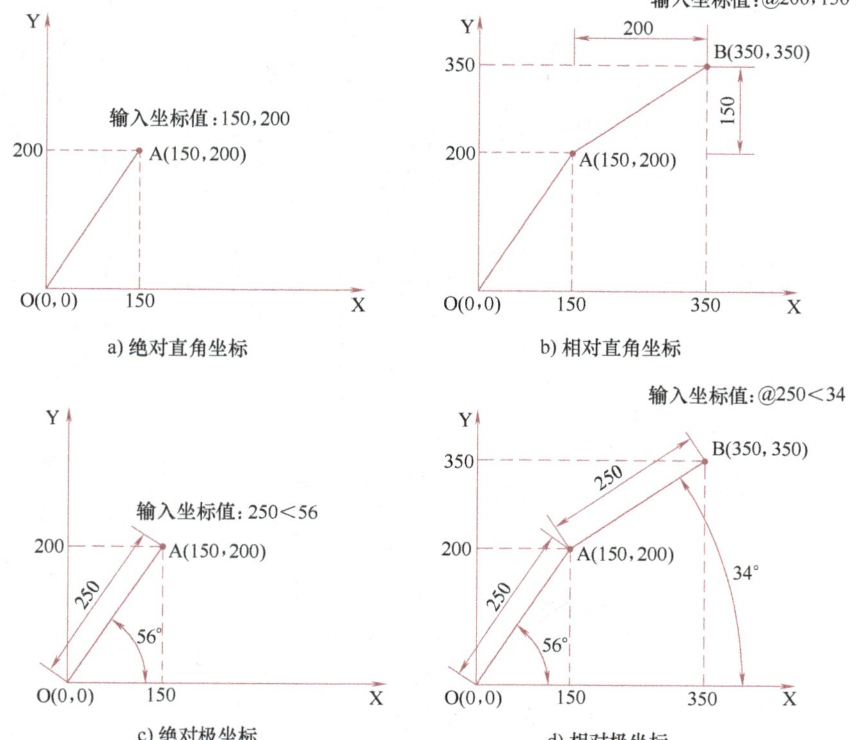

图1-15 绝对坐标和相对坐标比较

【小结】

1）在用相对直角坐标绘制图形时，下一点相对于上一点的坐标差有正负值。

2）在用相对极坐标绘制图形时，指定点到上一点连线与 X 轴正向夹角有正负值，沿逆时针方向为正。

【课后训练】

1）如图 1-16 所示，已知点 A 坐标为（0，0），列出各点相对上一点的相对坐标。

A.（0，0） B. ____________ C. ____________

D. ____________ E. ____________ F. ____________

G. ____________ H. ____________ I. ____________

2）用相对坐标输入法，绘制图 1-17 所示图形。

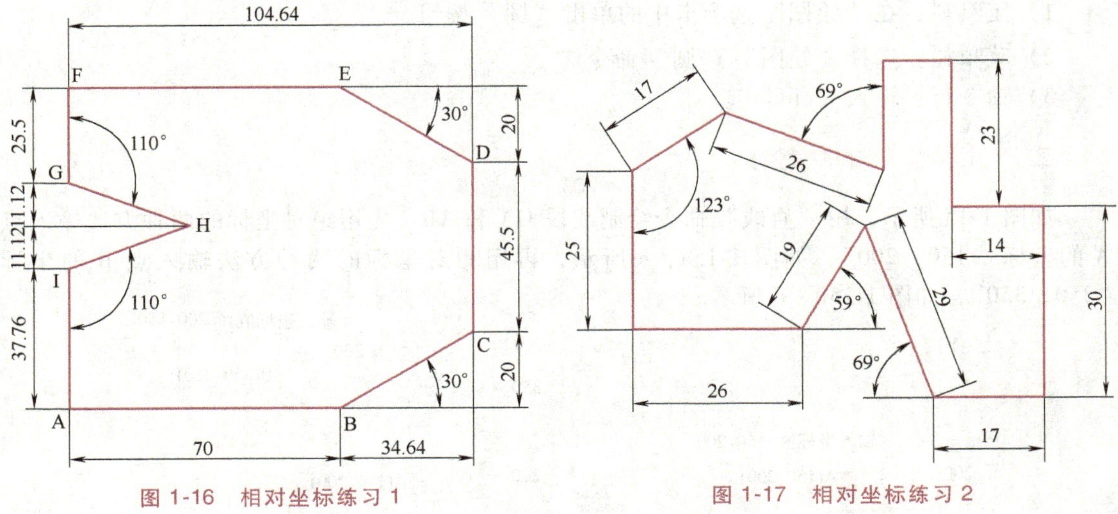

图 1-16 相对坐标练习 1　　图 1-17 相对坐标练习 2

任务 3 利用极轴追踪模式绘制平面图形

【任务描述】

绘制图 1-18 所示图形。

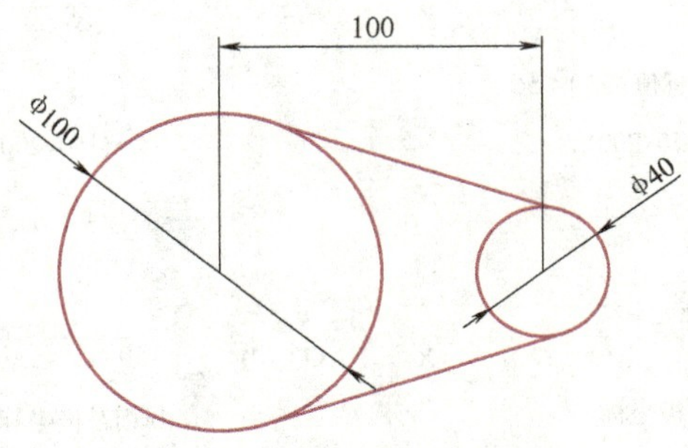

图 1-18 极轴追踪平面图形

【任务分析】

在图 1-18 所示平面图形中包含两个圆和两条直线，其中两条直线是两个圆的外公切线，因此绘制时采用圆命令和直线命令，为保证长度为 100mm 的外公切线与圆相切，绘制时要利用对象捕捉和对象捕捉追踪功能。

【任务实施】

利用极轴追踪模式，绘制图 1-18 所示图形。

绘图步骤如下。

1. 设置图形界限

2. 显示缩放

3. 绘制圆

调用“圆”命令，绘制 ϕ100mm 的圆，命令行提示：

```
命令:_circle
指定圆的圆心或者[三点(3P)/两点(2P)/切点、切点、半径(T)]:单击
                                  //在绘图区内任选一点作为圆心
指定圆的半径或[直径(D)]:50↙       //绘制直径为 100mm 的圆
```

按<Enter>键，再次调用“圆”命令，绘制图 1-19 所示 ϕ40mm 的圆，命令行提示：

```
命令:_circle
指定圆的圆心或者[三点(3P)/两点(2P)/切点、切点、半径(T)]:100↙
//光标在直径为 100mm 的圆心处移动,当出现圆心标记时向右移动光标,出现延伸直线时(图 1-19)输入“100”
指定圆的半径或[直径(D)]<50.0000>:20↙        //给定圆半径
```

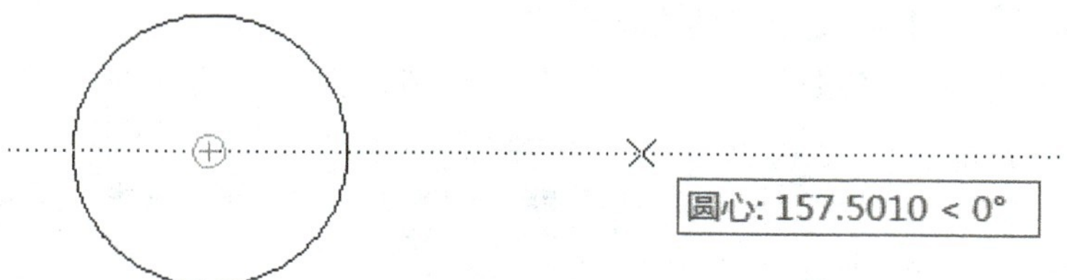

图 1-19　绘制圆

4. 绘制外公切线

调用“直线”命令，绘制一条外公切线，命令行提示：

```
命令_line
指定第一个点:(按<Shift>键,右击,选择“切点”选项)tan 到,在大圆上出现递延切点标记后单击                 //如图 1-20a 所示
指定下一点或[放弃(U)]:(单击“对象捕捉”工具栏上“捕捉到切点”按钮)tan 到,在小圆上出现递延切点标记后单击   //绘制出上侧的切线
指定下一点或[放弃(U)]:↙          //按<Enter>键,结束命令
```

如图 1-20b 所示，用相同的方法绘出两圆的另一条外公切线。

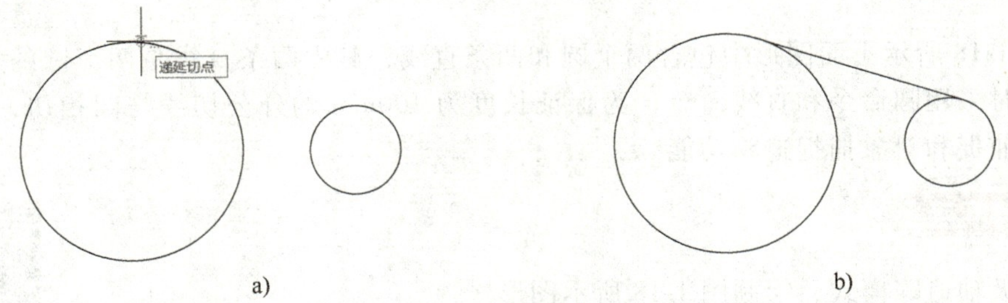

图 1-20　绘制圆的公切线

【相关知识】

一、对象捕捉

用户在使用 AutoCAD 2020 绘制图形时，通常会指定一些特殊的点，而这些点是已有对象上的特征点，例如圆心、端点、两个对象的交点等。为了能准确地找到这些点，AutoCAD 2020 提供了对象捕捉功能来解决这个问题。不论何时当提示要输入点时，都可以指定对象的捕捉方式。利用对象捕捉功能，用户可以迅速、准确地找到这些特殊点，从而精确地绘制所需图形。

在 AutoCAD 2020 中，对象捕捉模式可分为指定运行捕捉模式和对象捕捉模式。

1. 运行捕捉模式

运行捕捉模式是指设置的对象捕捉模式始终处于运行状态，直到关闭为止，也就是自动捕捉。打开该模式，当用户把光标放在一个对象上时，系统会自动捕捉到该对象上所有符合条件的特征点，并显示相应的标记，如果光标多停留一会儿，系统还会显示该捕捉点的提示。

（1）打开或关闭运行捕捉模式的方法

1）选择“工具”→“草图设置”命令，在“草图设置”对话框的“对象捕捉”选项卡中勾选“启用对象捕捉”复选框，如图 1-21 所示。

2）单击状态栏上的“对象捕捉”按钮。

3）按<F3>键。

（2）对象捕捉的设置方式　如图 1-21 所示，“草图设置”对话框中的“对象捕捉”选项卡可以用来控制自动对象捕捉的设置，通过选中复选框，可设置是否启用对象捕捉来实现对各特征点的自动捕捉，也可设置是否启用对象捕捉追踪。其各选项的意义如下。

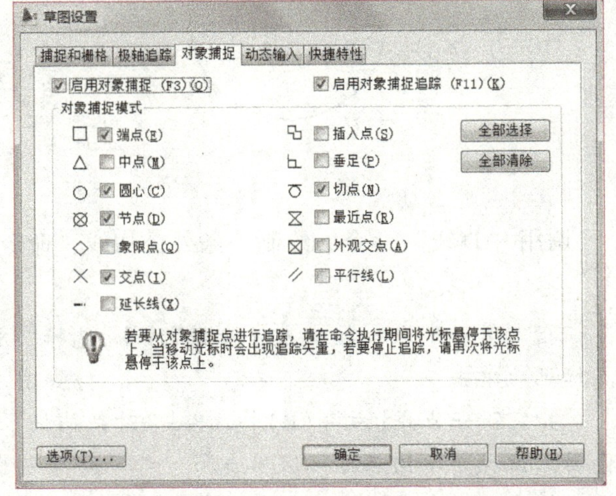

图 1-21　“草图设置”对话框

1）“启用对象捕捉”复选框：打开或关闭执行对象捕捉。当对象捕捉打开时，在对象捕捉模式下选定的对象捕捉处于活动状态。

2）“启用对象捕捉追踪”复选框：打开或关闭对象捕捉追踪。使用对象捕捉追踪，在绘图区指定点时，光标可以沿基于其他对象捕捉点的对齐路径进行追踪。要使用对象捕捉追踪，必须打开一个或多个对象捕捉。

3）“对象捕捉模式”选项组：列出可以在执行对象捕捉时打开的对象捕捉模式。

①“端点”复选框：捕捉到圆弧、椭圆弧、直线、多线、多段线、样条曲线、面域或射线最近的端点，或者捕捉宽线、实体或三维面域的最近角点。

②“中点”复选框：捕捉到圆弧、圆、椭圆或椭圆弧的中点。

③“圆心”复选框：捕捉到圆弧、圆、椭圆或椭圆弧的圆心。

④“节点”复选框：捕捉到点对象、标注定义点或标注文字原点。

⑤“象限点”复选框：捕捉到圆弧、圆、椭圆或椭圆弧的象限点。

⑥“交点”复选框：捕捉到圆弧、圆、椭圆、椭圆弧、直线、多线、多段线、射线、面域、样条曲线或参照线的交点。

注意：不能同时使用“交点”和“外观交点”两种对象捕捉方式。

⑦“延长线”复选框：当光标经过对象的端点时，显示临时延长线或圆弧，以便用户在延长线或圆弧上指定点。

⑧“插入点”复选框：捕捉到属性、块、形或文字的插入点。

⑨“垂足”复选框：捕捉圆弧、圆、椭圆、椭圆弧、直线、多线、多段线、射线、面域、实体、样条曲线或参照线的垂足。

⑩“切点”复选框：捕捉到圆弧、圆、椭圆、椭圆弧或样条曲线的切点。

⑪“最近点”复选框：捕捉到圆弧、圆、椭圆、椭圆弧、直线、多线、点、多段线、射线、样条曲线或参照线的最近点。

⑫“外观交点”复选框：捕捉到不在同一平面但是看起来在当前视图中相交的两个对象的视觉交点。

⑬“平行线”复选框：将直线段、多段线线段、射线或构造线限制为与其他线性对象平行。指定线性对象的第一点后，请指定平行对象捕捉。与在其他对象捕捉模式中不同，用户可以先将光标和悬停移至其他线性对象，直到获得角度，然后将光标移回正在创建的对象。如果对象的路径与上一个线性对象平行，则会显示对齐路径，用户可将其用于创建平行对象。

2. 指定对象捕捉模式

指定对象捕捉模式是指在 AutoCAD 提示要输入点时临时打开对象捕捉的模式。

（1）打开或关闭指定对象捕捉模式的方法

1）按<Shift>键或<Ctrl>键的同时右击以显示“对象捕捉”快捷菜单。

2）右击，从“捕捉替代”子菜单选择“对象捕捉”命令。

3）单击“对象捕捉”工具栏上的“对象捕捉”按钮。

4）在输入点的命令行提示下输入对象捕捉的名称［如 MID（中点）、CEN（圆心）、QUA（象限点）等］。

5）在状态栏上，单击“对象捕捉”按钮旁边的向下键或在“对象捕捉”按钮上右击。

（2）“对象捕捉”工具栏中捕捉点的设置　选择“工具”→“工具栏”→AutoCAD→“对象捕捉”命令，或者在任一工具栏上右击，在弹出的快捷菜单中选择“对象捕捉”命令，打开“对象捕捉”工具栏，如图1-22所示。利用该工具栏中的“捕捉”按钮可以在输入点时临时设定捕捉方式。由于各对象捕捉工具的功能与“草图设置”对话框中设置的“对象捕捉”相同，在此只介绍不同部分。

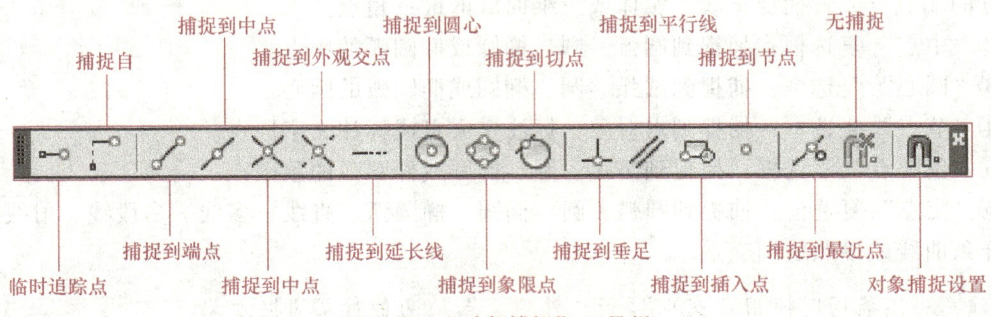

图1-22　“对象捕捉”工具栏

1）“临时追踪点”按钮：创建对象捕捉所使用的临时点。

① 在命令行提示输入点时，单击“对象捕捉”工具栏中的“临时追踪点”按钮或在命令行输入“tt”或按<Shift>键的同时右击，在弹出的快捷菜单中选择“临时追踪点”命令，此时命令行提示：

```
指定临时对象追踪点:
```

② 指定一个临时追踪点。该点上将出现一个小的加号（+）。当光标分别移动到临时追踪点的正右边（0°方向）、正上方（90°方向）、正左边（180°方向）、正下边（270°方向）时，将相对于这个临时点显示自动追踪对齐路径。要将这点删除，请将光标移回到（+）上面。

2）“捕捉自”按钮：在命令中获取某个点相对于参照点的偏移。

在命令行提示输入点时，单击“对象捕捉”工具栏的“捕捉自”按钮或在命令行输入“from”或按<Shift>键的同时右击，在弹出的快捷菜单中选择“捕捉自”命令，此时命令行提示：

```
_From 基点:(输入偏移的参考点)
<偏移>:(输入自基点的偏移位置作为相对坐标,或使用直接距离输入)
```

3）“无捕捉”按钮：禁止对当前选择执行对象捕捉。

4）“对象捕捉设置”按钮：设置执行自动对象捕捉模式。

二、极轴追踪（快捷键<F10>）

“极轴追踪”功能是捕捉一定的角度方向即按事先设置的角度追踪该角度整数倍的直线方向。设置方法如下：将光标置于状态栏的“极轴追踪”按钮上，右击，在弹出的快捷菜单中选择“设置”命令，可以打开“草图设置”对话框，选择“极轴追踪”选项卡，如图 1-23 所示。

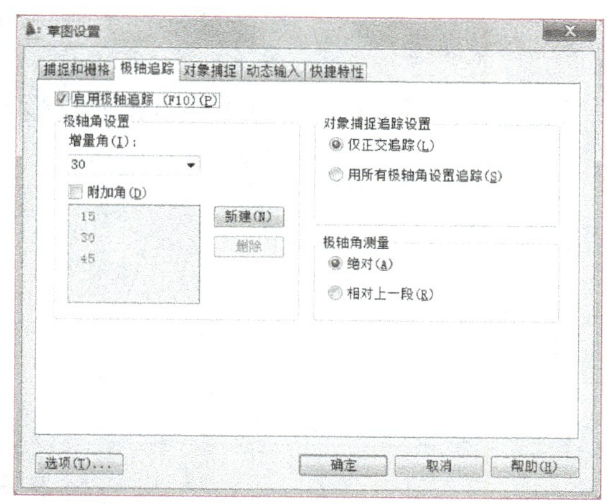

图 1-23　“极轴追踪”选项卡

1）“启用极轴追踪”复选框：打开或关闭极轴追踪功能，可按快捷键<F10>打开或关闭。

2）“极轴角设置”选项组：设置极轴追踪的对齐角度。

①“增量角”列表框：用于选择极轴夹角的递增量，如在列表中选择“30°”选项，当打开极轴追踪功能时，移动光标就可追踪到 0°、30°、60°、90°等 30°整数倍的角度线方向（显示一条无限延伸的辅助虚线）。

②“附加角”复选框：当“增量角”列表框中的角度不能满足需要时，先选中该复选框，然后通过“新建”命令增加特殊的极轴夹角。设定了附加角，极轴将仅追踪设定值的角度，例如若将附加角设为 30°，则极轴追踪的角度仅为 30°。

3）“对象捕捉追踪设置”选项组：用来设置对象捕捉追踪选项。在使用对象追踪功能之前，必须先打开对象捕捉功能。

①“仅正交追踪”单选按钮：当打开对象捕捉追踪功能时，仅显示已获得的对象捕捉点的正交（水平/竖直）对象捕捉追踪路径。

②“用所有极轴角设置追踪”单选按钮：将极轴追踪设置应用于对象捕捉追踪。使用对象捕捉追踪功能时，光标将从获取的对象捕捉点起沿极轴对齐角度进行追踪。

4）“极轴角测量”选项组：用来设置测量极轴追踪对齐角度的基准。

①“绝对”单选按钮：选中该单选按钮，表示根据当前用户坐标系（UCS）确定极轴追踪角度。

②“相对上一段”单选按钮：选中该单选按钮，表示根据上一个绘制线段确定极轴追踪角度。

选择“极轴追踪”命令后，在绘制直线时，当光标在 30°位置附近或其整数倍位置附近时，会出现图 1-24 所示的极轴角度值“30°”提示和沿线段方向上的追踪线。

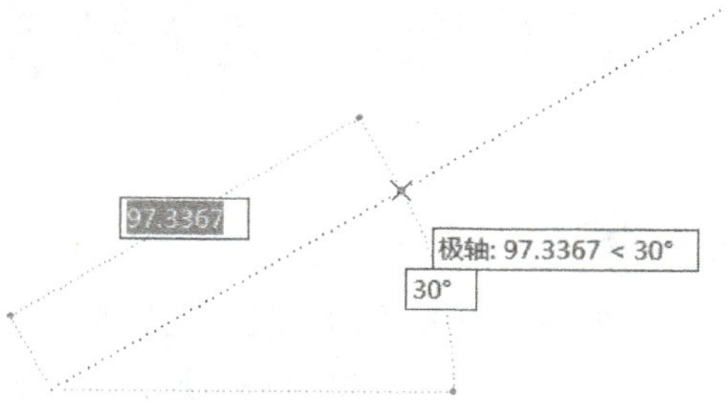

图 1-24　极轴追踪

【小结】

1）极轴追踪与目标捕捉追踪最大的不同在于：目标捕捉追踪需要在图样中有可以捕捉的对象，而极轴追踪没有这个要求。

2）正交模式和极轴追踪模式不能同时打开，如果打开了正交模式，极轴追踪模式将被自动关闭；反之，如果打开了极轴追踪模式，正交模式将被关闭。

【课后训练】

1）使用绘图命令，绘制图 1-25 所示图形。

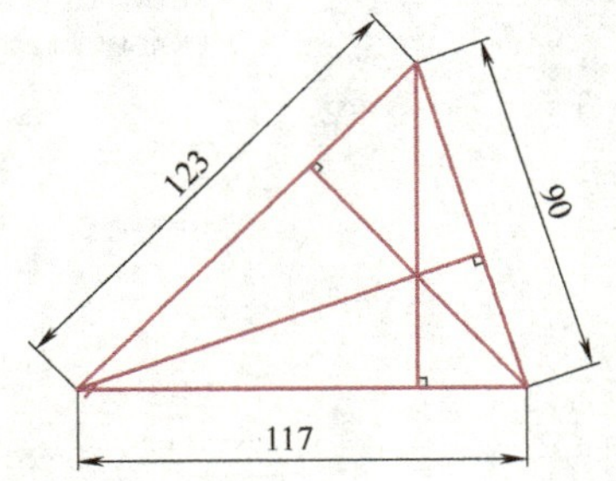

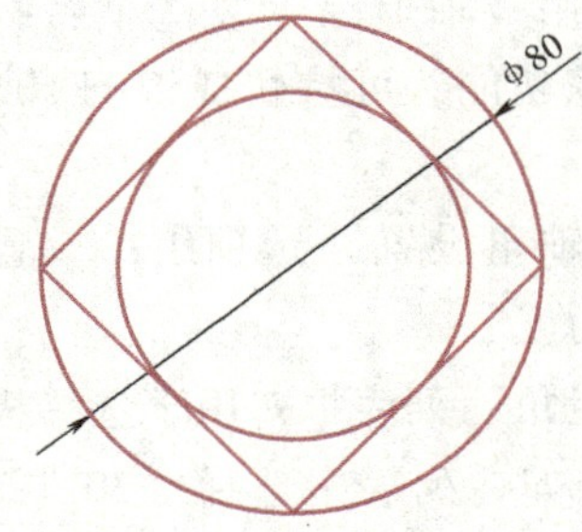

图 1-25　极轴追踪练习 1

2）用相对坐标输入法，绘制图 1-26 所示图形。

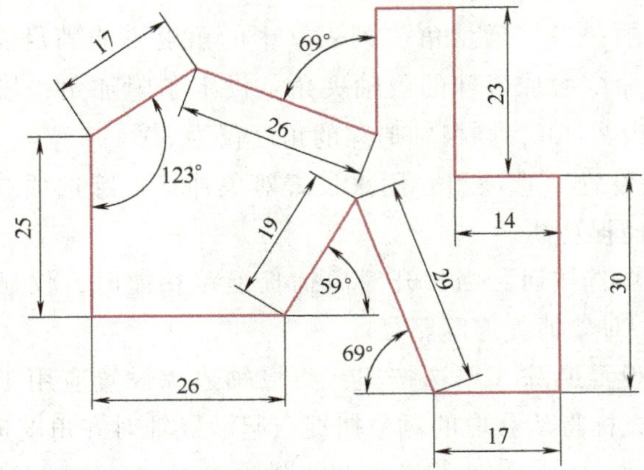

图 1-26　极轴追踪练习 2

项目 3　AutoCAD 点线绘制功能

【学习目标】

1）熟练绘制常用的二维几何图形，包括点、线、多段线、各类曲线等。

2）熟练完成线对象的基本编辑，包括延伸、拉伸、修剪、偏移、打断、分解等。

任务 1　绘制点和等分点

【任务描述】

绘制图 1-27 所示平面图形，其中点 B、C 为直线 AD 的三等分点。

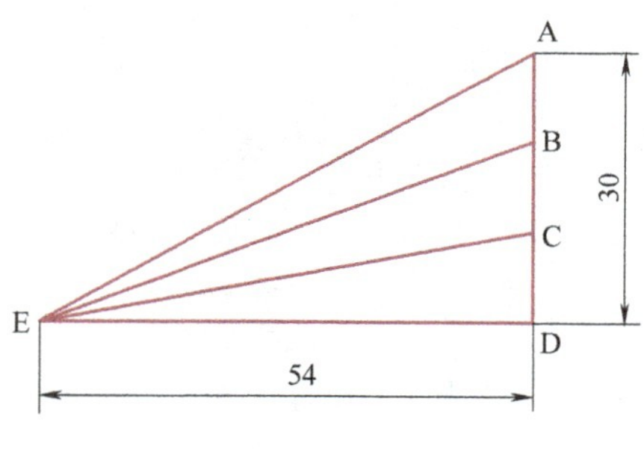

图 1-27　绘制等分线

【任务分析】

点 B、C 是直线 AD 的等分点，可将直线 AD 三等分。通过此图形，学习点的绘制方法。

【任务实施】

绘图步骤如下。

1. 绘制三角形 ADE

利用“直线”命令，绘制三角形 ADE，如图 1-28a 所示。

2. 将直线 AD 三等分

选择“绘图”→“点”→“定数等分”命令，命令行提示：

```
命令:_divide
选择要定数等分的对象:单击直线 AD                    //选择目标
输入线段数目:3↙                                   //等分线段数为 3
```

3. 变换点的样式

选择“格式”→“点样式”命令。

打开“点样式”对话框，选择除第一种、第二种以外任何一种样式即可。图形变为如图 1-28b 所示形式。

4. 连接直线 EB 和直线 EC（图 1-28c）

在命令行输入“line”，命令行提示：

```
命令:_line
指定第一个点:利用端点捕捉,找到点 E               //确定目标点 E
指定下一点:利用节点捕捉,找到点 B                 //确定目标点 B
```

同理绘出直线 EC。

5. 删除点 B、C（图 1-28d）

方法 1：选择点 B、C，删除。

方法 2：将点样式恢复到原来的样式。

图形绘制完成。

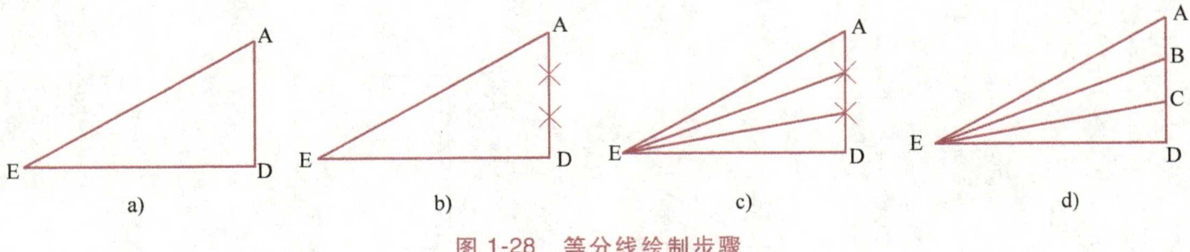

图 1-28 等分线绘制步骤

【提示】

点除了可以用于等分线段，还可以用于等分圆弧、圆、椭圆、椭圆弧、多段线和样条曲线。

【相关知识】

在 AutoCAD 中，点对象有单点、多点、定数等分和定距四种。作为节点或参照几何图形的点对象对于对象捕捉和相对偏移非常有用，可以使用节点对象捕捉的方式捕捉到一个已绘制的点对象。

一、绘制单点

1. 命令调用

1）菜单栏：选择“绘图”→“点”→“单点”命令。

2）命令行：输入“point”。

2. 操作方法

命令行提示：

```
命令:_point
当前点模式:PDMODE=0  PDSIZE=0.0000
指定点:(用鼠标拾取一点或直接输入点的坐标)
```

二、绘制多点

1. 命令调用

1）功能区：单击功能区“默认”选项卡下“绘图”面板中的“点”按钮。

2）菜单栏：选择“绘图”→“点”→“多点”命令。

3）工具栏：单击“绘图”工具栏中的“点”按钮。

4）命令行：输入“point”。

2. 操作方法

命令行提示：

```
命令: _point
当前点模式:PDMODE=0  PDSIZE=0.0000
指定点:(用鼠标拾取一点或直接输入点的坐标)
指定点:(指定下点)
……(用户可用<Esc>键结束多点绘制)
```

三、绘制定数等分点

1. 命令调用

1）功能区：单击功能区“默认”选项卡下“绘图”面板中的“定数等分”按钮。

2）菜单栏：选择“绘图”→“点”→“定数等分”命令。

3）命令行：输入“divide”。

2. 操作方法

命令行提示：

```
选择要定数等分的对象:
输入线段数目或[块(B)]:(选择对象)
```

在此提示下用户选择对象并输入等分数，AutoCAD 将会在指定的对象上绘出等分点。如果执行“块”选项，表示将在等分点处插入块，命令行将依次提示：

```
输入要插入的块名:(输入块名)
是否对齐块和对象? [是(Y)/否(N)]<Y>:
输入线段数目:(输入等分数目,按<Enter>键结束)
```

用户依次响应后，AutoCAD 将块等分插入。

四、绘制定距等分点

1. 命令调用

1）功能区：单击功能区“默认”选项卡下“绘图”面板中的“定距等分”按钮。

2）菜单栏：选择“绘图”→“点”→“定距等分”命令。

3）命令行：输入“measure”。

2. 操作方法

命令行提示：

```
选择要定距等分的对象:(选择对象)
指定线段长度或[块(B)]:
```

如果用户选择对象并直接输入长度值，AutoCAD 将按该长度在各个位置绘点。如果执行“块”选项，表示要在等分点处插入块，命令行将依次提示：

```
输入要插入的块名:(输入块名)
是否对齐块和对象? [是(Y)/否(N)]<Y>:
输入线段数目:(输入等分数目,按<Enter>键结束)
```

用户依次响应后，AutoCAD 将块等分插入。

五、修改点的样式

命令调用如下。

1）菜单栏：选择“格式”→“点样式”命令。

2）命令行：输入“ptype”。

AutoCAD 弹出图 1-29 所示“点样式”对话框，可先选择需要的点样式，再设置“点大小”。

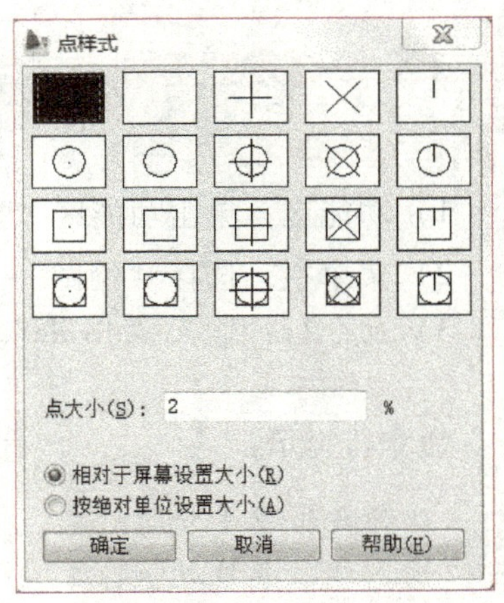

图 1-29 “点样式”对话框

【小结】

1）可以用定距等分的方式等分直线、圆弧、圆、椭圆弧等曲线。

2）在默认情况下，点和线是重合的，点看不见，用户需根据实际需要设置点样式。

【课后训练】

1）将长度为 60mm 的线段进行图 1-30 所示的定距等分。

2）将直径为 60mm 的圆八等分，并按图 1-31 所示的点样式表示点。

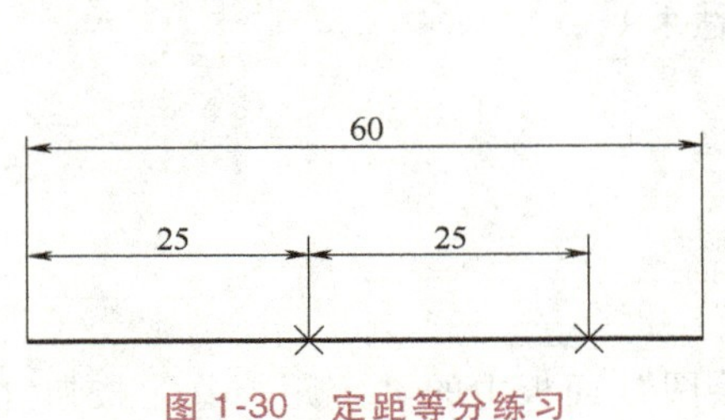

图 1-30 定距等分练习

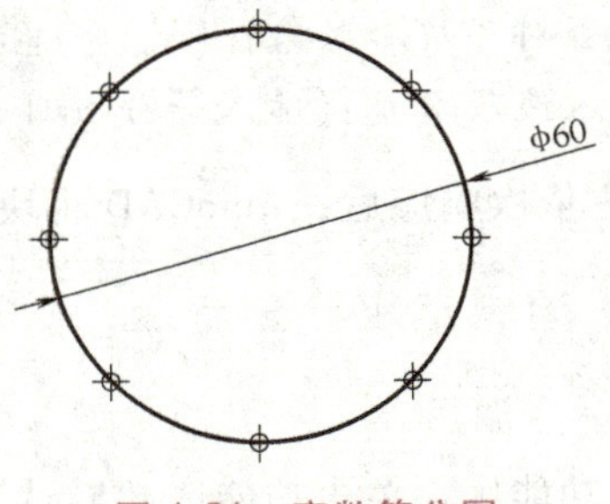

图 1-31 定数等分圆

任务 2 绘制多线和多段线

【任务描述】

绘制图 1-32 所示图形的轮廓线。已知图形是由直线和圆弧组成的，线宽为 0. 5mm。

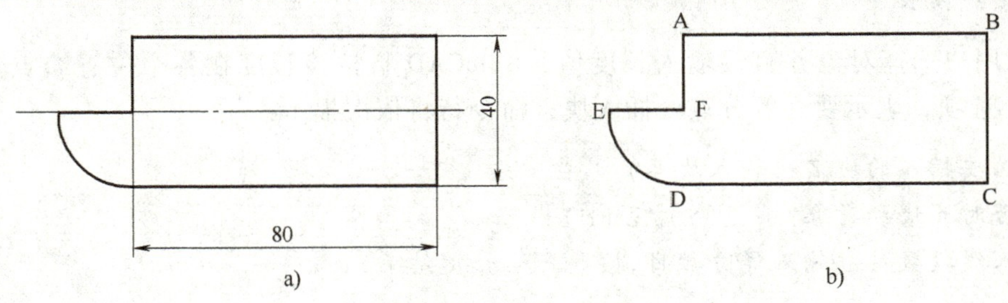

图 1-32 绘制多段线

【任务分析】

图 1-32 所示图形由直线和圆弧组成，并且要求直线和圆弧的线宽是 0. 5mm，因此可采用多段线方式进行绘制。

【任务实施】

绘图步骤如下。

输入“多段线”命令后，命令行提示：

```
命令:_pline                          //调用多段线命令
指定起点:单击绘图区内一点,作为多段线的起点 A
                                     //A 作为多段线的起点,也可将其他点作为起点
当前线宽为 0.0000                     //提示当前线的宽度为 0
指定下一点或[圆弧(A)/半宽(H)/长度(L)/放弃(U)/宽度(W)]:W↙
                                     //由于要改变线宽,故选择宽度(W)
指定起点宽度<0.0000>:0.5↙            //根据已知条件,设定起点宽度为 0.5
指定端点宽度<0.0000>:↙               //端点宽度为 0.5,取默认值
指定下一点或[圆弧(A)/半宽(H)/长度(L)/放弃(U)/宽度(W)]:80↙
                                     //打开正交模式,将光标移向点 A 的右方,输入 80,
                                       得到点 B
指定下一点或[圆弧(A)/半宽(H)/长度(L)/放弃(U)/宽度(W)]:40↙
                                     //打开正交模式,将光标移向点 B 的下方,输入 80,
                                       得到点 C
指定下一点或[圆弧(A)/半宽(H)/长度(L)/放弃(U)/宽度(W)]:80↙
                                     //打开正交模式,将光标移向点 C 的左方,输入 80,
                                       得到点 D
指定下一点或[圆弧(A)/半宽(H)/长度(L)/放弃(U)/宽度(W)]:A↙
                                     //下一步开始画圆弧,所以选择圆弧(A)
指定圆弧的端点或[角度(A)/圆心(CE)/闭合(CL)/方向(D)/半宽(H)/直线(L)/半
径(R)/第二点(S)/放弃(U)/宽度(W)]:CE↙
                                     //根据已知条件,选择一个已知的选项,由于圆弧
                                       的圆心已知,故选择圆心(CE)
指定圆弧的圆心:@ 0,20↙               //捕捉追踪点 D,光标在点 D 正上方
指定圆弧的端点或[角度(A)/长度(L)]:A↙
                                     //圆弧所包含的角度为已知,故选择角度(A)
指定包含角:-90↙
指定圆弧的端点或[角度(A)/圆心(CE)/闭合(CL)/方向(D)/半宽(H)/直线(L)/半
径(R)/第二点(S)/放弃(U)/宽度(W)]:L↙
                                     //接下来绘制直线 EF、FA,由于在整个绘制图形过
                                       程中间没有断开过,故可选择闭合(CL)结束图形
                                       的绘制。
```

至此，图形绘制完成。

【相关知识】

一、多段线

多段线是作为单个对象创建的相互连接的序列线段，可以创建直线段、弧线段或两者的

组合线段。多段线提供单个直线所不具备的编辑功能。例如，可以调整多段线的宽度和曲率。绘制多段线后，可以编辑它，也可以将其转换为独立的直线段和圆弧。

1. 命令调用

1）功能区：单击功能区“默认”选项卡下“绘图”面板中的“多段线”按钮。

2）菜单栏：选择“绘图”→“多段线”命令。

3）工具栏：单击“绘图”工具栏中的“多段线”按钮。

4）命令行：输入“pline”。

2. 操作方法

1）依次单击“默认”选项卡下“绘图”面板中的“多段线”按钮。

2）指定多段线的起点，命令行提示：

> 指定下一点或[圆弧(A)/半宽(H)/长度(L)/放弃(U)/宽度(W)]:(指定点或输入选项)

3）根据需要绘制的图形输入选项。

① 若绘制直线，则可以直接指定第一条多段线线段的端点，如图 1-33 所示的线段 AB，且可以根据需要继续指定线段的端点。

② 若绘制含有宽度的多段线，则输入“W”（宽度）。

输入多段线线段的起点宽度。使用以下方法之一指定多段线线段的端点宽度。

a. 要创建等宽的直线段，请按<Enter>键，如图 1-33 所示的线段 BC。

b. 要创建锥状直线段，请先输入一个不同的宽度，然后指定多段线线段的下一个端点，如图 1-33 所示的线段 CD。

c. 若要绘制含有圆弧的多段线，则输入“A”（圆弧），切换到“圆弧”模式，绘制圆弧，如图 1-33 所示的圆弧 DE。也可输入“L”（直线），返回“直线”模式，继续绘制直线，如图 1-33 所示的直线 EF。

4）根据需要继续指定线段的端点。

5）按<Enter>键结束，或者输入“CL”（闭合）使多段线闭合。

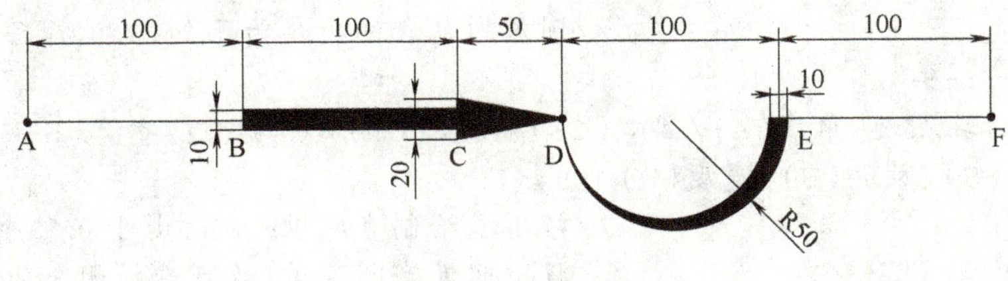

图 1-33 绘制多线

二、多线

多线是一组间距和数目可以调整的平行线，多用于绘制建筑上的箱体、电子线路等平行线对象。下面主要介绍多线的绘制以及多线样式的设置。

1. 命令调用

1）菜单栏：选择“绘图”→“多线”命令。

2）命令行：输入“mline”。

2. 操作方法

1）在命令行提示下，输入“mline”。

2）在命令行提示下，输入“st”，选择其中一种样式。要列出可用样式，请输入样式名称或输入“?”。

3）要对正多线，请输入“j”并选择上对正、无对正或下对正。

① 上对正：在光标下方绘制多线，在指定点处将出现具有最大正偏移值的直线。

② 无对正：将光标作为原点绘制多线，多线的中心将随着光标移动。

③ 下对正：在光标上方绘制多线，在指定点处将会出现具有最大负偏移值的直线。

4）要更改多线的比例，请输入“s”并设置新的比例。

5）开始绘制多线。指定起点，指定第二个点，指定其他点。

6）按<Enter>键，结束多线的绘制。

三、多线样式

多线样式控制元素的数目和每个元素的特性。多线样式命令可以创建、修改、保存和加载多线样式，还可以控制背景色和每条多线的端点封口。

1. 命令调用

1）菜单栏：选择“格式”→“多线样式”命令。

2）命令行：输入“mlstyle”。

2. 操作方法

1）在命令行提示下，输入“mlstyle”，打开“多线样式”对话框，如图1-34所示。

2）在“多线样式”对话框中，单击“新建”按钮，打开“创建新的多线样式”对话框，如图1-35所示。

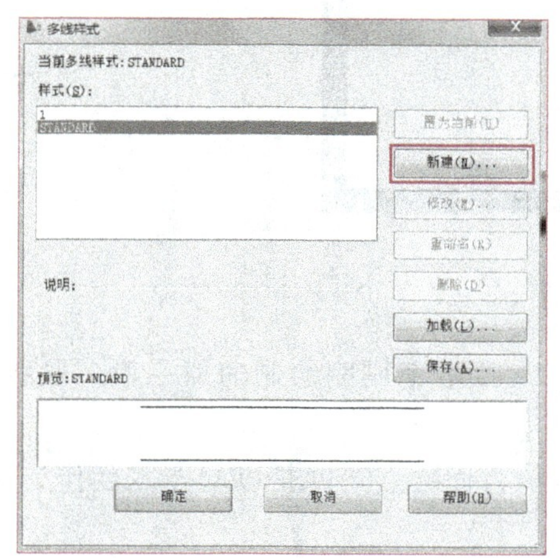

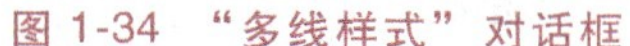

图1-34　“多线样式”对话框

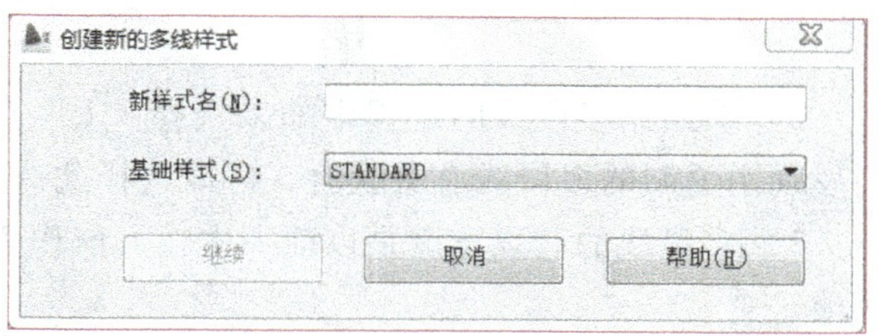

图1-35　“创建新的多线样式”对话框

① 在“创建新的多线样式”对话框中，输入多线样式的名称并选择开始绘制的多线样式。单击“继续”按钮，打开“修改多线样式：1”对话框，如图1-36所示。

② 在“修改多线样式：1”对话框中，可以设置多线样式的封口、填充、图元特性等内

容，单击“确定”按钮，完成多线样式的创建。在“说明”文本框中最多可以输入255个字符，包括空格。

③ 在“多线样式”对话框中，单击“保存”按钮将多线样式保存到文件（默认文件为acad. mln）。可以将多个多线样式保存到同一个文件中。如果要创建多个多线样式，请在创建新样式之前保存当前样式，否则将丢失对当前样式所做的更改。

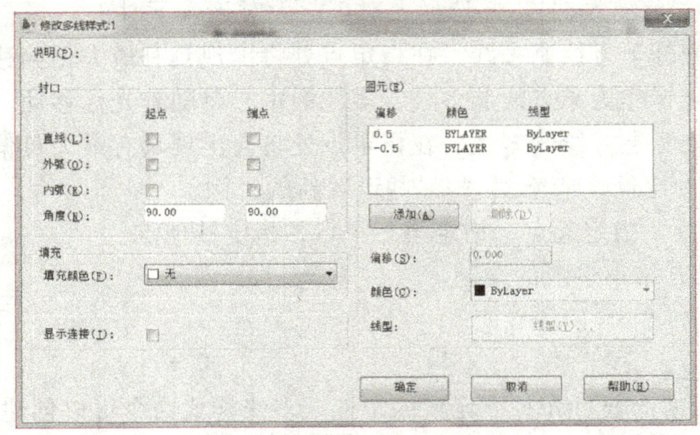

图 1-36 “修改多线样式：1”对话框

【提示】

1）当多段线的宽度大于0时，如果绘制闭合的多段线，一定要用“闭合”选项才能使其完全封闭，否则起点与终点会出现一段缺口。例如，图1-37a所示为使用“闭合”选项的情况，图1-37b所示为没有使用“闭合”选项的情况。

图 1-37 闭合多段线

2）在绘制多段线的过程中如果选择“U”（放弃），则取消刚刚绘制的那一段多段线。当发现刚绘制的多段线有错误时，可以选择此选项。

3）多段线的起点宽度是以前一次输入值作为默认值，而终点宽度是以起点宽度作为默认值。

4）当使用分解命令对多段线进行分解时，多段线的线宽信息将会丢失。

【小结】

1）利用多段线命令可以绘制线宽渐变的直线段、圆弧段，也可以绘制线宽一致或渐变的组合线段。

2）利用多线命令可以绘制一组间距和数目可以调整的平行线。

【课后训练】

绘制图 1-38 所示的图形。

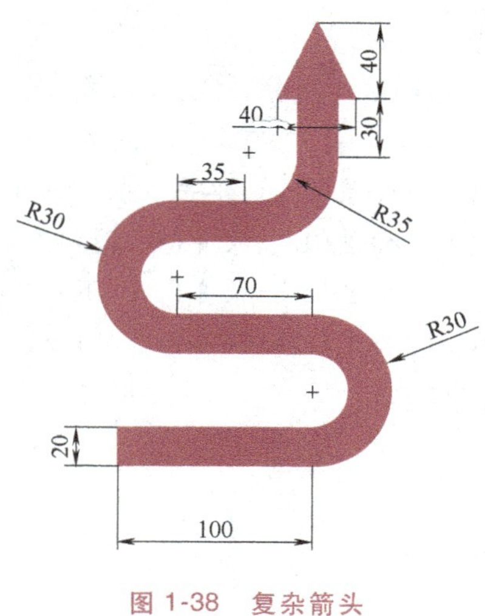

图 1-38 复杂箭头

任务 3 绘制各类曲线

【任务描述】

绘制图 1-39 所示图形。

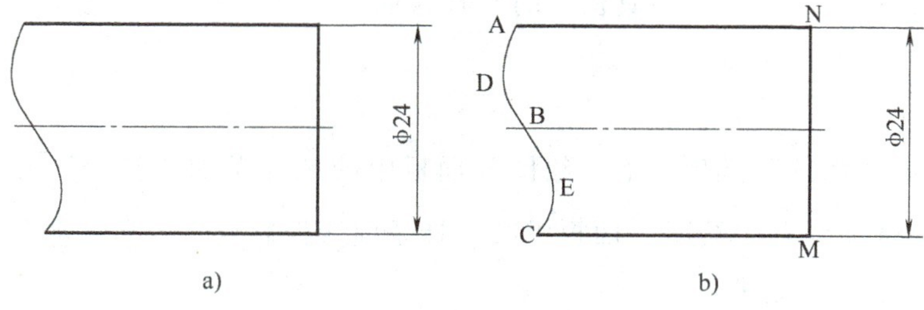

图 1-39 样条曲线

【任务分析】

图 1-39b 所示图形中的线段 AN、NM 和 CM 可利用直线命令绘制，左侧曲线需要采用样条曲线命令来绘制。

【任务实施】

绘图步骤如下。

利用直线命令绘制线段 AN、NM 和 CM。下面主要讲解图 1-39b 所示图形的左侧曲线的绘制方法。

调用“样条曲线”命令后，命令行提示：

```
命令:_spline                                  //调用样条曲线命令
当前设置:方式=拟合   节点=弦
指定下一点或[方式(M)/节点(K)/对象(O)]:<对象捕捉 开>单击点 A
                                              //点 A 作为样条曲线的第一点
指定下一点或[起点相切(T)/公差(L)]:单击点 D 附近的点
指定下一点或[起点相切(T)/公差(L)/放弃(U)]:单击点 E 附近的点
指定下一点或[起点相切(T)/公差(L)/放弃(U)/闭合(C)]:单击点 C
指定下一点或[起点相切(T)/公差(L)/放弃(U)/闭合(C)]:↙
                                              //按<Enter>键,完成绘制
```

【相关知识】

一、样条曲线

样条曲线是经过或靠近一组拟合点或由控制框的顶点定义的平滑曲线。在绘制样条曲线时，可采用拟合点或控制点这两种方式进行绘制。

1. 命令调用

1）功能区：单击功能区“默认”选项卡下“绘图”面板中的“样条曲线”按钮或。

2）菜单栏：选择“绘图”→“样条曲线”→“拟合点”或“控制点”命令。

3）工具栏：单击“绘图”工具栏中的“样条曲线”按钮。

4）命令行：输入“spline”。

2. 操作方法

1）依次单击“默认”选项卡下“绘图”面板中的“样条曲线拟合”按钮，或者依次单击“默认”选项卡下“绘图”面板中的“样条曲线控制点”按钮。

2）指定样条曲线的起点。

3）指定样条曲线的下一点。根据需要继续指定点。

4）按<Enter>键结束，或者输入“C”（闭合）使样条曲线闭合。

二、修订云线

此命令用来创建由连续圆弧组成的多段线以构成云线。修订云线是由连续圆弧组成的多段线，用来构成云线形状的对象。在查看或用红线圈阅图形时，可以使用修订云线功能亮显标记，以提高工作效率。用户可以从头开始创建修订云线，也可以将对象（例如圆、椭圆、多段线或样条曲线）转换为修订云线，还可以选择样式来使云线看起来像是用画笔绘制的。

1. 命令调用

1）功能区：单击功能区“默认”选项卡下“绘图”面板中的“修订云线”按钮。

2）菜单栏：选择“绘图”→“修订云线”命令。

3）工具栏：单击“绘图”工具栏中的“修订云线”按钮。

4）命令行：输入“revcloud”。

2. 操作方法

1）依次单击“默认”选项卡下“绘图”面板中的“修订云线”按钮。命令行提示：

```
最小弧长:15 ,最大弧长:15, 样式:普通
指定起点或[弧长(A)/对象(O)/样式(S)]<对象>:(拖动鼠标以绘制云线,输入选项或按<Enter>键)
```

2）根据需要输入选项。

① 若要修改弧长，则输入“A”，命令行继续提示：

```
指定最小弧长<0.5000>:(指定最小弧长的值)
指定最大弧长<0.5000>:(指定最大弧长的值)
沿云线路径引导十字光标……
修订云线完成
```

最大弧长不能大于最小弧长的三倍

② 若要将对象转换为修订云线，则输入“O”，命令行继续提示：

```
选择对象:(指定要转换为修订云线的圆、椭圆、多段线或样条曲线)
反转方向[是(Y)/否(N)]:(选择是否反转)
修订云线完成
```

③ 若要使用画笔样式创建修订云线，则输入“S”，命令行继续提示：

```
选择圆弧样式[普通(N)/手绘(C)]<手绘>:(按<Enter>键,选择手绘)
```

沿着云线路径移动十字光标。要更改圆弧大小，可以沿着路径单击拾取点；要反转圆弧的方向，请在命令行提示下输入“yes”，然后按<Enter>键。

按<Enter>键停止绘制修订云线，或者按<Esc>键结束命令。要闭合修订云线，请返回其起点。

【小结】

1）样条曲线的绘制多用在零件断裂处和局部剖视图中，绘制时不需要准确尺寸，只需绘制出相似轮廓即可。

2）修订云线多用于图纸上的标记。

【课后训练】

绘制图1-40和图1-41所示图形。

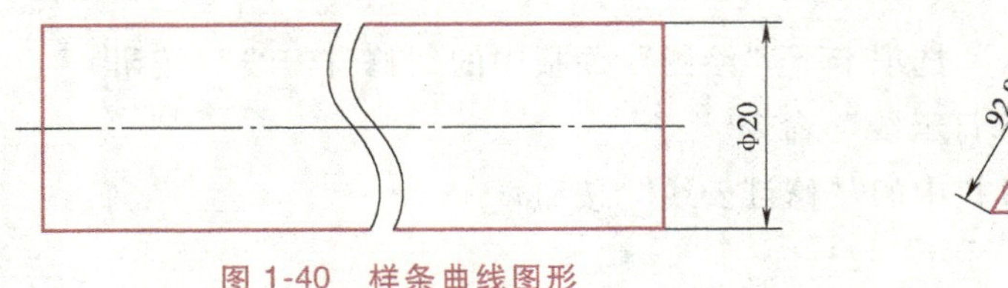

图 1-40　样条曲线图形

图 1-41　三角形转换云线

任务 4　线对象的基本编辑

【任务描述】

绘制图 1-42a 所示平面图形，再将图形经图 1-42b 变为图 1-42c、d 所示图形。

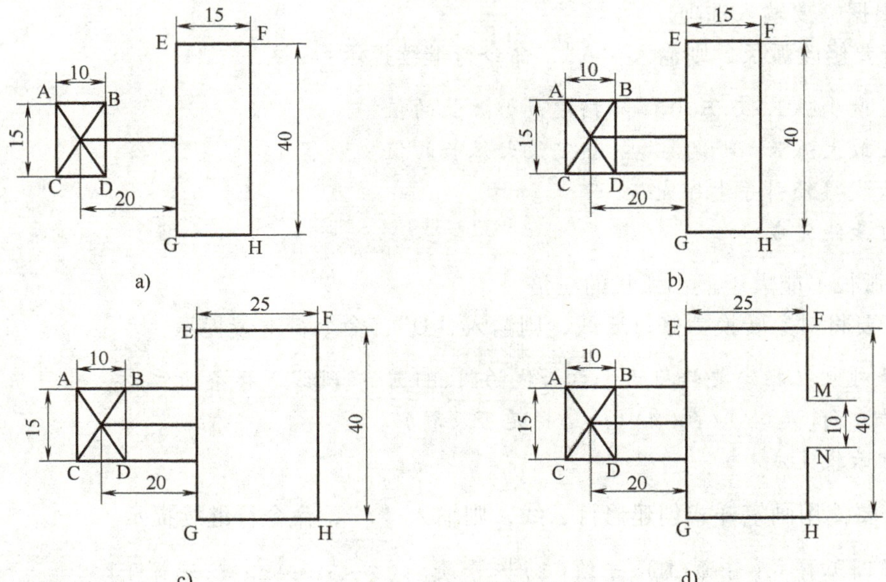

图 1-42　延伸、拉伸和打断绘制

【任务分析】

用直线命令绘制图 1-42a 所示图形，图 1-42b 所示样式可用延伸命令将线段 AB、CD 延伸至 EG，图 1-42c 所示矩形 EFGH 可用拉伸命令完成，图 1-42d 中 MN 可用打断命令完成。

【任务实施】

绘图步骤如下。

1. 绘制基本平面图形

根据已知图形尺寸，利用“直线”命令，“捕捉”及“对象捕捉追踪”功能绘制图 1-42a 所示图形。

2. 将图 1-42a 所示图形经过编辑变为图 1-42b 所示图形

此过程用“延伸”命令来完成，步骤如下。

调用“延伸”命令，命令行提示：

```
命令：_extend
当前设置:投影=无,边=延伸                              //提示当前设置
选择边界的边……                                       //提示选择作为延伸边界的边
选择对象或<全部选择>:单击直线 GE。找到 1 个            //直线 GE 作为延伸边界的边
选择对象:↙                                           //按<Enter>键结束边界的选择
选择要延伸的对象,或按<Shift>键的同时选择要修剪的对象,或[栏选(F)/窗交(C)/投影(P)/边(E)/放弃(U)]:单击直线 AB 的右侧    //直线 AB 为将要延伸的对象
选择要延伸的对象,或按<Shift>键的同时选择要修剪的对象,或[栏选(F)/窗交(C)/投影(P)/边(E)/放弃(U)]:单击直线 CD 的右侧    //直线 CD 为将要延伸的对象
选择要延伸的对象,或按<Shift>键的同时选择要修剪的对象,或[栏选(F)/窗交(C)/投影(P)/边(E)/放弃(U)]:↙    //按<Enter>键,结束延伸命令
```

结果如图 1-42b 所示。

3. 将图 1-42b 所示图形经过编辑变为图 1-42c 所示图形

此过程用“拉伸”命令来完成，步骤如下。

调用“拉伸”命令，命令行提示：

```
命令：_stretch
以交叉窗口或交叉多边形选择要拉伸的对象……              //提示选择对象的方式
选择对象:利用交叉窗口选择矩形 EFGH 的 GH、HF、FE 各边
指定对角点:找到 3 个
选择对象:↙                                           //按<Enter>键,结束对象选择
指定基点或[位移(D)]<位移>:单击图形内任意一点          //指定拉伸基点
指定位移的第二个点或<用第一个点作位移>:<正交 开>10↙
                                                     //打开正交模式,将光标移向基
                                                       点的右方,输入距离值“10”
```

结果如图 1-42c 所示。

4. 将图 1-42c 所示图形经过编辑变为图 1-42d 所示图形

此过程用“打断”命令来完成，步骤如下。

调用“打断”命令，命令行提示：

```
命令：_break
选择对象:选择直线 FH                           //选择要打断的对象
指定第二个打断点或[第一点(F)]:F↙               //选择对象时所单击的点不作为第一个打
                                                断点时,选择此选项
指定第一个打断点:<对象捕捉 开><对象捕捉追踪 开>5↙
```

//利用“对象捕捉追踪”功能捕捉点 M。方法为首先将对象捕捉模式设置为中点捕捉，单击状态栏上的“对象捕捉”和“对象捕捉”追踪按钮，使其高亮显示。然后调用“打断”命令，当命令行提示“指定第一个打断点:”时，将光标移到直线 MN 的中点，当出现中点标记时将光标移到中点的左方，此时根据已知条件输入数值“5”，找到第一个打断点 M。

指定第二个打断点:5↙ //同理，利用“对象捕捉”功能捕捉点 N，直线 FH 在点 M 处断开

图形绘制完成，如图 1-42d 所示。

【相关知识】

一、延伸

该命令用来将某一对象延伸到另一对象。选择边界对象时需要注意的是，有效的边界对象包括二维多段线、三维多段线、圆弧、块、圆、椭圆、布局视口、直线、射线、面域、样条曲线、文字和构造线。

1. 命令调用

1）功能区：单击功能区“默认”选项卡下“修改”面板中的“延伸”按钮--/。

2）工具栏：单击“修改”工具栏中的“延伸”按钮--/。

3）菜单栏：选择“修改”→“延伸”命令。

4）命令行：输入“extend”。

2. 操作方法

1）依次单击“默认”选项卡下“修改”面板中的“延伸”按钮--/。

2）选择作为边界边的对象。要选择显示的所有对象作为可能边界边，请在未选择任何对象的情况下按<Enter>键。

3）选择要延伸的对象。重复选择对象，可以延伸多个对象。在选择对象的同时按<Shift>键可将它修剪到最近的边界，而不是将它延伸。

4）按<Enter>键结束命令。

二、拉伸

该命令用于移动或拉伸对象。若对象部分在交叉窗口内，则交叉窗口内的部分将被拉伸；若对象是单独选定的或完全包含在交叉窗口中，则对象将被移动（而不是拉伸）。AutoCAD 可拉伸与选择窗口相交的圆弧、椭圆弧、直线、多段线线段、二维实体、射线、宽线和样条曲线。

1. 命令调用

1）功能区：单击功能区“默认”选项卡下“修改”面板中的“拉伸”按钮。

2）工具栏：单击“修改”工具栏中的“拉伸”按钮。

3）菜单栏：选择“修改”→“拉伸”命令。

4）命令行：输入“stretch”。

2. 操作方法

1）依次单击“默认”选项卡下“修改”面板中的“拉伸”按钮。

2）使用窗选方式来选择对象。窗选必须至少包含一个顶点或端点。

三、打断

该命令用来在两点之间打断选定对象。

1. 命令调用

1）功能区：单击功能区“默认”选项卡“修改”面板中“打断”按钮。

2）工具栏：单击“修改”工具栏中“打断”按钮。

3）菜单栏：选择“修改”→“打断”命令。

4）命令行：输入 break。

2. 操作方法

1）依次单击“默认”选项卡下“修改”面板中的“打断”按钮。

2）选择要打断的对象。默认情况下，在其上选择对象的点作为第一个打断点。要选择其他打断点对，请输入“F”（第一个），然后指定第一个打断点。

3）指定第二个打断点。要打断对象而不创建间隙，请输入“@0，0”，以指定上一点。要将对象一分为二并且不删除某个部分，输入的第一个点和第二个点应相同。通过输入“@0，0”指定第二个点即可实现此操作。利用“修改”工具栏中“打断于点”按钮，可方便地实现此操作。

四、删除

该命令用于删除图形中指定的对象。

1. 命令调用

1）功能区：单击功能区“默认”选项卡下“修改”面板中的“删除”按钮。

2）工具栏：单击“修改”工具栏中的“删除”按钮。

3）菜单栏：选择“修改”→“删除”命令。

4）快捷菜单：选择要删除的对象，在绘图区域中右击，然后选择“删除”命令。

5）命令行：输入“erase”。

2. 操作方法

1）依次单击“默认”选项卡下“修改”面板中的“删除”按钮。

2）在命令行提示“选择对象”时，使用一种选择方法选择要删除的对象或输入选项。

① 输入“L”（上一个），删除绘制的上一个对象。

② 输入“P”（上一个），删除上一个选择集。

③ 输入“all”，从图形中删除所有对象。

④ 输入“?”，查看所有选择方法列表。

3）按<Enter>键结束命令。

【小结】

1）使用拉伸命令时，选择对象必须用交叉窗口或交叉多边形选择方式。其中必须确定好端点是否应该包含在被选择的窗口中，如果端点被包含在窗口中，则该点会同时被移动，否则该点不会被移动。

2）根据图形的实际需要选择打断命令或打断于点命令。

【课后训练】

绘制图 1-43 所示图形。

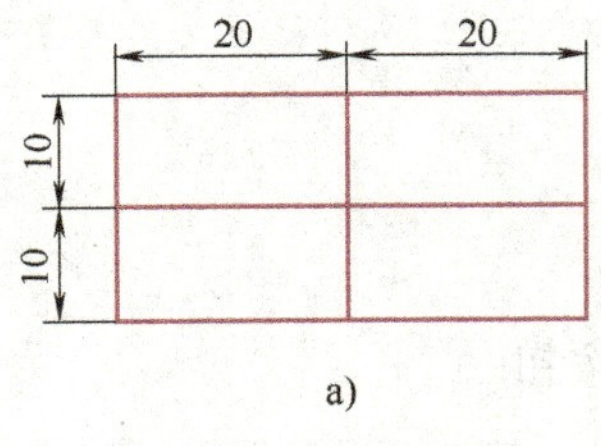

a)

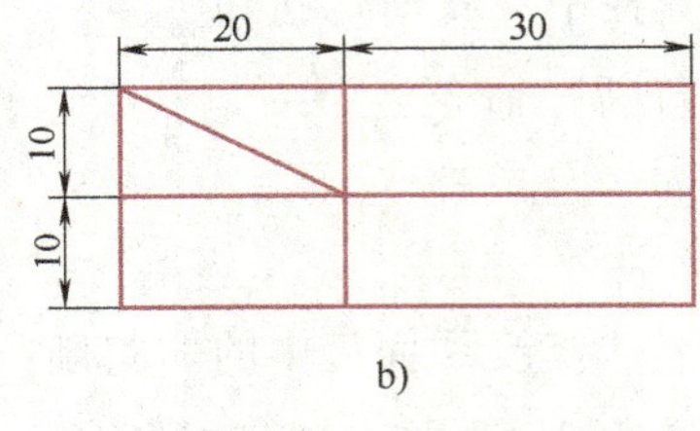

b)

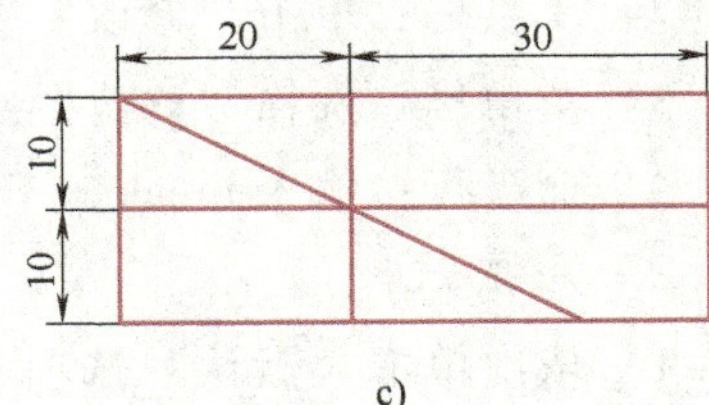

c)

图 1-43　延伸练习

项目 4　绘制圆、圆弧、多边形

【学习目标】

1）熟练绘制圆、圆弧、椭圆弧、矩形、多边形。

2）掌握对象的常规编辑技能。

任务 1　绘制圆与圆环

【任务描述】

绘制图 1-44 所示平面图形。

【任务分析】

图 1-44 所示的 ϕ40mm 和 ϕ20mm 的圆可采用圆命令绘制，四个 ϕ20mm 的圆与 ϕ40mm 的圆相切，可利用移动命令和镜像命令完成，图中未知大小的圆弧可先绘制圆，再利用修剪命令进行修剪。

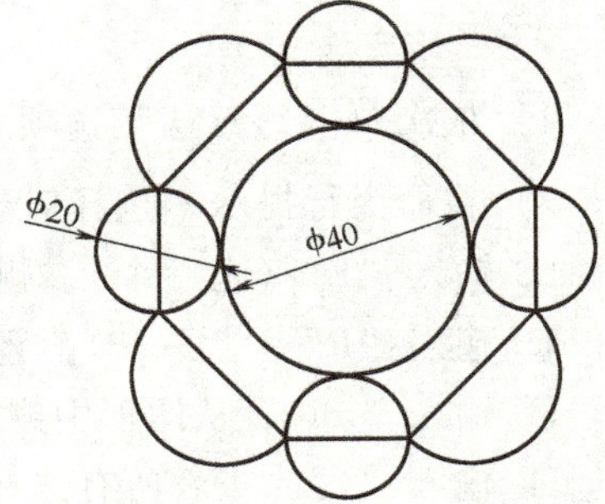

图 1-44　绘制圆与圆环

【任务实施】

绘图步骤如下。

1. 绘制 ϕ40mm 的圆

绘制直径为 40mm 的圆，圆心位置可在绘图区内任取一点。

2. 绘制 ϕ20mm 的圆

绘制直径为 20mm 的圆，圆心位置可在绘图区内任取一点。

3. 利用“移动”命令移动小圆

调用“移动”命令，命令行提示：

```
命令:_move
选择对象:选择小圆                                      //选择要移动的图形
选择对象:↙                                            //确定不选物体时按<Enter>键
指定基点[或位移(D)]<位移>:<对象捕捉 开>                //打开“对象捕捉”功能,捕捉到小
                                                        圆上一个象限点
指定第二个点或<使用第一个点作为位移>                    //移动光标捕捉到大圆上对应的象
                                                        限点
```

4. 利用“镜像”命令绘制第二个小圆

调用“镜像”命令，命令行提示：

```
命令:_mirror
选择对象:选择小圆                                      //选择要镜像的对象
选择对象:↙                                            //确定不选物体时按<Enter>键
指定镜像线的第一点:指定镜像线的第二点:选择大圆上、下两个象限点
                                                       //此两点连线为镜像线
要删除源对象吗?[是(Y)/否(N)]<N>:↙                    //确定不删除物体时按<Enter>键
```

5. 利用“复制”命令绘制第三个小圆

调用“复制”命令，命令行提示：

```
命令:_copy
选择对象:选择左侧小圆                                  //选择要复制的对象
选择对象:↙                                            //确定不选物体时按<Enter>键
指定基点或[位移(D)]<位移>:捕捉左侧小圆上面的象限点
指定第二个点或[阵列(A)]<使用第一个人点作为位移>:
                                                       //移动光标到大圆下面的象限点处
指定第二个点或[阵列(A)/退出(E)/放弃(U)]<退出>:↙
```

利用“镜像”命令绘制另一个小圆。

6. 绘制直线

利用“直线”命令及象限捕捉功能绘制各段直线。

7. 利用“圆”命令绘制未知圆弧

调用“圆”命令，命令行提示：

```
命令:_circle
```

```
指定圆的圆心或[3点(3P)/两点(2P)/切点、切点、半径(T)]:<对象捕捉 开>
                        //打开"对象捕捉",捕捉任意线段上的中点
指定圆的半径或[直径(D)]:<对象捕捉 开>
                        //打开"对象捕捉",捕捉线段上的端点
```

8. 利用“修剪”命令修剪圆

调用“修剪”命令，命令行提示：

```
选择对象或<全部选择>:选择直线        //修剪与直线相交的一半圆弧,因此选直线
选择对象:↙                          //按<Enter>键结束选择
[栏选(F)/窗交(C)/投影(P)/边(E)/删除(R)/放弃(U)]:选择要删除的一半圆弧
                                    //删除对象
```

修剪完成，按<Enter>键结束命令。

其他未知圆弧可采用“镜像”命令完成。至此完成图形的绘制。

【提示】

本任务中未知圆弧除用圆命令完成外，也可用圆弧命令完成，圆弧的绘制在后面详细介绍。

【相关知识】

一、圆

用户可以使用多种方法创建圆，包括指定圆心、半径、直径、圆周上的点和其他对象上的点的不同组合。默认方法是指定圆心和半径。AutoCAD 提供了六种绘制圆的方法，下面将逐一进行介绍。

1. 命令调用

1）功能区：单击功能区“默认”选项卡下“绘制”面板中的各“圆”命令按钮，如图 1-45 所示。

2）菜单栏：选择“绘图”→“圆”绘圆的子命令。

3）工具栏：单击“绘图”工具栏中的“圆”按钮。

4）命令行：输入“circle”。

2. 操作方法

1）圆心，半径。

① 依次单击“默认”选项卡下“绘图”面板的“圆”下拉列表框中的“圆心，半径”按钮。

② 指定圆心。

③ 指定半径。

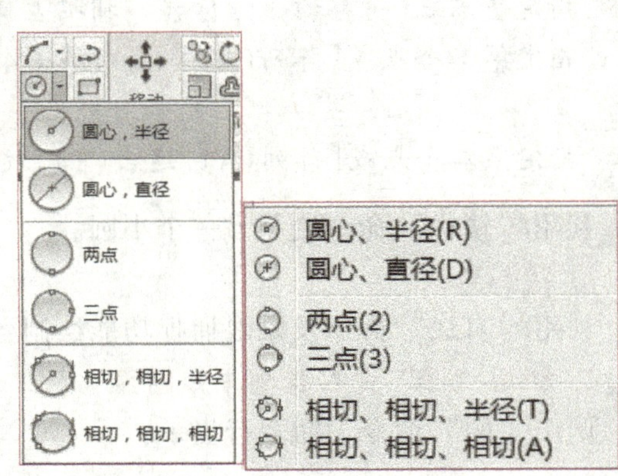

图 1-45　绘制圆快捷菜单

2）圆心，直径。

① 依次单击“默认”选项卡下“绘图”面板的“圆”下拉列表框中的“圆心，直径”按钮。

② 指定圆心。

③ 指定直径。

3）两点。

① 依次单击“默认”选项卡下“绘图”面板的“圆”下拉列表框中的“两点”按钮。

② 指定圆直径的第一个端点。

③ 指定圆直径的第二个端点。

4）三点。

① 依次单击“默认”选项卡下“绘图”面板的“圆”下拉列表框中的“三点”按钮。

② 指定圆上的第一个点。

③ 指定圆上的第二个点。

④ 指定圆上的第三个点。

5）相切，相切，半径。

① 依次单击“默认”选项卡下“绘图”面板的“圆”下拉列表框中的“相切，相切，半径”按钮。此命令将启动“切点”对象捕捉模式。

② 选择与要绘制的圆相切的第一个对象。

③ 选择与要绘制的圆相切的第二个对象。

④ 指定圆的半径。

6）相切，相切，相切。

① 依次单击“默认”选项卡下“绘图”面板的“圆”下拉列表框中的“相切，相切，相切”按钮。此命令将启动“切点”对象捕捉模式。

② 选择与要绘制的圆相切的第一个对象。

③ 选择与要绘制的圆相切的第二个对象。

④ 选择与要绘制的圆相切的第三个对象。

二、圆环

该命令用于创建实心圆或较宽的环。圆环是填充环或实体填充圆即带有宽度的实际闭合多段线。要创建圆环，请指定它的内外直径和圆心。通过指定不同的中心点，可以继续创建具有相同直径的多个副本。要创建实体填充圆，请将内径值指定为“0”。

1. 命令调用

1）功能区：单击功能区“默认”选项卡下“绘图”面板中的“圆环”按钮。

2）菜单栏：选择“绘图”→“圆环”命令。

3）命令行：输入“donut”。

2. 操作方法

在 AutoCAD 提示中，由于输入的参数不同，所以可以绘制不同的对象。命令行提示：

```
指定圆环的内径<当前>:(指定距离或按<Enter>键)
```

如果指定内径为零，则圆环成为填充圆。命令行继续提示：

```
指定圆环的外径<当前>:(指定距离或按<Enter>键)
指定圆环的中心点或<退出>:(指定点或按<Enter>键结束命令)
```

圆环或圆填充与否，可以通过“fill”命令来控制。可直接在命令行中输入“fill”，命令行提示：

```
命令:_fill
输入模式[开(ON)/关(OFF)]<开>:
```

其中，“开”表示填充，“关”表示不填充。

三、移动

该命令用来在指定的方向上按照指定距离移动对象。

1. 命令调用

1）功能区：单击功能区“默认”选项卡下“修改”面板中的“移动”按钮。
2）工具栏：单击“修改”工具栏中的“移动”按钮。
3）菜单栏：选择“修改”→“移动”命令。
4）快捷菜单：选择要移动的对象，在绘图区域右击，选择“移动”命令。
5）命令行：输入“move”。

2. 操作方法

1）依次单击“默认”选项卡下“修改”面板中的“移动”按钮。
2）选择要移动的对象，按<Enter>键结束对象选择。命令行提示：

```
指定基点或[位移(D)]<位移>:(指定基点或输入(D)
```

四、镜像

该命令以对称的方式复制已有对象。

1. 命令调用

1）功能区：单击功能区“默认”选项卡下“修改”面板中的“镜像”按钮。
2）工具栏：单击“修改”工具栏中的“镜像”按钮。
3）菜单栏：选择“修改”→“镜像”命令。
4）命令行：输入“mirror”。

2. 操作方法

调用“镜像”命令，命令行提示：

```
选择对象:(使用对象选择方式并按<Enter>键结束命令)
指定镜像线的第一点:(指定点(1))
```

```
指定镜像线的第二点:(指定点(2))
是否删除源对象?[是(Y)/否(N)]<否>:(输入"Y"或"N"或按<Enter>键)
```

“是”表示将被镜像的图像放到图形中并删除原始对象。“否”表示将被镜像的图像放到图形中并保留原始对象。

保留原对象镜像复制示例如图 1-46 所示。

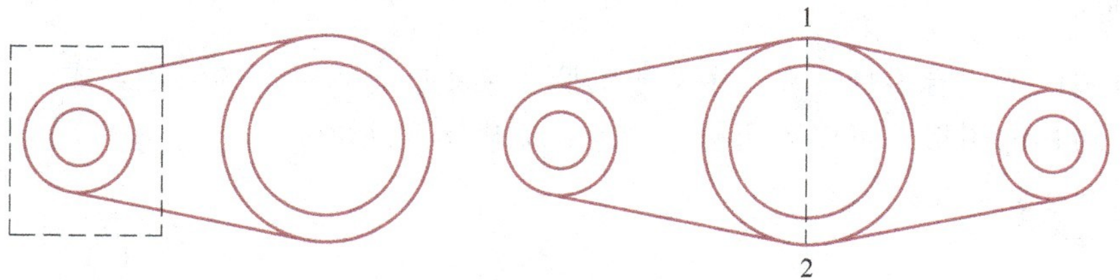

图 1-46　镜像复制示例

五、复制

该命令用来在指定方向上按指定距离复制对象。

1. 命令调用

1）功能区：单击功能区“默认”选项卡下“修改”面板中的“复制”按钮。

2）工具栏：单击“修改”工具栏中的“复制”按钮。

3）菜单栏：选择“修改”→“复制”命令。

4）快捷菜单：选择要复制的对象，在绘图区域内右击，选择“复制”命令。

5）命令行：输入“copy”。

2. 复制对象的步骤

1）依次单击“默认”选项卡下“修改”面板中的“复制”按钮。

2）指定要复制的对象。命令行提示：

```
指定基点或[位移(D)/模式(O)]<位移>:(指定基点或输入选项)
```

3）根据需要执行基点、位移、模式等操作。

六、修剪

该命令用来按其他对象定义的剪切边修剪对象。

1. 命令调用

1）功能区：单击功能区“默认”选项卡下“修改”面板中的“修剪”按钮。

2）工具栏：单击“修改”工具栏中的“修剪”按钮。

3）菜单栏：选择“修改”→“修剪”命令。

4）命令行：输入“trim”。

2. 操作方法

1）依次单击“默认”选项卡下“修改”面板中的“修剪”按钮。

2）选择作为剪切边的对象。要选择显示的所有对象作为可能的剪切边，请在未选择任何对象的情况下按<Enter>键。

3）选择要修剪的对象。可以选择多个修剪对象。在选择对象的同时按<Shift>键可将对象延伸到最近的边界，而不修剪它。

4）按<Enter>键结束命令。

【小结】

1）绘制圆的方式有多种，在绘图菜单的圆子菜单中有六种圆的绘制方式。

2）对于对称的图形，可以采用镜像命令，简化作图。

【课后训练】

绘制图 1-47 所示图形。

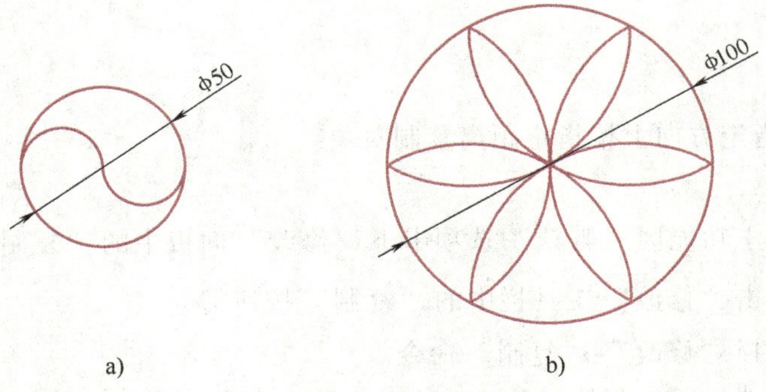

图 1-47　绘制圆练习

任务 2　绘制圆弧

【任务描述】

绘制图 1-48 所示图形。

【任务分析】

图 1-48 所示图形由四段圆弧组成，可采用圆命令绘制基础图形，再进行修剪，也可直接采用圆弧命令来绘制，本任务利用圆弧命令绘制。

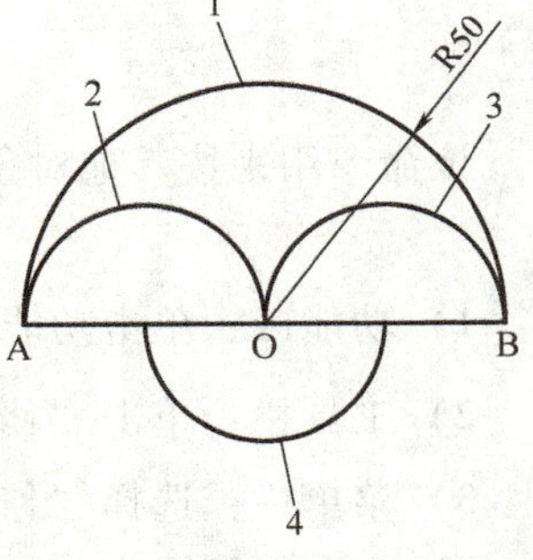

图 1-48　多圆弧图形

【任务实施】

绘制步骤如下。

1. 绘制直线 AB

2. 绘制圆弧 1

调用“圆弧”命令，命令行提示：

```
命令:_arc
指定圆弧的起点或[圆心(C)]:<对象捕捉 开>捕捉直线上点 A
                                            //点 A 作为圆弧起点
指定圆弧的第二个点或[圆心(C)/端点(E)]:C↙     //第二点未知,选择圆心(C)
指定圆弧的圆心:捕捉直线 AB 的中点 O           //点 O 为圆弧 1 的圆心
指定圆弧的端点或[角度(A)/弦长(L)]:A↙          //选择角度(A)
指定包含角:-180↙                             //圆弧为顺时针绘制,包含角取
                                              负值
```

3. 绘制圆弧 2

调用“圆弧”命令，命令行提示：

```
命令:_arc
指定圆弧的起点或[圆心(C)]:捕捉直线上点 A        //点 A 作为圆弧起点
指定圆弧的第二个点或[圆心(C)/端点(E)]:E↙       //第二点未知,选择端点(E)
指定圆弧的圆心:捕捉直线 AB 的中点 O             //点 O 为圆弧 2 的圆心
指定圆弧的圆心或[角度(A)/方向(D)/半径(R)]:D↙
                                              //选择圆弧的方向(D)
指定圆弧的起点切向:<正交 开>,光标移至直线 AB 的上方,单击
                                              //圆弧在点 A 的切线方向垂直直
                                                线 AB,方向向上
```

4. 绘制圆弧 3

调用“圆弧”命令，命令行提示：

```
命令:_arc
指定圆弧的起点或[圆心(C)]:捕捉直线上点 B          //点 B 作为圆弧起点
指定圆弧的第二个点或[圆心(C)/端点(E)]:E↙         //第二点未知,选择端点(E)
指定圆弧的圆心:捕捉直线 AB 的中点 O               //点 O 为圆弧 3 的圆心
指定圆弧的圆心或[角度(A)/方向(D)/半径(R)]:A↙    //选择角度(A)
指定包含角:180↙                                 //因圆弧是沿逆时针方向绘
                                                  制的,故包含角取正值
```

5. 绘制圆弧 4

调用“圆弧”命令，命令行提示：

```
命令:_arc
指定圆弧的起点或[圆心(C)]:C↙                    //选择圆弧的圆心
指定圆弧的圆心:捕捉直线 AB 的中点 O              //点 O 为圆弧 4 的圆心
指定圆弧的起点:捕捉圆弧 2 的圆心                 //圆弧 2 的圆心为圆弧 4 的起点
指定圆弧的端点或[角度(A)/弦长(L)]:捕捉圆弧 3 的圆心
                                               //圆弧 2 的圆心为圆弧 4 的起点
```

至此，完成全图。

【提示】

绘制圆弧时，在命令行的“指定弦长:”提示下输入的弦长值是基于起点和端点之间的直线距离绘制劣弧或优弧。如果弦长为正值，AutoCAD 从起点沿逆时针方向绘制劣弧；如果弦长为负值，AutoCAD 从起点沿逆时针方向绘制优弧。

【相关知识】

通过指定圆心、端点、起点、半径、角度、弦长和方向值的各种组合，可以创建圆弧。AutoCAD 提供了 11 种绘制圆弧的方法。默认情况下，沿逆时针方向绘制圆弧。按<Ctrl>键的同时拖动鼠标，沿顺时针方向绘制圆弧。

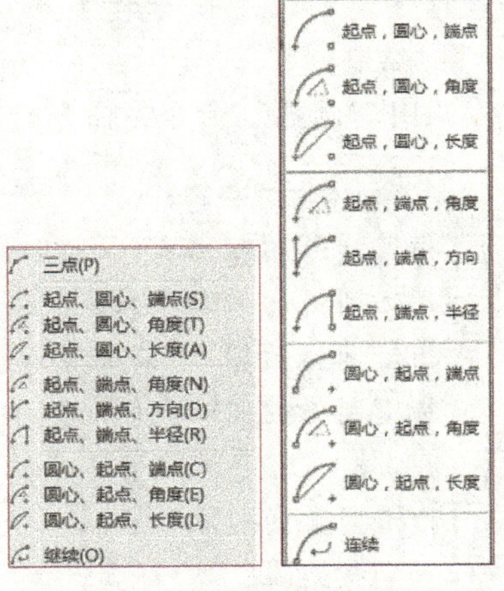

图 1-49　圆弧绘制快捷菜单

1. 命令调用

1）功能区：单击功能区“默认”选项卡下“绘图”面板中的各“圆弧”命令按钮，如图 1-49 所示。

2）菜单栏：选择“绘图”→“圆弧”→绘制圆弧子命令。

3）工具栏：单击“绘图”工具栏中的“圆弧”按钮。

4）命令行：输入“arc”。

2. 操作方法

（1）三点绘制圆弧　命令行提示：

```
指定圆弧的起点或[圆心(C)]:(指定圆弧的起始点)
指定圆弧的第二个点或[圆心(C)/端点(E)]:(指定圆弧的第二个点)
指定圆弧的端点:(指定圆弧的终止点)
```

（2）起点、圆心、端点绘制圆弧　命令行提示：

```
指定圆弧的起点或[圆心(C)]:(指定圆弧的起始点)
指定圆弧的第二个点或[圆心(C)/端点(E)]: c
指定圆弧的圆心:(指定圆弧的圆心)
指定圆弧的端点(按住<Ctrl>键以切换方向)或[角度(A)/弦长(L)]:(指定圆弧的终止点)
```

（3）起点、圆心、角度绘制圆弧　命令行提示：

```
指定圆弧的起点或[圆心(C)]:(指定圆弧的起始点)
指定圆弧的第二个点或[圆心(C)/端点(E)]: _c
指定圆弧的圆心:(指定圆弧的圆心)
指定圆弧的端点(按住<Ctrl>键以切换方向)或[角度(A)/弦长(L)]: _a
指定包含角:(指定圆弧包含角,即圆心角)
```

在“指定包含角”的提示下，输入角度的正负值将影响圆弧的绘制，系统默认沿逆时针方向为正。

（4）起点、圆心、长度绘制圆弧 命令行提示：

```
指定圆弧的起点或[圆心(C)]:(指定圆弧的起始点)
指定圆弧的第二个点或[圆心(C)/端点(E)]:_c
指定圆弧的圆心:(指定圆弧的圆心)
指定圆弧的端点(按住<Ctrl>键以切换方向)或[角度(A)/弦长(L)]:_l
指定弦长:(输入圆弧弦长)
```

（5）起点、端点、角度绘制圆弧 命令行提示：

```
指定圆弧的起点或[圆心(C)]:(指定圆弧的起始点)
指定圆弧的第二个点或[圆心(C)/端点(E)]:_e
指定圆弧的端点:(指定圆弧的终止点)
指定圆弧的圆心(按住<Ctrl>键以切换方向)或[角度(A)/方向(D)/半径(R)]:_a
指定包含角:(输入圆弧的包含角即圆弧对应的圆心角)
```

（6）起点、端点、方向绘制圆弧 命令行提示：

```
指定圆弧的起点或[圆心(C)]:(指定圆弧的起始点)
指定圆弧的第二个点或[圆心(C)/端点(E)]:_e
指定圆弧的端点:(指定圆弧的终止点)
指定圆弧的圆心(按住<Ctrl>键以切换方向)或[角度(A)/方向(D)/半径(R)]:_d
指定圆弧的起点切向:
```

在“指定圆弧的起点切向:”提示下，用户可以通过移动鼠标的方式动态地确定圆弧在起始点处的切线方向与水平方向之间的夹角。

（7）起点、端点、半径绘制圆弧 命令行提示：

```
指定圆弧的起点或[圆心(C)]:(指定圆弧的起始点)
指定圆弧的第二个点或[圆心(C)/端点(E)]:_e
指定圆弧的端点:(指定圆弧的终止点)
指定圆弧的圆心(按住<Ctrl>键以切换方向)或[角度(A)/方向(D)/半径(R)]:_r
指定圆弧的半径:(输入圆弧的半径)
```

（8）圆心、起点、端点绘制圆弧 命令行提示：

```
指定圆弧的起点或[圆心(C)]:_c
指定圆弧的圆心:(指定圆弧的圆心)
指定圆弧的起点:(指定圆弧的起始点)
指定圆弧的端点(按住<Ctrl>键以切换方向)或[角度(A)/弦长(L)]:(指定圆弧的终止点)
```

（9）圆心、起点、角度绘制圆弧 命令行提示：

```
指定圆弧的起点或[圆心(C)]:_c
```

```
指定圆弧的圆心:(指定圆弧的圆心)
指定圆弧的起点:(指定圆弧的起始点)
指定圆弧的端点(按住<Ctrl>键以切换方向)或[角度(A)/弦长(L)]:_a
指定包含角:(输入圆弧的包含角即圆弧对应的圆心角)
```

（10）圆心、起点、长度绘制圆弧　命令行提示：

```
指定圆弧的起点或[圆心(C)]:_c
指定圆弧的圆心:(指定圆弧的圆心)
指定圆弧的起点:(指定圆弧的起始点)
指定圆弧的端点(按住<Ctrl>键以切换方向)或[角度(A)/弦长(L)]:_l
指定弦长(按住<Ctrl>键以切换方向):(输入圆弧的弦长)
```

用户输入的弦长值不得超过起点到圆心距离的两倍。

（11）连续圆弧　在命令行提示："指定圆弧的起点或［圆心（C）］："下直接按<Enter>键，AutoCAD 将以最后一次绘制的线段或圆弧过程中确定的最后一点作为新圆弧的起始点，以最后绘制线段方向或圆弧终止点处的切线方向作为新圆弧起始点处的切线方向，同时命令行提示：

```
指定圆弧的端点(按住<Ctrl>键以切换方向):(指定圆弧的终止点)
```

【小结】

1）圆弧的绘制方法有多种，具体选用哪一种方法来绘制要结合已知条件。

2）有些圆弧也可采用圆命令完成后，再用修剪命令进行修剪，也可用圆角命令完成，后面章节将做详细介绍。

【课后训练】

绘制图 1-50 所示图形，图中的点 C、D、E 是直线 AB 的等分点，且与直线 AB 垂直。

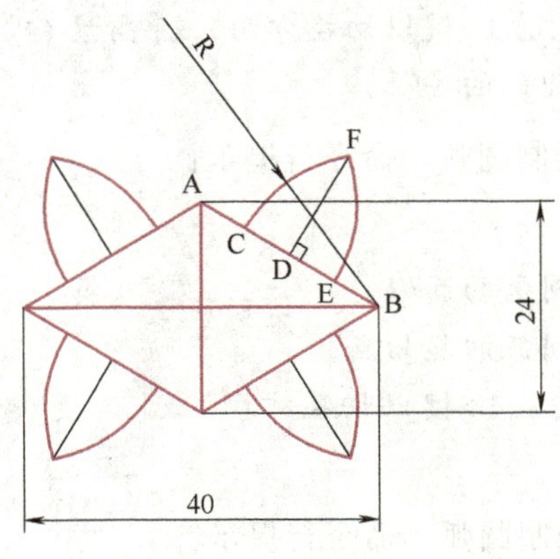

图 1-50　圆弧综合练习

任务3 绘制椭圆与椭圆弧

【任务描述】

绘制图 1-51 所示椭圆。

【任务分析】

如图 1-51 所示，矩形用直线命令绘制（也可用矩形命令绘制，后面章节将做详细介绍），中间的椭圆用椭圆命令绘制，矩形四个角处有 R30mm 的圆弧用圆角命令完成。

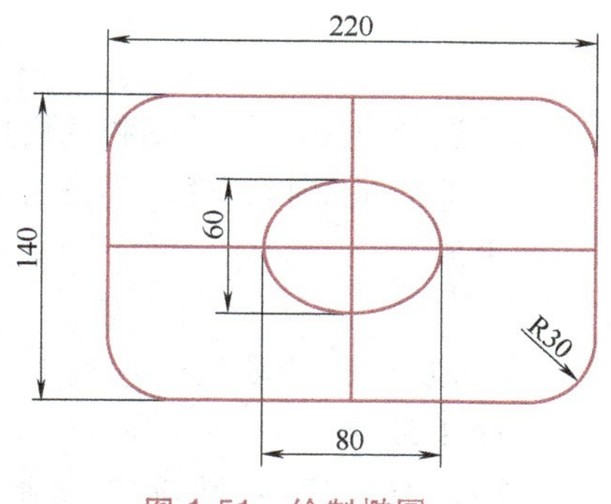

图 1-51 绘制椭圆

【任务实施】

绘制步骤如下。

1. 绘制矩形

利用“直线”命令绘制矩形。

2. 绘制两条直线

利用“直线”命令及“中点捕捉”功能，绘制两条直线。

3. 绘制椭圆

调用“椭圆”命令，命令行提示：

```
命令:_ellipse
指定椭圆的轴端点或[圆弧(A)/中心点(C)]:C↙   //椭圆中心为已知,故选择中心点(C)
指定椭圆的中心点:<对象捕捉 开>捕捉直线的中点   //直线的中点即椭圆的中心点
指定轴的端点:<正交 开>40↙   //将正交模式打开,把光标移至椭圆中心点的左上方或右方,输入椭圆长半轴的长度值“40”
指定另一条半轴长度或[旋转(R)]:30↙   //把光标移至椭圆中心点的上方或下方,输入椭圆短半轴的长度值“30”
```

4. 绘制圆角

调用“圆角”命令，命令行提示：

```
选择第一个对象或[放弃(U)/多段线(P)/半径(R)/修剪(T)/多个(M)]:R↙
//已知为圆角的半径,所以以半径进行圆角修剪
指定圆角半径<3.0000>:30↙   //输入圆角半径
选择第一个对象或[放弃(U)/多段线(P)/半径(R)/修剪(T)/多个(M)]:选择任意相邻两条边   //选择对象
```

完成圆角，按<Enter>键，继续选择其他相邻边，完成其他圆角。

【相关知识】

一、椭圆

绘制椭圆时，其造型由定义其长度和宽度的长（主）轴和短（次）轴决定。椭圆上的前两个点确定第一条轴的位置和长度，第三个点确定椭圆的圆心与第二条轴的端点之间的距离。

1. 命令调用

1）功能区：单击功能区“默认”选项卡下“绘图”面板中各“椭圆”命令按钮，如图 1-52 所示。

2）菜单栏：选择“绘图”→“椭圆”→绘制椭圆的子命令。

3）工具栏：单击“绘图”工具栏中的“椭圆”按钮。

4）命令行：输入“ellipse”。

圆心
轴，端点
椭圆弧

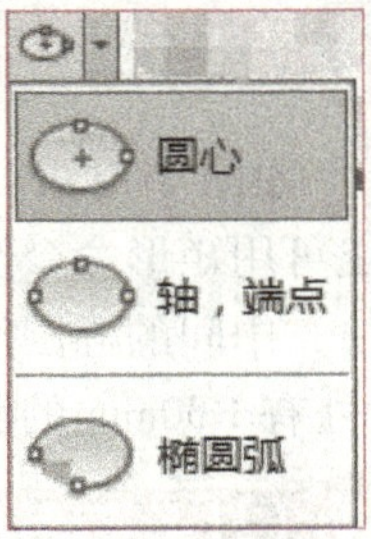

图 1-52　椭圆绘制快捷菜单

2. 操作方法

（1）圆心　使用中心点、第一个轴的端点和第二个轴的长度来创建椭圆。可通过单击所需距离处的某个位置或输入长度值来指定距离。命令行提示：

```
命令：_ellipse
指定椭圆的轴端点或[圆弧(A)/中心点(C)]：c
指定椭圆的中心点：(指定椭圆的中心点)
指定轴的端点：(指定第一条轴的第一个端点)
指定另一条半轴长度或[旋转(R)]：(指定距离以定义第二条轴的半长，或输入“R”，通过绕第一条轴旋转定义椭圆的长轴短轴比例)
```

（2）轴、端点　根据两个端点定义椭圆的第一条轴。第一条轴既可定义椭圆的长轴也可定义短轴。使用从第一条轴的中点到第二条轴的端点的距离定义第二条轴半轴长度。也可通过绕第一条轴旋转圆来创建椭圆。命令行提示：

```
命令：_ellipse
指定椭圆的轴端点或[圆弧(A)/中心点(C)]：(指定第一条轴的第一个端点)
指定轴的另一个端点：(指定第一条轴的第二个端点)
指定另一条半轴长度或[旋转(R)]：(从中点拖离定点设备，然后单击以指定第二条轴半轴长度的距离，或输入“R”)
```

二、椭圆弧

创建一段椭圆弧。椭圆弧上的前两个点确定第一条轴的位置和长度。第一条轴可以根据其大小定义长轴或短轴。第三个点确定椭圆弧的圆心与第二条轴的端点之间的距离。第四个点和第五个点确定起点和端点角度。

```
命令：_ellipse
```

指定椭圆的轴端点或[圆弧(A)/中心点(C)]:_a
指定椭圆弧的轴端点或[中心点(C)]:(指定第一条轴的端点)
指定轴的另一个端点:(指定第一条轴的另外一个端点)
指定另一条半轴长度或[旋转(R)]:(指定距离以定义第二条轴的半长,或输入“R”)
指定起点角度或[参数(P)]:(指定起点角度)
指定端点角度或[参数(P)/夹角(I)]:(指定端点角度)

椭圆弧从起点到端点是沿逆时针方向绘制的。

三、圆角

该命令用来给对象加圆角。

1. 命令调用

1）功能区：单击功能区“默认”选项卡下“修改”面板中的“圆角”按钮。

2）工具栏：单击“修改”工具栏中的“圆角”按钮。

3）菜单栏：选择“修改”→“圆角”命令。

4）命令行：输入“fillet”。

2. 操作方法

1）依次单击“默认”选项卡→“修改”面板→“圆角”按钮。命令行提示：

当前设置:模式=当前,半径=当前
选择第一个对象或[放弃(U)/多段线(P)/半径(R)/修剪(T)/多个(M)]:(使用对象选择方法或输入选项)

2）执行以下操作之一。

① 输入“P”，为多段线创建圆角。在二维多段线中，两条线段相交的每个顶点处插入圆角弧。

② 输入“R”，定义圆角弧的半径。

③ 输入“T”，控制“fillet”是否将选定的边修剪到圆角弧的端点。

输入修剪模式选项[修剪(T)/不修剪(N)]<当前>:(输入选项或按<Enter>键)

“修剪”表示修剪选定的边到圆角弧端点；“不修剪”表示不修剪选定边。

④ 输入“M”，给多个对象集创建圆角。

【提示】

1）AutoCAD 可以为圆弧、圆、椭圆和椭圆弧、直线、多段线、样条曲线等创建圆角。

2）在进行圆角绘制时，如果所要绘制的圆角与上次的圆角一样，可直接按<Enter>键，继续选择圆角对象。

【小结】

1）椭圆弧的绘制除了用椭圆弧命令外，也可用椭圆命令和修剪命令完成。

2）绘制圆角时，当输入的圆角半径大于直线长度或圆弧半径时，圆角不会生成。

3）在绘制一些圆弧时，可用圆角命令来完成。

【课后训练】

绘制图 1-53 和图 1-54 所示图形。

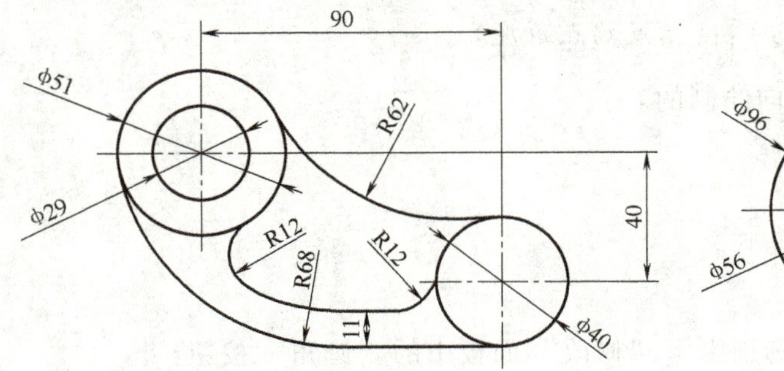

图 1-53　圆与圆弧综合绘制练习 1

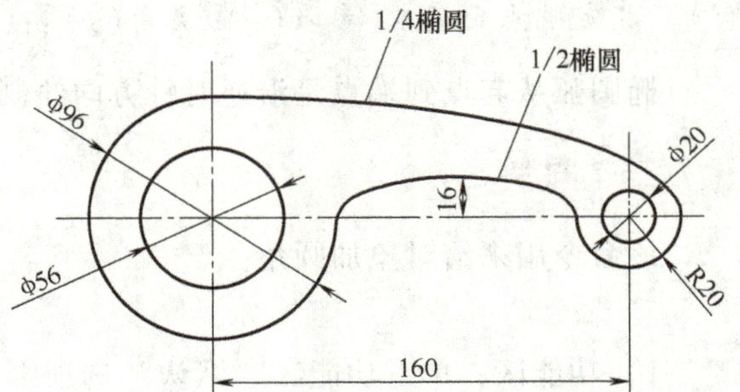

图 1-54　圆与圆弧综合绘制练习 2

任务 4　绘制矩形

【任务描述】

绘制图 1-55 所示图形。

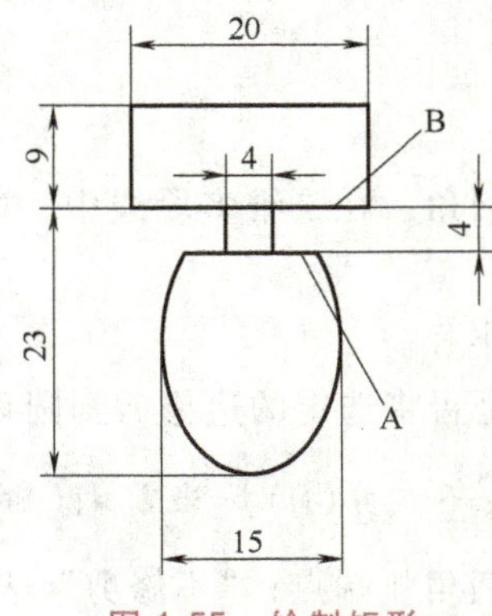

图 1-55　绘制矩形

【任务分析】

图 1-55 所示矩形用矩形命令绘制，下半部分可先用椭圆命令，再利用分解命令将矩形分解，将分解得到的直线利用偏移命令进行偏移，最后用修剪命令完成图形绘制，中间矩形可以用偏移命令绘制。

【任务实施】

绘图步骤如图 1-56 所示。

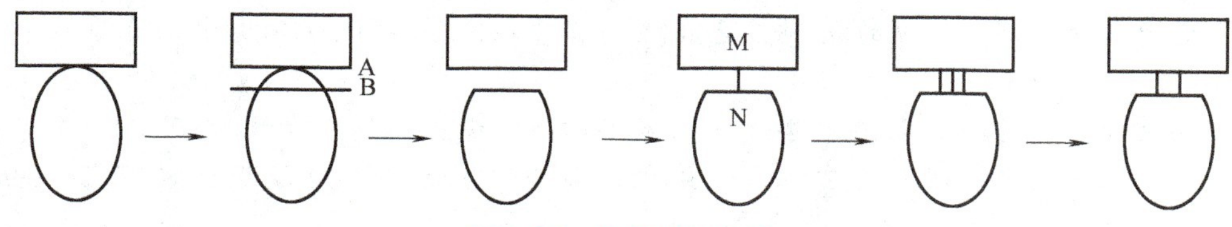

图 1-56　矩形绘制步骤

1. 绘制矩形

利用“矩形”命令，绘制长为 20mm、宽为 9mm 的矩形。

2. 绘制椭圆

利用“椭圆”命令，绘制长轴为 23mm、短轴为 15mm 的椭圆。

3. 将矩形分解

系统将所绘制的矩形作为一个整体来处理，要想修改其中某个元素，应先对矩形进行分解。

调用“分解”命令，命令行提示：

```
命令:_explode
选择对象:选择矩形                              //选择要分解的图形
选择对象:↙                                     //按<Enter>键结束对象的选择
```

矩形被分解为四条直线段。

4. 绘制直线

调用“偏移”命令，命令行提示：

```
命令:_offset
指定偏移距离或[通过(T)/删除(E)/图层(L)]<通过>:4↙ //输入两直线的距离
选择要偏移的对象或<退出>:选择矩形的底边直线 A      //选择用来作为平移的已
                                                  知直线
指定点以确定偏移所在一侧:将光标移到直线 A 的下方单击 //指向直线偏移的方向
选择要偏移的对象或<退出>:↙
```

5. 修剪直线与圆弧

调用“修剪”命令，按照图 1-56 所示图形进行修剪。

6. 绘制直线 MN

调用“直线”命令，绘制直线 MN。

7. 绘制与 MN 距离相等的两条直线

调用“偏移”命令，绘制与直线 MN 距离相等的两条直线。

调用“偏移”命令，命令行提示：

```
命令:_offset
当前设置:删除源=否　图层=源　OFFSETGAPTYPE=0
指定偏移距离或[通过(T)/删除(E)/图层(L)]<4.0000>:2↙
选择要偏移的对象,或[退出(E)/放弃(U)]<退出>:选择直线 MN
```

指定要偏移的那一侧上的点，或[退出(E)/多个(M)/放弃(U)]<退出>：在直线 MN 左侧单击

单击选择要偏移的对象，或[退出(E)/放弃(U)]<退出>：选择直线 MN

指定要偏移的那一侧上的点，或[退出(E)/多个(M)/放弃(U)]<退出>：在直线 MN 右侧单击

选择要偏移的对象，或[退出(E)/放弃(U)]<退出>：↙

8. 删除直线 MN

至此，图形绘制完成。

【提示】

偏移命令中的偏移距离，默认为上次输入的值，因此在执行该命令时，一定要先查看所给定的偏移距离是否正确，是否需要进行调整。

【相关知识】

一、矩形

1. 命令调用

1）功能区：单击功能区“默认”选项卡下“绘图”面板中的“矩形”按钮。

2）菜单栏：选择“绘图”→“矩形”命令。

3）工具栏：单击“绘图”工具栏中的“矩形”按钮。

4）命令行：输入“rectang”。

2. 操作方法

调用“矩形”命令，命令行提示：

指定第一个角点或[倒角(C)/标高(E)/圆角(F)/厚度(T)/宽度(W)]：(输入选项或指定点)

1）第一个角点：指定矩形的一个角点，命令行提示：

指定另一个角点或[面积(A)/尺寸(D)/旋转(R)]：(指定点或输入选项)

另一个角点：使用指定的点作为对角点创建矩形。

① 面积：使用面积与长度或宽度创建矩形。如果选择“倒角”或“圆角”选项，则区域将包括倒角或圆角在矩形角点上产生的效果。输入“A”，命令行继续提示：

输入以当前单位计算的矩形面积<100>：(输入一个正值)

计算矩形标注时依据[长度(L)/宽度(W)]<长度>：(输入“L”或“W”)

输入矩形长度<10>：(输入一个非零值)

或

输入矩形宽度<10>：(输入一个非零值)

指定另一个角点或[面积(A)/尺寸(D)/旋转(R)]：(移动光标，以显示矩形可能位于的四个位置之一并在期望的位置)

② 尺寸：使用长和宽创建矩形。输入“D”，命令行继续提示：

指定矩形的长度<0.0000>:(输入一个非零值)

指定矩形的宽度<0.0000>:(输入一个非零值)

指定另一个角点或[面积(A)/尺寸(D)/旋转(R)]:(移动光标,以显示矩形可能位于的四个位置之一并在期望的位置)

③ 旋转：按指定的旋转角度创建矩形。输入“R”，命令行继续提示：

指定旋转角度或[拾取点(P)]<0>:(通过输入值、指定点或输入“P”并指定两个点来指定角度)

指定另一个角点或[面积(A)/尺寸(D)/旋转(R)]:(移动光标,以显示矩形可能位于的四个位置之一并在期望的位置)

2）倒角：设置矩形的倒角距离。输入“C”，命令行继续提示：

指定矩形第一个倒角距离<当前值>:(指定距离或按<Enter>键)

指定矩形第二个倒角距离<当前值>:(指定距离或按<Enter>键)

3）标高：指定矩形的标高。输入“E”，命令行继续提示：

指定矩形的标高<当前值>:(指定距离或按<Enter>键)

4）圆角：指定矩形的圆角半径。输入“F”，命令行继续提示：

指定矩形的圆角半径<当前值>:(指定半径值或按<Enter>键)

5）厚度：指定矩形的厚度，一般用于三维绘图。输入“T”，命令行继续提示：

指定矩形的厚度<当前值>:(指定厚度值或按<Enter>键)

6）宽度：为要绘制的矩形指定多段线的宽度。输入“W”，命令行继续提示：

指定矩形的线宽<当前值>:(指定线宽或按<Enter>键)

二、偏移

该命令用来在距现有对象指定的距离处或通过指定点创建其形状与原始对象平行的新对象。

1. 命令调用

1）功能区：单击功能区“默认”选项卡下“修改”面板中的“偏移”按钮。

2）工具栏：单击“修改”工具栏中的“偏移”按钮。

3）菜单栏：选择“修改”→“偏移”命令。

4）命令行：输入“offset”。

2. 操作方法

1）依次单击“默认”选项卡下“修改”面板中的“偏移”按钮。命令行提示：

当前设置:删除源=当前值图层=当前值 OFFSETGAPTYPE=当前值

指定偏移距离或[通过(T)/删除(E)/图层(L)]<当前>:(指定距离、输入选项或按<Enter>键)

2）执行以下操作之一。

① 按指定的距离偏移对象。

a. 指定偏移距离。可以输入值或使用指定点。

b. 选择要偏移的对象。

c. 指定某个点，以指示在原始对象的内部还是外部偏移。

② 使偏移对象通过一点。

a. 输入“T”（通过点）。

b. 选择要偏移的对象。

c. 指定偏移对象要通过的点。

3）根据需要创建多个偏移对象。要结束命令，按<Enter>键。

三、倒角

该命令用来给对象添加倒角。

1. 命令调用

1）功能区：单击功能区“默认”选项卡下“修改”面板中的“倒角”按钮。

2）工具栏：单击“修改”工具栏中的“倒角”按钮。

3）菜单栏：选择“修改”→“倒角”命令。

4）命令行：输入“chamfer”。

2. 操作方法

1）依次单击“默认”选项卡下“修改”面板中的“倒角”按钮。命令行提示：

（“修剪”模式）当前倒角距离 1=当前，距离 2=当前

选择第一条直线或[放弃(U)/多段线(P)/距离(D)/角度(A)/修剪(T)/方式(E)/多个(M)]：(使用对象选择方式或输入选项)

2）执行以下操作之一。

① 输入“P”，为多段线创建倒角。

② 输入“D”，设定倒角距离，利用指定的距离进行倒角。

③ 输入“A”，通过指定的长度和角度进行倒角。

④ 输入“M”，为多组对象倒角。

【提示】

偏移命令是一个单对象编辑命令，在使用过程中，只能以直接拾取方式选择对象。

【小结】

1）矩形的绘制可以用矩形命令，也可用直线命令来完成。用矩形命令绘制的矩形为一个整体，在后续修改矩形的某个元素时要将其分解。

2）倒角命令可以对对象进行不同形式的倒角操作。

3）偏移命令不仅可以偏移直线，还可以偏移圆、圆弧、曲线等。

【课后训练】

绘制图 1-57 所示图形。

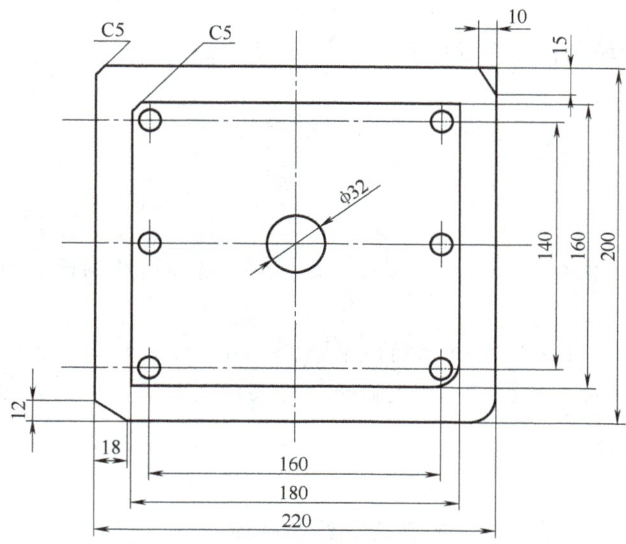

图 1-57 矩形综合绘制练习

任务 5 绘制正多边形

【任务描述】

绘制图 1-58 所示图形。

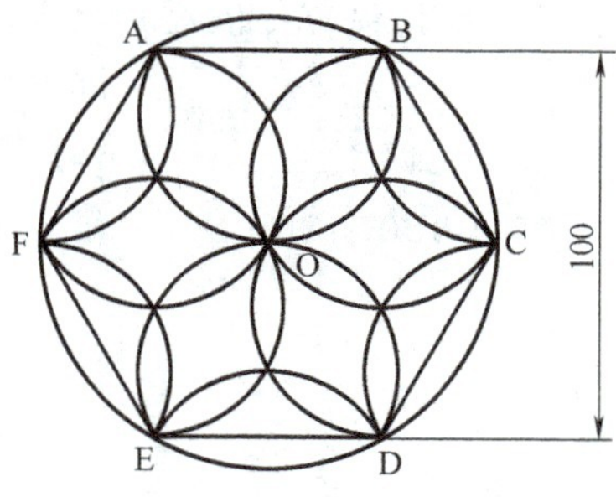

图 1-58 正多边形绘制

【任务分析】

如图 1-58 所示，正五边形与圆内接，内部用三点连圆弧的方式绘制，因已知尺寸为 100mm，其他各尺寸都未知，所以绘制时利用圆、正多边形、圆弧命令按任意尺寸绘制，再按给定的尺寸（100mm），利用缩放命令进行缩放。

【任务实施】

绘图步骤如下。

1. 绘制圆

利用“圆”命令绘制任意半径的圆。

2. 绘制正六边形

调用“正多边形”命令，命令行提示：

```
命令:_polygon
输入边的数目<5>:6↙                                         //绘制正六边形
指定多边形的中心点或[边(E)]:<对象捕捉 开>选择所绘制圆的圆心
                                                           //指定多边形中心
输入选项[内接于圆(I)/外切于圆(C)]<C>:I↙                    //选择绘制方式
指定圆的半径:<对象捕捉 开>捕捉圆的任意象限点                  //正六边形内接于圆
```

正六边形绘制完成。

3. 绘制圆弧

利用“圆弧”命令中的三点定圆弧方式绘制圆弧。

4. 缩放

调用“缩放”命令，命令行提示：

```
命令:_scale
选择对象:选择所有元素                          //选择要缩放的对象
选择对象:↙                                     //按<Enter>键确定所选对象
指定基点:选择圆心(也可任选一点)                 //指定要缩放的基点
指定比例因子或[复制(C)/参照(R)]:R↙             //以参照某个对象的方式进行缩放
指定参照长度<100.0000>:<对象捕捉 开>依次捕捉点A和点E
                                               //以直线AB和直线CD的距离作为
                                                 参照
指定新的长度或[点(P)]<100.0000>:100↙          //指定缩放后新的长度
```

图形绘制完成。

【相关知识】

一、正多边形

该命令用于绘制边数等于或大于3的正多边形。

1. 命令调用

1）功能区：单击功能区“默认”选项卡下“绘图”面板中的“多边形”按钮⬠。

2）菜单栏：选择“绘图”→“多边形”命令。

3）工具栏：单击“绘图”工具栏中的“多边形”按钮⬠。

4）命令行：输入“polygon”。

2. 操作方法

1）依次单击“默认”选项卡下“绘图”面板中的“多边形”按钮。

2）在命令行提示下，输入边数。

3）根据需要选择绘制方式。

① 内接正多边形方式（图 1-59a）。

a. 指定多边形的中心。

b. 输入“I”以指定与圆内接的多边形。

c. 输入半径长度。

② 外切多边形方式（图 1-59b）。

a. 指定多边形的中心。

b. 输入“C”以指定与指定点所在圆外切的多边形。

c. 输入半径长度。

③ 边长方式。

a. 输入“E”（边）。

b. 指定一条多边形线段的起点。

c. 指定多边形线段的端点。

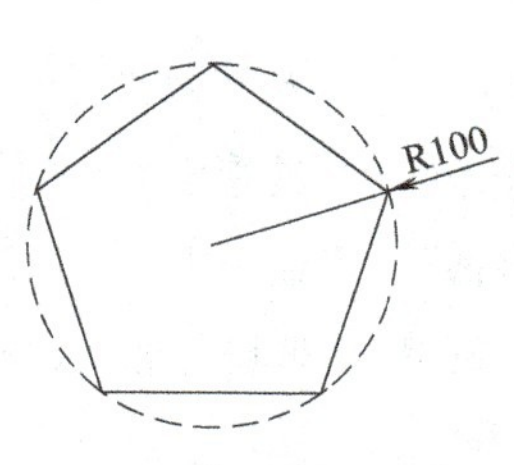

a)

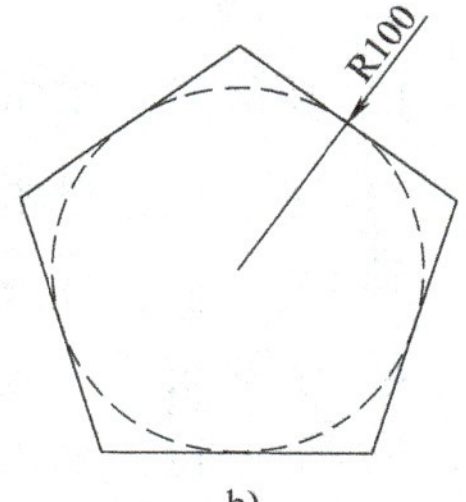

b)

图 1-59　正多边形绘制

二、缩放

该命令用于在 X、Y、Z 方向按比例放大或缩小对象。

1. 命令调用

1）功能区：单击功能区“默认”选项卡下“修改”面板中的“缩放”按钮。

2）工具栏：单击“修改”工具栏中“缩放”按钮。

3）菜单栏：选择“修改”→“缩放”命令。

4）快捷菜单：选择要缩放的对象，然后在绘图区域中右击，选择“缩放”命令。

5）命令行：输入“scale”。

2. 操作方法

调用“缩放”命令，命令行提示：

```
选择对象:(使用对象选择方法并在完成时按<Enter>键)
指定基点:(指定基点)
指定比例因子或[复制(C)/参照(R)]:(指定比例、输入“C”或输入“R”)
```

1）指定比例因子：按指定的比例放大选定对象的尺寸。大于 1 的比例因子使对象放大。介于 0 和 1 之间的比例因子使对象缩小。

2）复制：创建要缩放的选定对象的副本。

3）参照：按参照长度和指定的新长度缩放所选对象。输入“R”，命令行继续提示：

指定参照长度<1>:(指定缩放选定对象的起始长度)

指定新长度或[点(P)]:(指定将选定对象缩放到的最终长度,或者输入"P"使用两点来定义长度)

【提示】

内接圆和外切圆中的圆是假想中的圆，该圆并不画出。

三、旋转

该命令用来将对象绕指定的基点旋转指定的角度。

1. 命令调用

1）功能区：单击功能区“默认”选项卡下“修改”面板中的“旋转”按钮。

2）工具栏：单击“修改”工具栏中的“旋转”按钮。

3）菜单栏：选择“修改”→“旋转”命令。

4）快捷菜单：选择要旋转的对象，然后在绘图区域中右击，选择“旋转”命令。

5）命令行：输入“rotate”。

2. 操作方法

1）依次单击“常用”选项卡下“修改”面板中的“旋转”按钮。

2）选择要旋转的对象。

3）指定旋转基点，命令行提示：

指定旋转角度,或[复制(C)/参照(R)]:(输入角度或指定点,或者输入"C"或"R")

4）执行以下操作之一。

① 按指定角度旋转对象：输入旋转角度。

② 通过拖动旋转对象：绕基点拖动对象并指定旋转对象的终止位置。

③ 旋转复制对象：输入“C”，创建选定对象的副本。

④ 旋转对象的绝对角度：输入“R”，将选定的对象从指定参照角度旋转到绝对角度。

【小结】

1）多边形命令除了可以用于绘制正六边形，还可以绘制正3~1024边形。

2）比例缩放是真正改变了图形的大小，当比例因子为1时，图形大小不变；当比例因子小于1时，图形将缩小；当比例因子大于1时，图形将放大。

3）使用旋转命令时，若旋转角度已知，可直接输入角度值；若旋转角度未知，可用参照方式进行旋转。

【课后训练】

绘制图1-60和图1-61所示图形。

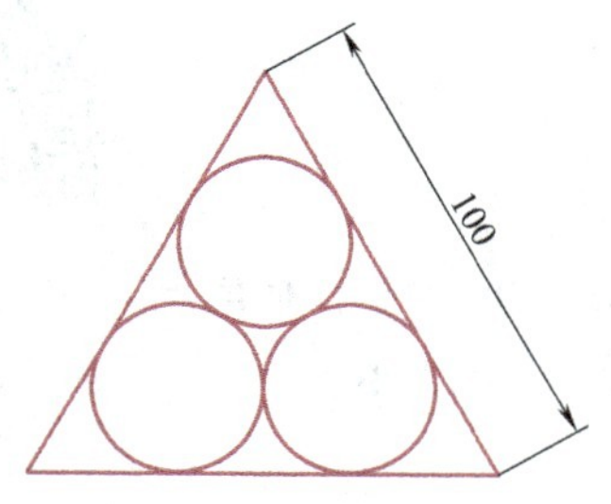

图 1-60 正多边形综合练习 1

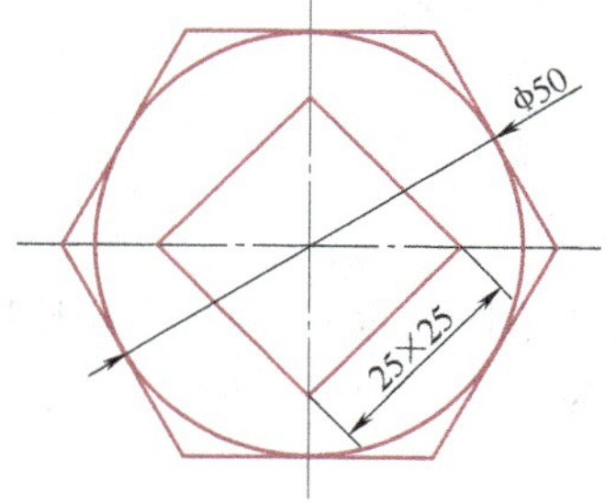

图 1-61 正多边形综合练习 2

项目 5 绘制边界、面域与图案填充

通过前面讲述的一些基本的二维绘图和编辑命令，可以完成一些简单二维图形的绘制，但一些复杂二维图形的绘制利用前面所学的命令很难完成。为此，AutoCAD 推出了高级二维绘图和编辑命令，供用户更加方便、有效地完成这些复杂二维图形的绘制。本项目主要学习一些特殊图元的绘制方法和夹点编辑技巧，具体包括边界、面域、图案填充、夹点编辑以及复合图形结构的绘制等，为之后分析较为复杂的组合图形结构打下基础。

【学习目标】

1）掌握 AutoCAD 2020 边界与面域的创建和应用的方法。
2）熟悉 AutoCAD 2020 绘制复合图形结构的方法和步骤。
3）掌握 AutoCAD 2020 图形阵列功能的使用方法。
4）掌握 AutoCAD 2020 图形夹点编辑功能的使用方法。

任务 1 创建边界与面域

【任务描述】

利用二维绘图命令绘制图 1-62 所示扳手，并利用布尔运算命令对其进行编辑。

图 1-62 扳手平面图

【任务分析】

本任务将综合运用矩形、正多边形命令及其面域创建和布尔运算命令。

【任务实施】

绘图步骤如下。

1. 绘制矩形

单击“绘图”面板中的“矩形”按钮，绘制矩形，矩形两个对角点坐标分别为坐标分别为（50，50），（100，40），结果如图 1-63 所示。

2. 绘制两个圆

单击“绘图”面板中的“圆”按钮，绘制圆心坐标为（50，45）、半径为 10mm 的圆。同样以（100，45）为圆心，以 10mm 为半径绘制另一个圆，结果如图 1-64 所示。

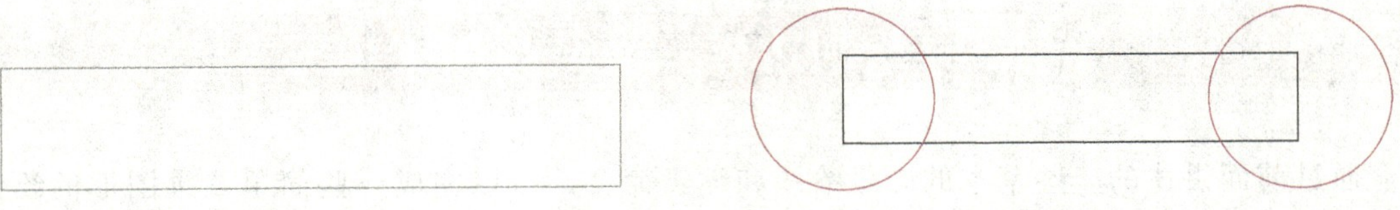

图 1-63　绘制矩形　　图 1-64　绘制两个圆

3. 绘制正六边形

单击“绘图”面板中的“多边形”按钮，绘制正六边形，命令行提示：

```
命令：_polygon 输入侧面数<6>:
指定正多边形的中心点或[边(E)]:42.5,41.5
输入选项[内接于圆(I)/外切于圆(C)]<I>:I
指定圆的半径:@ 6<90
```

同理以（107.4，48.2）为正六边形中心，以 6mm 为半径绘制另一个正六边形，结果如图 1-65 所示。

4. 创建面域

单击“绘图”面板中的“面域”按钮，将所有图形分别转换成面域。命令行提示：

图 1-65　绘制正六边形

```
命令：_region
选择对象：指定对角点：找到 5 个
选择对象：已提取 5 个环
```

5. 并集处理

选择“修改”→“实体编辑”→“并集”命令，将矩形分别与两个圆进行并集处理，如图 1-66a 所示。

6. 差集处理

选择“修改”→“实体编辑”→“差集”命令，以并集对象为主体对象，正六边形作为参照体进行差集处理，结果如图 1-66b 所示。

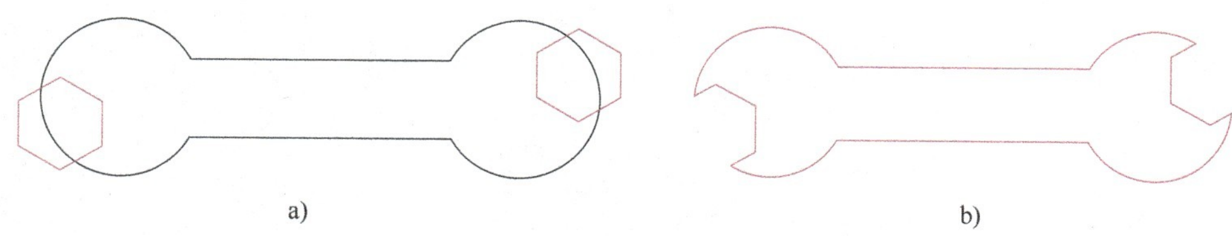

图 1-66 修剪图形

【相关知识】

一、绘制边界

所谓“边界”，实际上就是一条闭合的多段线，此种多段线不能直接绘制，而是使用边界命令，从多个相交对象中进行提取或将多个首尾相连的对象转化成边界。

1. 命令调用

1）菜单栏：选择“绘图”→“边界”命令。

2）工具栏：单击“绘图”工具栏中的“边界”按钮 。

3）命令行：输入“boundary”。

2. 操作方法

1）执行“新建”命令，综合使用“圆”和“矩形”等命令绘制图 1-67 所示图形。

2）选择“绘图”→“边界”命令，弹出图 1-68 所示“边界创建”对话框。

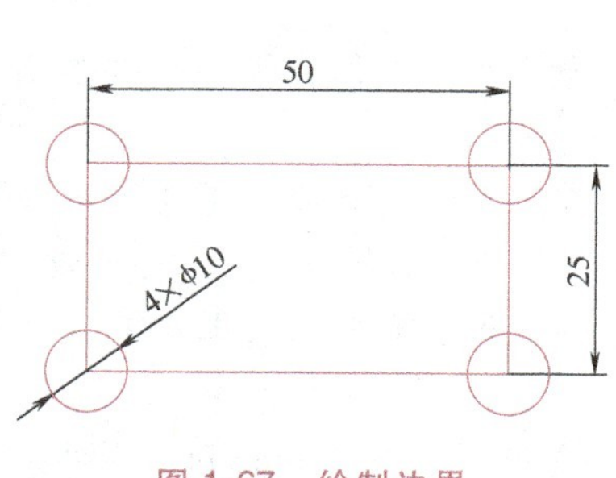

图 1-67 绘制边界

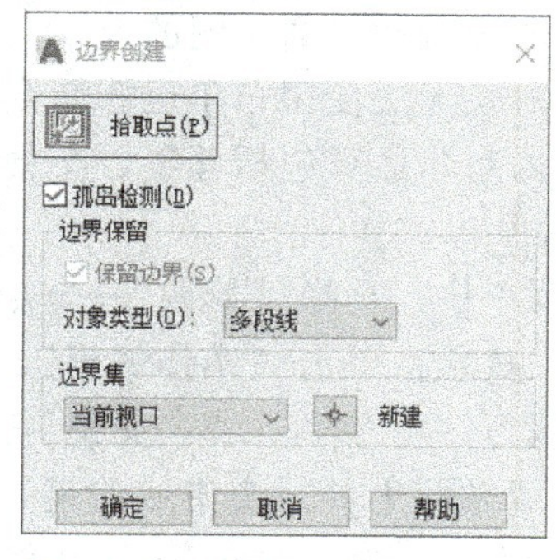

图 1-68 “边界创建”对话框

3）单击对话框左上角的“拾取点”按钮，返回绘图区，根据命令行“拾取内部点”的提示，在矩形内部拾取一点，此时系统自动分析出一个闭合的蓝色边界，如图 1-69 所示。

4）继续在命令行“拾取内部点”的提示下，按<Enter>键，结束命令，创建出闭合的多段线边界。

5）使用快捷键<M>执行“移动”命令，使用“点选”的方式选择刚才创建的闭合边界进行外移，结果如图 1-70 所示。

二、创建面域

所谓“面域”，其实就是实体的表面，它是一个没有厚度的二维实心区域，它具备实体模型的一切特性，不但含有边的信息，还有边界内的信息，可以利用这些信息计算工程属性，

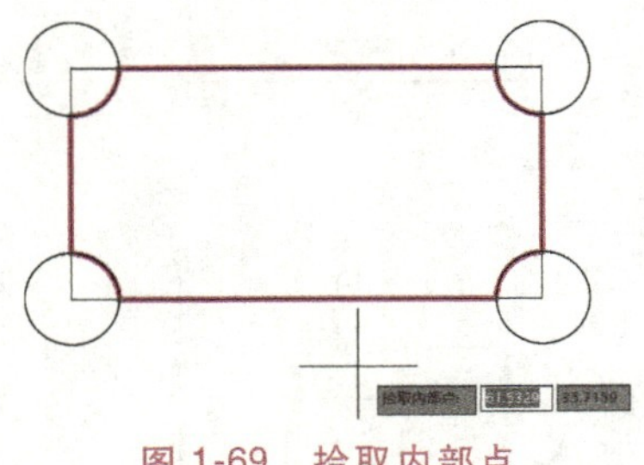

图 1-69　拾取内部点

图 1-70　创建闭合边界

例如面积、重心和惯性矩等。面域是具有边界的平面区域，内部可以包含孔。用户可以将由某些对象围成的封闭区域转变为面域，这些封闭区域可以是圆、椭圆、封闭二维多段线、封闭样条曲线等，也可以是由圆弧、直线、二维多段线和样条曲线等构成的封闭区域。

1. 命令调用

1）菜单栏：选择“绘图”→“面域”命令。

2）工具栏：单击“绘图”工具栏中的“面域”按钮 。

3）命令行：输入“region”。

2. 操作方法

执行上述命令后，根据系统提示选择对象，系统自动将所选择的对象转换成面域。

三、面域的布尔运算

布尔运算是数学上的一种逻辑运算，在使用 AutoCAD 进行绘图的过程中，利用布尔运算命令能够极大地提高绘图的效率。布尔运算的对象只包括实体和共面的面域，对于普通的线条图形对象无法使用布尔运算命令。

通常的布尔运算包括并集、交集和差集三种方式，操作方法类似，下面一并介绍。

1. 命令调用

1）菜单栏：选择“修改”→“实体编辑”→“并集”（或“交集”或“差集”）命令。

2）工具栏：单击“实体编辑”工具栏中的“并集”按钮（或“交集”按钮或“差集”按钮），执行“并集”（或“交集”“差集”）命令后，根据系统提示选择对象，系统对所选择的面域做并集（或交集或差集）计算。

3）命令行：输入“union（并集）”或“intersect（交集）”或“subtract（差集）”。

2. 操作方法

执行“差集”命令后，根据系统提示选择差集运算的主体对象，右击并在弹出的快捷菜单中选择差集运算的参照体对象，系统对所选择的面域做差集计算。运算逻辑是主体对象减去与参照体对象重叠的部分。

布尔运算的结果如图 1-71 所示。

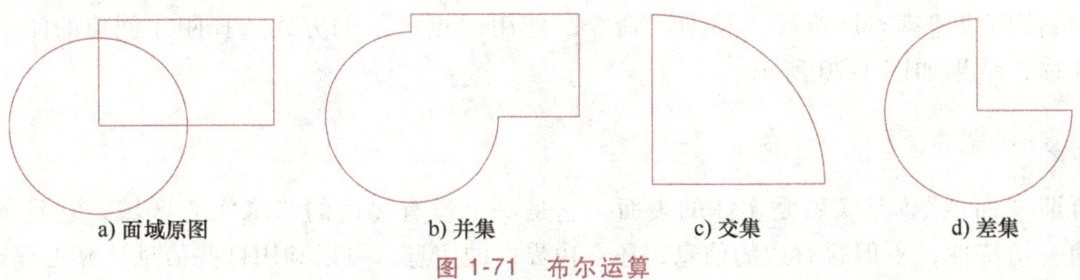

图 1-71　布尔运算

【小结】

通过本任务的学习，掌握边界、面域的创建方法及面域的布尔运算，用户可以根据图样选择适当的方法，以提升绘图效率。

【课后训练】

绘制图 1-72 所示图形。

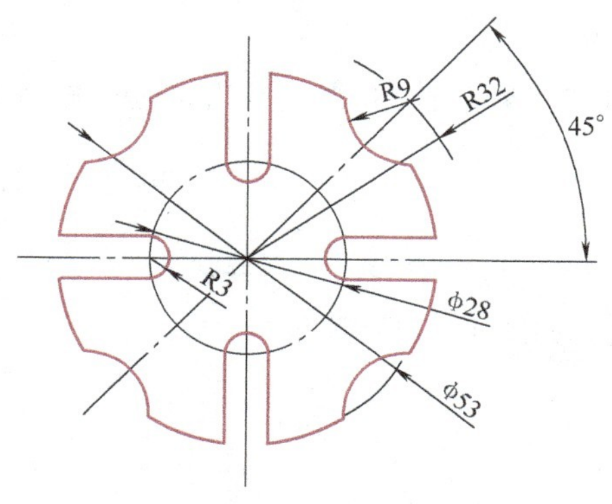

图 1-72 面域综合练习

任务 2 创建填充图案

【任务描述】

利用二维绘图命令绘制图 1-73 所示图形，并利用图案填充命令对其进行编辑。

【任务分析】

本任务将综合运用圆、圆弧命令及图案填充命令。

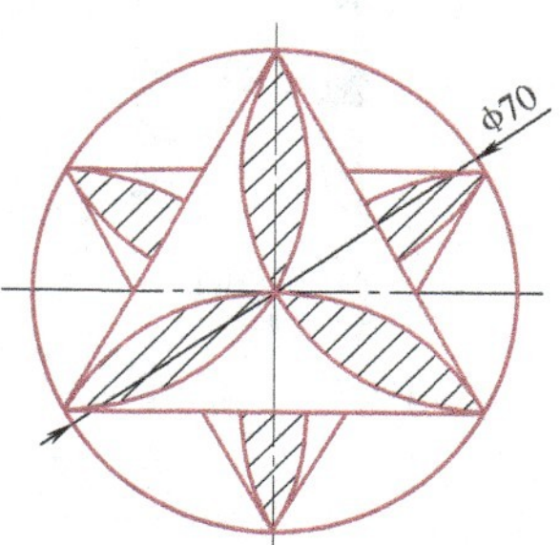

图 1-73 图案填充

【任务实施】

绘图步骤如下。

1. 绘制圆、正三角形

单击“绘图”面板中的“圆”按钮，绘制圆形，圆的直径为 70mm；绘制圆的内接正三角形，如图 1-74 所示。

2. 绘制圆弧 1

单击“绘图”面板中的“圆弧”按钮，选择“三点”成弧方式，过正三角形两个顶点、圆心，绘制三条圆弧，如图 1-75 所示。

3. 绘制正三角形

单击“绘图”面板中的“正多边形”按钮，选择圆的内接正三角形，如图 1-76 所示。

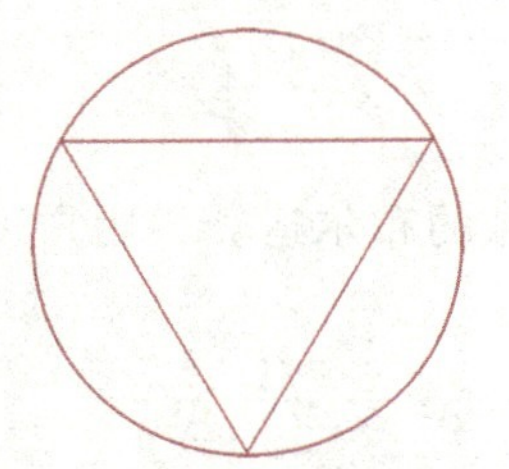

图 1-74　绘制圆、正三角形

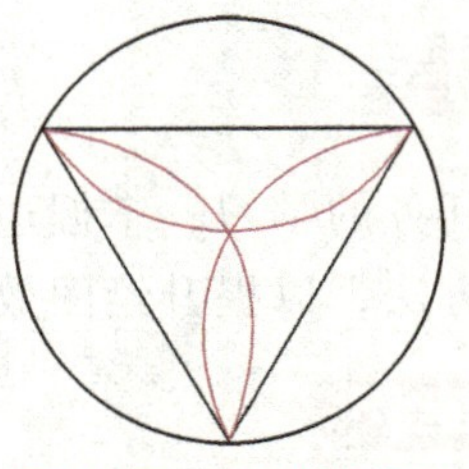

图 1-75　绘制圆弧 1

4. 修剪图形

单击“修改”面板中的“修剪”按钮，右击，选择修剪对象，将图形修剪成图 1-77 所示样式。

5. 绘制圆弧 2

单击“绘图”面板中的“圆弧”按钮，选择“三点”成弧方式，过正三角形两个顶点、圆心，绘制三条圆弧，如图 1-78 所示。

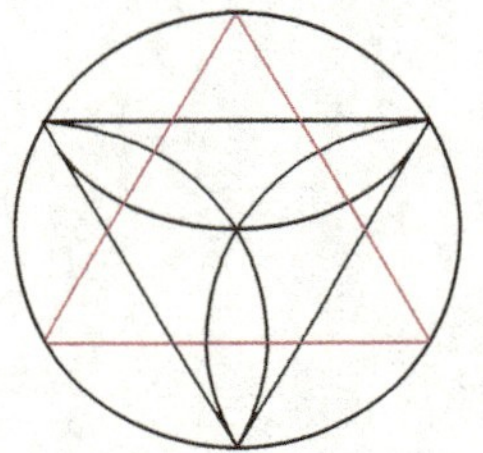

图 1-76　绘制正三角形

图 1-77　修剪图形

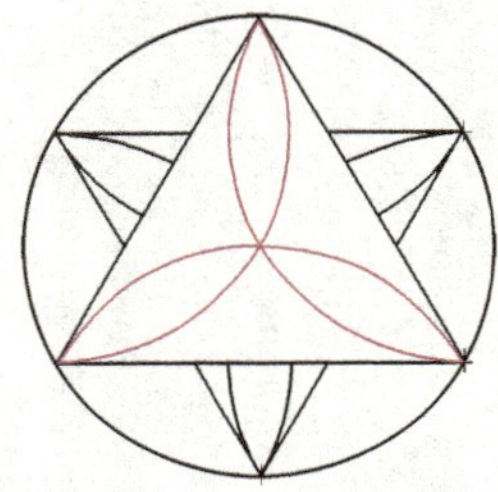

图 1-78　绘制圆弧 2

6. 图案填充

1）单击“绘图”面板中的“图案填充”按钮，在菜单栏下方弹出“图案填充创建”选项卡，设置图案填充图案为“ANSI31”，如图 1-79 所示。

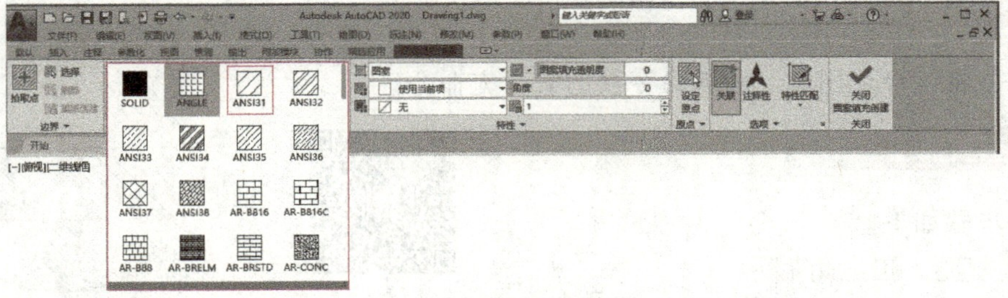

图 1-79　“图案填充创建”选项卡

2）单击“图案填充创建”选项卡中的“拾取点”按钮，根据图样要求在图案填充内部单击选择，右击结束命令，效果如图 1-80 所示。

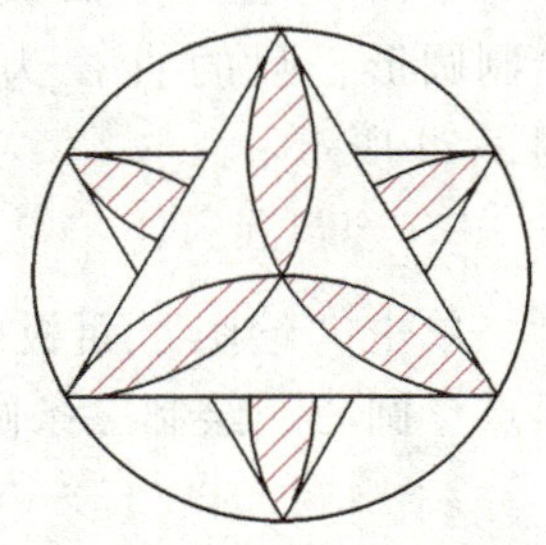

图 1-80　图案填充效果

【相关知识】

当用户需要用一个重复的图案填充一个区域时，可以使用图案填充命令建立一个相关联的填充阴影对象，该过程为图案填充。

一、图案填充的概念

1. 图案边界

在进行图案填充时，首先要确定填充图案的边界。定义边界的对象只能是直线、双向射线、单向射线、多线、样条曲线、圆弧、圆、椭圆、椭圆弧和面域等对象，或者用这些对象定义的块，而且作为边界的对象在当前屏幕上必须全部可见。

2. 孤岛

在进行图案填充时，把位于总填充域内的封闭区域称为孤岛，如图 1-81 所示。使用图案填充命令填充时，AutoCAD 允许用户以单击选取点的方式确定填充边界，即在希望填充的区域内任意单击选取一点，AutoCAD 会自动确定填充边界，同时也确定该边界内的孤岛。如果用户是以单击选取对象的方式确定填充边界的，则必须确切地点取这些岛。

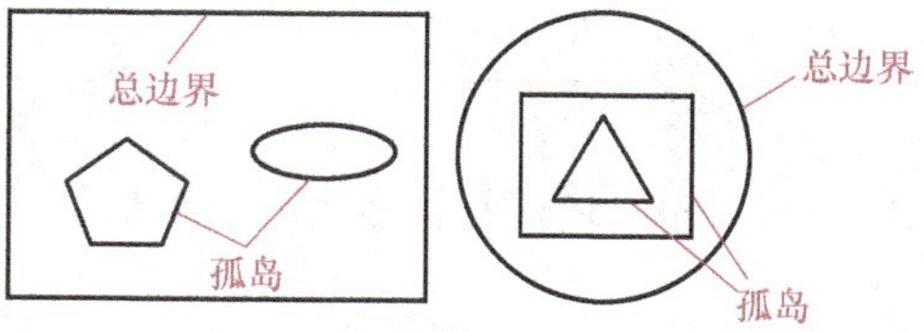

图 1-81　孤岛

二、图案填充的方式

在进行图案填充时，需要控制填充的范围，AutoCAD 系统为用户设置了以下三种填充方式实现对填充范围的控制。

1. 普通方式（图 1-82a）

该方式从边界开始，由每条填充线或每个填充符号的两端向里画，遇到内部对象与之相交时，填充线或符号断开，直到遇到下一次相交时继续画。采用这种方式时，要避免剖面线或符号与内部对象的相交次数为奇数。该方式为系统内部的默认方式。

2. 最外层方式（图 1-82b）

该方式从边界向里画填充符号，只要在边界内部与对象相交，填充符号就由此断开，不再继续填充。

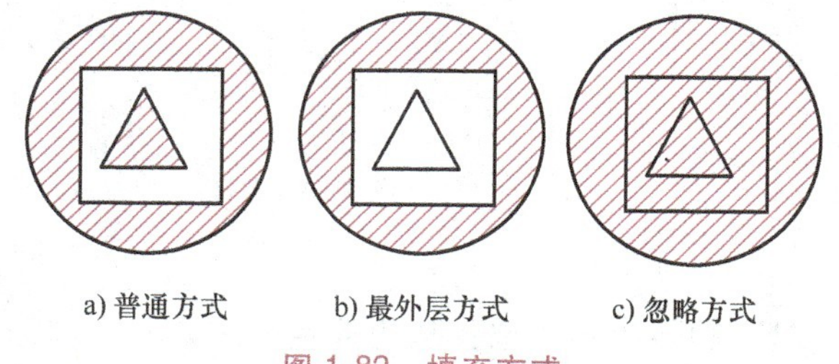

a) 普通方式　　b) 最外层方式　　c) 忽略方式

图 1-82　填充方式

3. 忽略方式（图 1-82c）

该方式忽略边界内的对象，所有内部结构都被填充符号覆盖。

三、图案填充的操作

在 AutoCAD 2020 中，可以对图形进行图案填充，图案填充是在“图案填充和渐变色”对话框中进行的。

1. 命令调用

1）菜单栏：选择“绘图”→“图案填充”命令。

2）工具栏：单击“绘图”工具栏中的“图案填充”按钮 。

3）功能区：单击“默认”选项卡下“绘图”面板中的“图案填充”按钮 。

4）命令行：输入“bhatch”。

2. 操作方法

执行上述命令后系统打开图 1-79 所示的“图案填充创建”选项卡，各参数的含义如下。

（1）“边界”面板

1）拾取点：通过选择由一个或多个对象形成的封闭区域内的点，确定图案填充边界，如图 1-83 所示。指定内部点时，可以随时在绘图区中右击，以显示包含多个选项的快捷菜单。

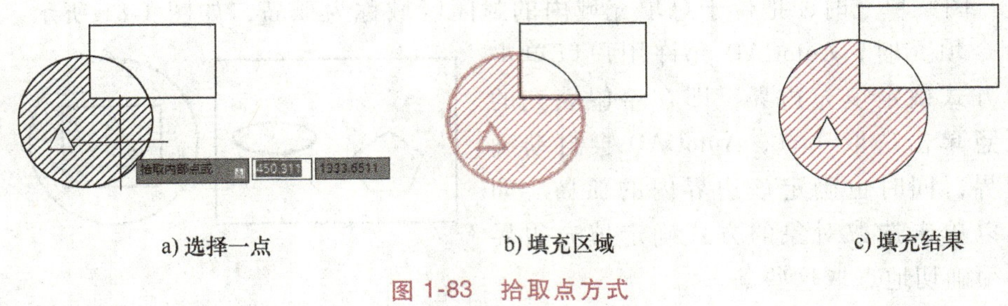

a) 选择一点　b) 填充区域　c) 填充结果

图 1-83　拾取点方式

2）选择边界对象：指定基于选定对象的图案填充边界。使用该选项时，系统不会自动检测内部对象，必须选择选定边界内的对象，按照当前孤岛检测样式填充这些对象，如图 1-84 所示。

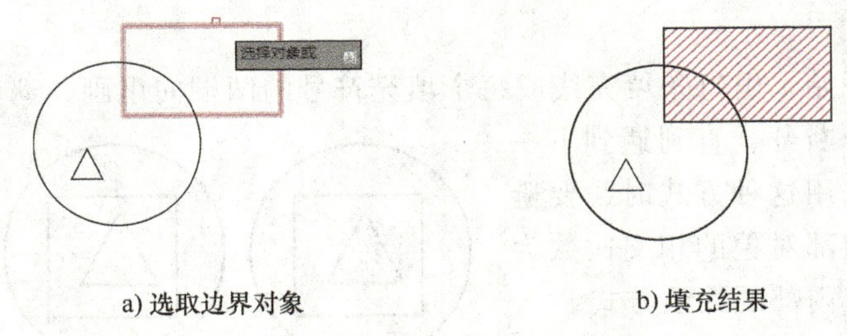

a) 选取边界对象　b) 填充结果

图 1-84　选择边界对象方式

3）删除边界对象：从边界定义中删除之前添加的所有对象，如图 1-85 所示。

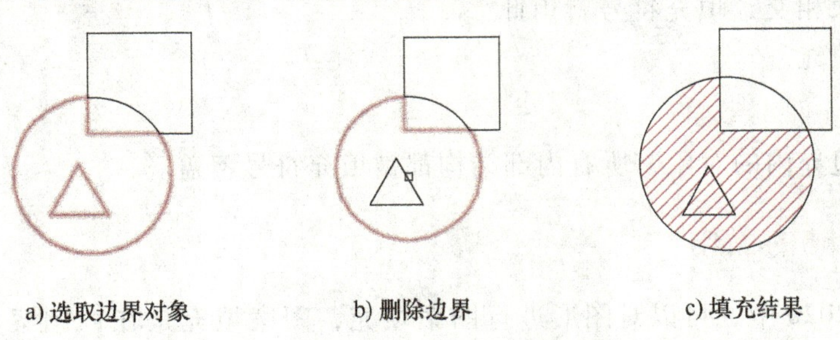

a) 选取边界对象　b) 删除边界　c) 填充结果

图 1-85　删除边界对象方式

4）重新创建边界：围绕选定的图案填充或填充对象创建多段线或面域，并使其与图案填充对象关联（可选）。

5）显示边界对象：选择构成选定关联图案填充对象的边界的对象，使用显示的夹点可修改图案填充边界。

6）保留边界对象：指定处理图案填充边界对象的方法。该选项包括以下内容。

① 不保留边界：不创建独立的图案填充边界对象。

② 保留边界-多段线：创建封闭图案填充对象的多段线。

③ 保留边界-面域：创建封闭图案填充对象的面域对象。

④ 选择新边界集：指定对象的有限集（称为边界集），以便通过创建图案填充时的拾取点进行计算。

（2）“图案”面板　显示所有预定义和自定义图案的预览图像。

（3）“特性”面板

1）图案填充类型：指定是使用纯色、渐变色、图案还是用户定义的填充。

2）图案填充颜色：替代实体填充和填充图案的当前颜色。在剖视图中，被剖切面剖切到的部分称为剖面。为了在剖视图上区分剖面和其他表面，应在剖面上画出剖面符号（也称剖面线）。机件的材料不相同，选用的剖面符号也不相同。各种材料的剖面符号见表1-2。

表1-2　各种材料的剖面符号

材料名称		剖面符号	材料名称	剖面符号
金属材料（已有规定剖面符号者除外）			木质胶合板（不分层数）	
非金属材料（已有规定剖面符号者除外）			基础周围的泥土	
转子、电枢、变压器和电抗器等的叠钢片			混凝土	
线圈绕组元件			钢筋混凝土	
型砂、填砂、粉末冶金、砂轮、陶瓷刀片、硬质合金刀片等			砖	
玻璃及供观察用的其他透明材料			格网（筛网、过滤网等）	
木材	纵断面		液体	
	横断面			

3）背景色：指定填充图案背景的颜色。

4）图案填充透明度：设定新图案填充或填充的透明度，替代当前对象的透明度。

5）图案填充角度：指定图案填充的角度。

6）填充图案比例：放大或缩小预定义或自定义填充图案。

7）相对图样空间：相对于布局空间单位缩放填充图案（仅在布局中可用）。使用此选项，可很容易地做到以适合于布局的比例显示填充图案。

8）双向：将绘制第二组直线，与原始直线成90°，从而构成交叉线（仅当“图案填充类型”设定为“用户定义”时可用）。

9）ISO 笔宽：基于选定的笔宽缩放 ISO 图案（仅对于预定义的 ISO 图案可用）。

（4）“原点”面板

1）设定原点：直接指定新的图案填充原点。

2）左下：将图案填充原点设定在图案填充边界矩形范围的左下角。

3）右下：将图案填充原点设定在图案填充边界矩形范围的右下角。

4）左上：将图案填充原点设定在图案填充边界矩形范围的左上角。

5）右上：将图案填充原点设定在图案填充边界矩形范围的右上角。

6）中心：将图案填充原点设定在图案填充边界矩形范围的中心。

7）使用当前原点：将图案填充原点设在系统变量（HPORIGIN）中存储的默认位置。

8）储存为默认原点：将新图案填充原点的值存储在系统变量中。

（5）“选项”面板

1）关联：指定图案填充或填充为关联的图案填充。关联的图案填充在用户修改其边界对象时将会更新。

2）注释性：指定图案填充为注释性。此特性会自动完成缩放注释过程，使注释能够以正确的大小在图样上打印或显示。

3）特性匹配。

① 使用当前原点：使用选定图案填充对象（除图案填充原点外）设定图案填充的特性。

② 使用源图案填充的原点：使用选定图案填充对象（包括图案填充原点）设定图案填充的特性。

4）允许的间隙：设定将对象用作图案填充边界时可以忽略的最大间隙。默认值为 0，此值指定对象必须为封闭区域且没有间隙。

5）创建独立的图案填充：当指定了几个单独的闭合边界时，用于控制创建单个图案填充对象或创建多个图案填充对象。

6）孤岛检测。

① 普通孤岛检测：从外部边界向内填充。如果遇到内部孤岛，填充将关闭，直到遇到孤岛中的另一个孤岛。

② 外部孤岛检测：从外部边界向内填充。此选项仅填充指定的区域，不会影响内部孤岛。

③ 忽略孤岛检测：忽略所有内部的对象，填充图案时将通过这些对象。

7）绘图次序：为图案填充或填充指定绘图次序。选项包括“不更改”“后置”“前置”“置于边界之后”“置于边界之前”。

（6）“关闭”面板　关闭“图案填充创建”：退出图案填充并关闭选项卡，也可以按<Enter>键或<Esc>键退出图案填充。

四、编辑填充的图案

在对图形对象以图案进行填充后，还可以对填充图案进行编辑操作，例如更改填充图案的类型、比例等。

1. 命令调用

1）功能区：单击“默认”选项卡下“修改”面板中的“编辑图案填充”按钮 。

2）菜单栏：选择“修改”→“对象”→“图案填充”命令。

3）工具栏：单击“修改”工具栏中的“编辑图案填充”按钮。

4）快捷菜单：选中填充的图案并右击，在打开的快捷菜单中选择“图案填充编辑”命令，如图1-86所示，或者直接选择填充的图案。

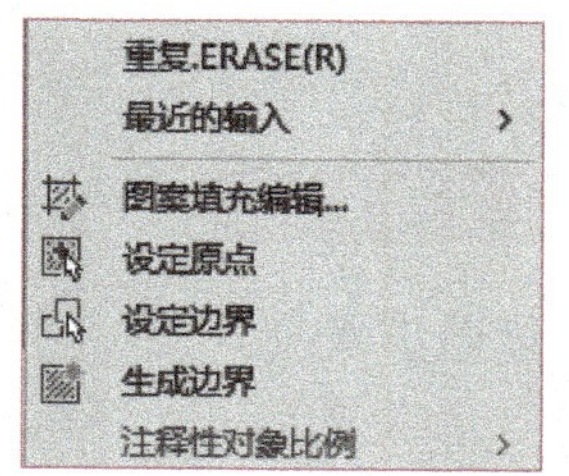

图1-86　图案填充快捷菜单

5）命令行：输入“hatchedit”。

2. 操作方法

执行上述命令后，根据系统提示选取关联填充物体后，系统弹出“图案填充编辑器”选项卡。在该选项卡中，只有正常显示的选项才可用。该选项卡中各项的含义与图1-79所示的“图案填充创建”选项卡中各项的含义相同。利用该选项卡，可以对已弹出的图案进行一系列的编辑修改。

【小结】

通过本任务的学习，掌握了图案填充创建及编辑方法，熟悉了图案编辑命令中各选项的含义，用户可以根据图样选择适当的图案填充方法。

【课后训练】

绘制图1-87所示图形。

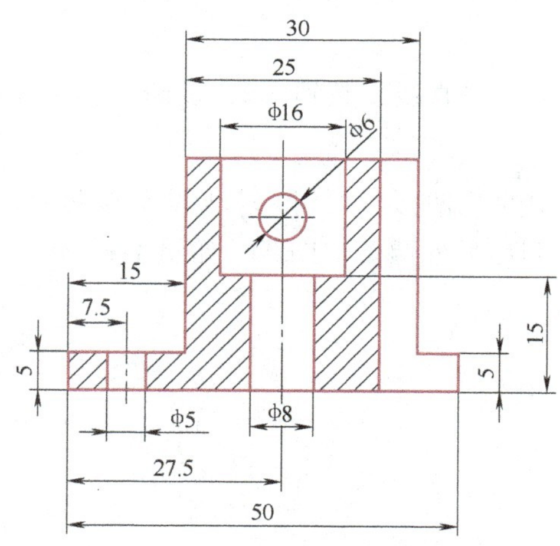

图1-87　图案填充综合练习

任务3　绘制复合图形

【任务描述】

利用二维绘图命令绘制图1-88所示图形。

【任务分析】

本任务将综合运用圆、圆弧命令，以及偏移、镜像命令。

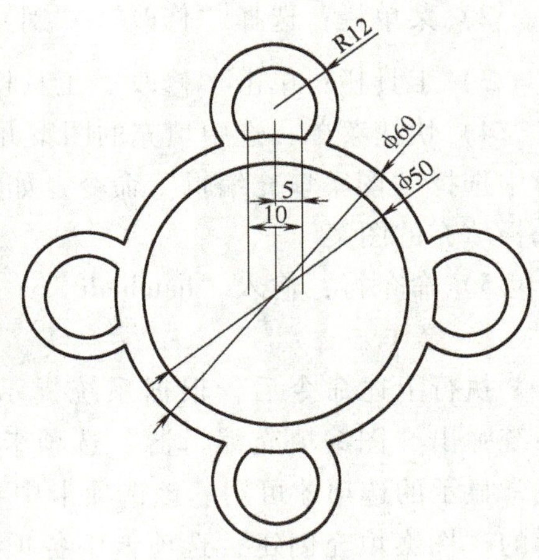

图 1-88　复合图形

【任务实施】

绘图步骤如下。

1. 绘制圆形

1）单击“绘图”面板中的“圆”按钮，绘制圆形，圆的直径为60mm。

2）单击“修改”面板中的“偏移”按钮，设置偏移距离为5mm，偏移方向向内，绘制直径为50mm的同心圆，如图1-89所示，命令行提示：

```
命令:_offset
当前设置:删除源=否　图层=源　OFFSETGAPTYPE=0
指定偏移距离或[通过(T)/删除(E)/图层(L)]<5.0000>:
选择要偏移的对象,或[退出(E)/放弃(U)]<退出>:
指定要偏移的那一侧上的点,或[退出(E)/多个(M)/放弃(U)]<退出>:
选择要偏移的对象,或[退出(E)/放弃(U)]<退出>:
```

2. 绘制辅助线

1）单击“绘图”面板中的“直线”按钮，过圆心向上绘制一条辅助线，如图1-90所示。

2）单击“修改”面板中的“偏移”按钮，设置偏移距离为5mm，将辅助线向左、向右两个方向进行偏移，绘制出另外两条辅助线，如图1-91所示。

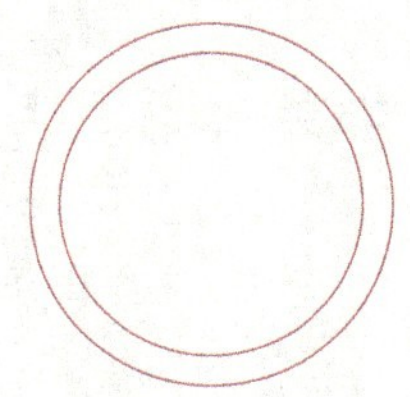
图 1-89　绘制同心圆

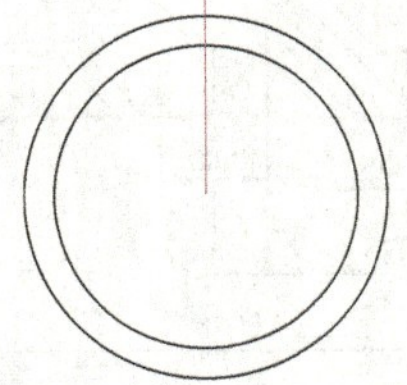
图 1-90　绘制辅助线

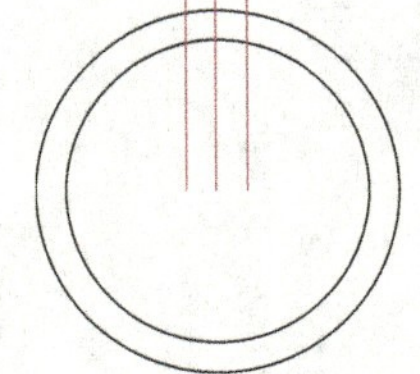
图 1-91　偏移绘制辅助线

3. 绘制圆弧

1）单击“绘图”面板中的“圆弧”按钮，使用“起点，端点，半径”的方式绘制半径为12mm的圆弧，绘制过程中按<Ctrl>键，切换圆弧方向，如图1-92所示。

2）单击“绘图”面板中的“圆弧”按钮，使用“起点，圆心，端点”的方式绘制圆弧，如图1-93所示。

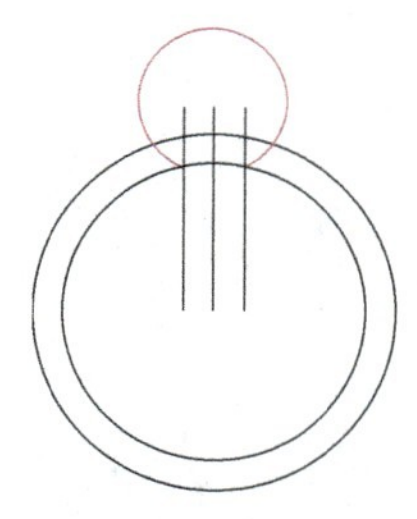

图 1-92 绘制圆弧

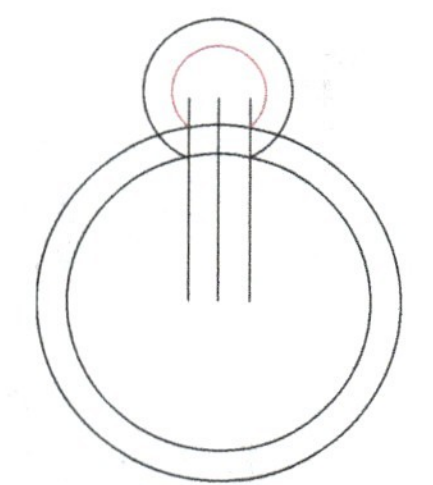

图 1-93 绘制同心圆

4. 镜像对象

单击“修改”面板中的“镜像”按钮，选择镜像对象，如图 1-94a 所示，选择完成后右击确认，选择镜像线上第 1 点（图 1-94b）和镜像线上第 2 点（图 1-94c），设置“是否删除源对象”为“否”，完成图形绘制。

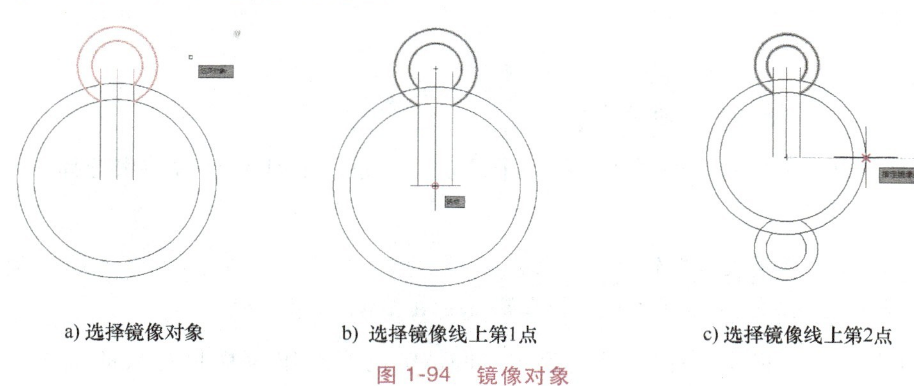

a) 选择镜像对象　b) 选择镜像线上第1点　c) 选择镜像线上第2点

图 1-94 镜像对象

5. 旋转对象

单击“修改”面板中的“旋转”按钮，选择旋转对象，如图 1-95a 所示，选择完成后右击确认，选择旋转基点为大圆圆心，如图 1-95b 所示，选择旋转方式为复制，设置旋转角度为 90°，如图 1-95c 所示。

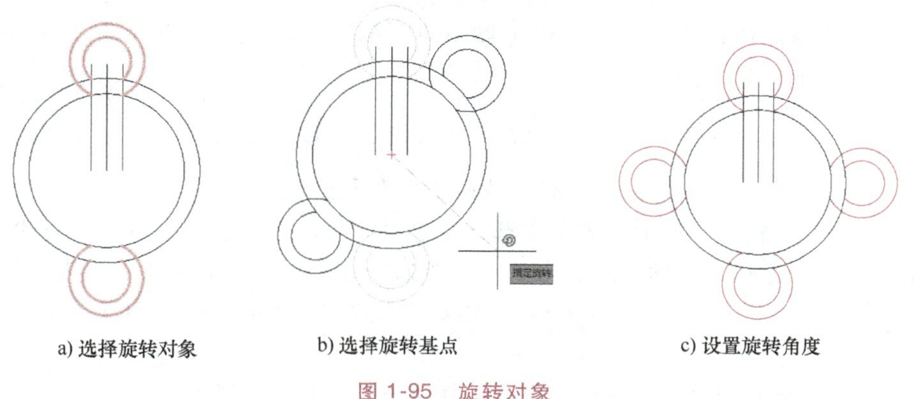

a) 选择旋转对象　b) 选择旋转基点　c) 设置旋转角度

图 1-95 旋转对象

6. 修剪图形

单击“修改”面板中的“修剪”按钮，修剪图形多余线条，得到图样图形。

【相关知识】

一、复制

1. 命令调用

1）功能区：单击“默认”选项卡下“修改”面板中的“复制”按钮 。

2）菜单栏：选择“修改”→“复制”命令。

3）工具栏：单击“修改”工具栏中的“复制”按钮 。

4）快捷菜单：选择要复制的对象，在绘图区右击，在弹出的快捷菜单中选择“复制”命令。

5）命令行：输入“copy”。

2. 操作方法

```
命令:_ copy
选择对象:(选择要复制的对象)
```

用前面介绍的选择对象的方法选择一个或多个对象，按<Enter>键结束选择操作。命令行提示：

```
当前设置:复制模式=多个
指定基点或[位移(D)/模式(O)]<位移>:(指定基点或位移)
```

1）指定基点：指定一个坐标点后，AutoCAD 把该点作为复制对象的基点，命令行提示：

```
指定第二个点或[阵列(A)]<使用第一点作为位移>:
```

指定第二个点后，系统将根据这两点确定的位移矢量把选择的对象复制到第二个点处。如果此时直接按<Enter>键，即选择默认的“使用第一个点作为位移”，则第一个点被当作相对于 X、Y、Z 的位移。例如，如果指定基点为（2，3）并在下一个提示下按<Enter>键，则该对象从它当前的位置开始在 X 方向上移动两个单位，在 Y 方向上移动三个单位。复制完成后，命令行继续提示：

```
指定第二个点或[阵列(A))/退出(E)/放弃(U)]<退出>:
```

这时，可以不断指定新的第二个点，从而实现多重复制。

2）位移：直接输入位移值，表示以选择对象时的拾取点为基准，以拾取点坐标为移动方向纵横比移动指定位移后确定的点为基点。例如，选择对象时拾取点坐标为（2，3），设置位移为 5，则表示以点（2，3）为基准，沿纵横比为 3∶2 的方向移动五个单位所确定的点为基点。

3）模式。控制是否自动重复该命令。选择该项后，命令行提示：

```
输入复制模式选项[单个(S)/多个(M)]<当前>:
```

可以设置复制模式是单个还是多个。

二、镜像

镜像对象是指把选择的对象围绕一条镜像线进行对称复制。镜像操作完成后，可以保留源对象，也可以将其删除。

1. 命令调用

1）功能区：单击“默认”选项卡下“修改”面板中的“镜像”按钮 ⚠。

2）菜单栏：选择“修改”→“镜像”命令。

3）工具栏：单击“修改”工具栏中的“镜像”按钮 ⚠。

4）命令行：输入“mirror”。

2. 操作方法

```
命令：_ mirror
选择对象：(选择要镜像的对象)
选择对象：
指定镜像线的第一点：(指定镜像线的第一个点)
指定镜像线的第二点：(指定镜像线的第二个点)
要删除源对象吗？[是(Y)否(N)]<否>：(确定是否删除源对象)
```

这两个点确定一条镜像线，被选择的对象以该线为对称轴进行镜像操作。包含该线的镜像平面与用户坐标系的 XY 平面垂直，即镜像操作工作在与用户坐标系的 XY 平面平行的平面上。

三、偏移

偏移对象是指保持选择的对象在不同的位置以不同的尺寸新建一个对象。

1. 命令调用

1）功能区：单击“默认”选项卡下“修改”面板中的“偏移”按钮 ⊆。

2）菜单栏：选择“修改”→“偏移”命令。

3）工具栏：单击“修改”工具栏中的“偏移”按钮 ⊆。

4）命令行：输入“offset”。

2. 操作方法

```
命令：_ offset
当前设置：删除源=否 图层=源 OFFSETGAPTYPE=0
指定偏移距离或[通过(T)/删除(E)/图层(L)]<通过>：(指定距离值)
选择要偏移的对象，或[退出(E)/放弃(U)]<退出>(选择要偏移的对象，按<Enter>键结束操作)
指定要偏移的那一侧上的点，或[退出(E)/多个(M)/放弃(U)]<退出>(指定偏移方向)
选择要偏移的对象，或[退出(E)/放弃(U)]<退出>：
```

1）指定偏移距离：输入一个距离值或按<Enter>键使用当前的距离值，系统把该距离作为偏移距离，如图 1-96a 所示。

2）通过（T）：指定偏移的通过点。选择该选项后，命令行提示：

```
选择要偏移的对象或<退出>:(选择要偏移的对象,按<Enter>键结束操作)
指定通过点:(指定偏移对象的一个通过点)
```

上述操作完毕后，系统根据指定的通过点绘出偏移对象，如图 1-96b 所示。

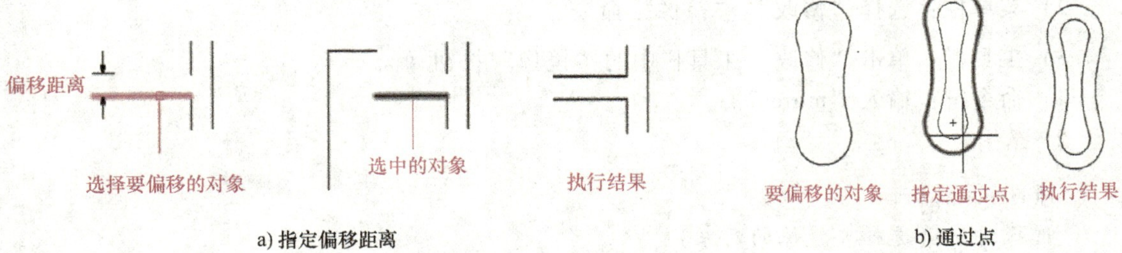

a) 指定偏移距离　　b) 通过点

图 1-96　偏移对象

3）图层（L）：确定将偏移对象创建在当前图层上还是源对象所在的图层上。选择该选项后，命令行提示：

```
输入偏移对象的图层选项[当前(C)/源(S)]<源>:
```

上述操作完毕后，系统根据指定的图层绘出偏移对象。

四、移动

1. 命令调用

1）功能区：单击“默认”选项卡下“修改”面板中的“移动”按钮✥。

2）菜单栏：选择“修改”→“移动”命令。

3）工具栏：单击“修改”工具栏中的“移动”按钮✥。

4）快捷菜单：选择要移动的对象，在绘图区域右击，在弹出的快捷菜单中选择“移动”命令。

5）命令行：输入“move”。

2. 操作方法

```
命令:_move
选择对象:(选择对象)
选择对象:
```

用前面介绍的对象选择方法选择要移动的对象，按<Enter>键结束选择。命令行提示：

```
指定基点或[位移(D)]<位移>(指定基点或移至点)
指定第二个点或<使用第一个点作为位移>:
```

各选项功能与复制命令相关选项功能相同，不同的是对象被移动后，原位置处的对象消失。

五、旋转

1. 执行方式

1）功能区：单击“默认”选项卡下“修改”面板中的“旋转”按钮 。

2）菜单栏：选择“修改”→“旋转”命令。

3）工具栏：单击“修改”工具栏中的“旋转”按钮 。

4）快捷菜单：选择要旋转的对象，在绘图区域右击，在弹出的快捷菜单中选择“旋转”命令。

5）命令行：输入“rotate”。

2. 操作方法

```
命令：_ rotate
UCS 当前的正角方向:ANGDIR=逆时针 ANGBASE=0
选择对象:(选择要旋转的对象)
选择对象:
指定基点:(指定旋转的基点。在对象内部指定一个坐标点)
指定旋转角度,或[复制(C)/参照(R)]<0>:(指定旋转角度或其他选项)
```

1）复制（C）：选择该选项，可在旋转对象的同时保留源对象，如图 1-97 所示。

2）参照（R）：采用参考方式旋转时，命令行提示：

```
指定参照角<0>:(指定要参考的角度,默认值为 0)
指定新角度或 [点(P)]<0>:(输入旋转后的角度值)
```

上述操作完毕后，对象被旋转至指定的角度位置。

需要注意的是：可以用移动光标的方法旋转对象。选择对象并指定基点后，从基点到当前位置会出现一条连线，移动光标时，选择的对象会动态地随着该连线与水平方向的夹角的变化而旋转，按<Enter>键后确认旋转操作，如图 1-98 所示。

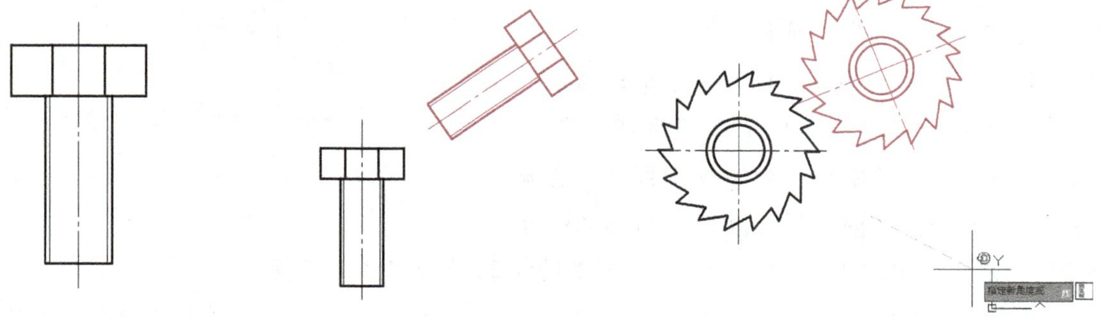

图 1-97 复制源对象旋转　　　　图 1-98 参照源对象旋转

【小结】

通过本任务的学习，熟悉了复制、移动、镜像、偏移、旋转等编辑命令，掌握了命令的使用和设置方法，用户利用这些编辑功能，可以方便地绘制的图形。

【课后训练】

绘制图 1-99 所示图形。

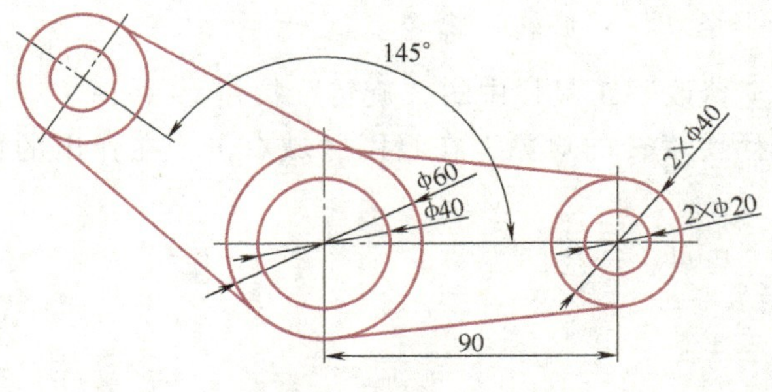

图 1-99　复合图形绘制练习

任务 4　绘制阵列图形

【任务描述】

利用二维绘图命令和图形编辑命令绘制图 1-100 所示图形。

【任务分析】

本任务可综合运用圆、圆弧命令，以及环形阵列命令。

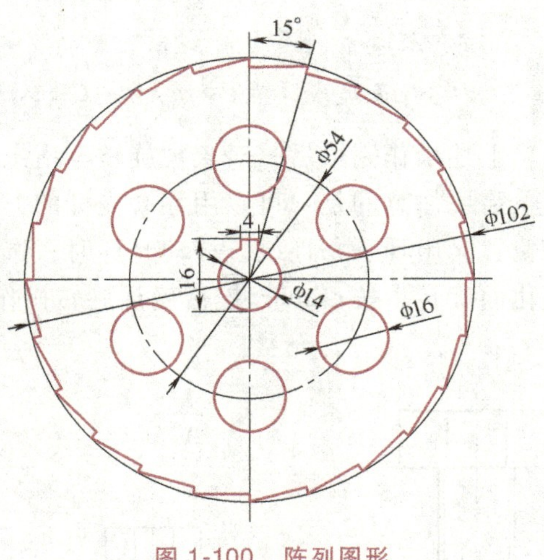

图 1-100　阵列图形

【任务实施】

绘图步骤如下。

1. 绘制圆及辅助线

1）单击“绘图”面板中的“圆”按钮，绘制圆形，圆的直径为 102mm。

2）单击“绘图”面板中的“直线”按钮，过圆心、上象限点，绘制辅助线 1，单击“修改”面板中的“旋转”按钮，将辅助线以圆心为基点，沿顺时针方向旋转 15°，绘制辅助线 2，如图 1-101a 所示。

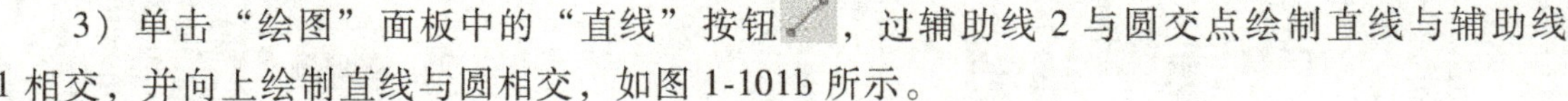

3）单击“绘图”面板中的“直线”按钮，过辅助线 2 与圆交点绘制直线与辅助线 1 相交，并向上绘制直线与圆相交，如图 1-101b 所示。

2. 阵列对象

1）单击“修改”面板中的“阵列”按钮，选择阵列对象，如图 1-101c 所示，按 <Enter>键确认，选择圆心作为阵列中心，如图 1-101d 所示，在“阵列创建”选项卡

a) b) c) d) e)

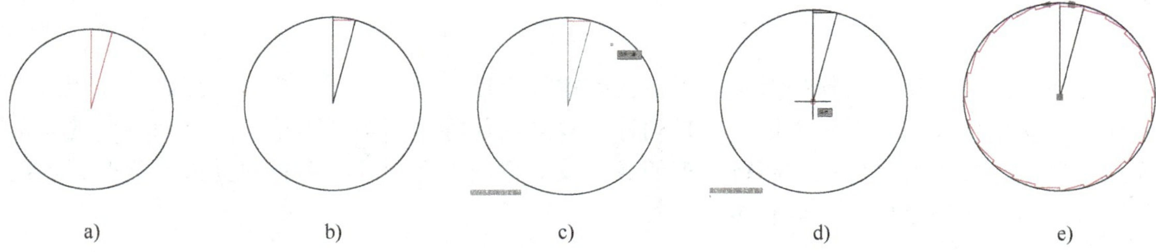

图 1-101 绘制圆及辅助线

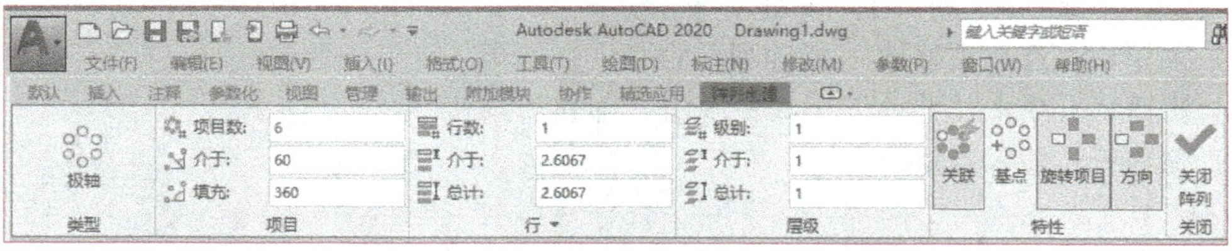

图 1-102 设置阵列选项

（图 1-102）中，设置项目数为 24，单击“确定”按钮，得到图 1-101e 所示结果。

2）单击“绘图”面板中的“圆”按钮，绘制直径为 54mm、16mm、14mm 的圆，如图 1-103a 所示。

3）单击“修改”面板中的“阵列”按钮，选择阵列对象是直径为 16mm 的圆，阵列中心为大圆圆心，设置阵列项目数为 6，结果如图 1-103b 所示。

4）单击“绘图”面板中的“直线”按钮，过圆心绘制长度为 2mm 的水平直线段 1，并向下绘制直线段 2（长度略长），如图 1-103c 所示。

a) b) c) d) e)

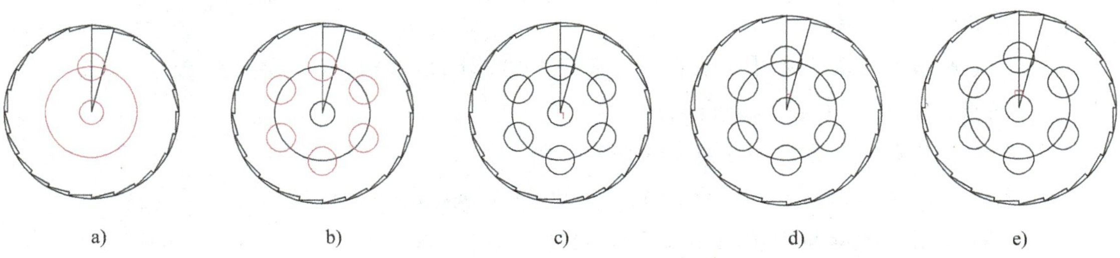

图 1-103 绘制其余图元

5）单击“修改”面板中的“移动”按钮，将直线段 1、2，以大圆圆心为起点，向上移动 9mm，如图 1-103d 所示。

6）单击“修改”面板中的“镜像”按钮，将直线段 1、2，以辅助线 1 为镜像线进行镜像，如图 1-103e 所示。

3. 修剪对象

单击“修改”面板中的“修剪”按钮，将多余线条进行修剪，得到图样图形。

【相关知识】

阵列是指多重复制选择的对象并把这些副本按矩形、路径或环形排列。把副本按矩形排列称为建立矩形阵列；把副本按路径排列称为建立路径阵列；把副本按环形排列称为建立极阵列。建立矩形阵列时应该控制行和列的数量及对象副本之间的距离；建立极阵列时，控制复制对象的次数和对象是否被旋转。

1. 命令调用

1）功能区：单击“默认”选项卡下“修改”面板中的“矩形阵列”按钮 或“路径阵列”按钮 或“环形阵列”按钮 。

2）菜单栏：选择“修改”→“阵列”命令。

3）工具栏：单击“修改”工具栏中的“阵列”按钮。

4）命令行：输入“array”。

2. 操作方法

（1）矩形阵列　矩形阵列中，项目分布到任意行、列和层的组合。在创建矩形阵列的过程中，可以根据需要设置基点、角度和计数等参数。创建矩形阵列的示例如图 1-104 所示。

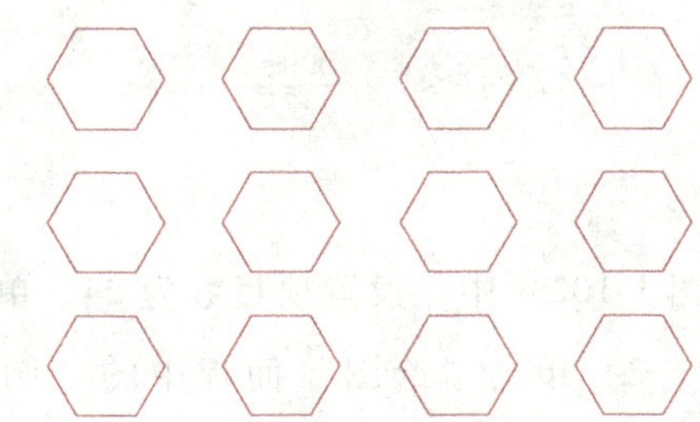

图 1-104　矩形阵列示例

单击“修改”面板中的“矩形阵列”按钮 ，命令行提示：

```
命令:_arrayrect
选择对象:找到 1 个
选择对象:
类型=矩形　关联=是
选择夹点以编辑阵列或[关联(AS)/基点(B)/计数(COU)/间距(S)/列数(COL)/行数(R)/层数(L)/退出(X)]<退出>:R
输入行数数或[表达式(E)]<3>:3
指定行数之间的距离或[总计(T)/表达式(E)]<25.9808>:25
指定行数之间的标高增量或[表达式(E)]<0>:
选择夹点以编辑阵列或[关联(AS)/基点(B)/计数(COU)/间距(S)/列数(COL)/行数(R)/层数(L)/退出(X)]<退出>:COL
输入列数数或[表达式(E)]<4>:4
指定列数之间的距离或[总计(T)/表达式(E)]<30>:30
选择夹点以编辑阵列或[关联(AS)/基点(B)/计数(COU)/间距(S)/列数(COL)/行数(R)/层数(L)/退出(X)]<退出>:
```

也可以在“阵列创建”选项卡中，对矩形阵列的列、行、层级和特性等方面的相关参数进行设置，如图 1-105 所示。不用在命令窗口中进行输入操作，整个操作过程更加直观，

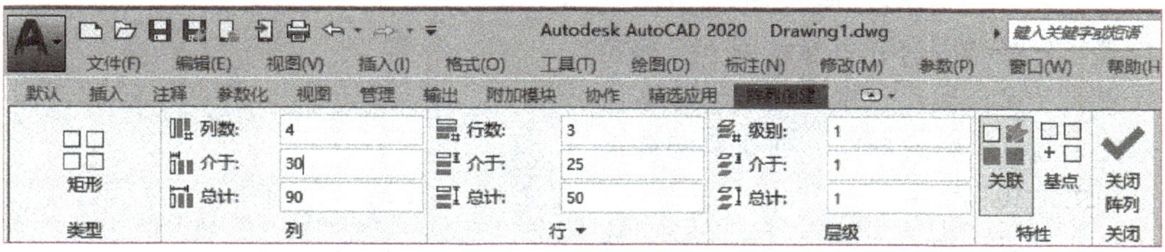

图 1-105 矩形阵列选项设置

对各参数和选项的设置一目了然。

（2）环形阵列　环形阵列是指通过围绕指定的中心点或旋转轴复制选定对象来创建阵列。创建环形阵列的示例如图 1-106 所示。

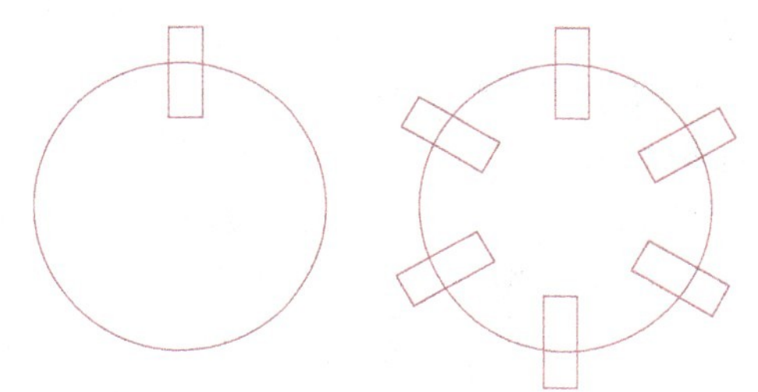

图 1-106 环形阵列示例

单击“修改”面板中的“环形阵列”按钮，命令行提示：

```
命令:_arraypolar
选择对象:找到 1 个
选择对象:
类型=极轴　关联=是
指定阵列的中心点或[基点(B)/旋转轴(A)]:
选择夹点以编辑阵列或[关联(AS)/基点(B)/项目(I)/项目间角度(A)/填充角度(F)/行(ROW)/层(L)/旋转项目(ROT)/退出(X)]<退出>:I
需要点或选项关键字
输入阵列中的项目数或[表达式(E)]<4>:6
选择夹点以编辑阵列或[关联(AS)/基点(B)/项目(I)/项目间角度(A)/填充角度(F)/行(ROW)/层(L)/旋转项目(ROT)/退出(X)]<退出>:F
指定填充角度(+=逆时针、-=顺时针)或[表达式(EX)]<360>:360
选择夹点以编辑阵列或[关联(AS)/基点(B)/项目(I)/项目间角度(A)/填充角度(F)/行(ROW)/层(L)/旋转项目(ROT)/退出(X)]<退出>:
```

也可以在“阵列创建”选项卡中，对环形阵列的项目数、填充角度和特性等方面的相关参数进行设置，如图 1-107 所示，设置完成后单击“关闭阵列”按钮。

图 1-107 环形阵列选项设置

（3）路径阵列　路径阵列的创建思路是沿路径或部分路径均匀分布对象副本。路径可以是直线、多段线、三维多段线、样条曲线、螺旋、圆弧、圆或椭圆。创建路径阵列的示例如图 1-108 所示。

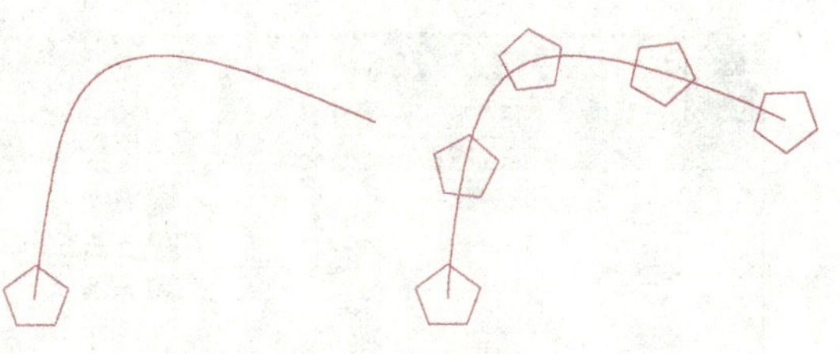

图 1-108　路径阵列示例

单击“修改”面板中的“路径阵列”按钮，命令行提示：

```
命令:_ arraypath
选择对象:找到 1 个
选择对象:
类型=路径　关联=是
选择路径曲线:
选择夹点以编辑阵列或[关联(AS)/方法(M)/基点(B)/切向(T)/项目(I)/行(R)/层(L)/对齐项目(A)/Z 方向(Z)/退出(X)]<退出>:M
输入路径方法[定数等分(D)/定距等分(M)]<定距等分>:D
选择夹点以编辑阵列或[关联(AS)/方法(M)/基点(B)/切向(T)/项目(I)/行(R)/层(L)/对齐项目 a)/Z 方向(Z)/退出(X)]<退出>:I
输入沿路径的项目数或[表达式(E)]<6>:5
选择夹点以编辑阵列或[关联(AS)/方法(M)/基点(B)/切向(T)/项目(I)/行(R)/层(L)/对齐项目(A)/Z 方向(Z)/退出(X)]<退出>:
```

也可以在“阵列创建”选项卡中，对路径阵列的项目、行、层级、特性等方面的相关参数进行设置，如图 1-109 所示，设置完成后单击“关闭阵列”按钮 。

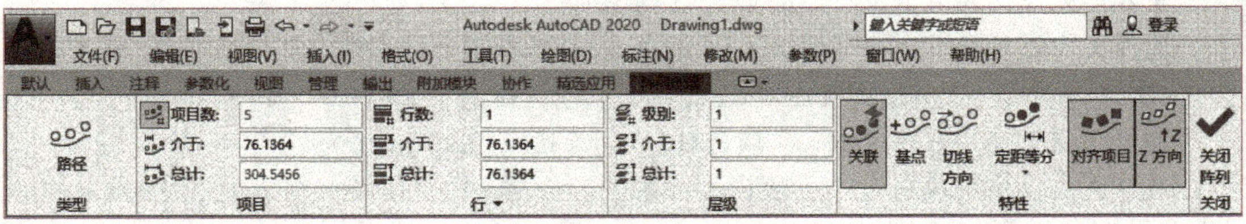

图 1-109　路径阵列选项设置

【小结】

通过本任务的学习，熟悉了矩形阵列、环形阵列、路径阵列的执行及使用方法，用户使用这三个命令可以快速创建规则的多重图形结构。

【课后训练】

绘制图 1-110 所示图形。

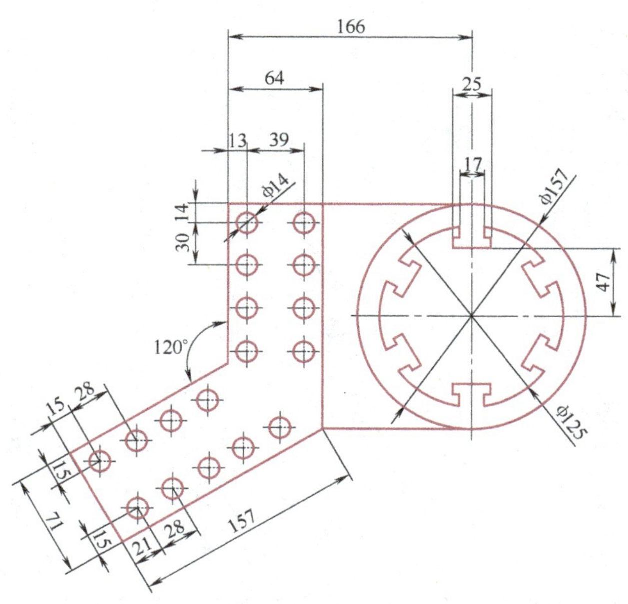

图 1-110 复合阵列图形练习

任务 5 编辑图形夹点

【任务描述】

利用二维绘图、图形编辑命令绘制图 1-111 所示图形。

【任务分析】

本任务可综合运用直线命令、图形夹点编辑命令。

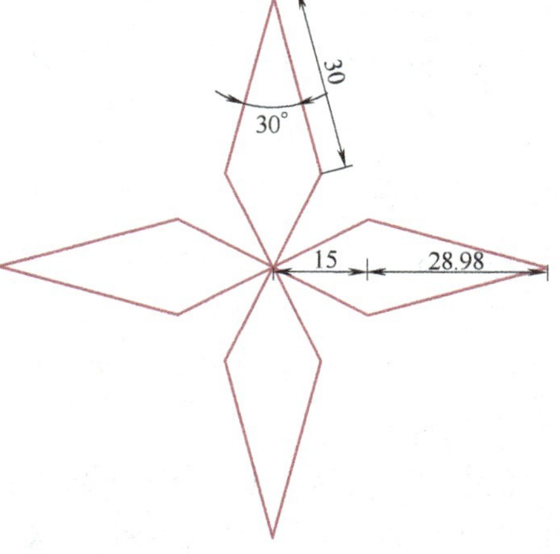

图 1-111 夹点编辑

【任务实施】

绘图步骤如下。

1. 绘制直线

单击“绘图”面板中的“直线”按钮，绘制一条水平线，长度为 30mm。

2. 编辑夹点

1）选中直线，单击直线左夹点，然后右击，在弹出的快捷菜单中选择“旋转”命令，如图 1-112a 所示，设置旋转角度 75°，如图 1-112b 所示。

2）选中直线，单击直线上夹点，然后右击，在弹出的快捷菜单中选择“旋转”命令，在命令行输入“C”，设置旋转角度为 30°，如图 1-112c 所示。

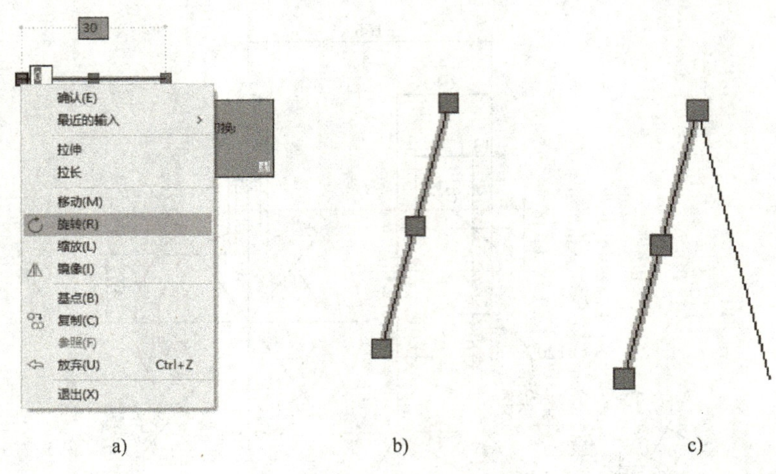

图 1-112　夹点旋转

3. 镜像对象

选中两条直线，单击直线上夹点，如图 1-113a 所示，然后右击，在弹出的快捷菜单中选择“镜像”命令，在命令行输入“C”，选择镜像线为水平线，如图 1-113b 所示。

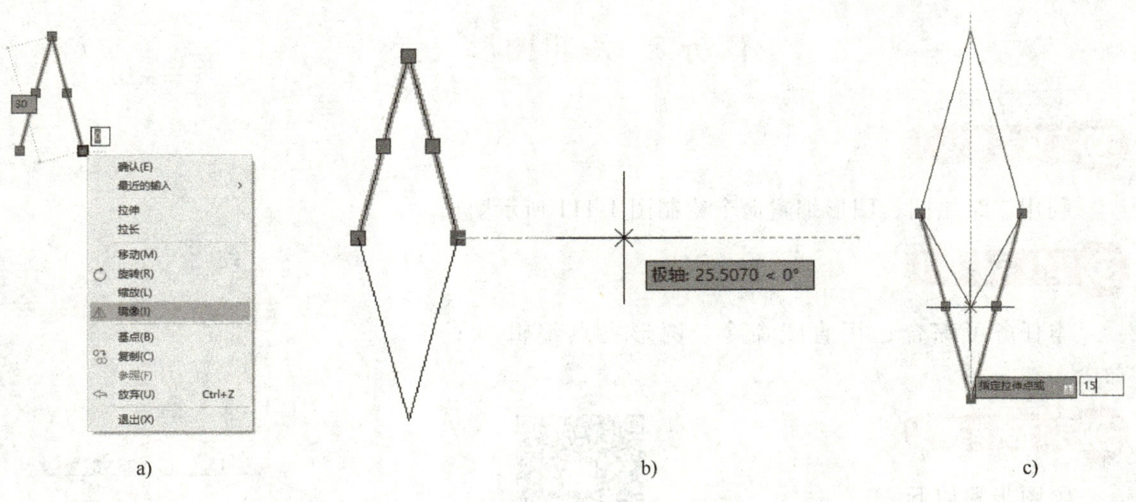

图 1-113　夹点拉伸

4. 拉伸对象

选中下面两条直线，单击直线交点，如图 1-113c 所示，然后右击，在弹出的快捷菜单中选择“拉伸”命令，在命令行输入“B”，指定两直线交点为基点，沿着垂直方向，设置延伸长度为 15mm，如图 1-113c 所示。

5. 旋转对象

选中四条直线，单击下两条直线交点，然后右击，在弹出的快捷菜单中选择“旋转”命令，在命令行输入“C”，设置旋转角度为 90°，如图 1-114a 所示；设置旋转角度为 180°，如图 1-114b 所示；输入旋转角度为 270°，结束命令，如图 1-114c 所示。

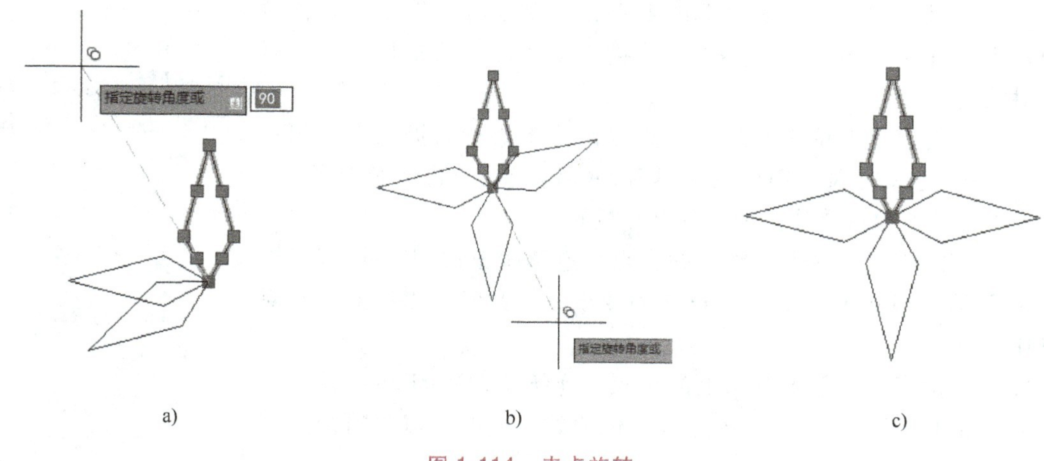

图 1-114　夹点旋转

【相关知识】

夹点编辑功能是一种比较特殊而且方便实用的编辑功能，以下将介绍夹点编辑功能的概念及使用方法。

1. 夹点和夹点编辑

在没有命令执行的前提下选择图形，那么这些图形上会显示一些蓝色实心的小方框，如图 1-115 所示，这些蓝色小方框即图形的夹点，不同的图形结构，其夹点个数及位置也会不同。

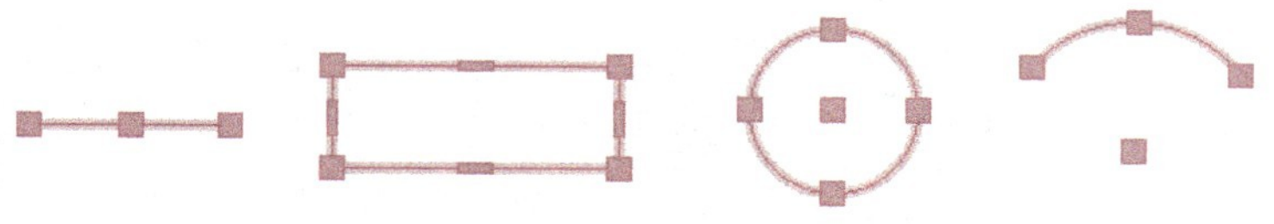

图 1-115　图形夹点

夹点编辑功能就是将多种修改工具组合在一起，通过编辑图形上的这些夹点，达到快速编辑图形的目的。用户只需单击图形上的任一夹点，即可进入夹点编辑模式，此时所单击的夹点以红色高亮显示，称为热点或夹基点，如图 1-116 所示。

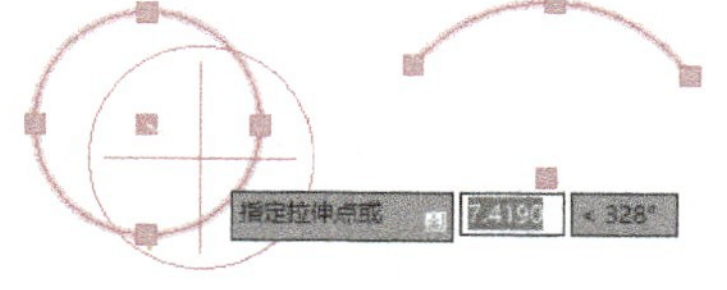

图 1-116　图形热点

2. 使用夹点菜单编辑图形

当进入夹点编辑模式后，在绘图区任意位置右击，可打开夹点编辑快捷菜单，如图 1-117 所示。用户可以在夹点编辑快捷菜单中选择一种夹点模式或在当前模式下可用的任意命令。

此夹点快捷菜单中共有两类夹点命令，第一类夹点命令为一级修改菜单，包括拉伸、移动、旋转、缩放、镜像命令，这些命令是平级的，用户可以通过选择菜单栏中的各修改命令进行编辑。

3. 夹点编辑功能

（1）拉伸模式　单击对象上的夹点，系统直接进入拉伸模式，此时可直接对对象进行拉伸、旋转、移动或缩放。

（2）移动模式　单击对象上的夹点，在命令行的提示下直接按<Enter>键或输入“MO”后按<Enter>键，系统进入移动模式，此时可对对象进行移动。

（3）旋转模式　单击对象上的夹点，在命令行的提示下连续按两次<Enter>键或输入“RO”后按<Enter>键，系统进入旋转模式。此时，可以把对象绕操作点或新的基点旋转。

（4）缩放模式　单击对象上的夹点，连续按三次<Enter>键或输入“SC”后按<Enter>键，系统进入缩放模式，此时可以把对象相对于操作点或基点进行缩放。

（5）镜像模式　单击对象上的夹点，连续按四次<Enter>键或输入“MI”后按<Enter>键，系统进入镜像模式，此时可以将对象进行镜像。

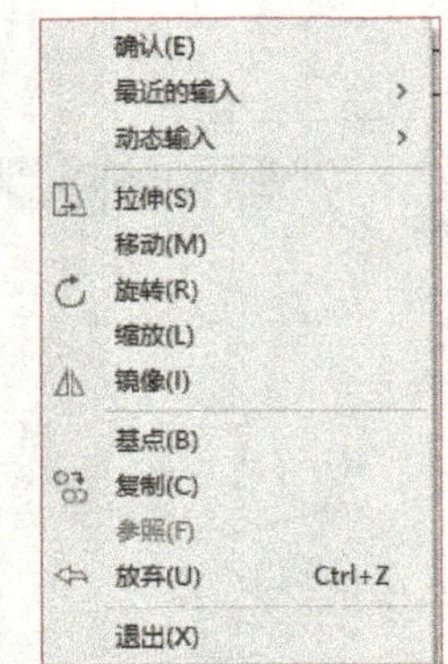

图 1-117　夹点编辑快捷菜单

【小结】

本任务学习了夹点编辑的概念及使用方法，通过本任务的学习，可以非常方便地进行编辑图形。

【课后训练】

绘制图 1-118 所示图形。

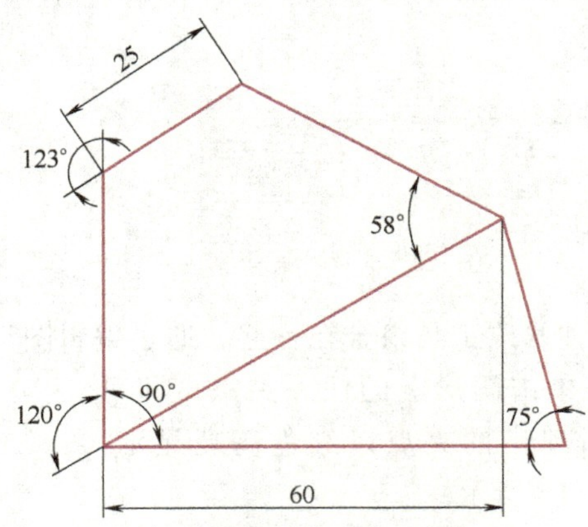

图 1-118　夹点编辑图形练习

模块2 AutoCAD进阶技能

【素养目标】

通过学习 AutoCAD 2020 中的进阶技能，掌握相关命令的操作技巧，培养学生笃行不怠的精神，以便在实际操作中得心应手，提高绘图效率。

项目 1 图块、属性与外部参照

使用图块和外部参照是实现高效率绘图的重要手段。图块、属性和外部参照是 AutoCAD 特有的对图形中的对象进行管理的高级模式。使用图块可以提高绘图的速度和准确性，并能够减小文件大小；属性是附加在图块上的文本说明，用于表示图块的非图形信息；外部参照是指一幅图形对另一幅图形的引用，此时主图中仅存储了到外部参照图形文件的路径，因此作为外部参照的图形文件被修改后，所有引用该图形文件的图形文件将被自动更新。

在设计产品时，为避免重复绘制大量相同或相似的内容，用户可以将相同或相似的内容以块的形式直接插入，如机械制图中的标题栏、建筑制图中的门窗等。另外，为了更有效地利用本机、本地或整个网络的图样资源，也可以将这些内容转换为外部参照文件进行共享。这样不仅极大地提高了绘图的速度和工作效率，而且提高了绘图的准确性，并节省了大量的内存空间。

【学习目标】

1）掌握在 AutoCAD 2020 中建立、插入与重新定义图块的方法。
2）掌握定义、编辑属性的方法。
3）掌握属性块的制作与插入方法。
4）掌握使用外部参照的方法。

任务1 定 义 块

【任务描述】

在 AutoCAD 中先将图 2-1 所示的表面粗糙度符号分别定义为内部块和外部块，然后把定义的图块插入需要标注的位置。

【任务分析】

对于在绘图中反复出现的“图形”（它们往往是多个图形对象的组合），一般只需将它们定义为一个图块，在需要的位置插入它们即可，也可以给块定义属性，在插入时填写可变信息。

在使用图块之前，必须定义图块。定义图块时，用户应指定块名、块中对象和块插入点。插入点是块的基点，在将块插入图形时，作为插入的参照基点。定义块前，首先要绘制组成图块的实体。图块按其存放的位置不同，可分为内部块和外部块两种。利用块定义工具创建的图块又称内部图块，即所创建的图块保存在该图块的图形中，并且只能在当前图形中应用，而不能插入其他图形中。定义外部块又称存储图块，即所创建的图块可作为独立文件保存。这样不仅可以将块插入任何图形中，而且可以对图块执行打开和编辑等操作。外部块存放在硬盘上，其他文件也可以引用。

图块是一组图形对象的集合，由多个图形对象组合而成，是与其他图形对象相互独立的图形单元。

【任务实施】

绘图步骤如下。

1. 定义内部块

1）画出块定义所需图形，如图 2-1 所示。

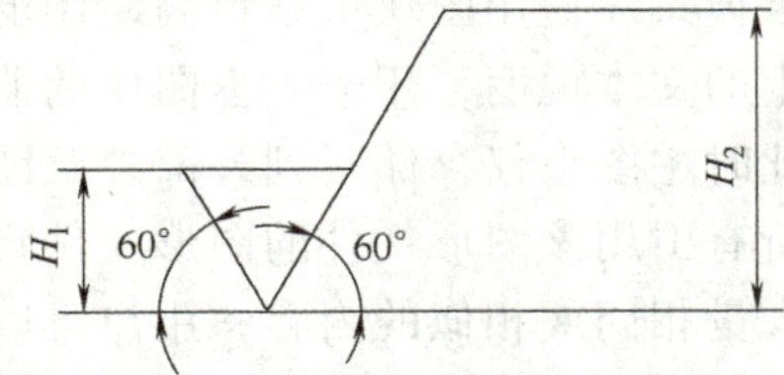

h为字高

$H_1 \approx 1.4h$

$H_2 = 2.1H_1$

（单位：mm）

数字和字母高度h(见GB/T 14690—1993)	2.5	3.5	5	7	10	14	20
符号线宽d	0.25	0.35	0.5	0.7	1	1.4	2
高度H_1	3.5	5	7	10	14	20	28
高度H_2(最小值)	7.5	10.5	15	21	30	42	60

图 2-1　表面粗糙度符号及参数

2）调用“bmake”命令或直接单击“绘图”工具栏中的“块定义”按钮，弹出“块定义”对话框，如图 2-2 所示。

3）在“名称”文本框中输入“表面粗糙度符号”，如图 2-3 所示。

4）单击“拾取点”按钮，在图形中拾取基准点，如图 2-4 所示，也可以直接输入坐标值。

5）单击“选择对象”按钮，在图形中选择定义块的对象，系统返回绘图区，选择该图形中的四条直线，右击或按<Enter>键，返回“块定义”对话框。

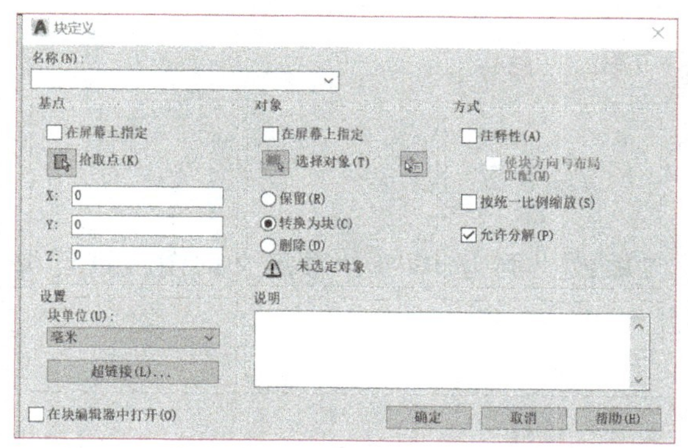

图 2-2 “块定义”对话框

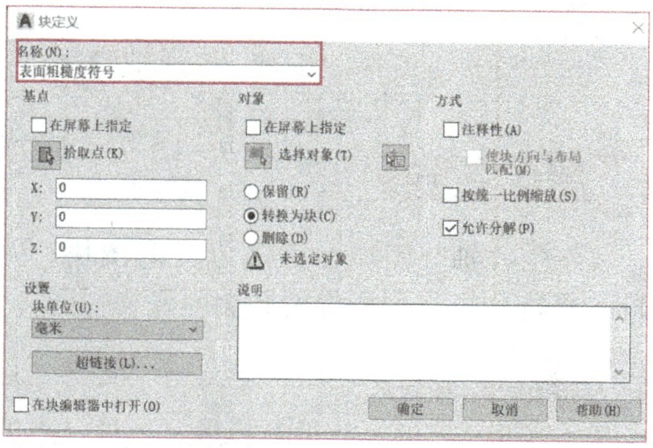

图 2-3 输入块名称

6）若选中“保留”单选按钮，则块定义后保留原图形，否则原图形将被删除。

7）单击“确定”按钮，完成块“表面粗糙度符号”的定义，它将保存在当前图形中。

图 2-4 拾取点

2. 定义外部块

1）调用“wblock”命令，弹出“写块”对话框，如图 2-5 所示。

2）定义基点，选择写块的对象，即在绘图区选择表面粗糙度符号。

3）命名图块并指定保存位置，在“目标”选项组“文件名和路径”列表框中系统指定了默认的图块文件保存路径，用户可单击右侧“浏览”按钮修改路径，如图 2-6 所示。

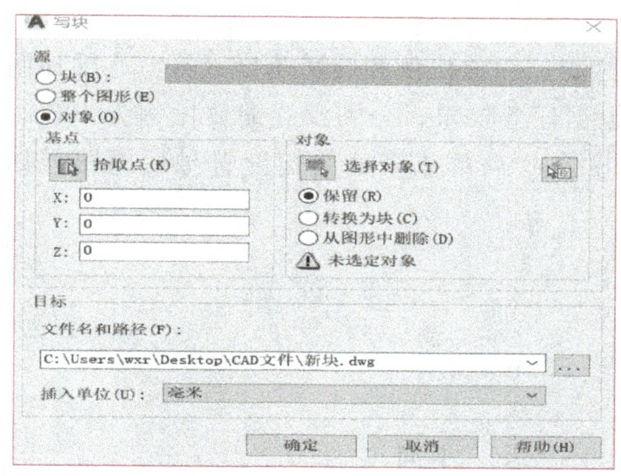

图 2-5 “写块”对话框

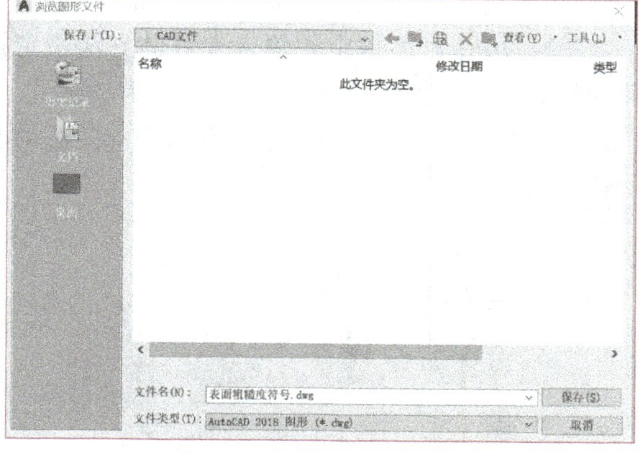

图 2-6 保存图块

【小结】

本任务学习了内部块和外部块的创建方法，通过本任务的学习，可以非常方便地对常用图形进行保存和插入。

【课后训练】

定义图 2-7 所示的基准符号分别为内部块和外部块。

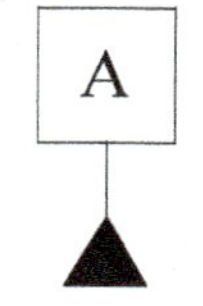

图 2-7 基准符号

任务2　编　辑　块

【任务描述】

在空心轴环图样中插入定义的图块，并设置缩放比例为 100%；对定义的图块进行编辑，执行分解、在位编辑和删除操作。

【任务分析】

在 AutoCAD 中，定义和保存图块都是为了重复使用图块，并将其放置在图形文件上指定的位置，这就需要调用图块。调用图块是通过插入命令实现的，利用该工具既可以调用内部块，也可以调用外部块。

在完成块的创建后，往往需要对块对象进行相应的编辑操作，才能使创建的图块满足实际要求，用户在绘图过程中能更加方便地插入所需的图块对象。块的编辑一般包括块的分解、在位编辑和删除块等操作。

【任务实施】

绘图步骤如下。

1. 插入图块

1）调用“insert”命令或直接单击“绘图”工具栏中的“插入块”按钮，弹出“插入块”对话框，如图 2-8 所示。

2）可在对话框中用输入参数的方法指定插入点、缩放比例和旋转角度。将空心轴环图例中要求标注表面粗糙度的位置作为插入点，根据任务要求，分别设置缩放比例为 100%，X、Y、Z 三个方向的比例因子均为 1，旋转角度为 0°，插入表面粗糙度符号后的图样如图 2-9 所示。

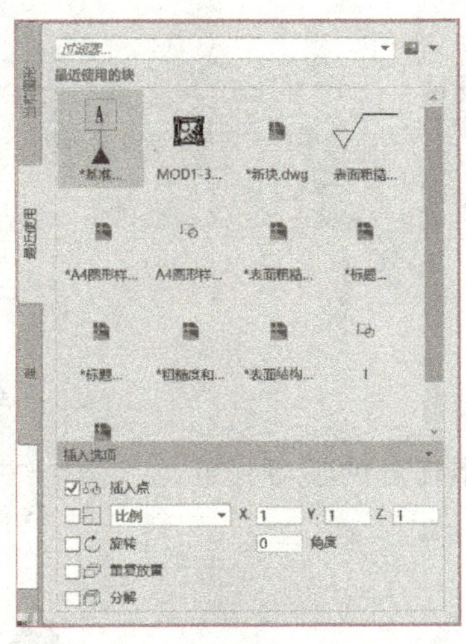

图 2-8　“插入块”对话框

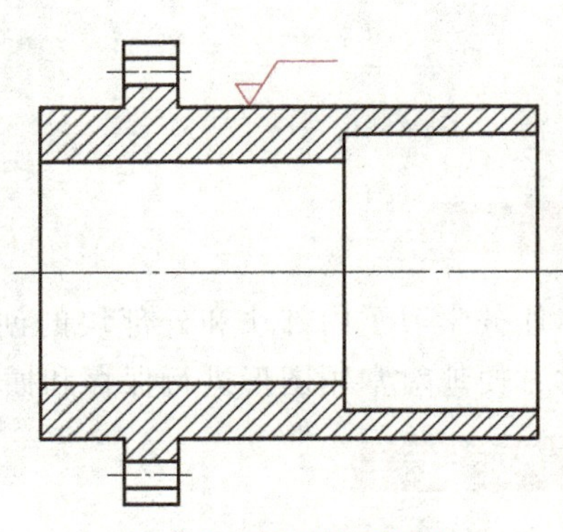

图 2-9　空心轴环图样

2. 编辑图块

（1）分解图块　在图形中插入内部块或外部块时，由于这些图块属于一个整体，无法对其进行必要的修改，给实际操作带来极大不便。这就需要将图块在插入后转化为定义前各自独立的状态，即分解图块。常用的分解方法有插入时分解图块和插入后分解图块两种。

1）插入时分解图块只需选中“插入选项”中的“分解”复选框，单击“确定”按钮，插入的图块会自动分解为各自独立的状态，如图2-10所示。

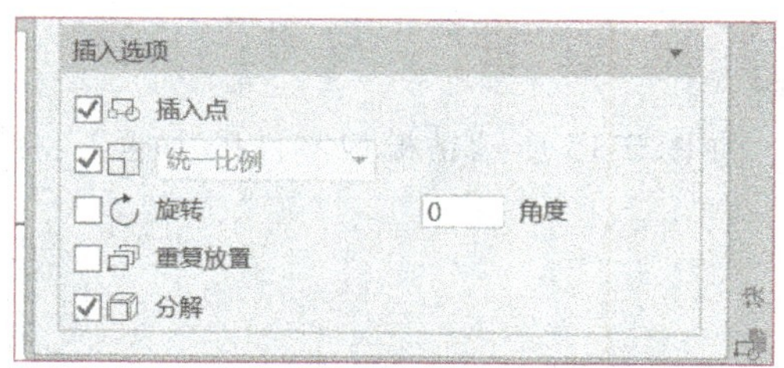

图2-10　插入时“分解图块”对话框

2）插入后分解图块可以直接调用“分解”命令，有三种方法：在命令行输入“X”，或单击“修改”工具栏中的“分解”按钮，或在菜单栏中选择“修改”→“分解”命令，选择要分解的图块，右击确定或按<Enter>键完成分解，如图2-11和图2-12所示。

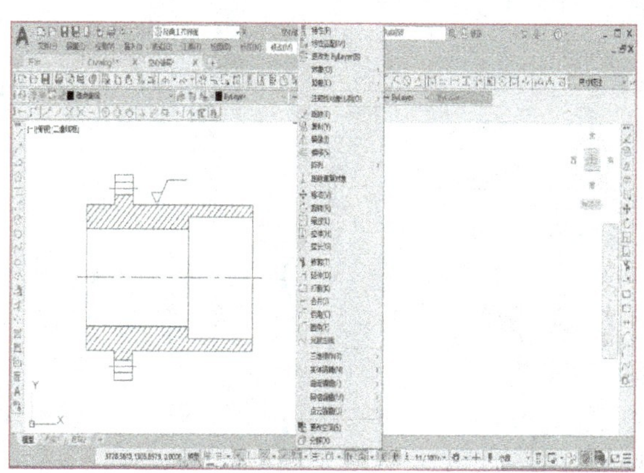

图2-11　插入后“分解图块”下拉菜单

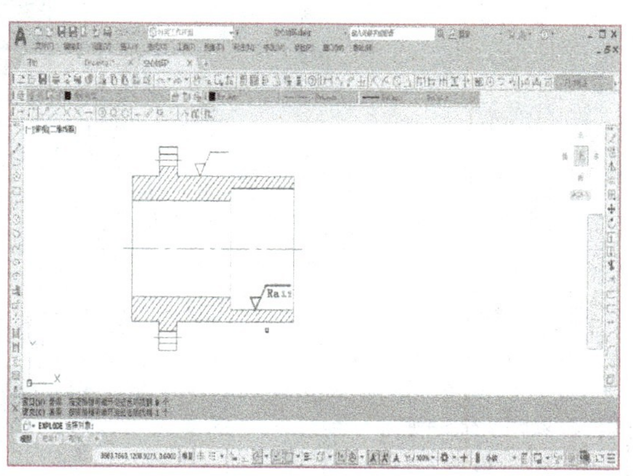

图2-12　空心轴环中“图块分解”

（2）删除图块　在绘制图形的过程中用户若要删除创建的块，可以在命令行中输入“purge”，并按<Enter>键，打开“清理”对话框，该对话框显示了可以清理的命名对象的树状图，找到创建的图块，单击“全部清理”按钮即可删除图块，如图2-13和图2-14所示。

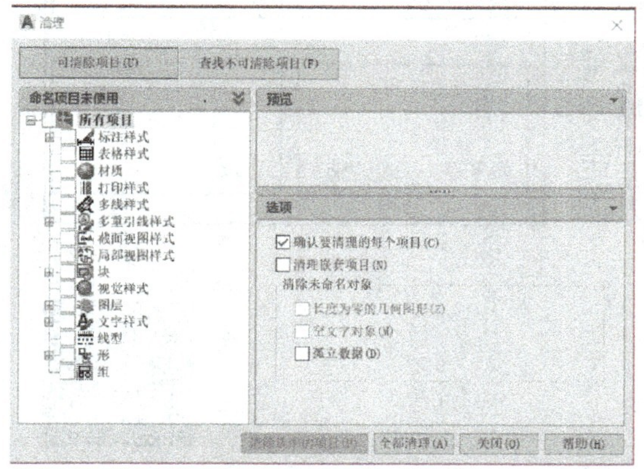

图2-13　“清理”对话框

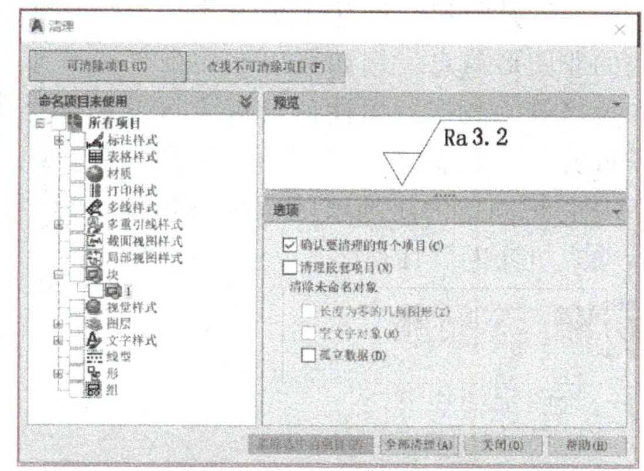

图2-14　删除图块

【小结】

本任务学习了如何插入、编辑和删除图块，通过本任务的学习，可以使创建的图块按照实际要求进行编辑，方便图形信息的更改。

【课后训练】

在图 2-15 所示钻模板零件图中插入、编辑和删除表面粗糙度图块。

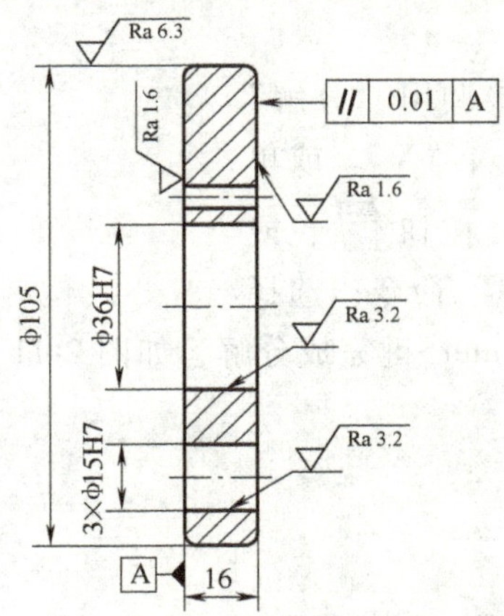

图 2-15 钻模板零件图

任务 3 修改块的属性

【任务描述】

采用带属性的块定义，在块插入时为属性赋值的方法布置一个办公室，各办公桌应注明编号、姓名、年龄等说明，如图 2-16 所示。

【任务分析】

属性是附加在图块上的文本说明，用于表示图块的非图形信息。例如可以利用属性跟踪零件数量和价格等的数据。属性值可以是可变的，也可以是不可变的。在插入一个带有属性的图块时，AutoCAD 将把固定的属性值随图块添加到图形中，并提示输入可变的属性值。

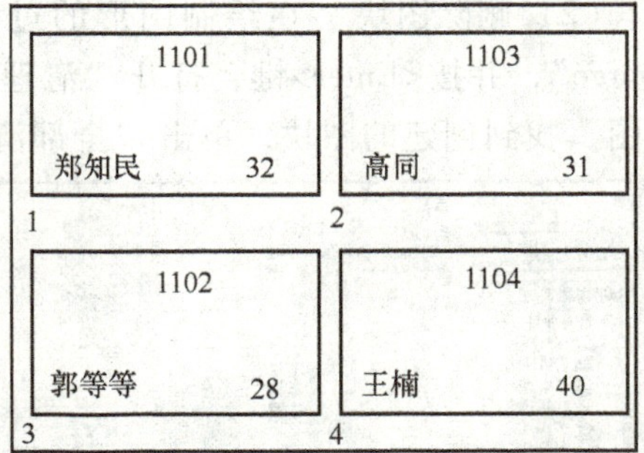

图 2-16 带属性的块定义“办公桌布置”

【任务实施】

绘图步骤如下。

1. 使用属性

1）绘制矩形。

2）调用“attdef”命令，弹出“属性定义”对话框，如图 2-17 所示。

3）在“模式”选项组中规定属性的特性，例如属性值可显示为“可见”或“不可见”，属性值可以是“固定”或“非常数”等。

4）在“属性”选项组中输入属性标记（如“编号”），属性提示（若不指定则用属性标记），属性值（属性默认值，可不指定）。

5）在“插入点”选项组中指定字符串的插入点，可选中“在屏幕上指定”复选框，然后在图形中定位，或者直接输入插入点的 X、Y、Z 坐标。

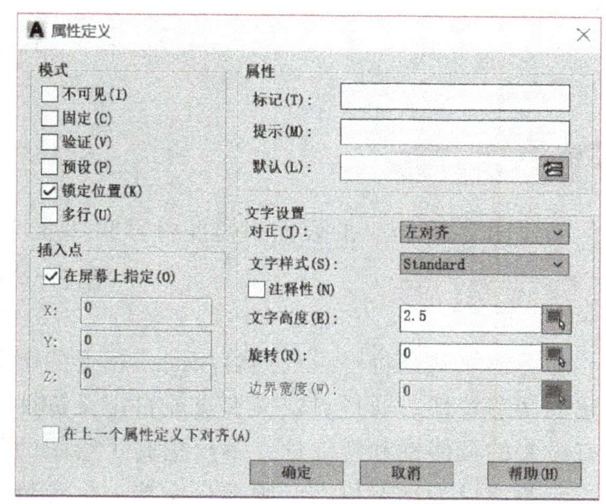

图 2-17 “属性定义”对话框

6）在“文字设置”选项组中，指定字符串的对正、文字样式、文字高度和字符串旋转角。

7）单击“确定”按钮即定义了一个属性，此时在图形相应的位置会出现该属性的标记“编号”。

8）同理，重复步骤 2）~7）可定义属性“姓名”和“年龄”。

9）调用“bmake”命令，把办公桌及三个属性定义为块“办公桌”，其基点为 A，如图 2-18 所示。

2. 属性赋值

1）调用“ddinsert”命令，指定插入块为“办公桌”。

图 2-18 办公桌

2）在图 2-16 中，指定插入基准点为 1，指定插入的 X、Y 比例，旋转角度为 0°，由于办公桌带有属性，系统将出现属性提示（“编号”“姓名”“年龄”），应依次赋值，在插入基准点 1 处插入“办公桌”。

3）同理，再次调用“ddinsert”命令，在插入基准点 2、3、4 处依次插入“办公桌”，即完成图 2-16 所示布置。

【小结】

本任务通过块的属性定义，在名称相同的块中，可使不同属性值形态的块同时出现，同时使块中出现两个不同的图层，可以保存构件的属性定义到硬盘下，以备后期反复使用。

【课后训练】

将图 2-19 所示的标题栏创建为带属性的外部块，属性编号为“姓名”，提示输入内容为“请输入姓名”。

设计	王晓		(材料)	(单位)
校核			比例	(图名)
审核			共1张 第1张	(图号)

图 2-19 标题栏

任务4　创建动态块

【任务描述】

创建图 2-20 所示的表面粗糙度符号和基准符号的动态块。

【任务分析】

动态图块就是将一系列内容相同或相近的图形通过块编辑器创建为块，并设置块具有参数化的动态特性，通过自定义夹点或自定义特性来操作动态块。设置动态块对于常规块来说具有极大的灵活性和智能性，不仅提高了绘图的效率，同时也减小了图块库中块的数量。

要使块成为动态块，必须至少添加一个参数，然后添加一个动作，并使该动作与参数关联。添加到块定义中的参数和动作类型定义了块参照在图形中的作用方式。

利用“块编辑器”工具可以创建动态块特征。块编辑器是一个专门的编写区域，用于添加能够使块成为动态块的元素。

【任务实施】

绘图步骤如下。

1）画出图 2-20 所示表面粗糙度符号和基准符号的图形，并将它们定义为一个块。

2）选中做好的块，右击，在弹出的快捷菜单中选择“块编辑器”命令，如图 2-21 所示。

图 2-20　表面粗糙度符号和基准符号

3）添加可见性参数。单击参数面板上的“可见性”按钮，按系统提示指定参数的位置，如图 2-22 所示。

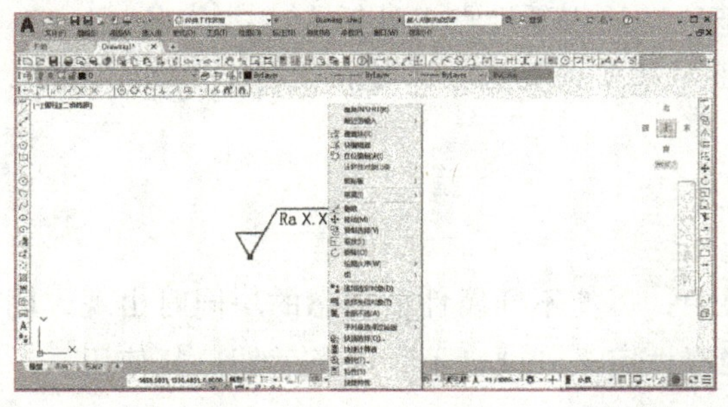

图 2-21　选择“块编辑器”命令

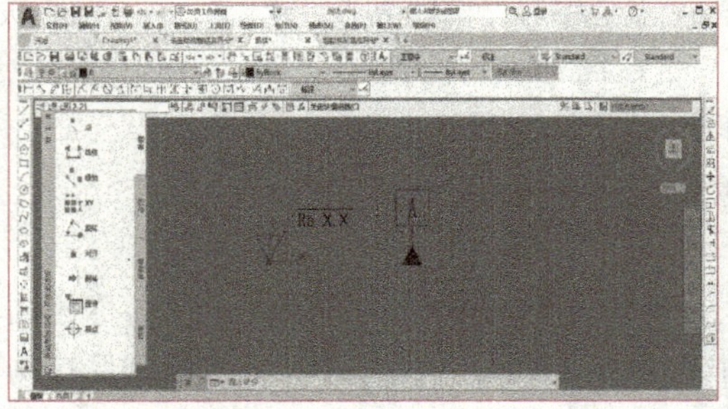

图 2-22　添加可见性参数

4）编辑可见性状态。双击“可见性”按钮，打开“可见性状态”对话框（可以重命名、新建、删除可见性状态）。本任务要控制两个符号的可见性，因此新建图 2-23 所示的两个可见性状态，并重命名为“表面粗糙度”和“基准符号”，如图 2-23 和图 2-24 所示。

5）分别在可见状态下，使无关图形为不可见，表面粗糙度状态下隐藏基准符号，基准符号状态下隐藏表面粗糙度，如图 2-25 所示。

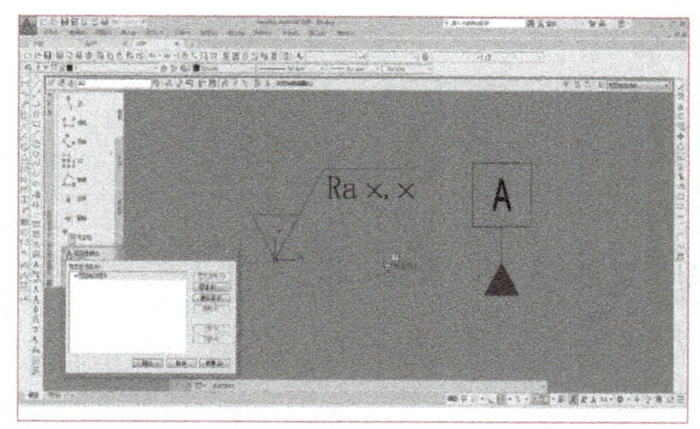

图 2-23 编辑可见性状态

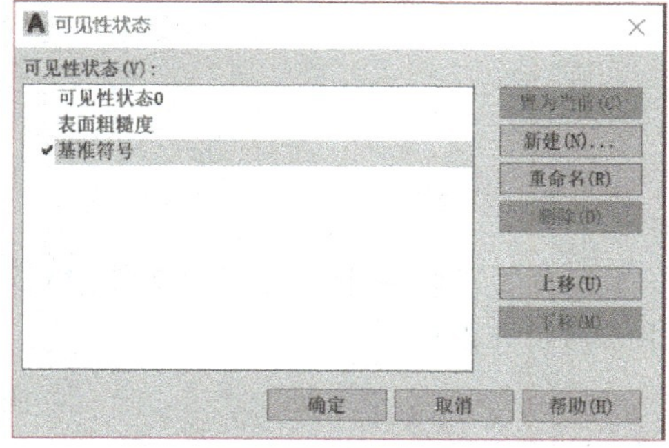

图 2-24 完成基准符号可见性设置

6）移动调整。编辑完可见性状态，移动两个视图使之重叠，重叠点为常用的基准点，如图 2-26 所示。

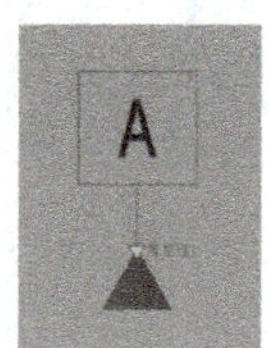

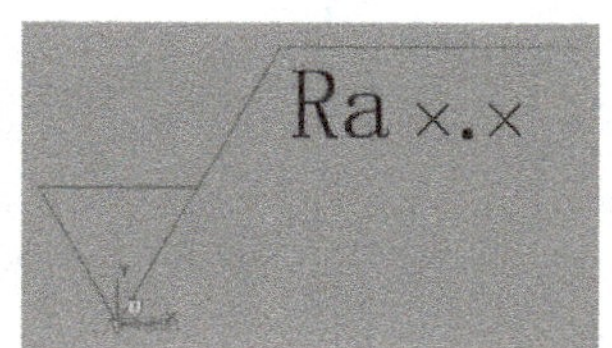

图 2-25 隐藏无关图形

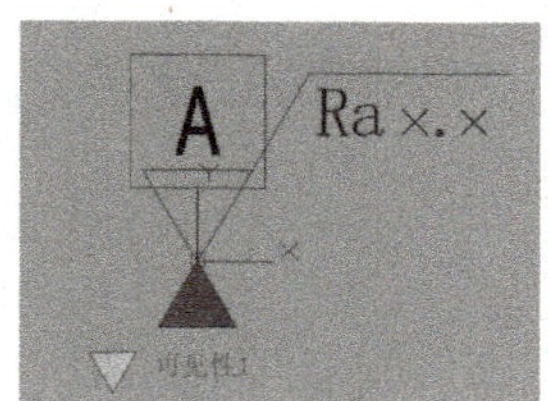

图 2-26 移动调整

7）测试动态块。将编辑好的动态块插入图样中，选中动态块并单击可见性参数夹点，在弹出的列表框中选择某一项目，动态块便会自动改变显示状态。

【小结】

本任务使用动态块创建可更改形状、大小或配置的图块，可以集成多种功能，例如拉伸、旋转、镜像和缩放等。

【课后训练】

使用动态块命令标注图 2-27 所示零件图。

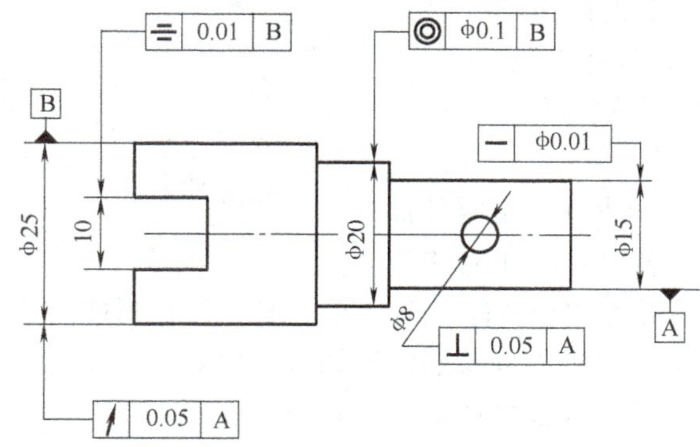

图 2-27 零件图

任务 5　创建外部参照

【任务描述】

本任务要求将一个外部图形文件附到当前图形文件中，并执行附着、编辑、剪裁、管理和外部参照等操作。

【任务分析】

图块主要针对小型的图形重复使用，而外部参照提供了一种比图块更为灵活的图形引用方法，使用外部参照功能可以将多个图形链接到当前图形中，并且包含外部参照的图形会随着原图形的修改而自动更新，这是一种重要的共享数据的方式。

【任务实施】

一、参照赋予

1. 命令调用

1）菜单栏：选择“插入”→“DWG 参照”命令。

2）工具栏：单击“参照”工具栏中的“外部参照赋予”按钮。

3）命令行：输入“xattach”。

2. 选项说明

调用“外部参照赋予”命令，弹出“选择参照文件”对话框，类似“打开图形文件”对话框，在对话框中选择将被参照的图形文件，然后弹出“附着外部参照”对话框，如图 2-28 所示。根据提示完成外部参照赋予操作。

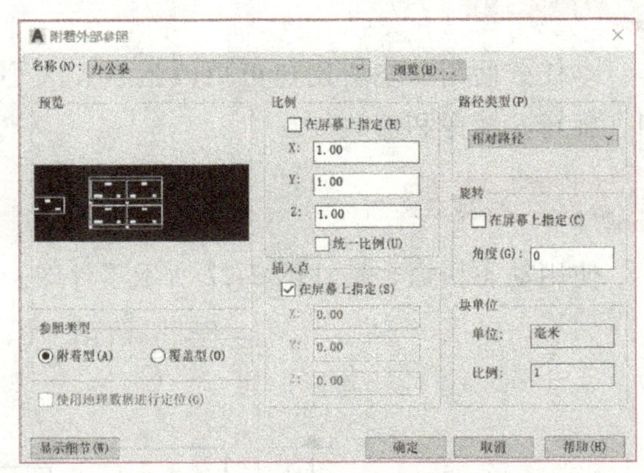

图 2-28 “附着外部参照”对话框

1）“名称”下拉列表框：从下拉列表框中选择外部参照文件名。

2）“浏览”按钮：单击此按钮，打开“选择参照文件”对话框，选择参照文件。

3）“比例”选项组：设置外部参照图形缩放比例。

4）“路径类型”下拉列表框：指定外部参照的路径类型，包括完整路径、相对路径和无路径。将路径类型设置为“相对路径”之前，必须保存当前图形。

5）“插入点”选项组：设置外部参照图形插入位置。

6）“旋转”选项组：设置外部参照图形旋转角度。

7）“参照类型”单选按钮：有两种类型：附着型和覆盖型。

二、外部参照管理

查询当前图形中所有外部参照信息。

1. 命令调用

1）菜单栏：选择“插入”→“外部参照”命令。

2）工具栏：单击“参照”工具栏中“外部参照”按钮。

3）命令行：输入“xref”。

2. 选项说明

调用“外部参照”命令，弹出外部参照管理器，如图 2-29 所示。

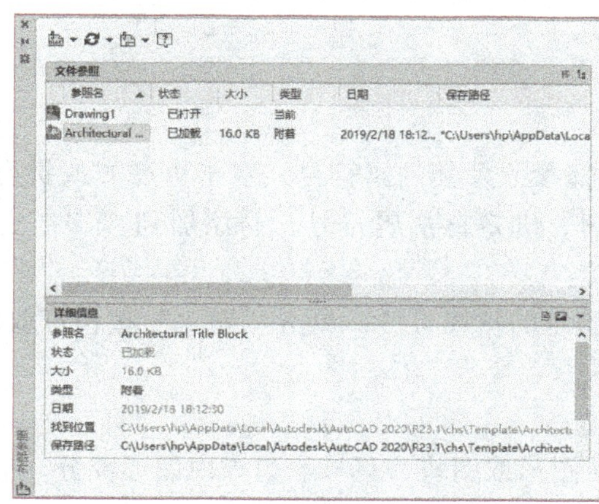

a)

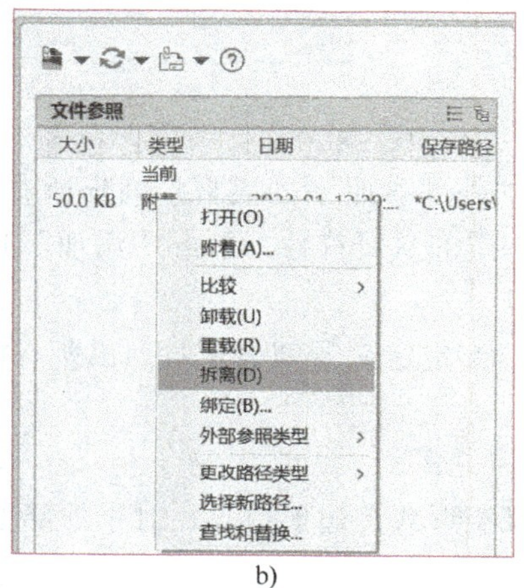

b)

图 2-29 外部参照管理器

1）列表图按钮：在列表框中以列表形式显示当前图形外部参照信息。

2）树状图按钮：在列表框中以树状形式显示当前图形外部参照信息。

3）修改参照名称：在列表框中双击某参照名（或选择参照名后按<F2>键），可修改参照名称（重命名）。

4）“附着”按钮：通过“外部参照”对话框，添加新的外部参照。

5）“拆离”命令：删除所选择的外部参照。

6）“重载”命令：重载（更新）某外部参照。

7）“卸载”命令：卸载（不显示）某外部参照。

8）“绑定”命令：绑定所选择的外部参照，有两种绑定方式。

三、外部参照绑定

向当前图形永久地加入外部参照文件中的某些从属符号，例如图块、图层、线型、标注样式和文本样式。被绑定的从属符号，不随外部参照文件更新而更新。

1. 命令调用

1）菜单栏：选择“修改”→“对象”→“外部参照”→“绑定”命令。

2）工具栏：单击“参照”工具栏中的“外部参照绑定”按钮。

3）命令行：输入“xbind”。

2. 选项说明

调用“外部参照绑定”命令，弹出“外部参照绑定”对话框，如图 2-30 所示。

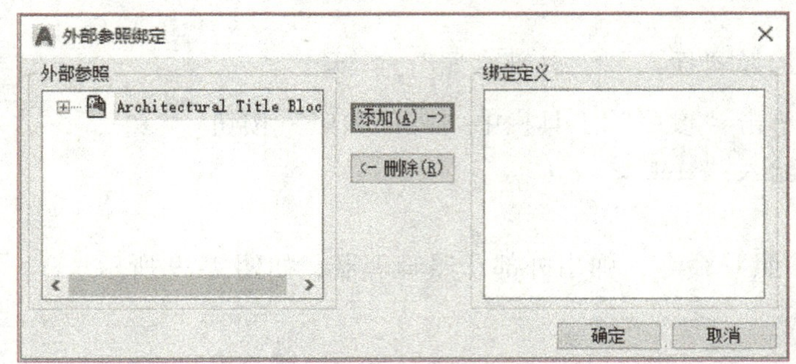

图 2-30 “外部参照绑定”对话框

1）“外部参照”列表框：列出所有外部参照及其从属符号，双击可展开或折叠，从中选择欲绑定的从属符号，单击“添加”按钮，绑定该从属符号，并添加到“绑定定义”列表框中。

2）“绑定定义”列表框：列出所有被绑定的从属符号，单击“删除”按钮可取消绑定。

四、参照裁剪

定义矩形或多边形边界，对于外部参照图形或图块，只显示边界内图形部分，屏蔽边界外部分。

命令调用方式如下。

1）菜单栏：选择“修改”→“裁剪”→“外部参照”命令。

2）工具栏：单击“参照”工具栏中“外部参照裁剪”按钮。

3）命令行：输入“xclip”。

调用“外部参照裁剪”命令，命令行提示：

```
选择对象：              //选择外部参照或图块
输入剪裁选项[开(ON)/关(OFF)/剪裁深度(C)/删除(D)/生成多段线(P)/新建边界(N)]<新建边界>：    //输入 ON、OFF、C、D、P 或 N
```

开（ON）：输入“ON”，裁剪功能有效。

关（OFF）：输入“OFF”，裁剪功能无效。

剪裁深度（C）：输入“C”，设置前景和背景平面，显示平面之间图形。

删除（D）：输入“D”，取消所选外部参照或图块裁剪边界和裁剪深度。

生成多段线（P）：输入“P”，按裁剪边界生成一条多义线。

新建边界（N）：输入“N”，创建新的裁剪边界（多段线、矩形或多边形）。

五、编辑参照

在当前图形中选择并直接编辑外部参照图形或插入图块。执行“编辑外部参照”命令后，进入外部参照编辑状态，需执行“关闭块在位编辑”命令终止外部参照编辑。

命令调用方式如下。

1）菜单栏：选择“工具”→“在位编辑外部参照或块”→“编辑参照”命令。

2）工具栏：单击“外部参照编辑”工具栏中的“编辑图块或外部参照”按钮。

3）命令行：输入“refedit”或“refclose”。

调用该命令，命令行提示：

```
选择参照:(选择外部参照图形或图块)
选择嵌套层次[确定(O)/下一个(N)]<下一个>:(输入O或N)
选择嵌套的对象:(选择外部参照图形中的待编辑图形对象)
已添加n个图元
显示属性定义[是(Y)/否(N)]<否>:(输入Y或N)
```

用“关闭块在位编辑”命令或“参照编辑”工具栏来结束参照编辑任务。

如果正在编辑具有属性的块参照，可输入“Y”来显示属性定义并使它们可被编辑，只影响后续插入的图块。

【相关知识】

图块与外部参照主要有以下区别。

1）图块的图形、属性、基点等信息保存在当前图形文件中，而外部参照图形文件只是与当前图形建立一种连接关系，只保存外部参照文件的名称和路径，不在当前图形文件中保存图形信息。

2）当图块原图形发生变化时，必须重新定义图块，才能更新插入的图块图形；当外部参照图形发生变化时，只需修改外部参照图形文件中的图形，再打开主图形时，系统自动把外部参照新图形调入主图形。

3）外部参照有两种类型：附着型和覆盖型。附着型是指所有嵌套的外部参照图形均加入，而覆盖型是指嵌套的外部参照图形不加入。外部参照类型可相互转换。

4）外部参照图形中的命名对象（如图层、线型、文字样式、打印样式等）称为外部参照文件的从属符号。从属符号的引用格式是：外部参照文件名/对象名。例如图形文件HOUSE.DWG中有一个L1层，当该文件被别的图形文件当作外部参照文件时，在主图形文件中，这个L1层被命名为“HOUSE/L1”层。

【小结】

本任务学习的外部参照与图块有相似的地方，但不同之处在于：在图形中插入图块会增加图形文件的大小，而外部参照是在工作时暂时看到图形，并不会增加图形文件的大小。

【课后训练】

使用外部参照命令将图2-20链接到图2-27所示的零件图中。

项目 2　设计中心与选项板

任务 1　应用设计中心

【任务描述】

AutoCAD 2020 提供的设计中心可以使用户方便地浏览和查找图形文件，定位和管理不同的资源文件，也可以使用户通过简单的拖拽方式将位于本地的计算机、局域网和互联网上的图形文件中的图块、图层、外部参照、线型、文字和标注样式等粘贴到当前图形文件中，从而使设计资源得到充分的利用和共享。

本任务要求熟练掌握设计中心的主要功能和操作方法。

【任务分析】

第一次启动设计中心时，默认打开的选项卡为“文件夹”选项卡。内容显示区采用大图标显示，左边的资源管理器采用树状视图显示系统结构，浏览资源的同时，在内容显示区显示所浏览资源的有关细目或内容。

可以利用拖动边框的方法来改变 AutoCAD 2020 设计中资源管理器和内容显示区以及 AutoCAD 2020 绘图区的大小，但内容显示区的最小尺寸应能显示两列大图标。

【任务实施】

操作步骤如下。

1. 显示图形信息

（1）对话框　选择“工具”→“选项板”→“设计中心”命令后，系统将打开类似于 Windows 资源管理器的 AutoCAD “DESIGN CENTER”（设计中心）对话框，该对话框有“文件夹”“打开的图形”“历史记录”三个选项卡，如图 2-31 所示。用户可以在对话框中进行操作。

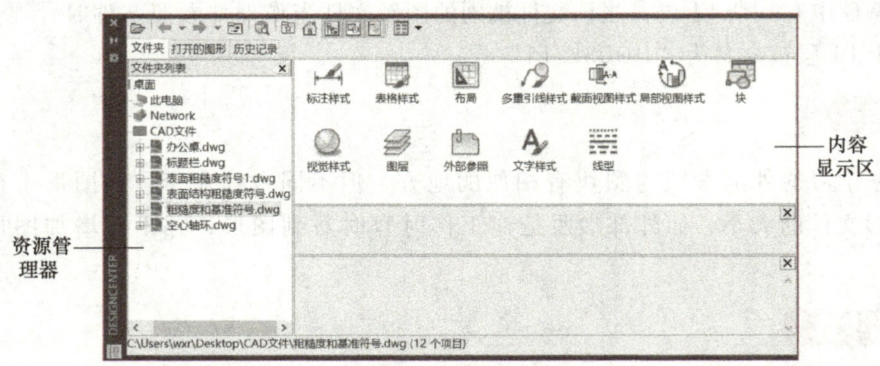

图 2-31　“设计中心”对话框

1）“文件夹”选项卡：显示设计中心的资源，如图 2-31 所示。该选项卡与 Windows 资源管理器类似。“文件夹”选项卡显示导航图标的层次结构，包括网络和计算机、Web 地址（URL）、计算机驱动器、文件夹、图形和相关的支持文件、外部参照、布局、填充样式和命名对象以及图形中的块、图层、线型、文字样式、标注样式和打印样式。

2）“打开的图形”选项卡：显示在当前环境中打开的所有图形，包括最小化了的图形，如图 2-32 所示。此时选择某个文件，就可以在右侧的内容显示区显示该图形的有关设置，例如标注样式、布局、块、图层外部参照等。

图 2-32 “打开的图形”选项卡

3）“历史记录”选项卡：显示用户最近访问过的文件，包括这些文件的具体路径，如图 2-33 所示。双击列表中的某个图形文件，可以在“文件夹”选项卡的树状视图中定位此图形文件，并将其内容加载到内容显示区。

图 2-33 “历史记录”选项卡

（2）工具栏 “设计中心”对话框顶部有一系列的工具栏，包括“加载”“上一页”“下一页”“上一级”“搜索”“收藏夹”“主页”“树状图切换”“预览”“说明”“视图”按钮。

1）“加载”按钮：加载对象。单击该按钮，打开“加载”对话框，用户可以利用该对话框从 Windows 桌面、收藏夹或 Internet 网页中加载文件。

2）“搜索”按钮：查找对象。单击该按钮，打开“搜索”对话框，如图 2-34 所示。

3）“收藏夹”按钮：在“文件夹列表”中显示“收藏夹/Autodesk”文件夹中的内容，用户可以通过收藏夹标记存放在本地磁盘、网络驱动器或Internet网页中的内容，如图2-35所示。

4）“主页”按钮：快速定位到设计中心文件中，该文件夹位于“Sample”下，如图2-36所示。

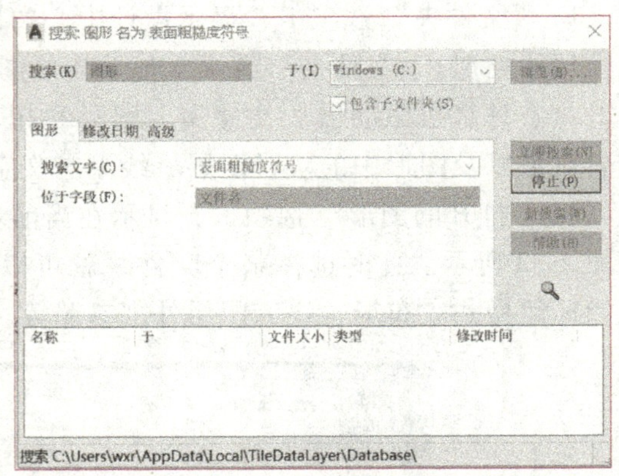

图2-34 “搜索”对话框

2. 向图形中添加内容

AutoCAD 2020设计中心提供指定比例和旋转方式插入图块系统的方式，根据光标拉出的线段长度、角度确定比例与旋转角度。

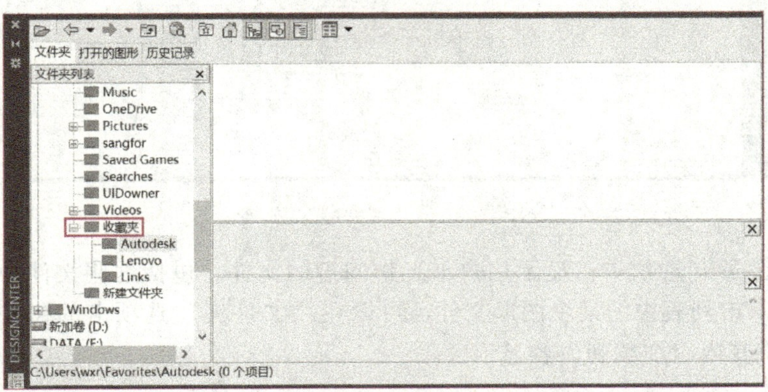

图2-35 单击“收藏夹”按钮

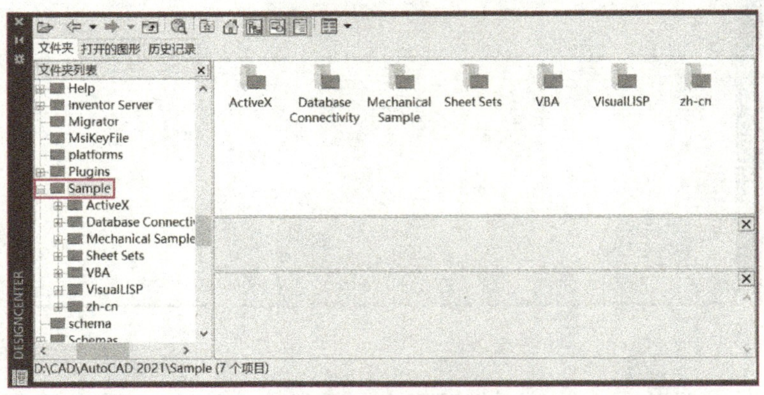

图2-36 单击“主页”按钮

1）从文件夹列表或查找结果列表中选择要插入的图块，将其拖动到打开的图形中，此时选择的对象被插入当前打开的图形中。利用当前设置的捕捉方式可以将对象插入任何存在的图形当中。

2）在绘图区单击即指定一点作为插入点，移动鼠标，光标位置点与插入点之间的距离为缩放比例，单击确定比例。采用同样的方法移动鼠标，光标指定位置和插入点的连线与水平线的夹角为旋转角度。被选择的对象就会根据光标指定的比例和角度插到图形中。

【相关知识】

AutoCAD 设计中心主要有以下两个功能：

1. 从设计中心向当前图形文件中添加内容

从设计中心向当前图形文件中添加内容是 AutoCAD 设计中心的另一个重要功能。用户利用 AutoCAD 设计中心可以方便地将设计中心已创建的标准图块、图层、文字样式、标注样式等内容添加到当前图形文件中，以提高绘图的效率和标准化程度。以下对常用的添加内容和方法进行介绍。

（1）从设计中心向当前图形文件中添加图块　从设计中心向当前图形文件中添加图块实际是将设计中心的图块插入用户的当前图形文件中，具体操作方法有自动换算比例插入和利用插入命令插入。

（2）将设计中心图形文件中的其他内容复制到当前图形文件中　用户可以将设计中心选择图形文件的图层、线型、文字样式、标注样式等内容复制到当前图形文件中。

2. 利用设计中心管理用户常用的图形资料

用户在进行设计和绘图时，有些内容会经常被使用，例如常用图形符号、标题栏等。为方便用户存放和访问这些内容，设计中心提供了“Favorites/Autodesk”文件收藏夹。

（1）向收藏夹添加用户的内容　在设计中心的树状视图或内容显示区选中要添加的内容，右击，系统将弹出快捷菜单，选择“添加到收藏夹”命令，系统就会将用户选择的内容添加到收藏夹中，建立用户内容的快捷访问路径。

（2）管理收藏夹中的内容　用户能对保存到“Favorites/Autodesk”（收藏夹）中的文件进行移动、复制和删除等操作。

【小结】

利用设计中心可以很容易地管理设计内容，并把它们拖到当前图形中，利用设计中心的内容显示区可以查看资源细目，通过设计中心左侧的树状视图可以很容易地找到所需图样文件。

【课后训练】

利用设计中心将图 2-20 所示的图样文件设置为“主页”，将图 2-27 所示的图样文件添加到收藏夹。

任务2　快速选择

【任务描述】

利用快速选择命令在图 2-37 中选择带“L=”的所有内容及在图 2-38 中选择“标注”图层所有内容。

30M³
L=80　10M³　80
10　L=10
22
L=30　30
L=22
30M³

图 2-37 “多行文字”示例

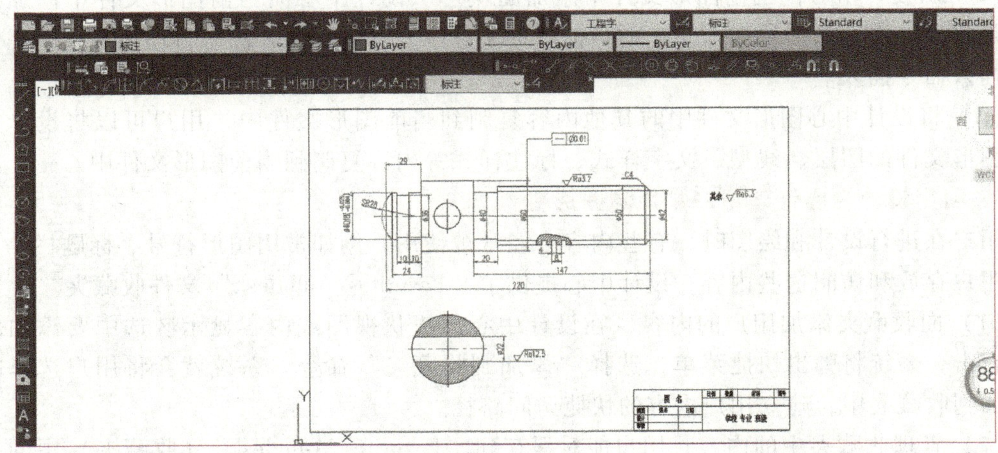

图 2-38 柱塞

【任务分析】

在 AutoCAD 中，使用快速选择命令可以快速筛选 AutoCAD 中的对应图形，提高绘图效率。快速选择对象的功能可以很快地筛选出具有特定属性（图层、线型、延伸、图案填充等特性）的一个或多个对象。在弹出的“快速选择”对话框中，根据需要设置过滤条件，例如对象类型、属性、运算符、值等，设置完成后，单击“确定”按钮，系统可快速地筛选出满足该条件的所有图形对象。

【任务实施】

绘图步骤如下。

1）右击，在弹出的快捷菜单中选择“快速选择”命令或在命令行输入“qselect”，弹出“快速选择”对话框，如图 2-39 所示。

2）在图 2-37 所示多行文字中选择带“L＝”的所有内容，参数设置如图 2-40。

3）在图 2-38 所示图形中，选择“标注”图层的所有图素，参数设置如图 2-41 所示。

4）单击“确定”按钮，图形中“标注”图层的所有图素被选中，如图 2-42 所示。

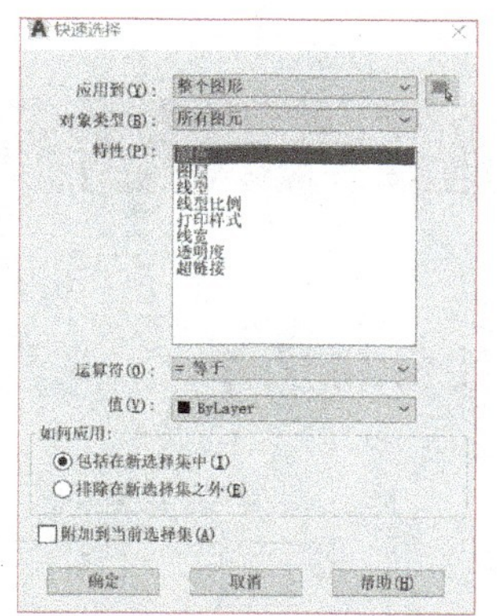

图 2-39　“快速选择”对话框

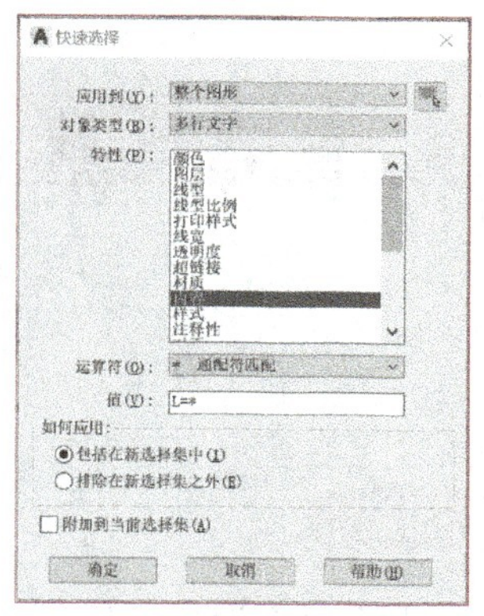

图 2-40　快速选择“L=”

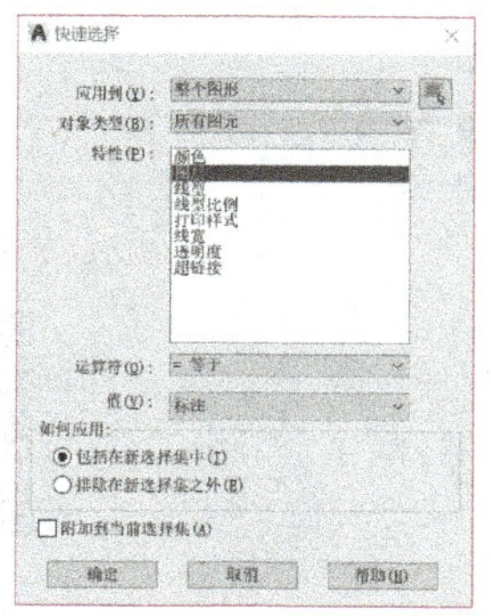

图 2-41　快速选择“标注”图层所有图素

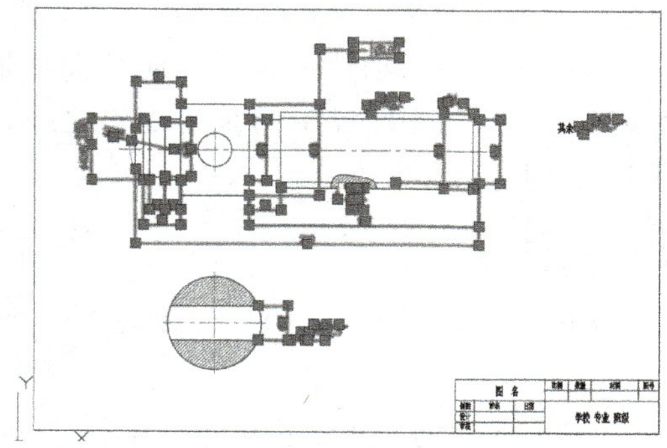

图 2-42　选中“标注”图层

【小结】

本任务学习的快速选择对象的功能可以快速筛选 AutoCAD 中符合条件的图形，能提高绘图效率。

【课后训练】

使用快速选择命令选取图 2-43 所示图形中的粗实线层对象。

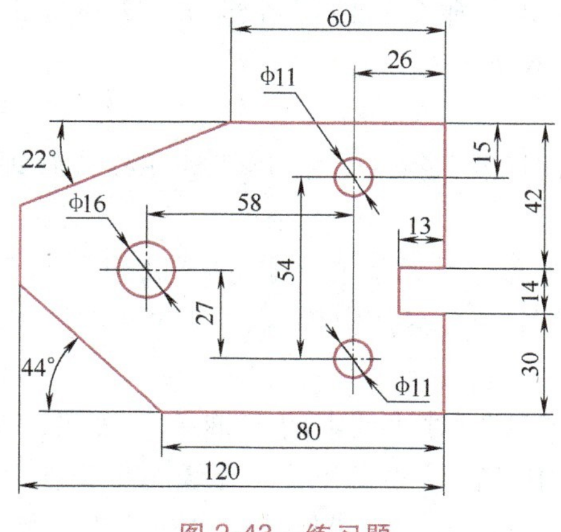

图 2-43　练习题

项目3 尺寸标注

任务1 设置标注样式与标注常用尺寸

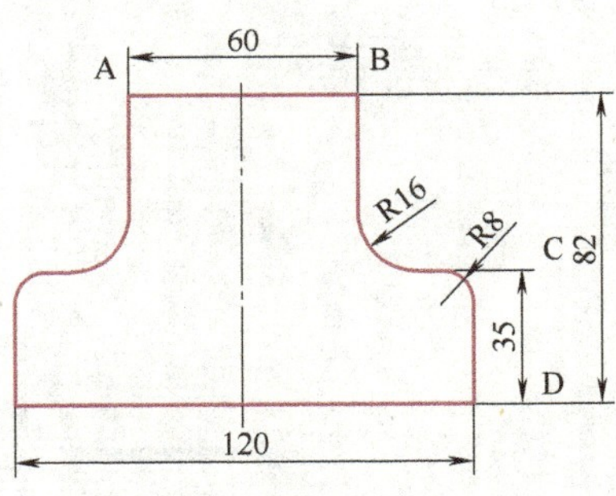

图 2-44 T 形块尺寸标注

【任务描述】

对图 2-44 所示 T 形块进行尺寸标注。

【任务分析】

图形只能表示物体的形状，而其大小是由标注的尺寸决定的。尺寸是图样中的重要内容之一，是制造零件的直接依据。

【任务实施】

绘图步骤如下。

1. 创建新图层

1）选择“文件”→“新建”命令，打开“选择样板”对话框，选择“无样板打开-公制”样板，新建一个文件。

2）分别创建“粗实线”“细实线”“中心线”图层。

3）在图层特性管理器中设置“粗实线”图层为当前图层，打开“正交”和“对象捕捉”，并设置对象捕捉端点、中点、切点、交点、圆心。

2. 绘制 T 形块

综合利用绘图命令绘制 T 形块（按图 2-44 所示尺寸进行绘制），绘制结果如图 2-45 所示。

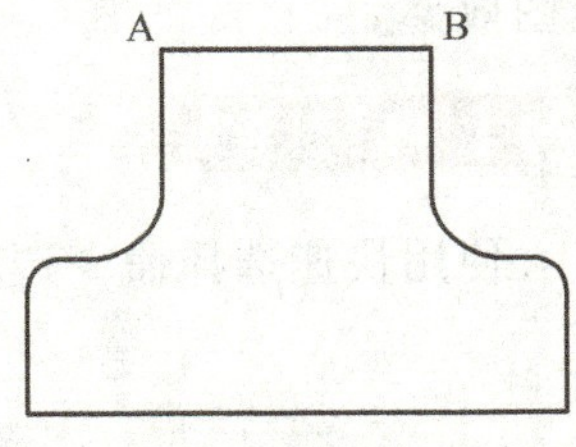

图 2-45 T 形块轮廓

3. 设置文字样式

选择“格式”→“文字样式”命令，创建名称为“机械”的文字样式，参数设置如图 2-46 所示。

4. 设置标注样式

1）选择“格式”→“标注样式”命令，打开“标注样式管理器”对话框。

2）单击“标注样式管理器”对话框右上侧的“新建”按钮，在弹出的“创建新标注样式”对话框中的“新样式名”文本框中输入“尺寸标注”，其余参数采用默认设置，如图 2-47 所示。

3）单击“创建新标注样式”对话框中的“继续”按钮，弹出“新建标注样式：尺寸标注”对话框。在该对话框中进行尺寸线和尺寸界线的相关参数设置，如图 2-48 所示。

4）单击“符号和箭头”选项卡，设置尺寸符号和箭头的相关属性，如图 2-49 所示。

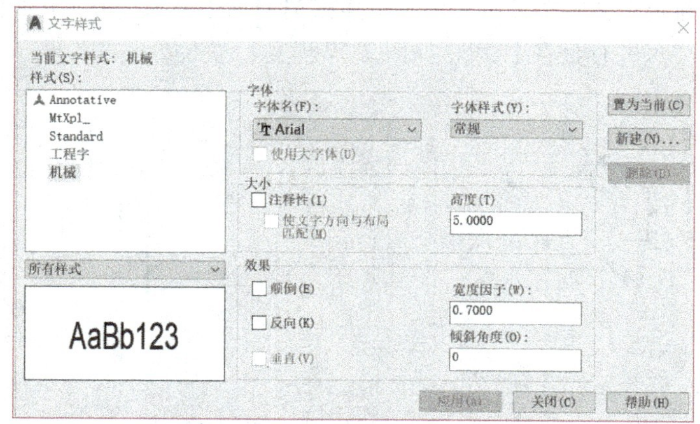

图 2-46　“文字样式”对话框

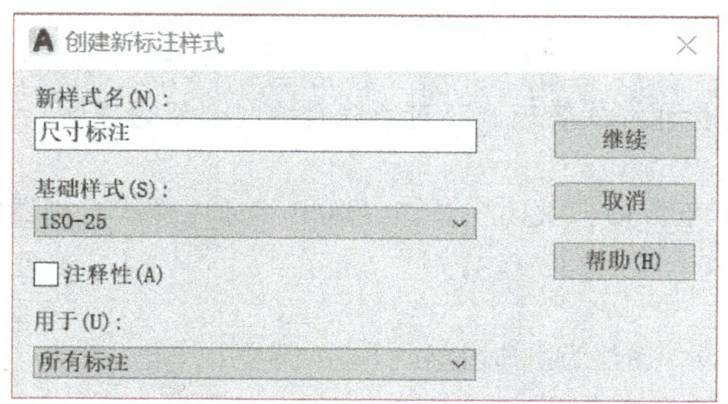

图 2-47　“创建新标注样式”对话框

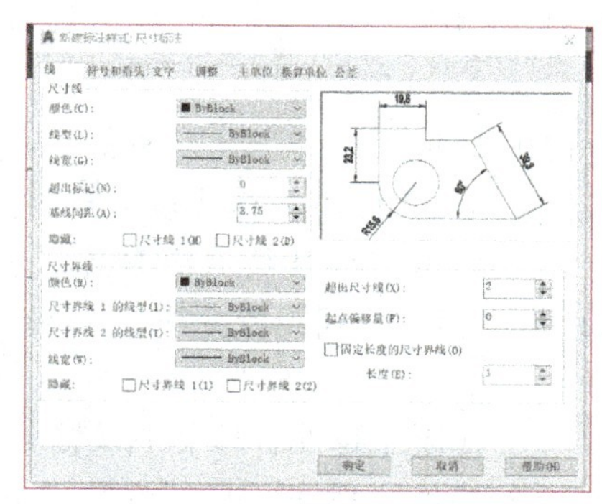

图 2-48　“线”选项卡参数设置

5）单击“文字”选项卡，相关参数设置如图 2-50 所示。

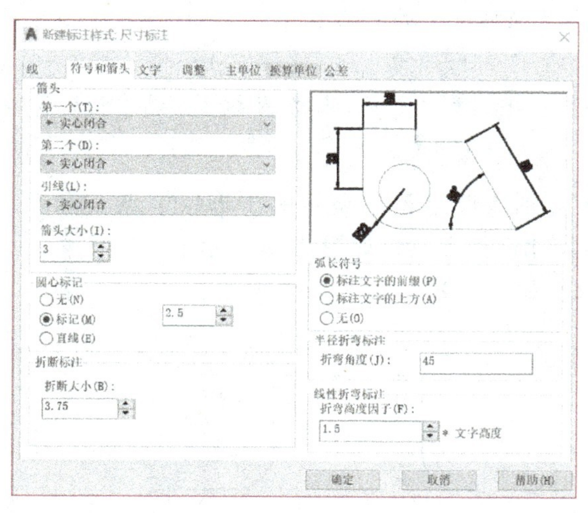

图 2-49　“符号和箭头”选项卡参数设置

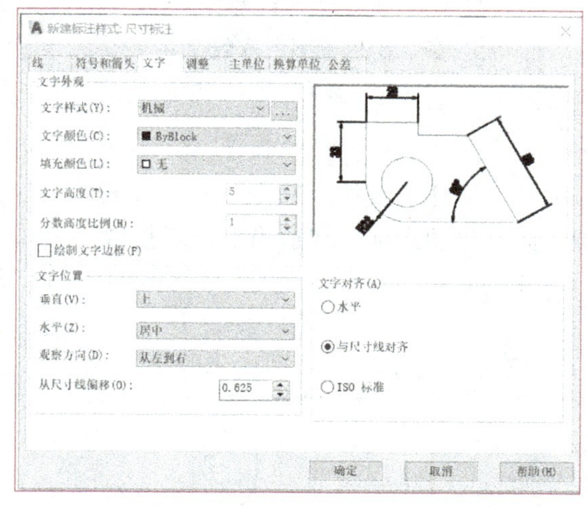

图 2-50　“文字”选项卡参数设置

6）单击“主单位”选项卡，相关参数设置如图 2-51 所示。

7）“调整”“换算单位”“公差”选项卡中的各项参数均采用默认设置，单击图 2-51 所示对话框下方的“确定”按钮，返回“标注样式管理器”对话框，此时在对话框的“样式”列表下新增了“尺寸标注”样式，如图 2-52 所示。

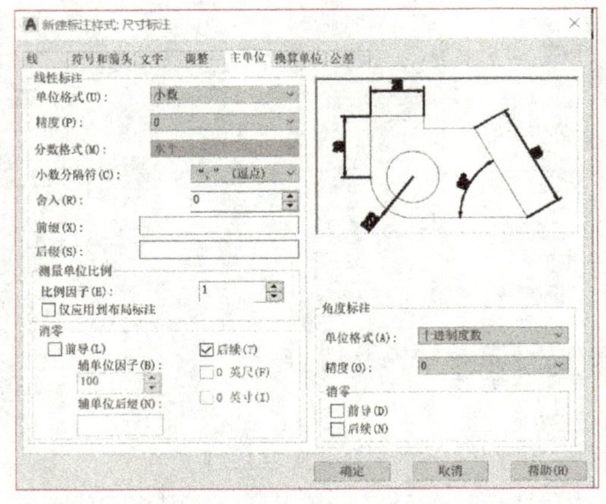

图 2-51 “主单位”选项卡参数设置

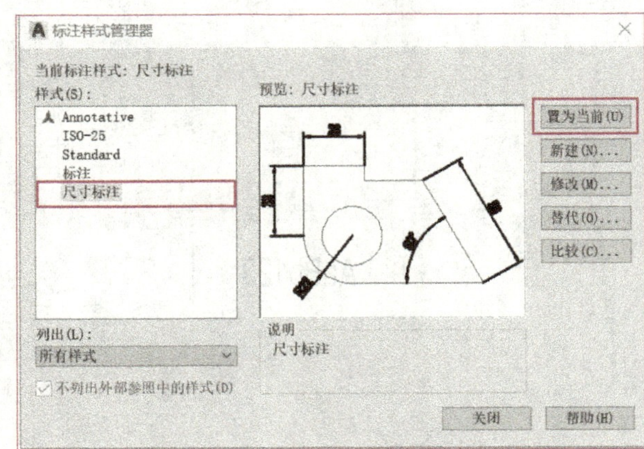

图 2-52 “标注样式管理器”对话框

8）选择“尺寸标注”样式，单击“标注样式管理器”对话框右侧的“置为当前”按钮，将“尺寸标注”样式设为当前样式。

9）单击“标注样式管理器”对话框下方的“关闭”按钮，退出“标注样式管理器”对话框，标注样式设置完毕。

5. 对 T 形块进行尺寸标注

1）在图层特性管理器中设置“细实线”图层为当前图层。

2）选择“标注”→“线性”命令，标注尺寸“60”，命令行提示：

```
命令:dimlinear
指定第一条尺寸界线原点或<选择对象>:    //捕捉图上的点 A
指定第二条尺寸界线原点:                //捕捉图上的点 B
指定尺寸线位置或[多行文字(M)文字(T)/水平(H)/垂直(V)/旋转(R)]:
                                    //向上移动光标,在适当位置拾取一点标
                                      注文字=60
```

3）重复“线性”命令，在命令行的提示下分别捕捉图 2-53 所示的 T 形块上点 C 和点 D，向右移动光标，在适当的位置拾取一点，为尺寸进行定位，如图 2-53 所示。

4）重复“线性”命令，分别标注尺寸“82”和“120”，如图 2-54 所示。

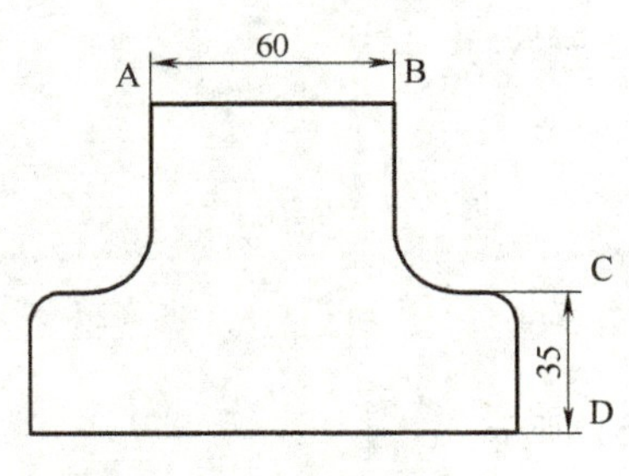

图 2-53 标注“T 形块”小尺寸

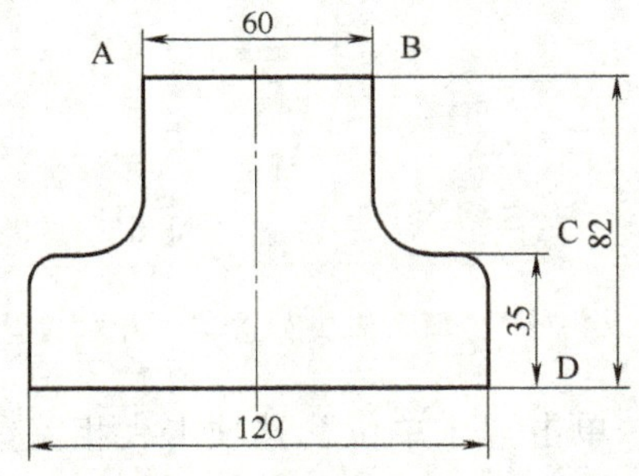

图 2-54 标注“T 形块”大尺寸

5）选择“标注”→“半径”命令，标注半径尺寸“R16”“R8”，如图 2-55 所示。

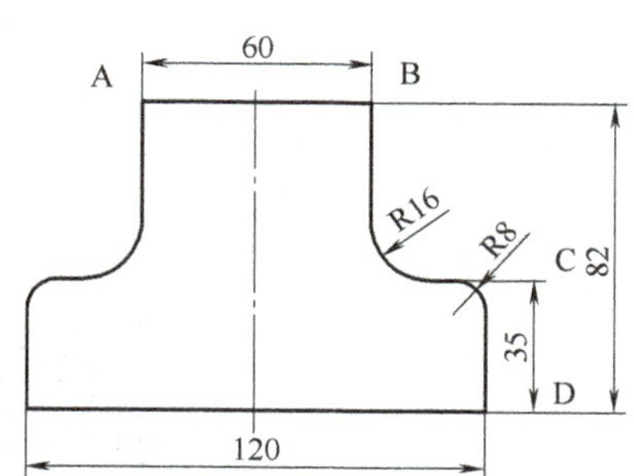

图 2-55　标注“T 形块”半径尺寸

【相关知识】

在进行尺寸标注时，系统默认的标注形式可能不符合实际要求，在此情况下，可以根据需要对尺寸样式进行编辑。

1. 命令调用

1）菜单栏：选择“标注”→“标注样式”命令。

2）工具栏：单击“标注”工具栏中的“标注样式”按钮。

3）命令行：输入“dimstyle”。

2. 操作方法

调用“dimstyle”命令后，打开“标注样式管理器”对话框，如图 2-52 所示。在该对话框的“样式”列表框中显示标注样式的名称。若在“列出”下拉列表框选择“所有样式”，则在“样式”列表框中显示所有样式名；若在“列出”下拉列表框选择“正在使用的样式”，则在“样式”列表框中显示当前正在使用的样式名称。AutoCAD 2020 提供的标注样式为 ISO-25。在该对话框中单击“修改”按钮，打开“修改标注样式：尺寸标注”对话框，如图 2-56 所示。

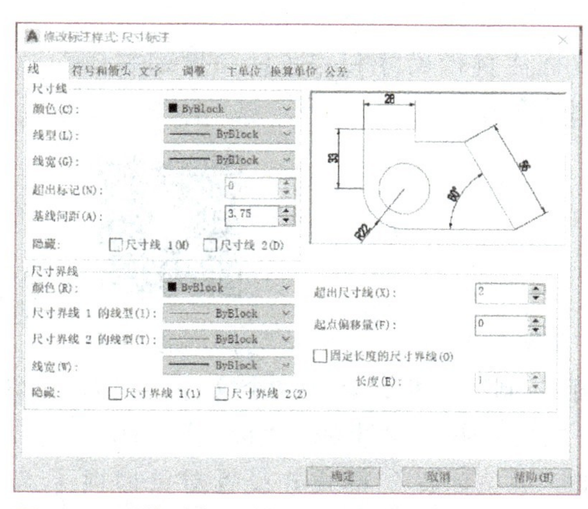

图 2-56　“修改标注样式：尺寸标注”对话框

在“修改标注样式：尺寸标注”对话框中，通过设置“线”“符号和箭头”“文字”“调整”“主单位”“换算单位”“公差”选项卡可实现标注样式的修改。

【小结】

本任务通过对 T 形块进行尺寸标注，介绍了 AutoCAD 中有关尺寸标注的基本操作方法，为零件的标准化作图提供了便捷。

【课后训练】

完成图 2-57 所示图形的尺寸标注。

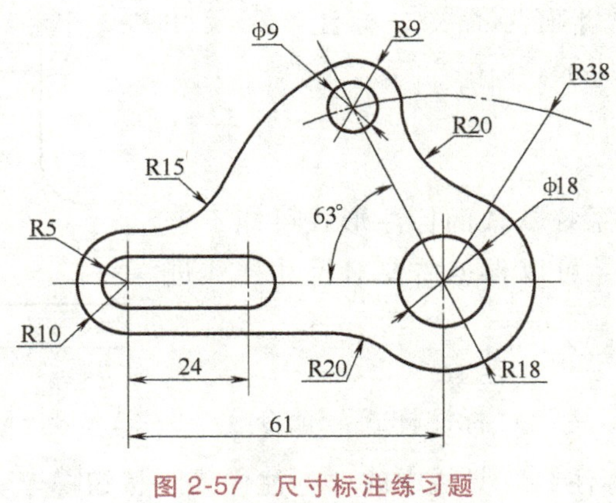

图 2-57　尺寸标注练习题

任务 2　标注复合尺寸

【任务描述】

绘制图 2-58 所示组合体并标注尺寸。

【任务分析】

在绘图中，经常需要标注直径尺寸和倒角的角度，本任务将通过实例详细介绍相关内容。

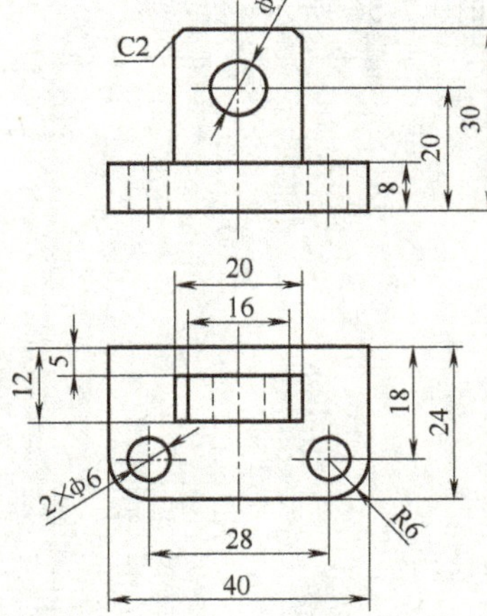

图 2-58　复合尺寸标注

【任务实施】

绘图步骤如下。

1. 创建新图层

1）选择“文件”→“新建”命令，打开“选择样板”对话框，选择“无样板打开-公制”样板，新建一个文件，并创建“粗实线”“细实线”“细点画线”“虚线”“标注”图层。

2）打开“正交”和“对象捕捉”模式并设置对象捕捉端点、中点、最近点、交点、圆心。

2. 设置文字样式和标注样式

分别设置名为“机械”的文字样式和名为“标注”的标注样式，其参数可按本项目任务 1 中的步骤进行设置，唯一不同的是需要将“文字”选项卡中“文字对齐”列表框内的方式改为“ISO 标准”。

3. 绘制主、俯视图

绘制组合体的主、俯视图，如图 2-59 所示。

4. 标注线性尺寸

利用“线性”命令分别标注长度为 8mm、20mm、30mm、18mm、24mm、28mm、40mm、16mm、20mm、5mm、12mm 的尺寸，线性标注结果如图 2-60 所示。

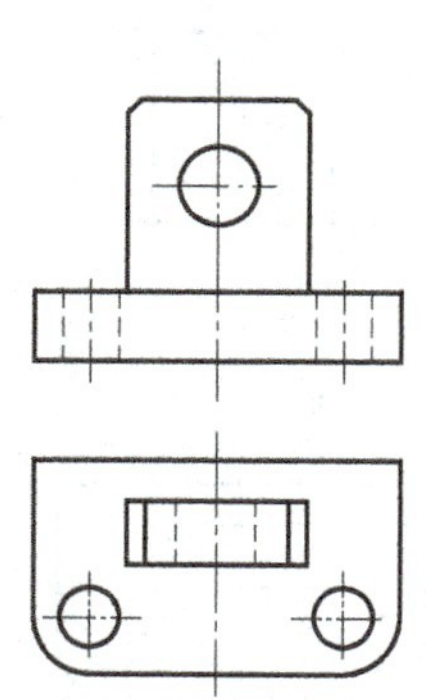

图 2-59　绘制组合体轮廓

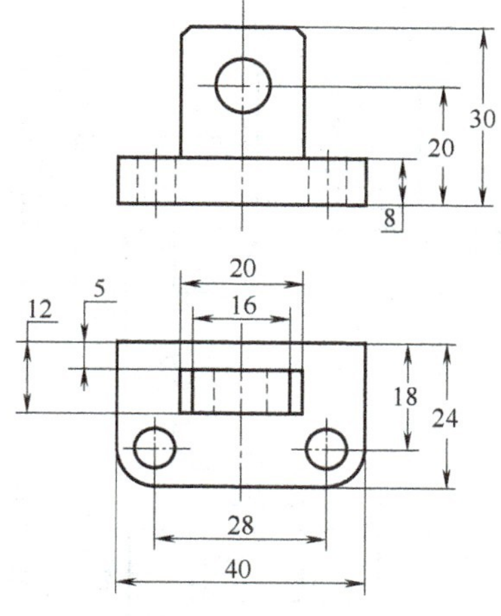

图 2-60　组合体的线性尺寸标注

5. 标注其他尺寸

1）选择“标注”→“直径”命令，标注 ϕ9mm 的尺寸，如图 2-61 所示。

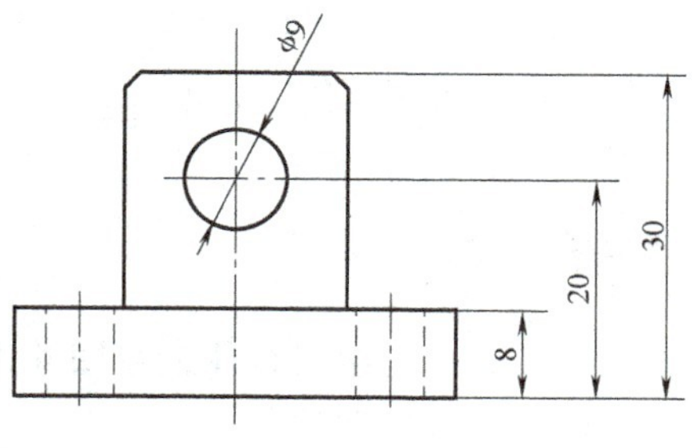

图 2-61　直径尺寸标注

2）在命令行输入快速引线快捷命令“LE”→输入“S”，打开“引线设置”对话框，参数设置如图 2-62 所示，单击“确定”按钮；在图 2-58 所示倒角位置单击第一点确定引线位置，第二点确定引线的长度，第三点确定基线的长度，按<Enter>键输入引线内容，按<Enter>键两次完成引线标注，如图 2-63 所示。

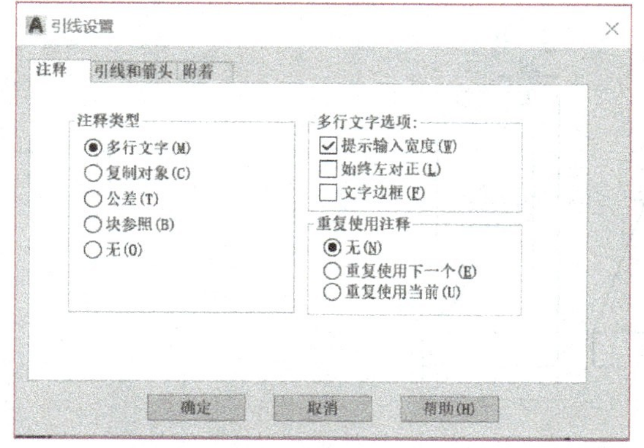

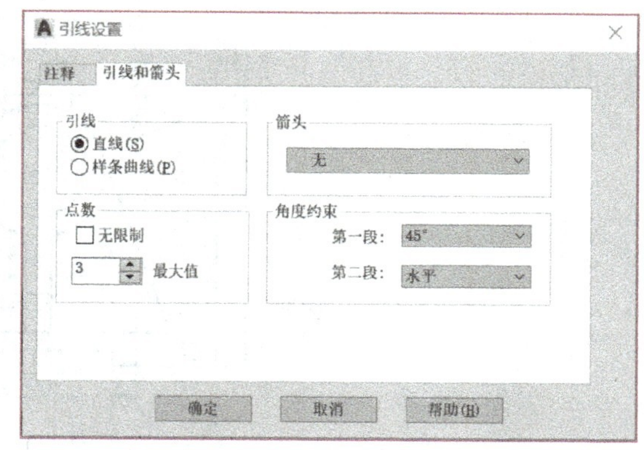

图 2-62　引线设置

3）选择“标注”→“直径”命令，选择“多行文字”并输入“2×ϕ6”，完成直径标注，如图 2-64 所示。

4）选择“标注”→“半径”命令，标注组合体俯视图右下角的圆弧，标注结果如图 2-65 所示。

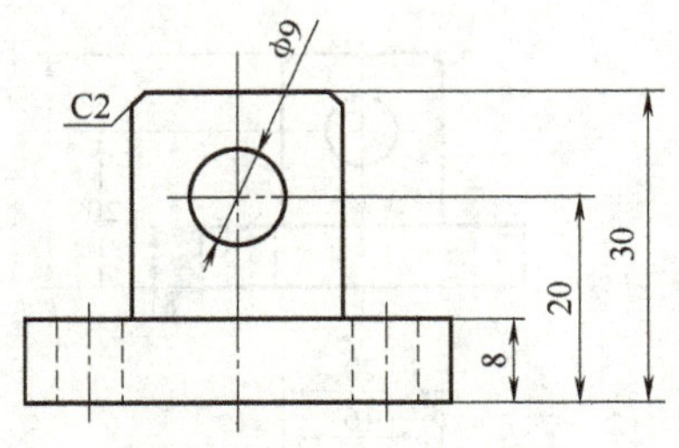

图 2-63　倒角标注

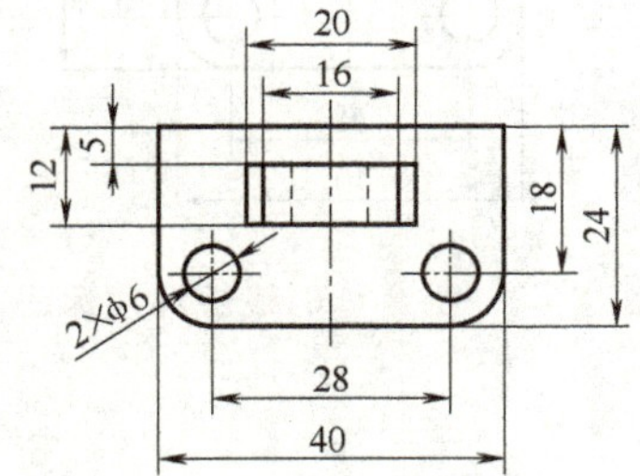

图 2-64　等直径圆标注

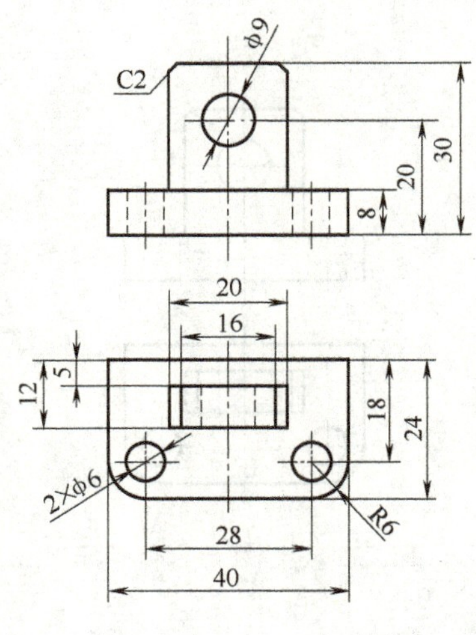

图 2-65　圆弧尺寸标注

【小结】

本任务通过绘制组合体三视图并进行尺寸标注，详细介绍了“圆角”“半径”“直径”等尺寸标注的方法和技巧。

【课后训练】

完成图 2-66 所示轴承座三视图的绘制并标注尺寸。

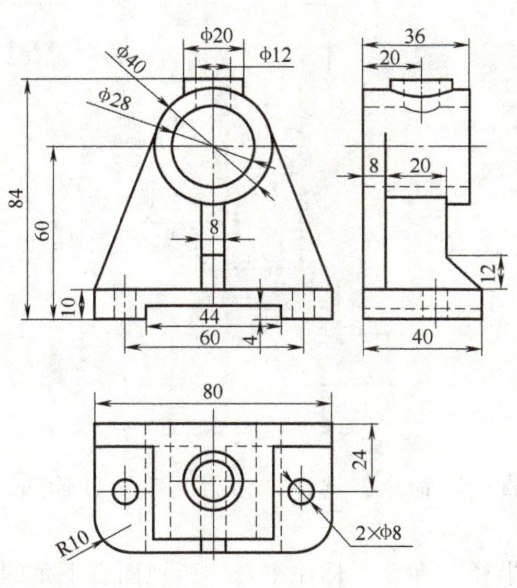

图 2-66　轴承座三视图

任务3　编辑尺寸标注

【任务描述】

绘制图2-67所示平面图形，并使用“基线”标注、“连续”标注、“半径”标注和“直径”标注方法完成其尺寸标注。

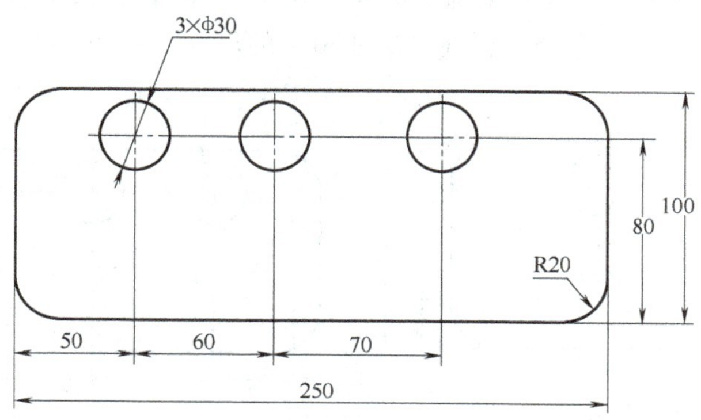

图2-67　平面图形

【任务分析】

采用“基线”标注、“连续”标注等方法可以提高绘制效率，使图形尺寸标注布局整齐清晰，便于识图。

【任务实施】

绘图步骤如下。

1. 创建新图层

1）选择“文件”→“新建”命令，打开“选择样板”对话框，选择“无样板打开-公制”样板，新建一个文件，并创建“粗实线”“细实线”“细点画线”“标注”图层。

2）打开“正交”和“对象捕捉”模式并设置对象捕捉端点、中点、最近点、交点、圆心。

2. 设置文字样式和标注样式

分别设置名为“机械”的文字样式和名为“标注”的标注样式，其参数可按本项目任务1中的步骤进行设置，唯一不同的是需要将“文字”选项卡中“文字对齐”列表框内的方式改为“ISO标准”。

3. 绘制轮廓

绘制平面图形轮廓，如图2-68所示。

4. 标注尺寸

利用“基线”标注命令完成长度为80mm、100mm的尺寸标注，如图2-69所示。

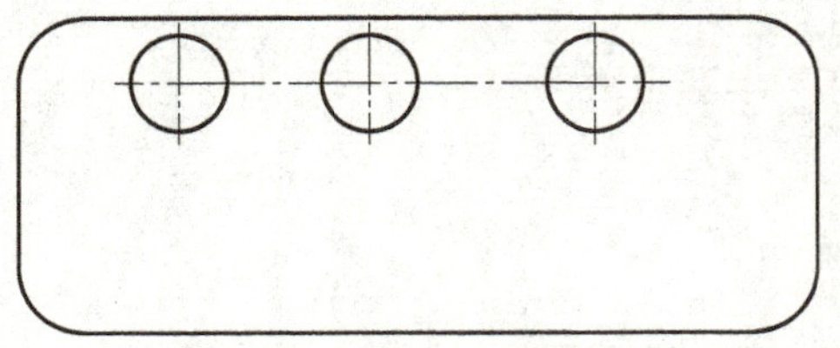

图 2-68　绘制平面图形轮廓

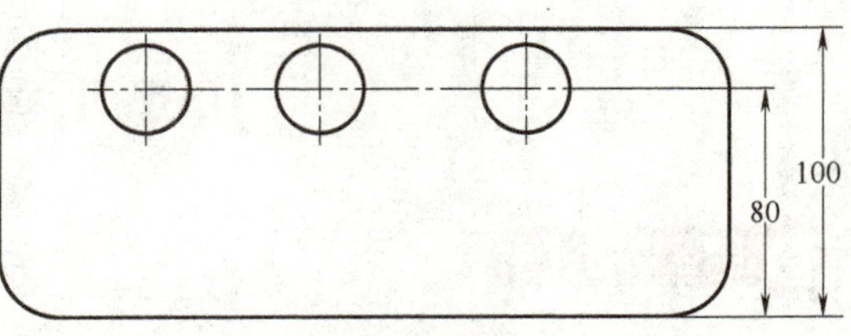

图 2-69　“基线”标注

利用“连续”标注命令完成长度为 50mm、60mm、70mm 的尺寸标注，如图 2-70 所示。

选择“标注”→“直径”命令，标注“3×ϕ30”的尺寸，如图 2-71 所示。

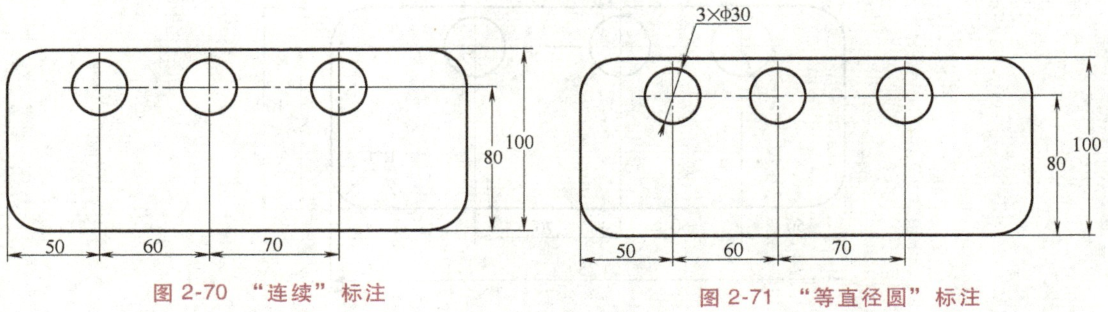

图 2-70　“连续”标注　　图 2-71　“等直径圆”标注

选择“标注”→“半径”命令，标注 R20 圆弧的尺寸，如图 2-72 所示。

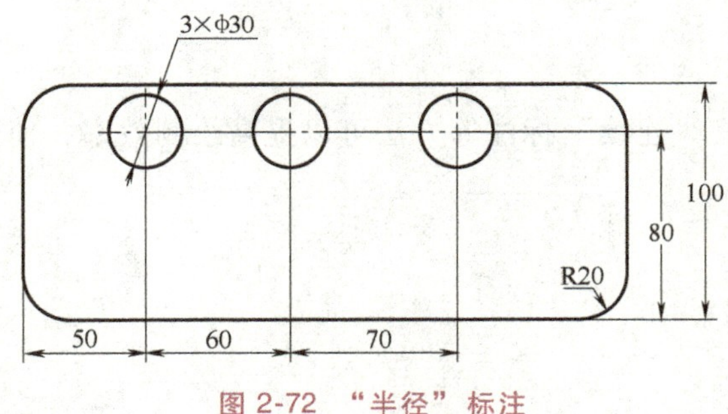

图 2-72　“半径”标注

利用“线性”命令标注长度为 250mm 的尺寸，完成整个图形的标注，结果如图 2-67 所示。

【相关知识】

一、对齐尺寸标注

1. 命令调用

1）菜单栏：选择“标注”→“对齐”命令。

2）工具栏：单击“标注”工具栏中的“对齐”按钮。

3）命令行：输入“dimaligned”。

2. 操作方法

标注对齐尺寸，即尺寸线和两条尺寸界线起点连线平行，如图 2-73 所示。

调用“对齐”标注命令，命令行提示：

```
命令:dimaligned
指定第一条尺寸界线原点或<选择对象>:
指定第二条尺寸界线原点:
指定尺寸线位置或[多行文字(M)/文字(T)/角度(A)]:
```

1）若直接按<Enter>键用拾取框选择要标注的线段，则对齐标注的尺寸线与该线段平行。

2）其他选项 M、T、A 的含义与线性尺寸标注中相应选项相同。

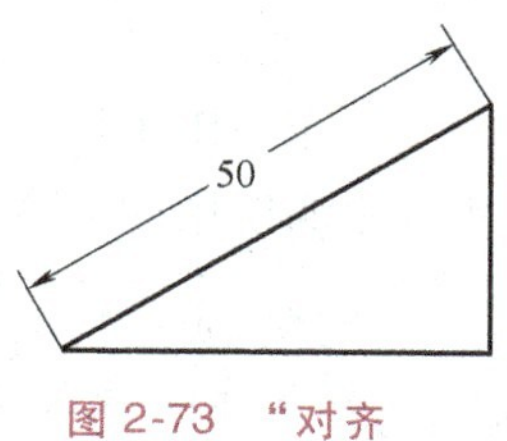

图 2-73 “对齐尺寸”标注

二、基线标注

1. 命令调用

1）菜单栏：选择“标注”→“基线”命令。

2）工具栏：单击“标注”工具栏中的“基线”按钮。

3）命令行：输入“dimbaseline”。

2. 操作方法

该命令用于标注有公共的第一条尺寸界线（作为基线）的一组尺寸线互相平行的线性尺寸或角度尺寸，但必须先标注第一个尺寸后才能使用此命令，如图 2-74 所示。

调用“基线”标注命令，命令行提示：

```
命令:dimbaseline
指定第二条尺寸界线原点或 [放弃(U)/选择(S)]<选择>://按<Enter>键选择作为
                                                      基准的尺寸标注
选择尺寸基准标注:                                    //如图 2-74 所示,选择 AB
                                                      间的水平尺寸 50 作为基
                                                      准标注
指定第二条尺寸界线原点或 [放弃(U)/选择(S)]<选择>:    //指定点 C 注出尺寸 120,
                                                      标注文字为“120”
指定第二条尺寸界线原点或[放弃(U)/选择(S)]<选择>:     //指定点 D 注出尺寸 190,
                                                      标注文字为“190”
```

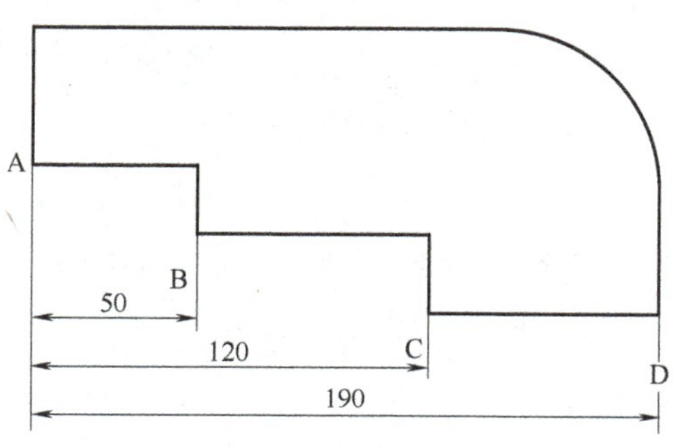

图 2-74 “基线”标注

三、连续标注

1. 命令调用

1）菜单栏：选择“标注”→“连续”命令。

2）工具栏：单击“标注”工具栏中的“连续”按钮。

3）命令行：输入“dimcontinue”。

2. 操作方法

该命令用于标注尺寸线连续或链状的一组线性尺寸或角度尺寸，但必须先标注第一个尺寸后才能使用此命令。调用“连续”标注命令，命令行提示：

```
命令:dimcontinue
指定第二条尺寸界线原点或[放弃(U)/选择(S)]<选择>：//按<Enter>键选择作为
                                                   基准的尺寸标注
选择连续标注:                                     //如图 2-75 所示，选择
                                                   尺寸 50 作为基准
指定第二条尺寸界线原点或[放弃(U)/选择(S)]<选择>: //指定点 C 注出尺寸 60,
                                                   标注文字为“60”
指定第二条尺寸界线原点或[放弃(U)/选择(S)]<选择>: //指定点 D 注出尺寸 70,
                                                   标注文字为“70”,如图
                                                   2-75 所示
```

四、标注圆心标记

1. 命令调用

1）菜单栏：选择“标注”→“圆心标记”命令。

2）工具栏：单击“标注”工具栏中“圆心标记”按钮。

3）命令行：输入 dimcenter。

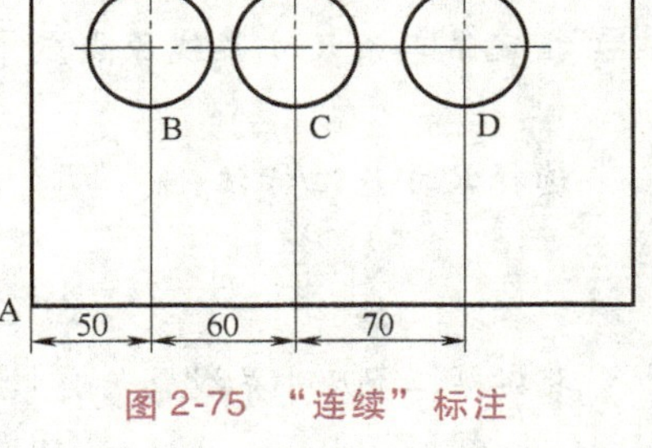

图 2-75 “连续”标注

2. 操作方法

该命令用于给指定的圆或圆弧画出圆心符号。对于小圆，可用此命令画出中心线代替圆心符号。调用“圆心标记”命令，命令行提示：

```
命令:dimcenter
选择圆弧或圆      //如图 2-76 所示,选择圆。
```

【小结】

本任务介绍了基线标注、连续标注等方法，从而提高了绘制效率，使得图形标注布局整齐清晰，便于识图。

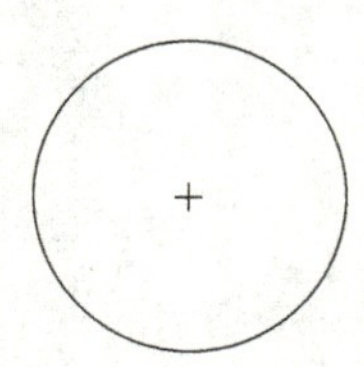
图 2-76 “圆心”标记

【课后训练】

完成图 2-77 所示图形的绘制和标注。

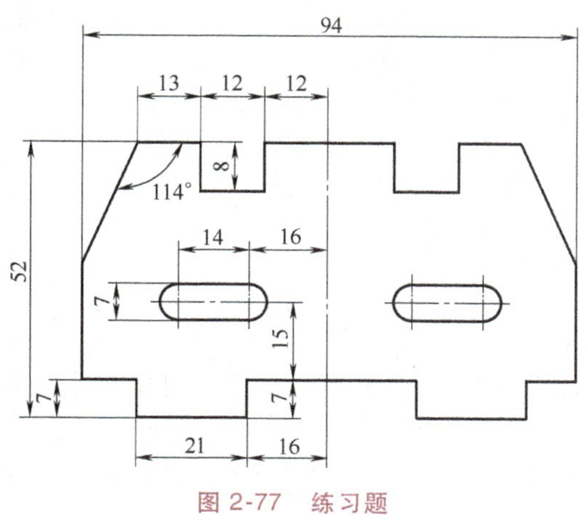

图 2-77 练习题

任务 4 参数化图形

【任务描述】

绘制图 2-78 所示平面图形并对其进行参数化设置。

【任务分析】

AutoCAD 2020 具有较强的参数化图形绘制功能。参数化图形是一项使用约束条件进行设计的技术，所谓约束是应用于二维几何图形的关联和限制。应用约束后，对一个对象所做的更改可能会自动应用于其他对象。

【任务实施】

绘图步骤如下：

1）绘制图 2-78 所示平面图形。

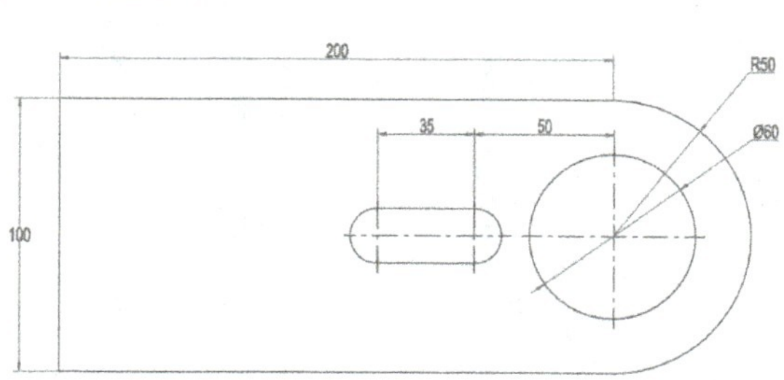

图 2-78 参数化图形

2）选择“参数”→“几何约束”→“相切”命令，对图形进行相切几何约束，如图 2-79 所示。

3）选择“参数”→“几何约束”→“垂直”命令，对图形进行垂直几何约束，如图 2-80 所示。

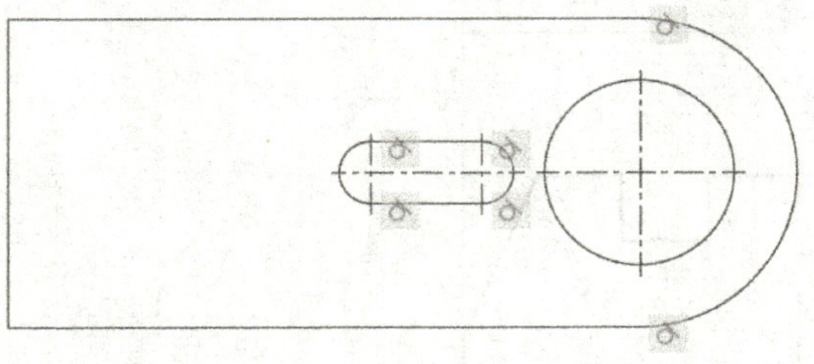

图 2-79 “相切”几何约束

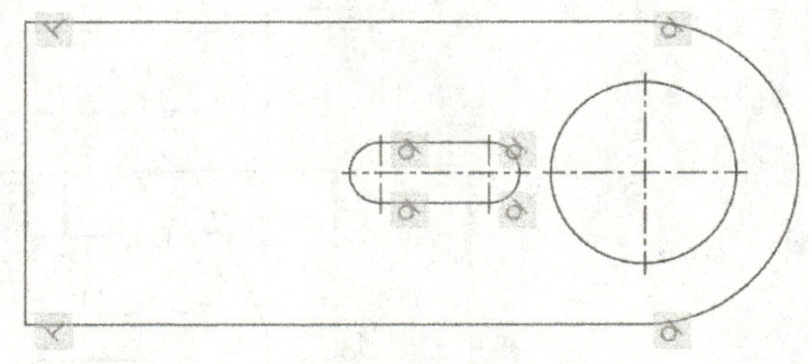

图 2-80 “垂直”几何约束

4）选择“参数”→“标注约束”→“水平”命令，对图形进行水平标注约束，如图 2-81 所示。

5）选择“参数”→“标注约束”→“竖直”命令，对图形进行竖直标注约束，如图 2-82 所示。

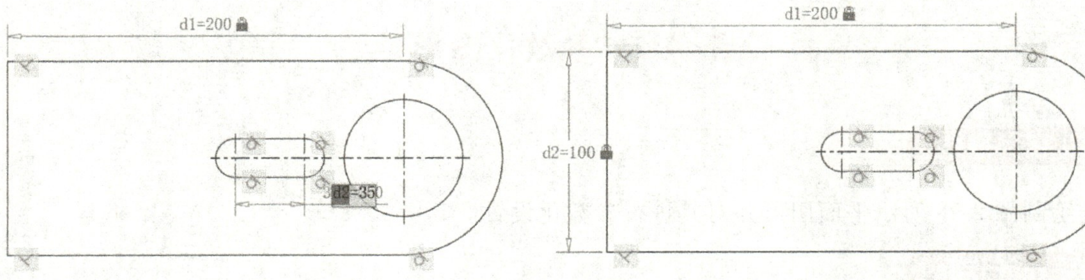

图 2-81 “水平”标注约束

图 2-82 “竖直”标注约束

6）选择“参数”→“标注约束”→“半径”和“直径”命令，对图形进行半径和直径标注约束，如图 2-83 所示。

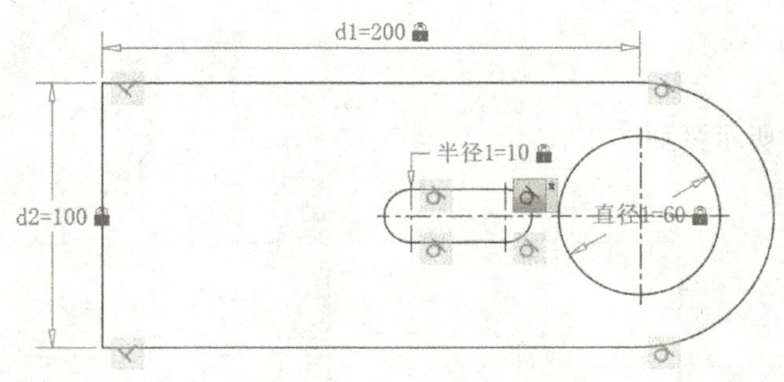

图 2-83 “半径”和“直径”标注约束

【相关知识】

AutoCAD 中的约束分为几何约束和标注约束。几何约束可以确定对象之间或对象上的点之间的关系，而标注约束控制对象的距离、长度、角度和半径值。在图 2-83 所示的图形中，显示了使用默认格式和可见性的几何约束和标注约束。

用户可以通过约束图形中的几何要素使其符合设计规范和要求，可以将多个几何约束同时应用于对象，可以在标注约束中使用公式和方程式，可以通过更改参数值来修改设计方案。先在设计中应用几何约束，以确定设计的形状，再应用标注约束以确定对象的形状、大小。在使用约束进行图形设计时，需要了解表2-1中所列的图形的三种状态。需要用户注意的是，AutoCAD会“阻止”用户应用任何会导致过约束情况的约束。

表2-1　图形的三种状态

序号	状态	说　明
1	未约束	未将约束应用于任何图形
2	欠约束	将某些约束用于图形，但是未完全约束图形
3	完全约束	将所有相关几何约束和标注约束应用于图形，完全约束的一组对象还需要包括至少一个固定约束，以锁定图形的位置

在AutoCAD中，有以下两种方法可以通过约束进行设计，所选的具体方法取决于设计实践以及主题的要求。

1）可以在欠约束图形中进行操作，同时进行更改，其方法是使用编辑命令和夹点的组合，添加或更改约束。

2）可以先创建一个图形，并对其进行完全约束，然后以单独设置的方式对其进行约束设计，其方法是释放并替换几何约束，更改标注约束中的参数值。对临时释放选定对象的约束进行更改设计，可以通过选定夹点或在执行编辑命令期间指定选项时，按〈Shift〉键以交替使用释放约束和保留约束。在编辑期间不保留已释放的约束，在完成编辑过程后，如果可能则约束会自动恢复，无效约束将被删除。

除了可以在图形中的对象间应用约束外，还可以在表2-2所列对象之间应用约束。对块参照应用约束时，可以自动选择块中包含的对象。向块参照添加约束，可能会导致块参照移动或旋转。在块定义中使用约束可生成动态块，而对动态块使用约束会禁止显示其动态夹点。

表2-2　对块和参照使用约束

序号	对象之间
1	图形中的对象与块参照中的对象
2	某个块参照中的对象
3	外部参照的插入点与对象或块，而非外部参照中的所有对象

【小结】

本任务介绍了AutoCAD中的参数化图形绘制功能。参数化设计可以帮助用户快速完成系列产品设计与修改，最大限度地减少重复绘图。

【课后训练】

绘制图2-84所示的两个图形，尺寸任意，给所有对象添加几何约束及标注约束，使图形处于完全约束状态。

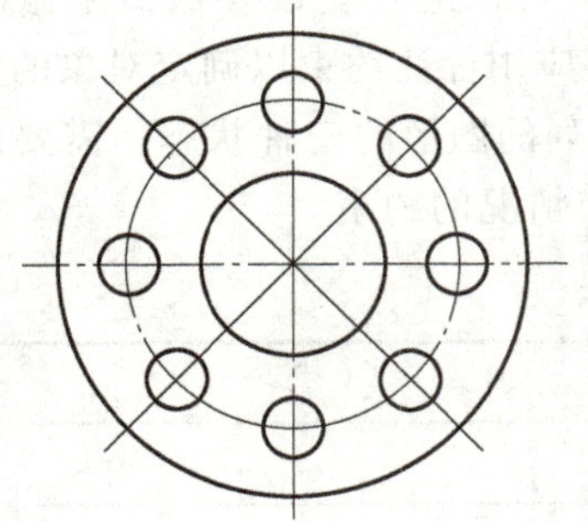
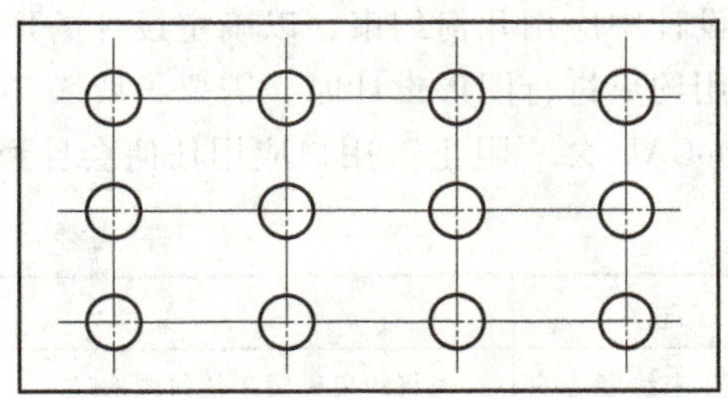

图 2-84　练习题

项目 4　文字、表格与信息查询

任务 1　创建单行文字

【任务描述】

建立名为“工程图”的工程制图用文字样式，常规字体样式，固定字高为 10mm，宽度比例为 0. 707，并且输入单行文字“图样是工程界的一种技术语言”，如图 2-85 所示。

图样是工程界的一种技术语言

图 2-85　创建单行文字

【任务分析】

AutoCAD 2020 使用的字体定义文件是一种形（shape）文件，它存在文件夹 FONTS 中，例如 txt. shx、romans. shx、isocp. shx 等。一种字体文件，但采用不同的高宽比、字体倾斜角度等，可定义多种字样。系统默认使用的字样名为 standard，它根据字体文件 txt. shx 定义生成。用户若需定义其他字体样式，可以使用 style（文字样式）命令。

AutoCAD 2020 还允许用户使用 Windows 提供的 TrueType 字体，包括宋体、仿宋体、隶书、楷体等汉字和特殊字符，它们具有实心填充功能。

【任务实施】

绘图步骤如下。

1. 设置文字样式

1）选择“格式”→“文字样式”命令，打开“文字样式”对话框，如图 2-86 所示。

2）在“文字样式”对话框中单击“新建”按钮，打开“新建文字样式”对话框，在

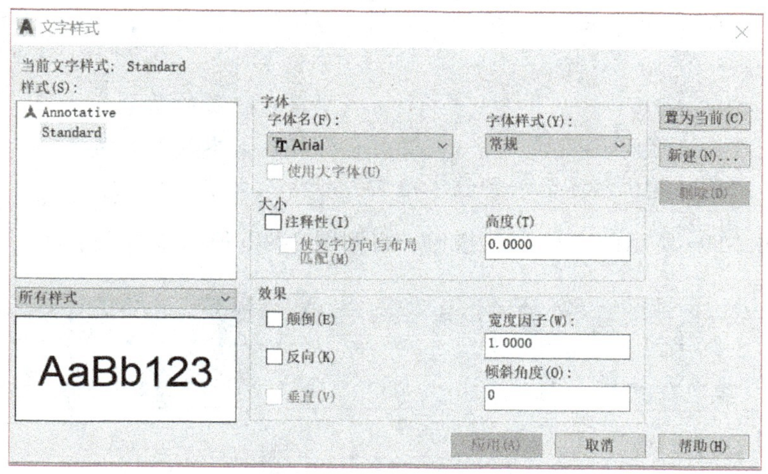

图 2-86 “文字样式”对话框

此对话框中的“样式名”文本框内输入“工程字”，如图 2-87 所示。

3）单击“新建文字样式”对话框中的“确定”按钮，即可创建名称为“工程字”的文字样式。

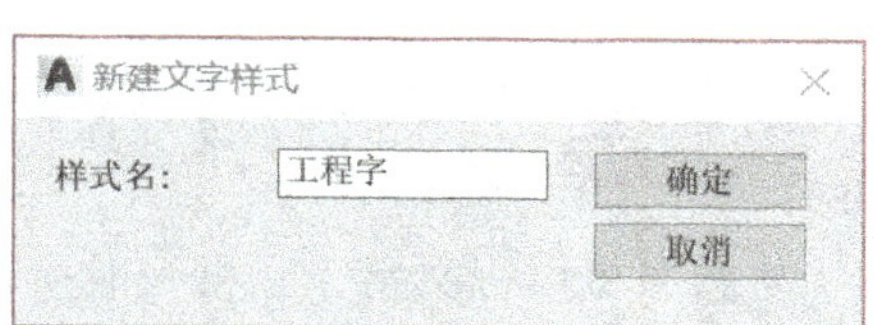

图 2-87 “新建文字样式”对话框

4）将“高度”文本框内的“0.0000”改为“10”。

5）在“文字样式”对话框的“效果”选项组中，将“宽度因子”文本框内的“1”改为“0.707”，如图 2-88 所示。

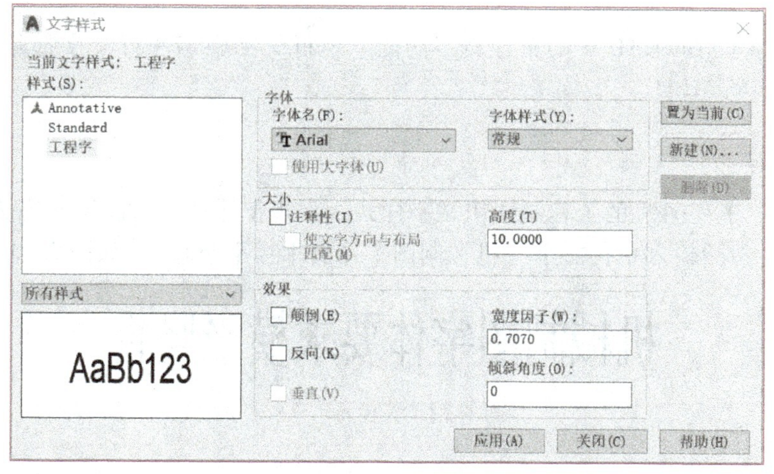

图 2-88 设置宽度因子

6）单击“文字样式”对话框中的“应用”按钮，将此文字样式设置为当前样式。然后结束新建文字样式，退出“文字样式”对话框。

2. 创建单行文字

1）选择“绘图”→“文字”→“单行文字”命令，命令行提示：

```
指定文字的起点或[对正(J)/样式(S)]:  //在绘图区单击,选取一点作为指定文字
                                     起点
指定高度<2.5>:10                     //确定字符的高度
指定文字的旋转角度<0>:               //输入文本的倾斜角度
输入文字:"图样是工程界的一种技术语言"//输入文字内容
```

2）单击图 2-89a 所示的“确定”按钮，得到图 2-89b 所示单行文字。

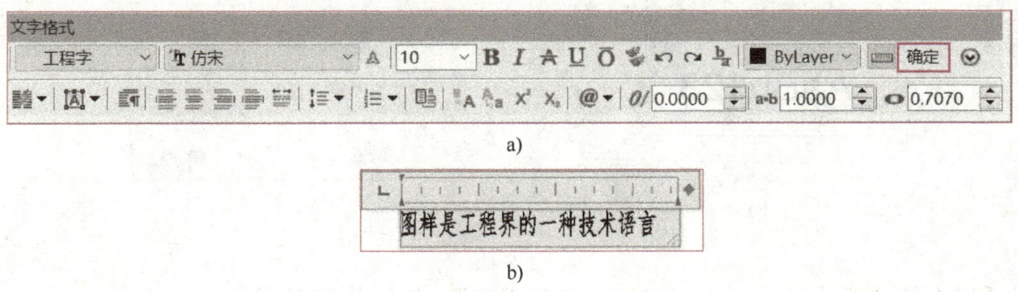

图 2-89　创建的单行文字

【提示】

动态书写单行文字，在书写时所输入的字符动态显示在屏幕上，并用方框显示下一行文字书写的位置。书写完一行文字后按<Enter>键可继续输入另一行文字，但每一行文字为一个对象，可单独编辑。

【小结】

本任务介绍了 AutoCAD 中的单行文字功能。单行文字中每一行文字都是一个独立的对象，方便对其进行编辑。

【课后训练】

建立名为“工程图”的工程制图用文字样式，常规字体样式，固定字高为 10mm，宽度比例为 0.707，然后输入单行文字“机械制图字体要求横平竖直”，如图 2-90 所示。

机械制图字体要求横平竖直

图 2-90　单行文字练习

任务 2　创建与编辑多行文字

【任务描述】

本任务是绘制图 2-91 所示标题栏并添加文字。

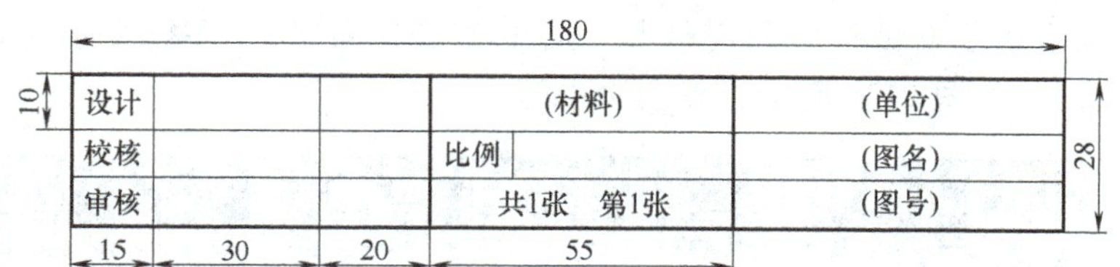

图 2-91　创建多行文字

【任务分析】

利用多行文字编辑器书写多行的段落文字，可以控制段落文字的宽度、对正方式，允许段落内文字采用不同字样、不同字高、不同颜色和排列方式，整个多行文字是一个对象。

【任务实施】

绘图步骤如下。

1. 创建新图层

1）选择“文件”→“新建”命令，打开“选择样板”对话框，选择“无样板打开-公制”样板，新建一个文件。

2）分别创建“粗实线”和“细实线”图层。

3）打开“正交”和“对象捕捉”模式。

2. 设置文字样式

操作步骤参照任务 1。样式名称定义为“机械”，文字高度改为“5”，宽度因子改为“0.7”。

3. 绘制标题栏

标题栏如图 2-92 所示。

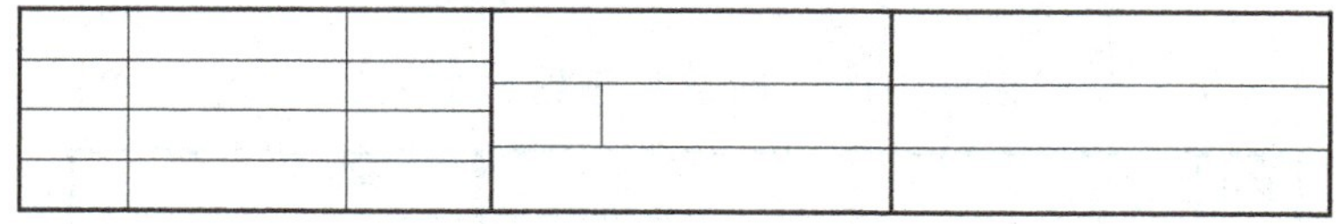

图 2-92　标题栏

4. 输入文字

1）在标题栏内输入文字。单击“绘图”工具栏中的“多行文字”按钮，打开“文字格式”对话框，如图 2-93 所示。

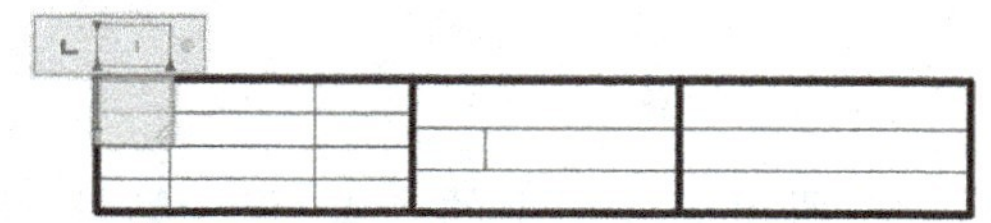

图 2-93　“文字格式”对话框

2）在“文字格式”对话框中分别单击“居中”按钮和“多行文字对正”下拉菜单中的“正中”按钮，如图 2-94 所示，以居中书写文字。

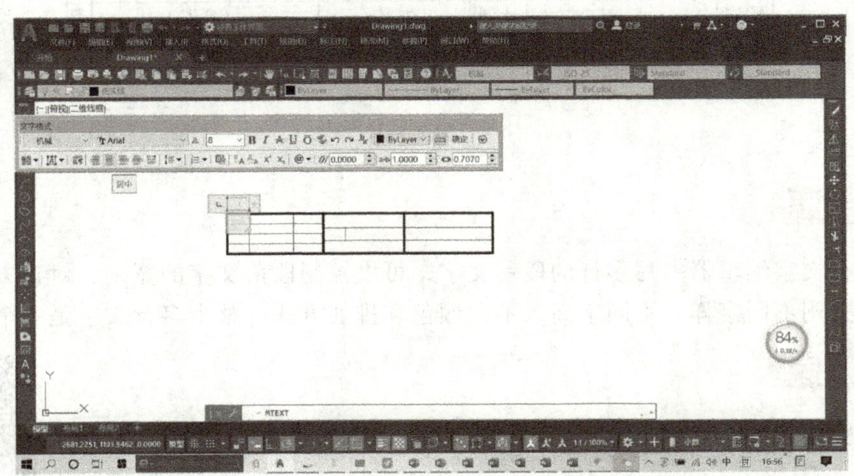

图 2-94　调整文字格式

3）在文本框中输入“设计”字样，如图 2-95 所示。

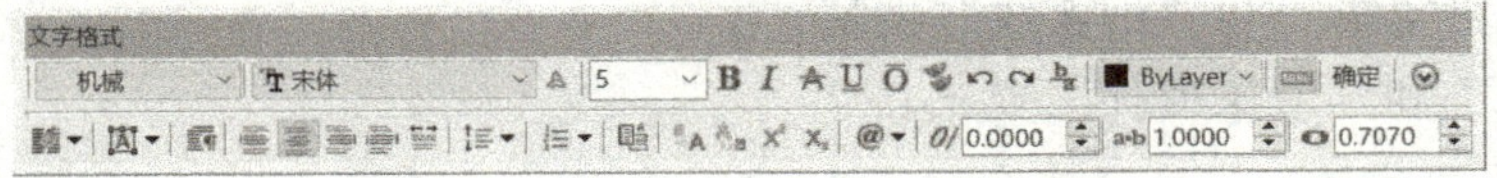

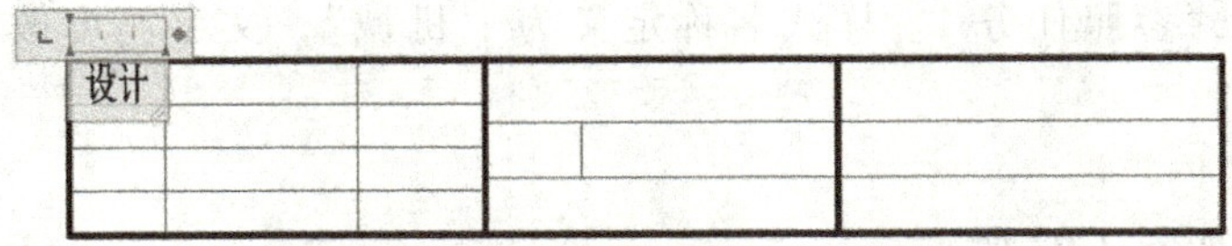

图 2-95　输入“设计”字样

4）单击“文字格式”对话框中的“确定”按钮，输入结果如图 2-96 所示。

设计					

图 2-96　完成“设计”字样输入

5）按上述步骤，分别输入标题栏中的其他文字，结果如图 2-97 所示。

设计			（材料）		（单位）
校核			比例		（图名）
审核			共 张 第 张		（图号）

图 2-97　输入其他文字

5. 修改标题栏

1）双击图 2-97 所示标题栏中的“共 张　第 张”文字，系统弹出“文字格式”对话框，如图 2-98 所示。

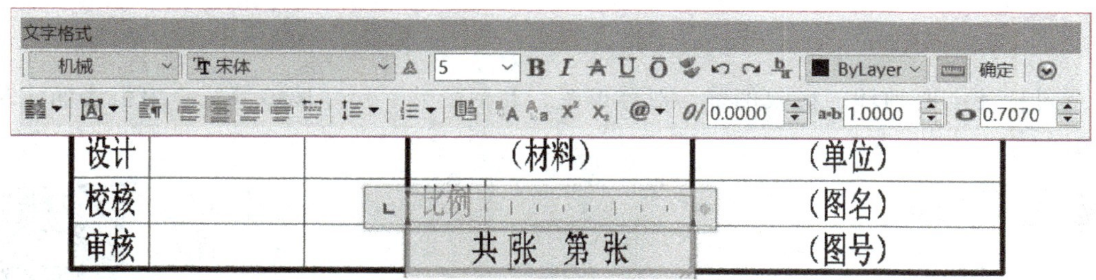

图 2-98 修改标题栏

2）将对话框中文本框内的文字内容改为图 2-91 所示内容，其他参数不变。

3）单击“文字格式”对话框中的“确定”按钮，编辑结果如图 2-91 所示。

【小结】

本任务介绍了 AutoCAD 中的多行文字功能。多行文字是一组文字，可以显示内容较长和较为复杂的文字，以段落为单位。对多行文字进行编辑时，每个段落作为一个编辑对象，可以对其进行复制、移动、旋转和删除等操作。

【课后训练】

建立一个名为“USER”的工程制图用文字样式，常规字体样式，固定字高为 16mm，宽度比例为 0.707，然后用多行文字命令输入你的校名、班级和姓名，最后用编辑文字命令将你的姓名改为一位同学的姓名。

任务3 创建引线文字与公差标注

【任务描述】

完成图 2-99 所示空心轴环的尺寸公差及几何公差（旧标准中称为形位公差）标注。

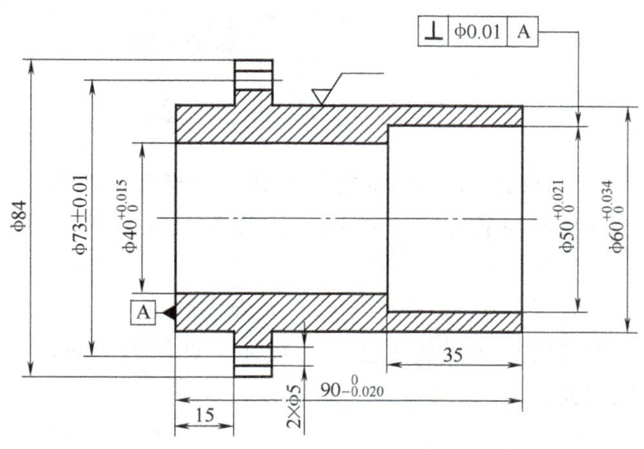

图 2-99 标注公差

【任务分析】

通过标注空心轴环的极限偏差、对称偏差、几何公差、尺寸偏差等，介绍引线标注及特殊符号的使用方法。

【任务实施】

绘图步骤如下。

1. 新建图层

选择“文件”→“新建”命令，打开“选择样板”对话框，选择“无样板打开-公制”样板，新建一个文件，并创建“粗实线”“细实线”“标注”“中心线”图层。

2. 绘制空心轴环

打开“正交”和“对象捕捉”模式，综合利用绘图命令，按照图 2-99 所示的标注尺寸绘制空心轴环的剖视图。

3. 标注直径为 40mm 的极限偏差

1）创建“文字样式”和“标注样式”。

2）选择“标注”→“线性”命令，启动“线性”标注命令。

3）移动鼠标，分别捕捉直径为 40mm 的线段的两个端点作为尺寸界线的端点。

4）选中两个端点后，右击，在弹出的快捷菜单中选择“多行文字”命令，系统弹出“文字格式”对话框。

5）在“文字格式”对话框中输入“%%c40+0.015^0”后单击“堆叠”按钮，如图 2-100 所示。

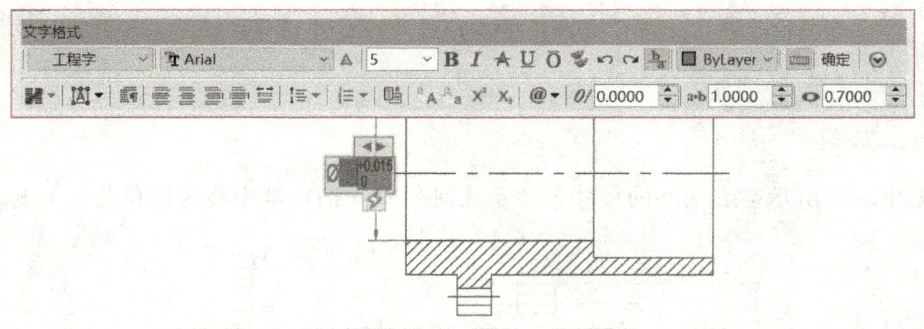

图 2-100　标注“直径和极限偏差”

6）单击“文字格式”对话框中的“确定”按钮，切换到绘图区。

7）移动鼠标，在适当的位置单击，拾取一点作为尺寸定位，其标注结果如图 2-101 所示。

4. 标注直径为 50mm、60mm 和长度 90mm 的极限偏差

按照直径为 40mm 的尺寸标注操作方法，分别标注直径为 50mm、60mm 的极限偏差以及长度为 90mm 的极限偏差，完成后如图 2-102 所示。

5. 标注直径为 73 的对称偏差

1）选择“标注”→“线性”命令，启动“线性”标注命令。

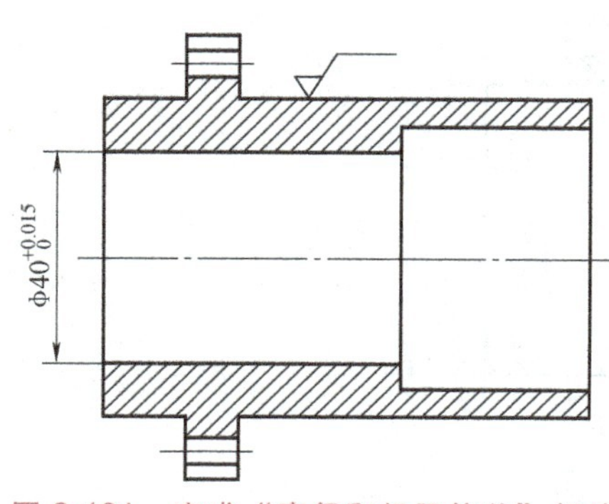

图 2-101　完成“直径和极限偏差”标注

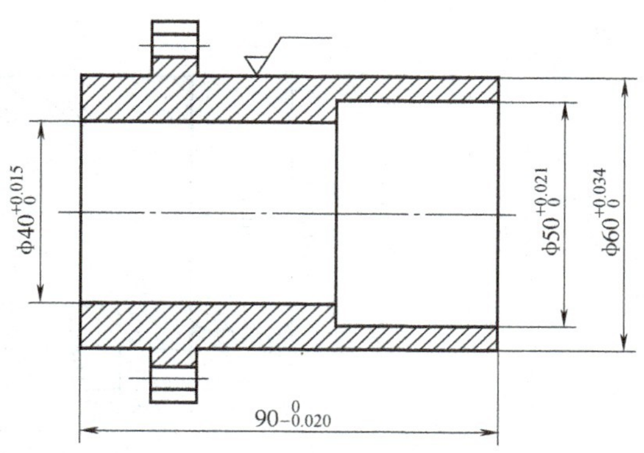

图 2-102　其余直径、长度及其极限偏差标注

2）移动鼠标，分别捕捉直径为 73mm 的线段的两个端点作为尺寸界线的端点。

3）选中两个端点后，右击，在弹出的快捷菜单中选择“多行文字”命令，系统弹出“文字格式”对话框。

4）在弹出的“文字格式”对话框中输入“%%c73%%p0.01”。

注意：输入“±”时，单击“文字格式”对话框中的按钮@▾，在弹出的列表框中选择“正/负（P）%%p”。

5）单击“文字格式”对话框中的“确定”按钮，返回绘图区，在适当的位置单击，拾取一点作为尺寸定位，其标注结果如图 2-103 所示。

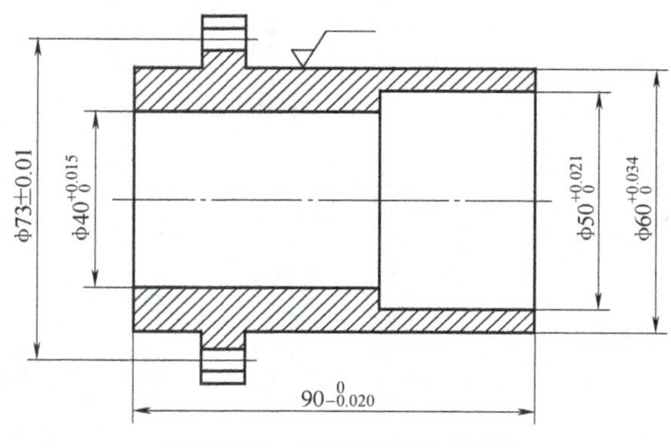

图 2-103　“对称偏差”标注

6. 标注几何公差

利用绘图命令绘制图 2-104 所示基准符号。单击“修改”工具栏中的“移动”按钮，以图 2-105 所示的捕捉点作为基点，移动到适当位置拾取一点作为移动目标点，结果如图 2-106 所示。

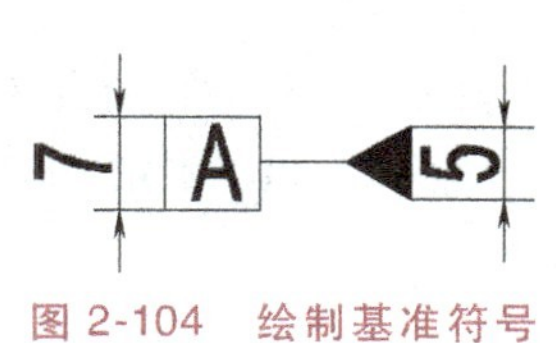

图 2-104　绘制基准符号

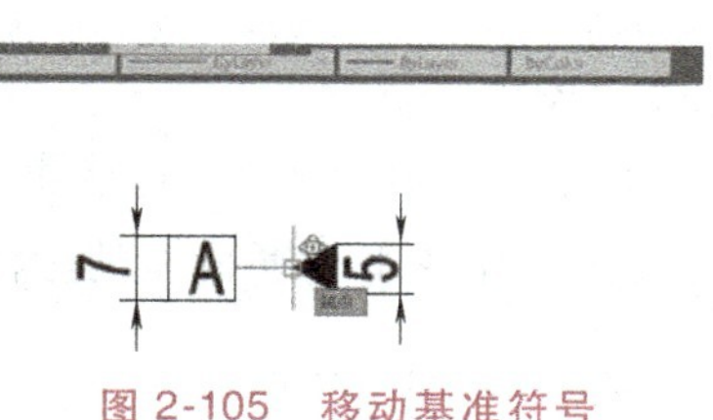

图 2-105　移动基准符号

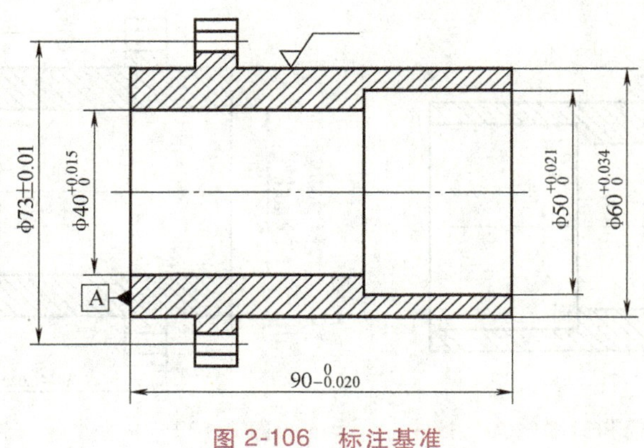

图 2-106　标注基准

在命令行输入“qleader”，调用“引线标注”命令，标注几何公差（垂直度），命令行提示：

```
命令:qleader
指定第一个引线点或[设置(S)]<设置>:          //输入“S”并按<Enter>键
```

系统弹出“引线设置”对话框，在对话框中先选择“注释”选项卡，参数设置如图 2-107 所示；选择“引线和箭头”选项卡，参数设置如图 2-108 所示。完成后单击“引线设置”对话框中的“确定”按钮，返回绘图区。

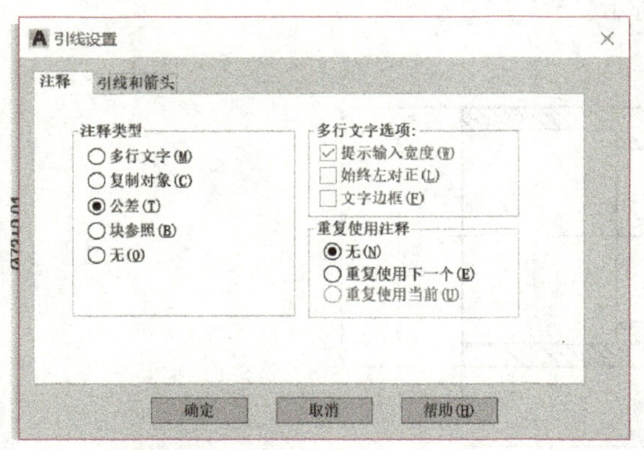

图 2-107　“注释”选项卡参数设置

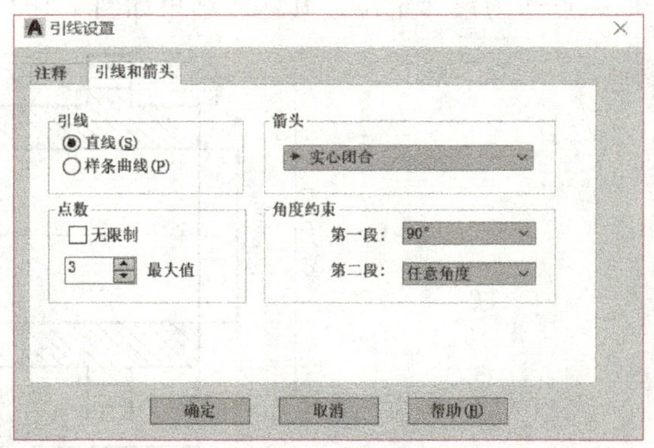

图 2-108　“引线和箭头”选项卡参数设置

```
指定第一个引线点或[设置(S)]<设置>:  //捕捉φ50mm的尺寸与其上方的尺寸界
                                     线的交点
指定下一点:                          //向上移动光标,在适当的位置拾取一点
指定下一点:                          //向左移动光标,在适当的位置拾取一点
```

7. 标注其他尺寸

系统弹出“几何公差”[1]对话框，参数设置如图 2-109 所示，然后单击此对话框上的“确定”按钮，完成垂直度公差的标注。几何公差的标注结果如图 2-110 所示。

[1] 在 AutoCAD 2020 中为“形位公差”。

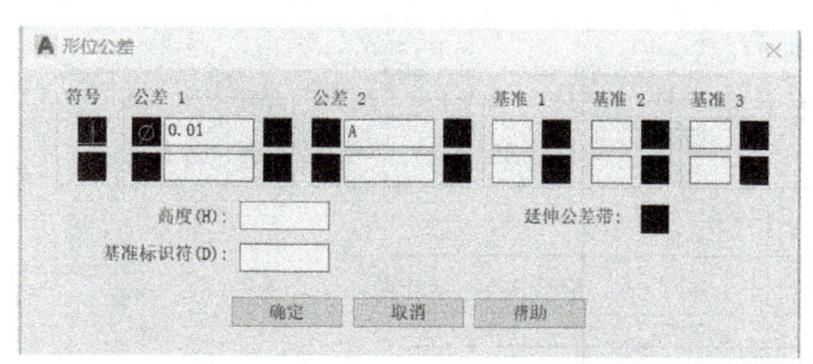

图 2-109　“几何公差”设置

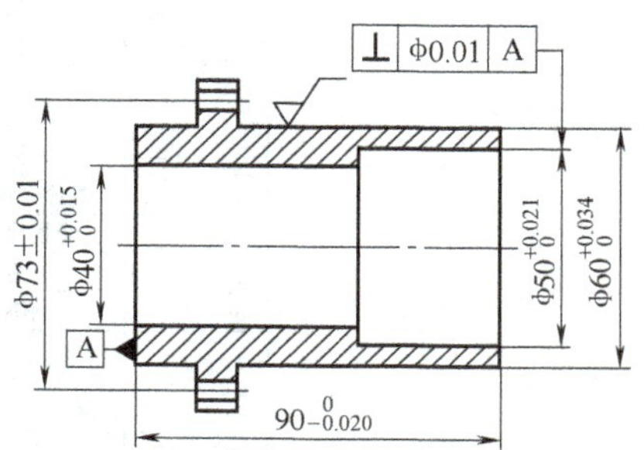

图 2-110　几何公差的标注结果

利用“线性”命令分别标注水平尺寸 15、35、$90^{0}_{-0.020}$，垂直尺寸 ϕ84 及 2×ϕ5，如图 2-99 所示。

【小结】

本任务通过绘制空心轴环并标注其极限偏差、对称偏差、几何公差、尺寸偏差等尺寸，介绍了引线标注及特殊符号的使用方法。

【课后训练】

绘制图 2-111 所示轴零件图，并标注尺寸。

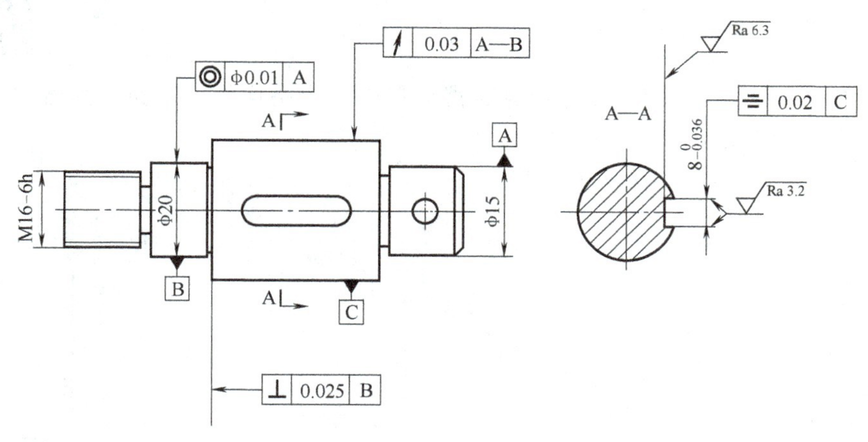

图 2-111　轴零件图

任务 4　编辑表格与表格样式

【任务描述】

绘制并填写图 2-112 所示变速器组装图明细栏。

【任务分析】

图样中装配体的明细栏需要使用表格命令绘制标题栏并填写文字信息。绘制变速箱组装

	A	B	C	D	E
1	变速器组装图明细栏				
2	序号	名称	数量	材料	备注
3	1	减速器箱体	1	HT200	
4	2	调整垫片	2	08	
5	3	端盖	1	HT150	
6		端盖	1	HT200	
7	4	键8×7×50	1	Q275	GB/T 1096—2003
8		键16×10×70	1	Q275	GB/T 1096—2003
9	5	轴	2	45	
10	6	轴承	2		30211
11		轴承	2		30208
12	7	端盖	1	HT200	
13	8	大齿轮	1	40	
14	9	定距环	1	Q235A	

图 2-112　变速器组装图明细栏

明细栏的顺序为：首先创建表格样式，其次创建表格，调整好表格格式，最后插入表格并输入内容。绘制过程中要用到创建和修改表格样式、插入表格并输入内容、调整表格的行高和列宽、合并单元格等命令。

【任务实施】

绘图步骤如下。

1. 创建和修改表格样式

1）打开菜单栏中“注释”下拉菜单，然后单击“表格样式”按钮，弹出“表格样式”对话框，如图 2-113 所示。

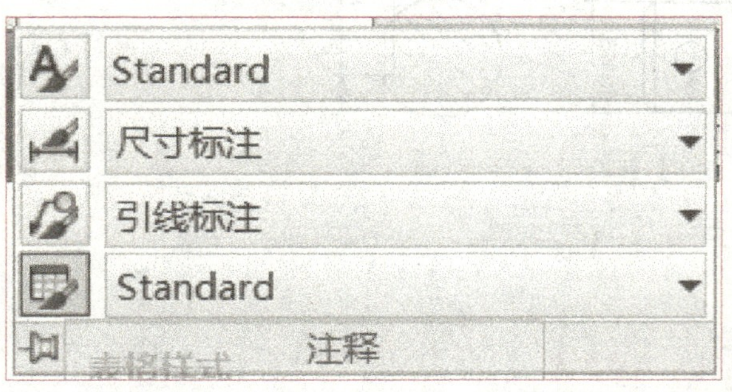

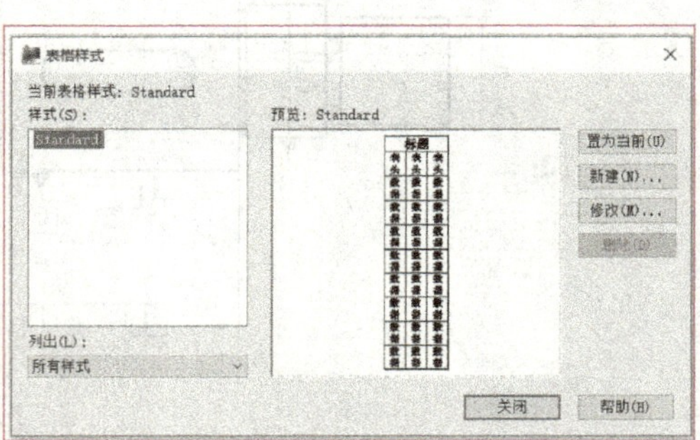

图 2-113　“表格样式”对话框

2）单击“新建”按钮，输入新样式名，单击“继续”按钮，如图 2-114 所示。

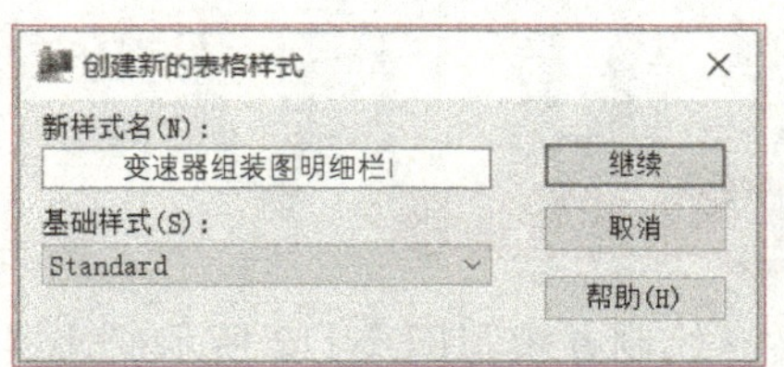

图 2-114　创建新的表格样式

3）对表格样式中的“常规”和“文字”选项卡中的参数进行设置，如图 2-115 和图 2-116 所示。

2. 插入表格

在“绘图”工具栏中单击“表格”按钮，打开“插入表格”对话框，在“表格样式”设置区选择上一步新建的“变速器组装图明细栏”表格样式，各参数设置如图 2-117 和图 2-118 所示。

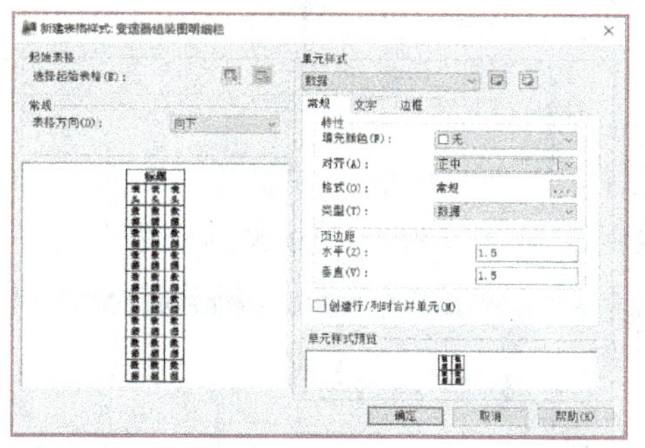

图 2-115　“常规”参数设置

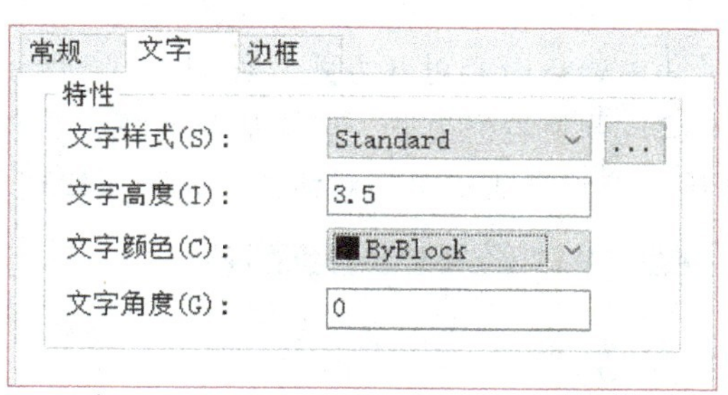

图 2-116　“文字”参数设置

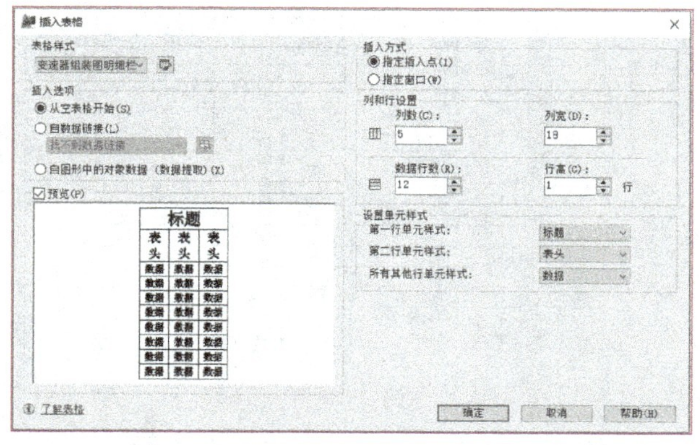

图 2-117　“插入表格”对话框

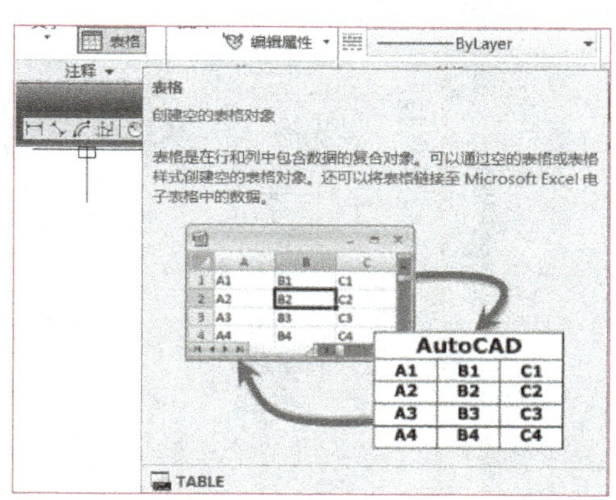

图 2-118　“表格样式”设置

3. 调整表格的行高与列宽

选定单元格并右击，在弹出的快捷菜单中选择“特性”命令，如图 2-119 所示，弹出“特性”对话框，在“特性”对话框中直接修改表格列宽的数值，如图 2-120 所示。

图 2-119　选择“特性”命令

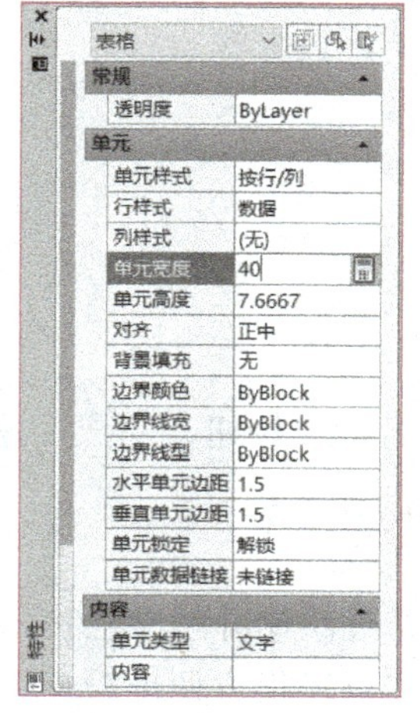

图 2-120　“特性”对话框

4. 合并单元格并输入表格内容

按<Shift>键选择要合并的单元格，在“表格单元”选项卡中单击“合并单元”按钮或右击，在弹出的快捷菜单中选择“合并”→“全部”命令，如图 2-121 所示。

5. 调整内容对齐方式和表格边框

1）调整内容对齐方式，如图 2-122 所示。

2）调整表格边框。选择整个表格，单击“单元样式”面板中的“编辑边框”按钮，打开“单元边框特性”对话框，如图 2-123 所示，设置线宽为 0.30mm，边框为外边框。

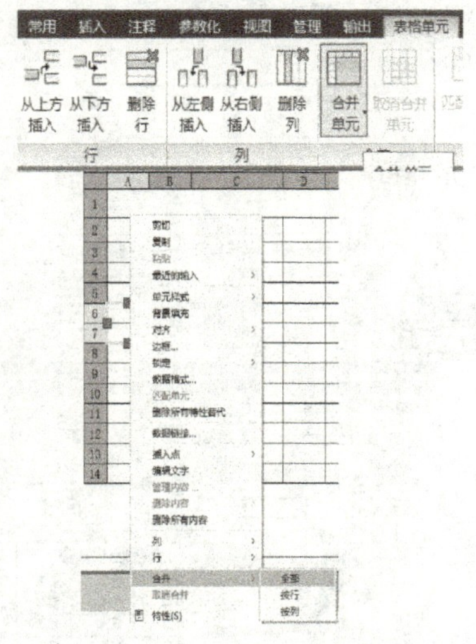

图 2-121 “合并”单元格

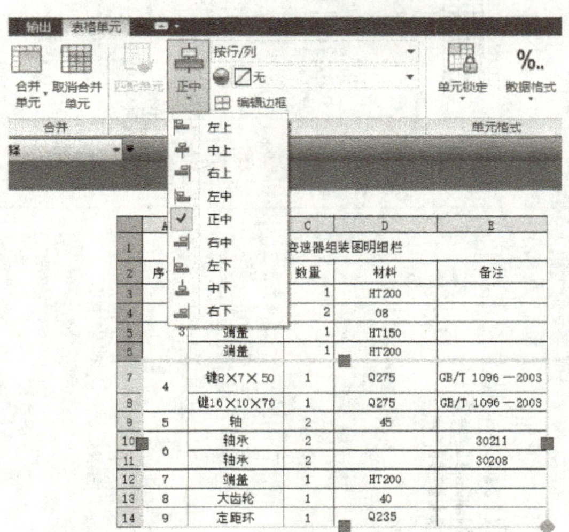

图 2-122 调整内容对齐方式

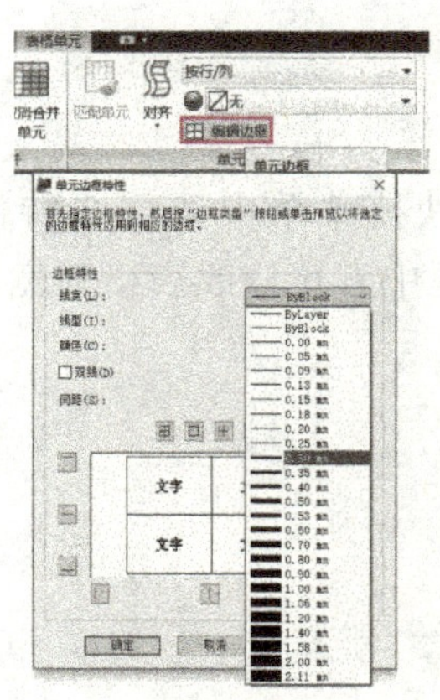

图 2-123 调整表格边框

单击“确定”按钮，完成变速器组装图明细栏的绘制，如图 2-112 所示。

【小结】

本任务通过绘制并填写变速器组装图明细栏，介绍了表格与表格样式创建与绘制方法，使用表格样式可以很方便地管理数据和修改表格信息。

【课后训练】

使用表格命令绘制图 2-124 所示标题栏、明细栏并填写文字信息。

11	螺栓	6	Q235A	GB/T 5782—2016
10	销	2	Q235A	GB/T 119.1—2000
9	齿轮	2	45	
8	从动轴	1	45	
7	密封填料	1	石棉	
6	主动轴	1	45	
5	填料压盖	1	Q235A	
4	压盖螺母	1	HT150	
3	泵体	1	HT200	
2	垫片	1	密封纸	
1	泵盖	1	HT200	
序号	名称	数量	材料	备注

齿轮泵		班级		比例	
		学号		图号	
制图			(校 名)		
审核					

Dimensions: 15, 55, 15, 45 (column widths); 96, 8, 32, 8 (heights); 180 (total width)

图 2-124 齿轮泵装配图的标题栏、明细栏

模块3　AutoCAD核心技能

【素养目标】

通过学习 AutoCAD 2020 的核心技能，掌握绘制物体三视图的方法，能在实践中探索基础技能的新用法，培养学生的自信心和敢于创新的精神。

项目 1　绘制基本体的三视图

任何物体都可看成由若干个基本体组合而成。基本体包括平面体和回转体两大类。平面体的所有表面都是平面，例如棱锥、棱柱等；回转体是由某一平面图形绕其轴线旋转所得到的立体，例如圆柱、圆锥、圆球等。本项目将以棱柱、棱锥、圆柱、圆球为例说明运用 AutoCAD 2020 绘制基本体三视图的方法。

【学习目标】

1）能够说出常见基本体的形成方法。

2）能够熟练使用 AutoCAD 2020 绘制基本体的三视图。

任务 1　绘制棱柱的三视图

【任务描述】

绘制图 3-1 所示六棱柱的三视图，具体要求：先绘制六棱柱的俯视图，再绘制六棱柱的主视图，最后绘制六棱柱的左视图。

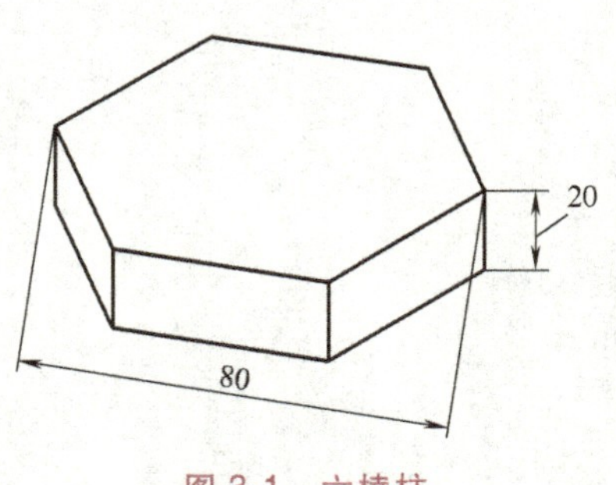

图 3-1　六棱柱

【任务分析】

图 3-1 所示正六棱柱的底面和顶面是相互平行的正六边形，六个侧棱面都是矩形，且侧棱面和底面垂直。为了方便作图，一般选择正六棱柱的顶面和底面平行于

水平面，并使前、后两个矩形平面与正投影面保持平行。正六棱柱有如下的投影特征。

1）主视图——该六棱柱的主视图由三个矩形线框组合而成，中间的矩形是前棱面、后棱面的重合投影，反映实形；左、右两个矩形则是其余四个棱面的重合投影，且为缩小的类似形；底面和顶面都是水平面，其正面投影积聚为下、上两条水平线。

2）俯视图——该六棱柱的俯视图为正六边形，也是底面和顶面的重合投影，而且反映实形；六条边分别为六个棱面具有积聚性的投影。

3）左视图——该六棱柱的左视图为两个相同矩形线框的组合，它们分别为棱柱前、后两部分及其左、右棱面的重合投影；其下、上两条水平线则为底面和顶面具有积聚性的投影；前后两棱面垂直于侧投影面，其投影积聚成两条竖线。

该六棱柱的三面投影如图 3-2a 所示。

【任务实施】

绘图步骤如下。

1）选定中心线图层，作出正六棱柱的对称中心线和底面基准线，确定各个视图的位置，如图 3-2b 所示。

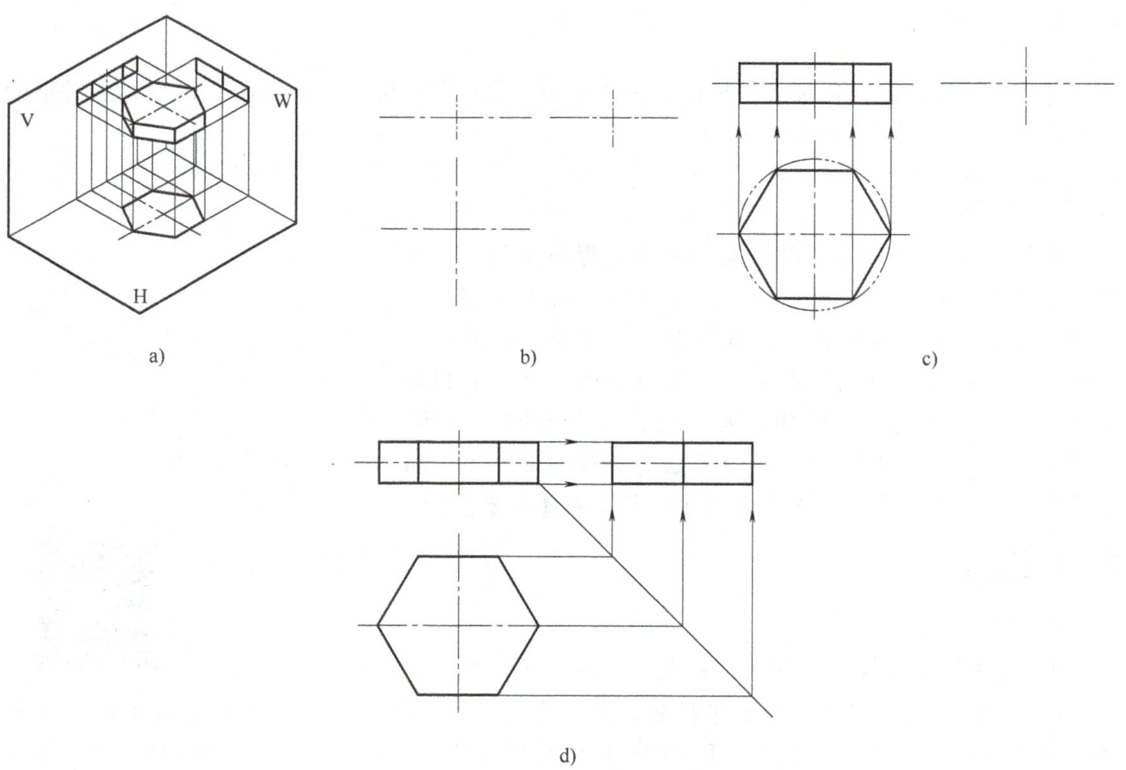

图 3-2　正六棱柱三视图的作图步骤

2）绘制能反映六棱柱主要形状特征的俯视图，该六棱柱的俯视图为一个正六边形，按照“长对正”的投影规律以及正六棱柱的高度绘制其主视图，如图 3-2c 所示。

3）按照“高平齐、宽相等”的投影规律绘制其左视图，如图 3-2d 所示。

【小结】

1）绘制棱柱三视图时应先绘制反映其主要形状特征的俯视图，再绘制主视图，最后绘制左视图。

2）绘制棱柱主视图时应遵循“长对正”的投影规律，绘制棱柱左视图时应遵循“高平齐、宽相等”的投影规律。

【课后训练】

参照立体图，补画图 3-3 所示三视图中漏画的图线。

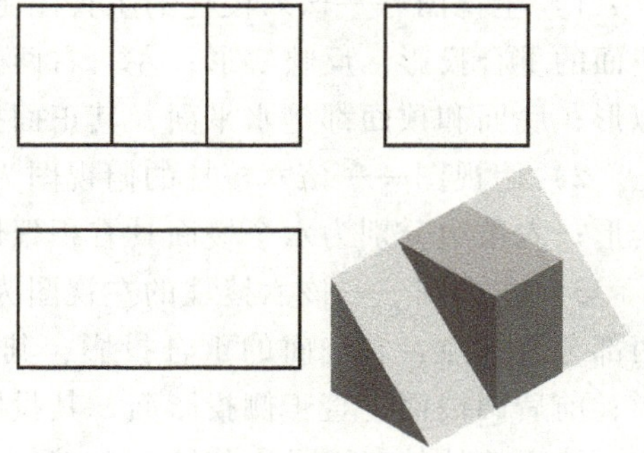

图 3-3　绘制棱柱的三视图练习

任务 2　绘制棱锥的三视图

【任务描述】

绘制图 3-4 所示四棱锥的三视图，具体要求：先绘制四棱锥的俯视图，再绘制四棱锥的主视图，最后绘制四棱锥的左视图。

【任务分析】

如图 3-5a 所示四棱锥的底面与水平面保持平行，水平投影反映实形；左、右两个棱面是正垂面，均与正面保持垂直；正面投影积聚成直线，且与 H、W 面倾斜，其投影为类似的三角形；前、后两个棱面为侧垂面，其侧面投影积聚成直线，且与 V、H 面倾斜，投影为类似的三角形；与四棱锥顶部相交的四条棱线与任意一个投影面既不平行也不垂直，因此它们在三个投影面上的投影都不反映实长。

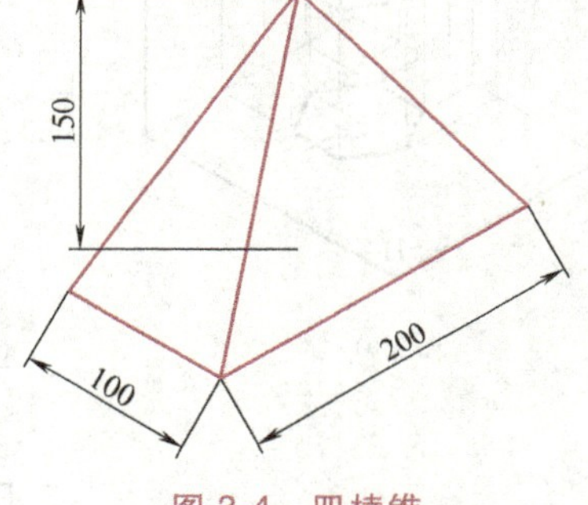

图 3-4　四棱锥

【任务实施】

绘图步骤如下。

1）绘制四棱锥的对称中心线以及底面基准线，如图 3-5b 所示。

2）先绘制四棱锥底面的水平投影，其水平投影为矩形，再绘制四棱锥底面的正面投影，其正面投影为一条水平线。根据四棱锥的高度在其主视图上定出锥顶的投影位置，然后在主视图和俯视图上分别将锥顶及底面各个顶点用直线连接起来，得到四条棱线的投影，如图 3-5c 所示。

3）按照“高平齐，宽相等”的投影规律绘制左视图，如图 3-5d 所示。

由此可见，四棱锥具有以下的投影特征：与底面平行的水平投影反映三棱锥的实形——矩形，其内部包含四个三角形棱面的投影；其正面投影和侧面投影都是三角形。

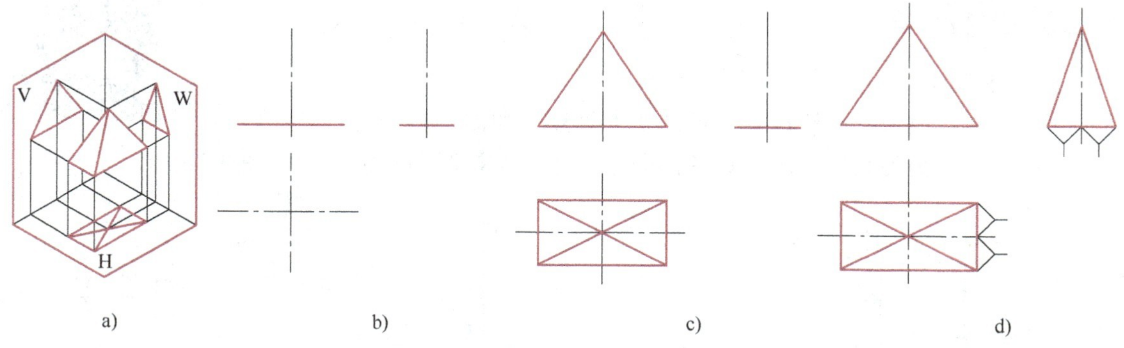

图 3-5　四棱锥三视图的作图步骤

【小结】

1）绘制棱锥三视图时应先绘制俯视图，再绘制主视图，最后绘制左视图。

2）绘制棱锥主视图时应遵循“长对正”的投影规律，绘制棱锥左视图时应遵循“高平齐，宽相等”的投影规律。

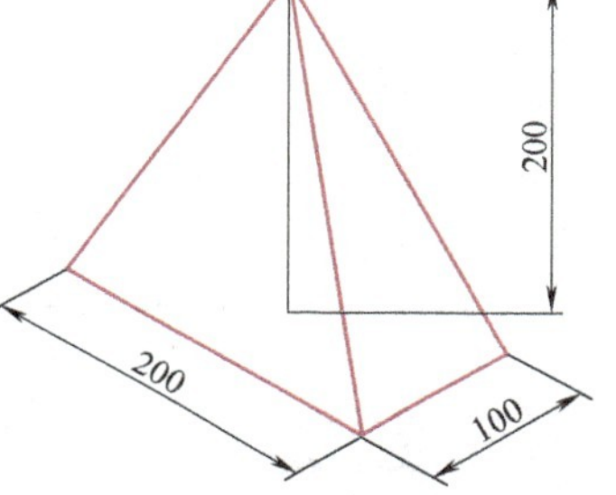

图 3-6　四棱锥的正等轴测图

【课后训练】

根据图 3-6 所示四棱锥的正等轴测图，绘制其三视图。

任务 3　绘制回转体的三视图

【任务描述】

根据图 3-7 所示铆钉的主视图，补画其俯视图和左视图。

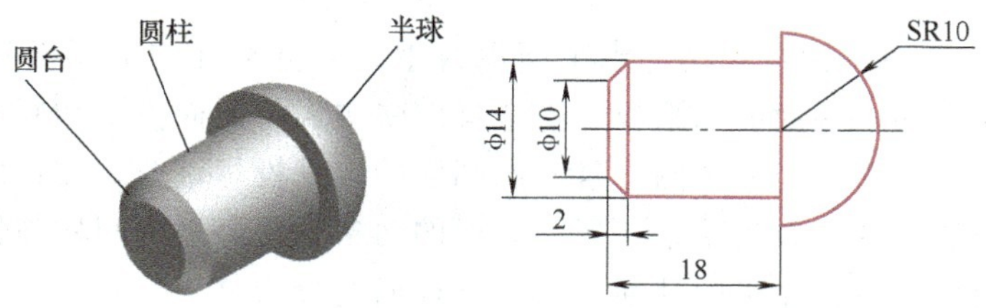

图 3-7　铆钉的主视图及其尺寸

【任务分析】

由图 3-7 所示铆钉主视图右端半圆形和尺寸 SR10 可知，该部分是半球体；由主视图中间的矩形和相关尺寸 ϕ14mm、18mm 表明这部分是圆柱；由左端梯形及相关尺寸 ϕ14mm、ϕ10mm 和 2mm 可知这部分是圆台，即该铆钉是由半球、圆柱和圆台三个基本体构成的。

【任务实施】

绘图步骤如下。

1）绘制左视图中心线以及俯视图中的轴线，如图 3-8a 所示。

2）根据投影关系，补画铆钉各部分基本体的俯视图和左视图，如图 3-8b 所示。

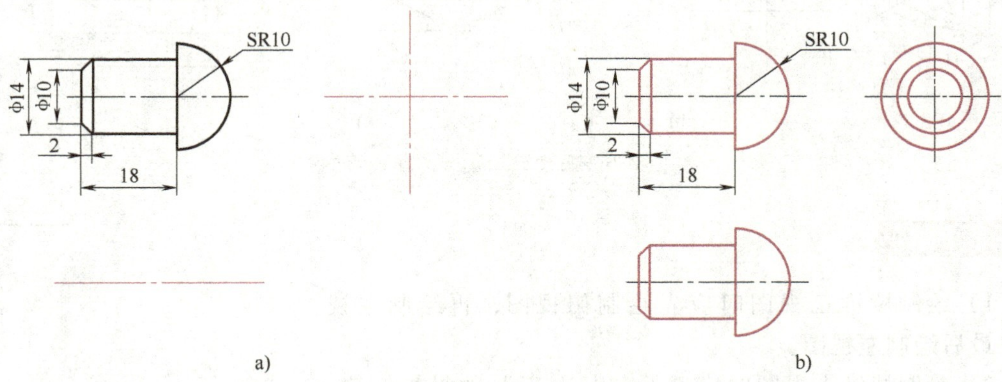

图 3-8 由铆钉主视图及其尺寸补画俯视图、左视图

【相关知识】

回转体是由某一平面图形绕其轴线旋转所得到的立体，例如圆柱、圆锥、圆球等。本任务是绘制圆柱、圆锥、圆球的三视图。具体要求：先绘制回转体的俯视图，再绘制主视图，最后绘制左视图。

一、圆柱

圆柱体是由上下两端面与圆柱面所围成的。圆柱面可以看成由一条直母线围绕与其平行的轴线回转而形成，如图 3-9a 所示。圆柱面上任意一条平行于轴线的直线称为圆柱面的素线。

如图 3-9b 所示，由于圆柱轴线与水平面保持垂直，且圆柱的上端面和下端面均为水平面，所以圆柱上端面和下端面的水平投影重合且反映实形，正面投影和侧面投影则积聚成直线。圆柱面的水平投影积聚为一个圆，且与两端面的水平投影重合。在正面投影中，前半圆柱面和后半圆柱面的投影重合为一个矩形，矩形的两条竖线分别为圆柱面最左素线、最右素线的投影。在侧面投影中，左半圆柱面、右半圆柱面的投影重合为一个矩形，矩形的两条竖线分别是圆柱面最前素线、最后素线的投影。

可参考图 3-9c 所示方法绘制圆柱三视图。

1）绘制圆柱俯视图的中心线，再绘制其俯视图。

2）根据“长对正”的投影规律和圆柱的高度绘制其主视图。

3）根据“高平齐、宽相等”的投影规律绘制圆柱的左视图。

二、圆锥

圆锥是由底面以及圆锥面包围而成的。如图 3-10a 所示，圆锥面可以看作由一条直母线

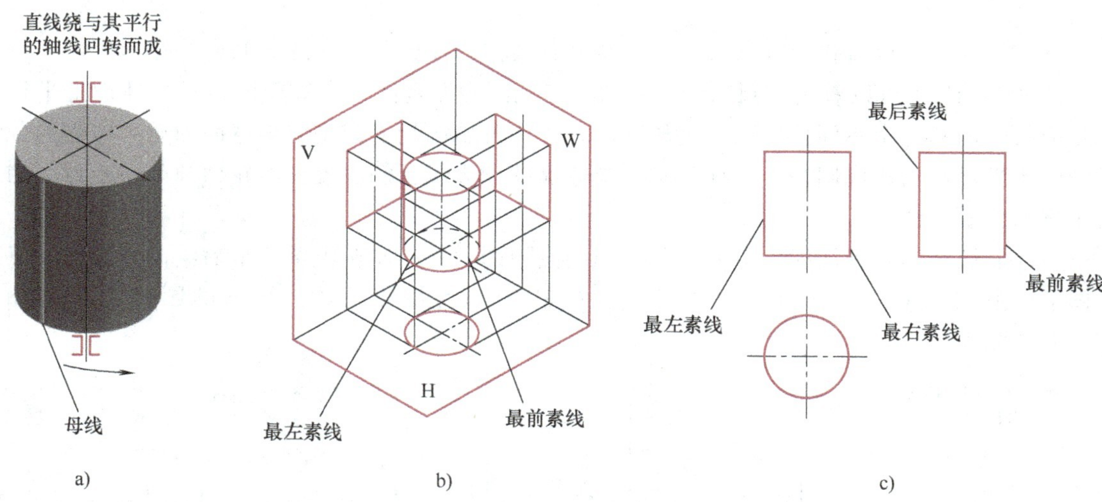

图 3-9　正圆柱及其三视图

围绕与其相交的轴线回转而成。

图 3-10b 所示为轴线与水平面垂直的正圆锥，圆锥底面与水平面平行，其水平投影反映实形，正面投影和侧面投影积聚成直线。圆锥面的三面投影都具有积聚性，其水平投影和底面投影重合，且全部可见；在正面投影中，前半圆锥面和后半圆锥面的投影重合为一个等腰三角形，三角形的两个腰分别是圆锥最左素线和最右素线的投影；在圆锥的侧面投影中，左半圆锥面和右半圆锥面的投影重合为一个等腰三角形，三角形的两个腰分别是圆锥最前素线、最后素线的投影。

绘制该圆锥的三视图时，应先绘制俯视图的中心线，然后画圆，再根据“长对正”的投影规律和圆锥高度绘制主视图，最后根据“高平齐、宽相等”的投影规律绘制圆锥的左视图。绘出的圆锥三视图如图 3-10c 所示。

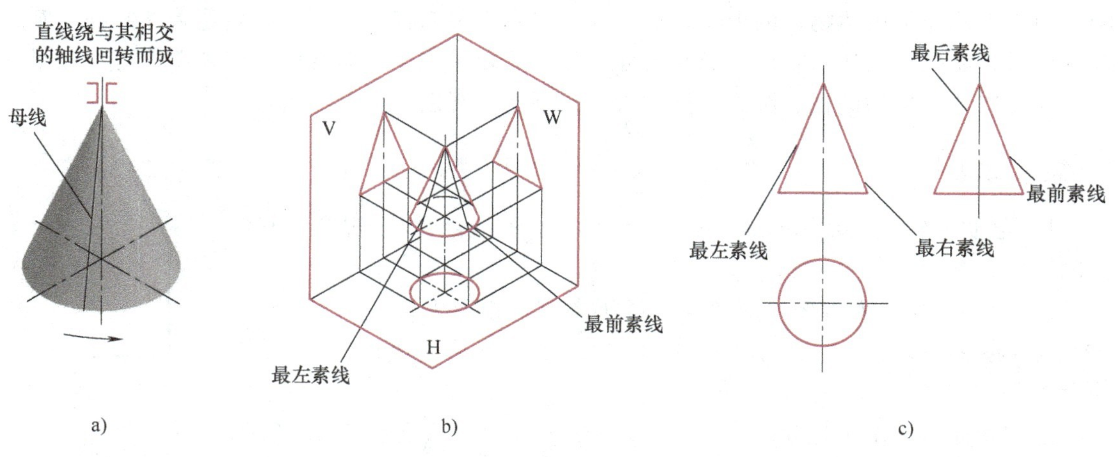

图 3-10　正圆锥及其三视图

三、圆球

圆球的球面可以看作由一条圆形母线绕其轴线回转而成的，如图 3-11a 所示。

从图 3-11b 中可以看出，圆球的主视图、俯视图和左视图均为等径圆，且是球面上平行于相应投影面的三个不同位置的最大轮廓圆。正面投影的轮廓圆是前半球面和后半球面的分界线；水平投影的轮廓圆是上半球面和下半球面的分界线；侧面投影的轮廓圆是左半球面和右半球面的分界线。

在绘制圆球的三视图时，应先绘制圆球的主视图，再绘制俯视图，最后绘制左视图。三视图的绘制必须符合“长对正，高平齐，宽相等”的投影规律。绘出的圆球三视图如图 3-11c 所示。

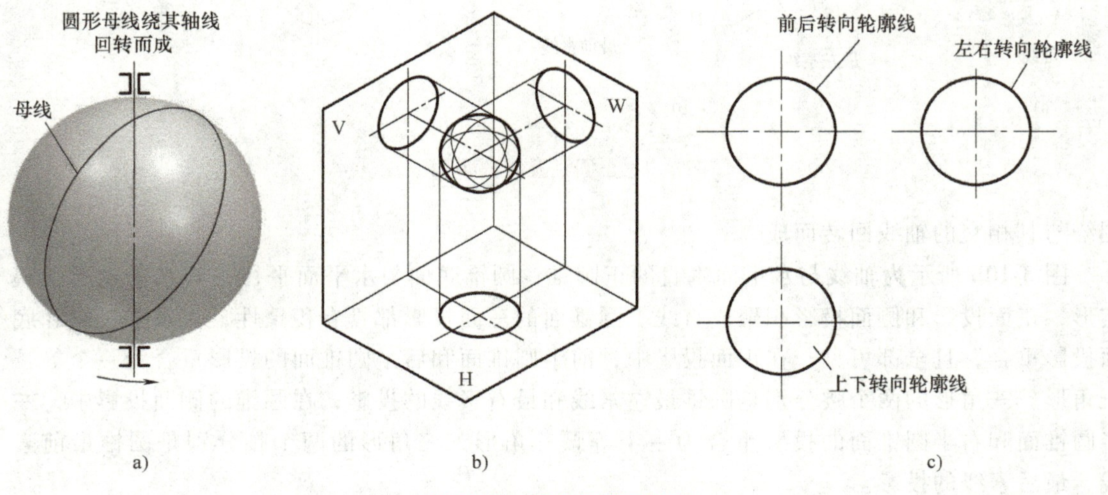

图 3-11　圆球及其三视图

【提示】

表达一个立体图形时不一定要画三个视图，有时画一个或两个视图即可。当然，有时三个视图也无法完整表达物体的形状，这时就需要画更多的视图。例如，表达上述圆柱、圆锥和圆球时，如果只表达形状，不标注尺寸，那么需要主视图和俯视图两个视图即可；如果标注尺寸，表达上述的圆柱、圆锥和圆球时，仅画一个视图即可。

【小结】

1）绘制回转体三视图时，一般先绘制主视图，再绘制左视图，其俯视图可以省略。

2）绘制回转体左视图时应遵循“高平齐”的投影规律。

【课后训练】

已知物体由一个圆柱和一个圆锥组合而成，其主视图如图 3-12 所示，根据主视图补绘该物体的俯视图和左视图。

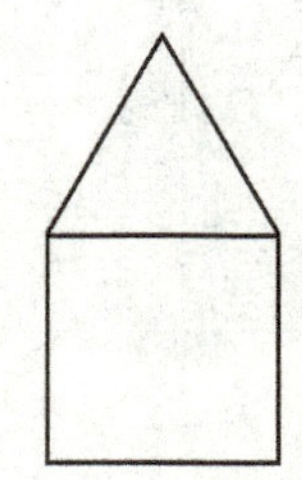

图 3-12　绘制回转体的三视图

项目 2 绘制组合体的三视图

从形体的角度进行分析，工程上常见的零部件都可以看成由若干基本形体按一定方式组合而成的组合体。掌握组合体的识图、绘制和尺寸标注的方法是十分必要的。

【学习目标】

1）能够运用形体分析法分析组合体的组合形式。

2）能够运用 AutoCAD 2020 绘制组合体视图并进行尺寸标注。

3）能够识读各种组合体的视图。

任务 1 绘制切割体的三视图

【任务描述】

绘制图 3-13 所示切割体的三视图。

图 3-13 开槽六棱柱

【任务分析】

图 3-13 所示为开槽六棱柱，该组合体为平面切割平面立体而形成。要绘制该平面切割体的三视图，除了要熟悉平面立体的投影特性，还要掌握平面与平面立体相交的交线性质及绘制方法。

【任务实施】

绘图步骤如下。

1）绘出完整的六棱柱三视图，如图 3-14a 所示。

2）绘制矩形槽的投影。根据槽宽和槽深，绘制主视图和俯视图上开槽部分的投影，再

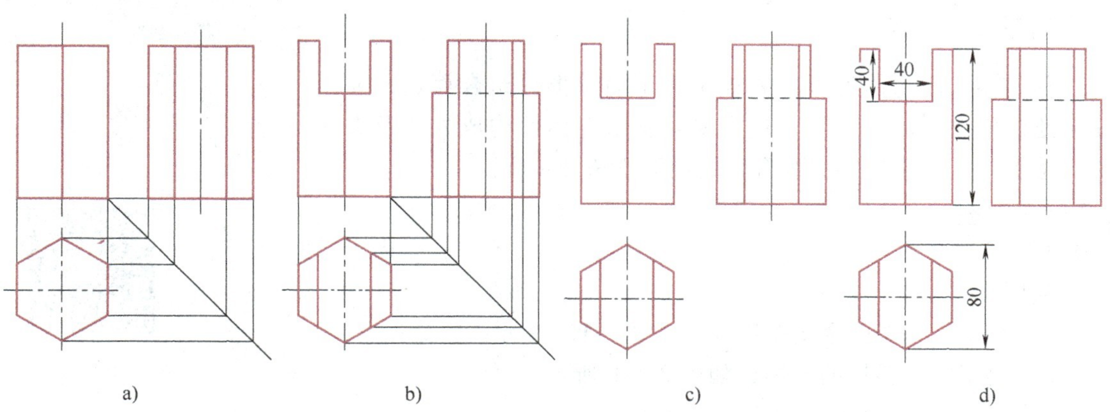

图 3-14 开槽六棱柱三视图的绘制

从侧平面的两个积聚性投影出发，按照“高平齐，宽相等”的投影规律绘制其侧面投影，如图 3-14b 所示。

3）检查各个视图，删除多余的图线，如图 3-14c 所示。

4）完成尺寸标注，如图 3-14d 所示。

【相关知识】

组合体的组合形式有叠加型、切割型和综合型三种。叠加型组合体可以看成由若干基本形体叠加而成。切割型组合体可以看成由一个完整的基本体经过切割或打孔而成。综合型组合体既有叠加又有切割。在绘制组合体（切割体）的三视图时要求所绘图形正确、完整、清晰，尺寸标注正确、齐全、清晰、合理。

【小结】

1）绘制开槽六棱柱三视图，可以先绘制完整六棱柱的三视图，再绘制矩形槽的三面投影。

2）绘制矩形槽在水平面和正平面上的投影，可根据槽宽和槽深直接绘制，绘制矩形槽在侧平面上的投影，可根据“高平齐，宽相等”的投影规律进行绘制。

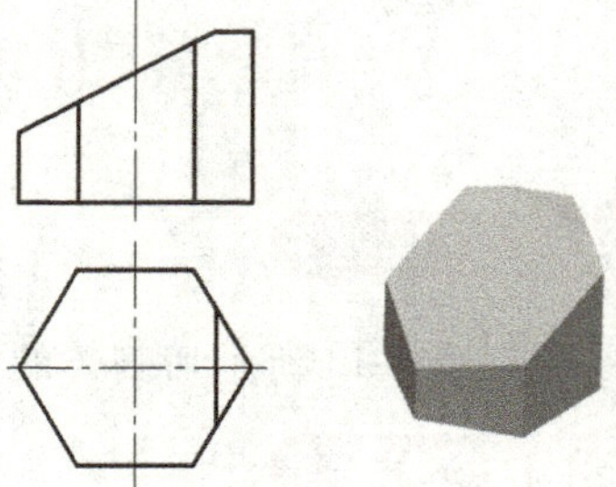

图 3-15　补画切割体的左视图

【课后训练】

参照立体图，补画图 3-15 所示切割体的左视图。

任务 2　绘制组合体的三视图

【任务描述】

绘制图 3-16 所示支座的三视图。具体要求：所绘图形正确、完整、清晰，尺寸标注正确、齐全、清晰、合理。

图 3-16　支座

【任务分析】

任何复杂的物体均可以看成由若干简单形体组合而成，要正确绘制组合体的三视图，首先要熟悉组合体的构成方式及表面连接关系，其次要掌握组合体的绘图方法和步骤。

【任务实施】

绘图步骤如下。

1）绘制各视图的主要基准线，如图 3-17a 所示。

2）绘制空心圆柱的投影，如图 3-17b 所示。

3）绘制底板的投影，如图 3-17c 所示。

4）绘制凸台的投影，如图 3-17d 所示。

5）绘制耳板的投影，如图 3-17e 所示。

6）绘制肋板的投影，如图 3-17f 所示。

7）检查各个视图并进行尺寸标注，如图 3-17g 所示。

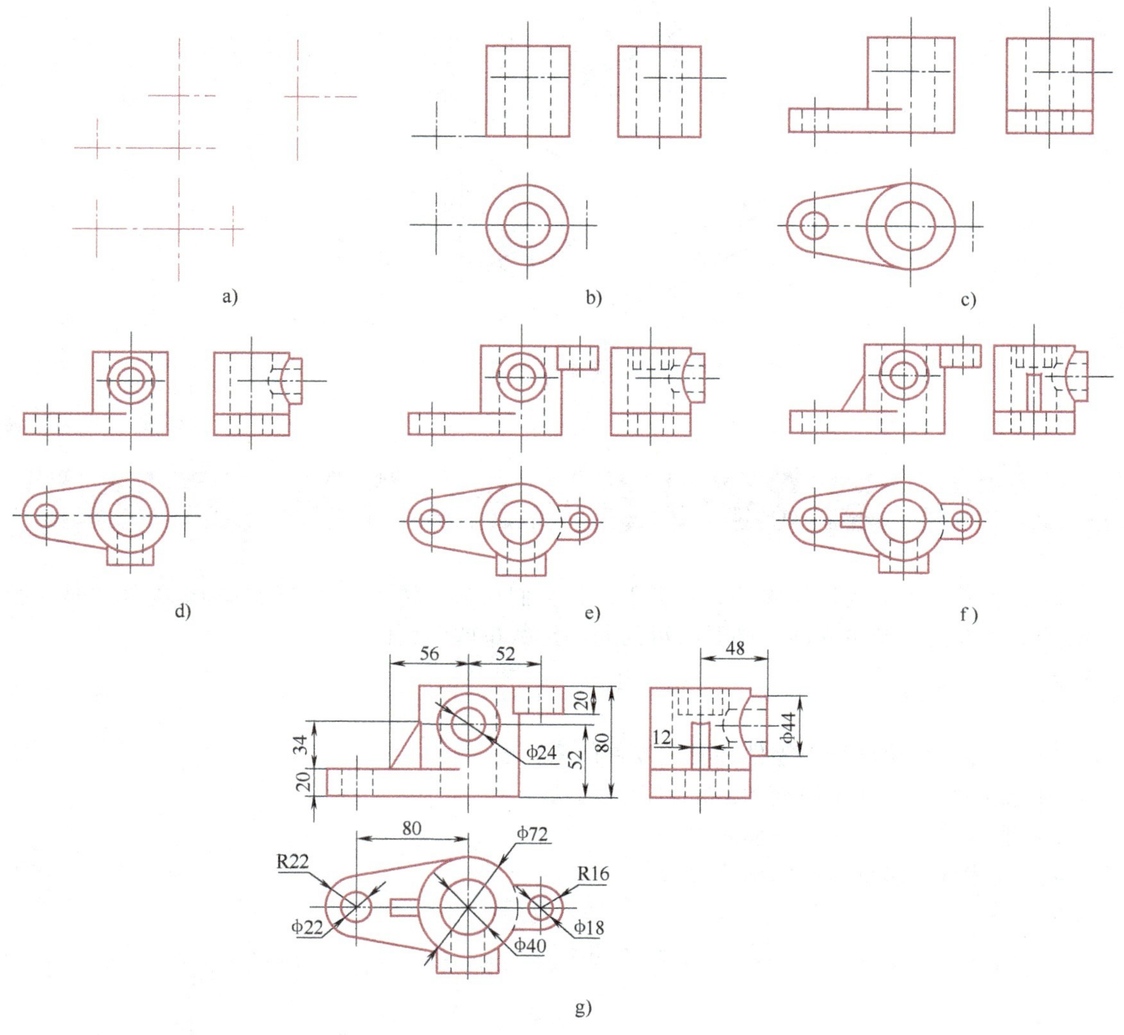

图 3-17　支座三视图的绘制

【小结】

1）应按主要基准线→空心圆柱投影→底板投影→凸台投影→耳板投影→肋板投影的顺序绘制支座，即先绘制主要形体，后绘制次要形体。

2）标注时要做到准确无误，不能漏标，也不能重复标注。

【课后训练】

根据图 3-18 所示轴测图绘制组合体的三视图，并标注尺寸。

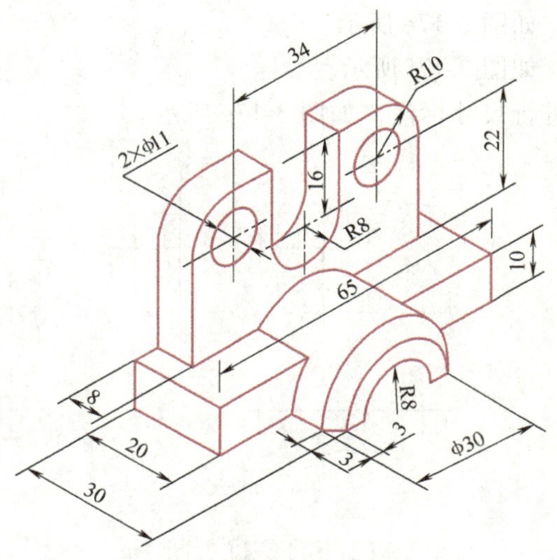

图 3-18　绘制组合体三视图

项目 3　绘制轴套类零件图

轴套类零件可分为轴类零件和套类零件，它们均为回转类零件。绘制轴套类零件时一般先沿其轴线方向绘制主视图，必要时可绘制一定数量的断面图。

【学习目标】

1）能够熟练绘制轴类零件和套类零件的零件图。
2）能够掌握表面粗糙度和公差的标注方法。
3）能够掌握块的建立及插入方法。
4）能够掌握多重引线的标注方法。

任务 1　绘制齿轮轴零件图

【任务描述】

建立 A3 图幅，按照 1：1 的比例绘制图 3-19 所示齿轮轴的零件图。

【任务分析】

要使用 AutoCAD 2020 正确绘制齿轮轴零件图，首先应根据各个视图的图形特点选择合适的绘图与编辑命令完成图形的绘制，其次应该掌握尺寸公差、几何公差以及表面结构等技术要求的标注方法。

【任务实施】

绘图步骤如下。

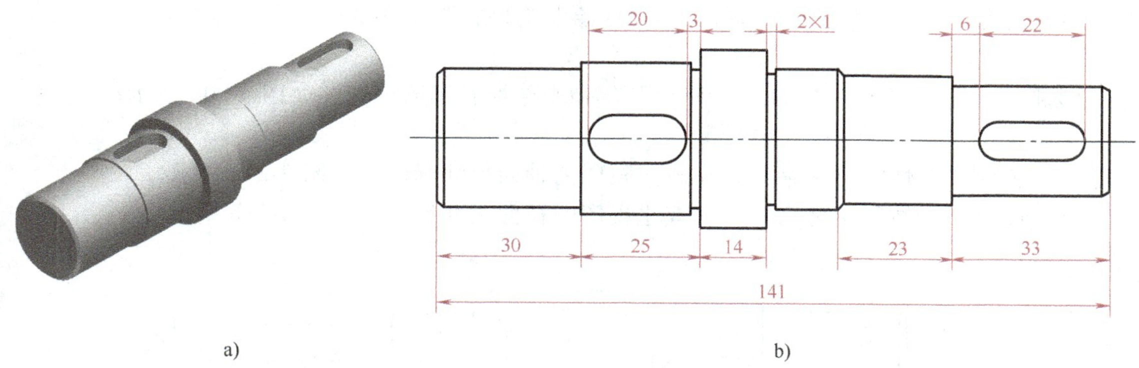

图 3-19 齿轮轴

1. 设置绘图环境

创建 A3 图幅（420mm×297mm），设置图层、文字样式、尺寸标注样式，并绘制图框和标题栏等。

2. 绘制主视图

1）选择“直线”“修剪”“倒角”等命令绘制齿轮轴上半部分的外轮廓，如 3-20a 所示。

2）选择“镜像”命令快速生成齿轮轴下半部分的外轮廓，如图 3-20b 所示。

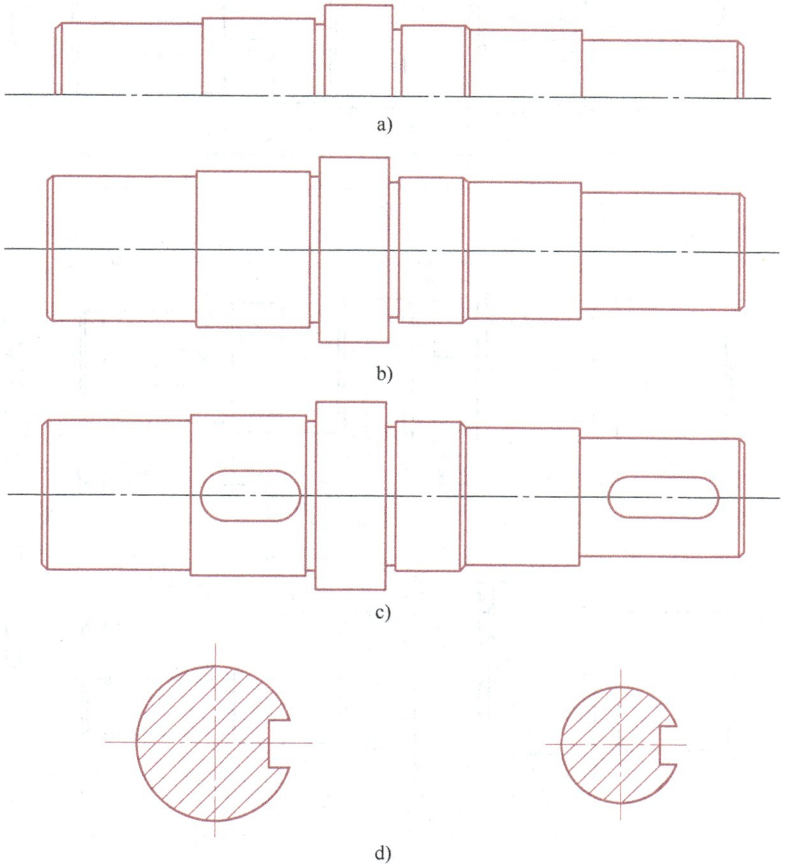

图 3-20 齿轮轴视图的绘制

3）选择“圆”“直线”“偏移”等命令绘制键槽，如图 3-20c 所示。

3. 绘制断面图

选择“直线”“圆”“偏移”“修剪”等命令绘制移出断面图，如图 3-20d 所示。

4. 标注尺寸

1）选择“线性”标注命令，完成主视图的轴向尺寸标注，如图 3-21a 所示。

2）选择“线性”标注命令，完成主视图的径向尺寸标注，如图 3-21b 所示。

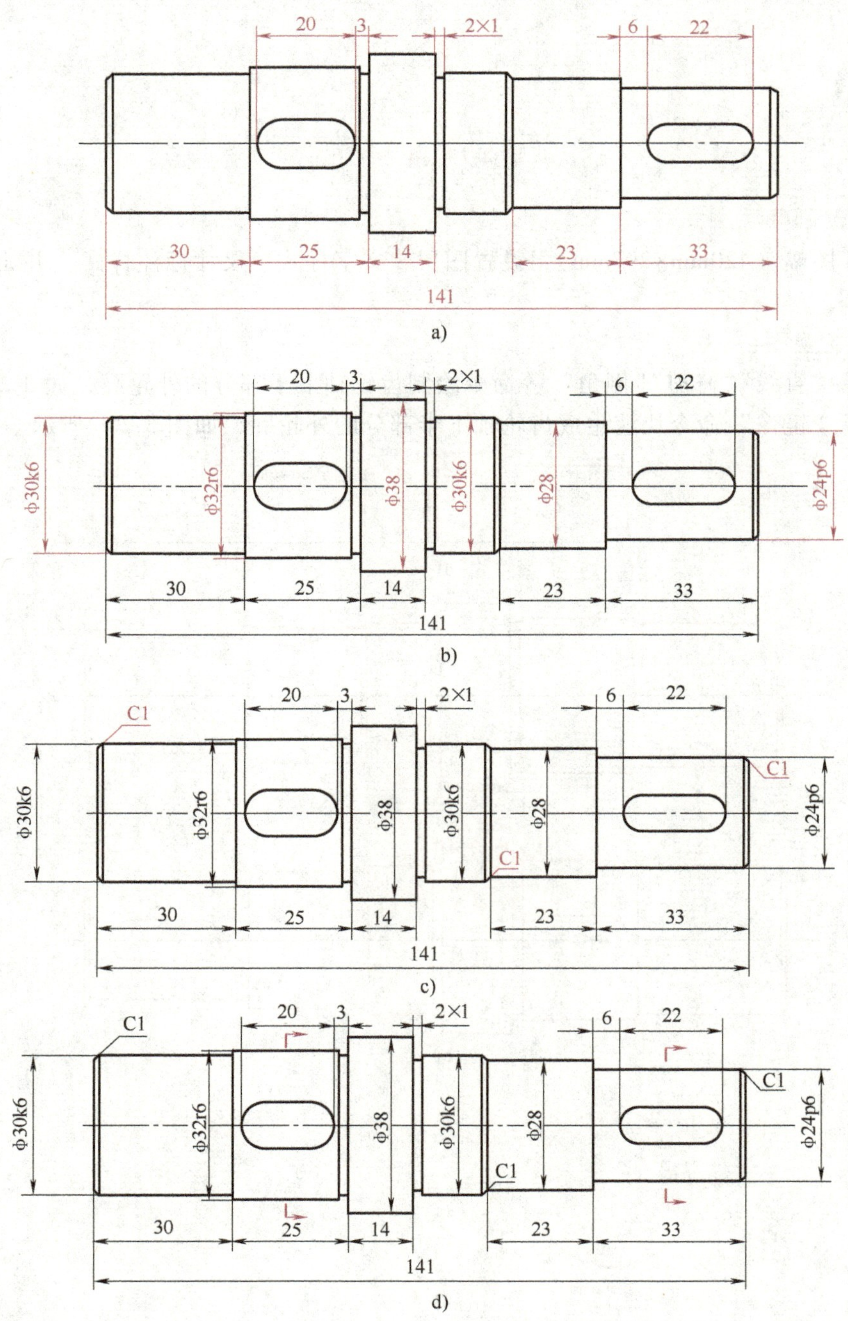

图 3-21　齿轮轴的绘制

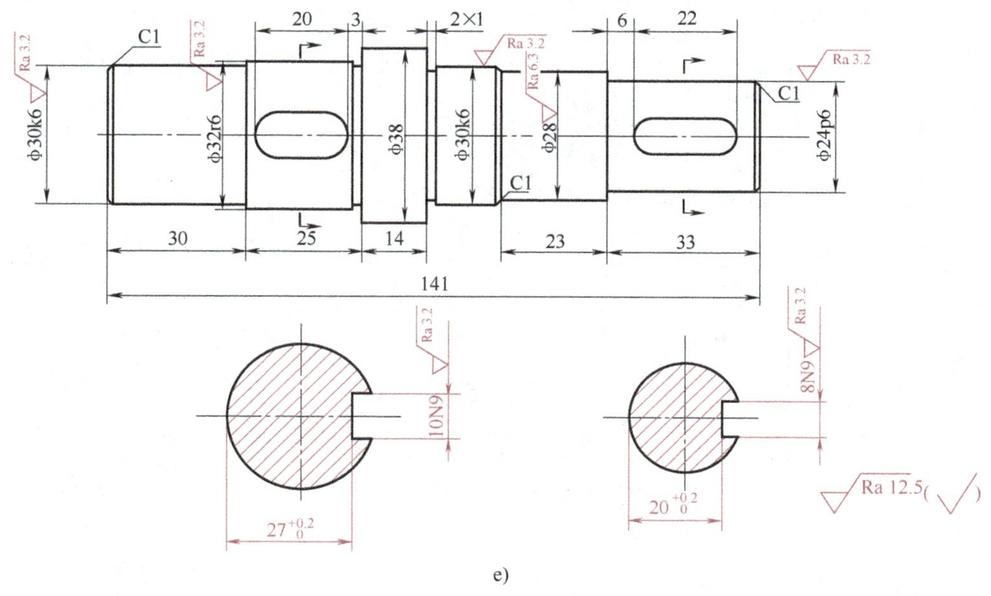

e)

图 3-21　齿轮轴的绘制（续）

在非圆视图上标注直径尺寸时，尺寸数字前不显示直径符号“ϕ”，为了方便标注轴的径向尺寸，可以新建一种“非圆视图直径尺寸”标注样式。

单击菜单栏中“标注”→“标注样式”按钮，打开“标注样式管理器”对话框，如图 3-22 所示。单击“新建”按钮，打开“创建新标注样式”对话框，如图 3-23 所示。在“新样式名”文本框中输入“非圆视图直径尺寸”，单击“继续”按钮，打开“新建标注样式：非圆视图直径尺寸”对话框，如图 3-24 所示。单击“主单位”选项卡，在“前缀”文本框中输入“%%c”，单击“确定”按钮完成设置。

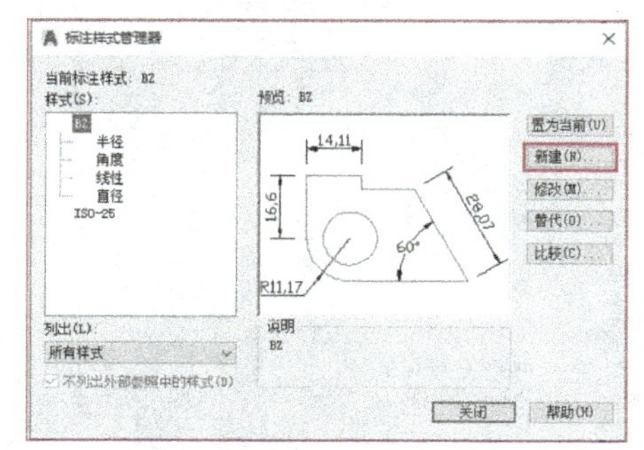

图 3-22　“标注样式管理器”对话框

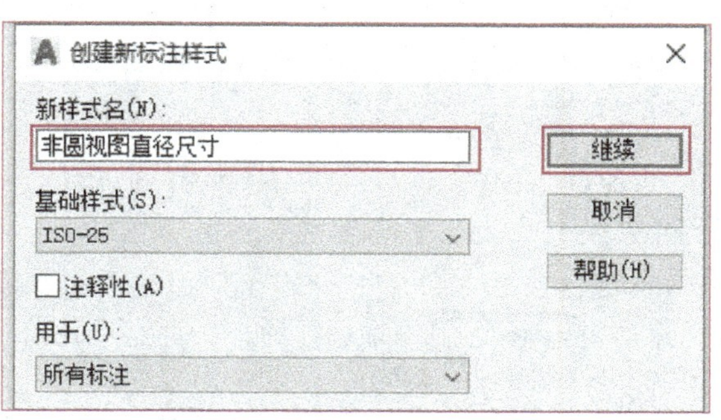

图 3-23　“创建新标注样式”对话框

3）执行“引线”标注命令标注倒角尺寸。在 AutoCAD 2020 中为图形添加多重引线时，单一的引线样式往往不能满足设计要求，用户需要根据标注要求设置或者定义新的引线样式。

单击菜单栏中“格式”→“多重引线样式”按钮，打开“多重引线样式管理器”对话框，如图 3-25a 所示。单击“修改”按钮，打开“修改多重引线样式：Standard”对话框，如图 3-25b 所示。将“引线格式”选项卡中的“箭头”选项组的“符号”设置为

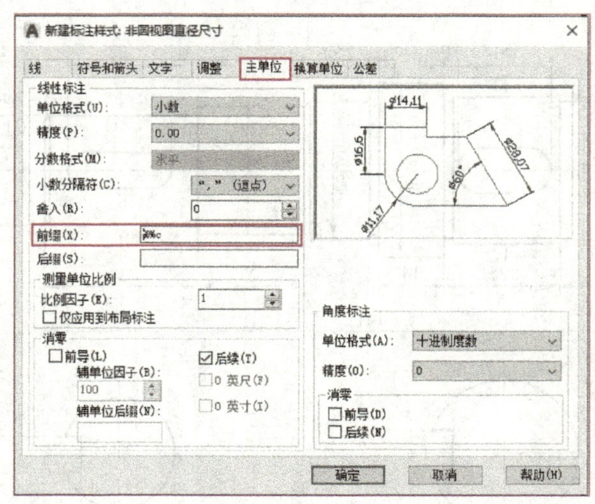

图 3-24 “新建标注样式：非圆视图直径尺寸”对话框

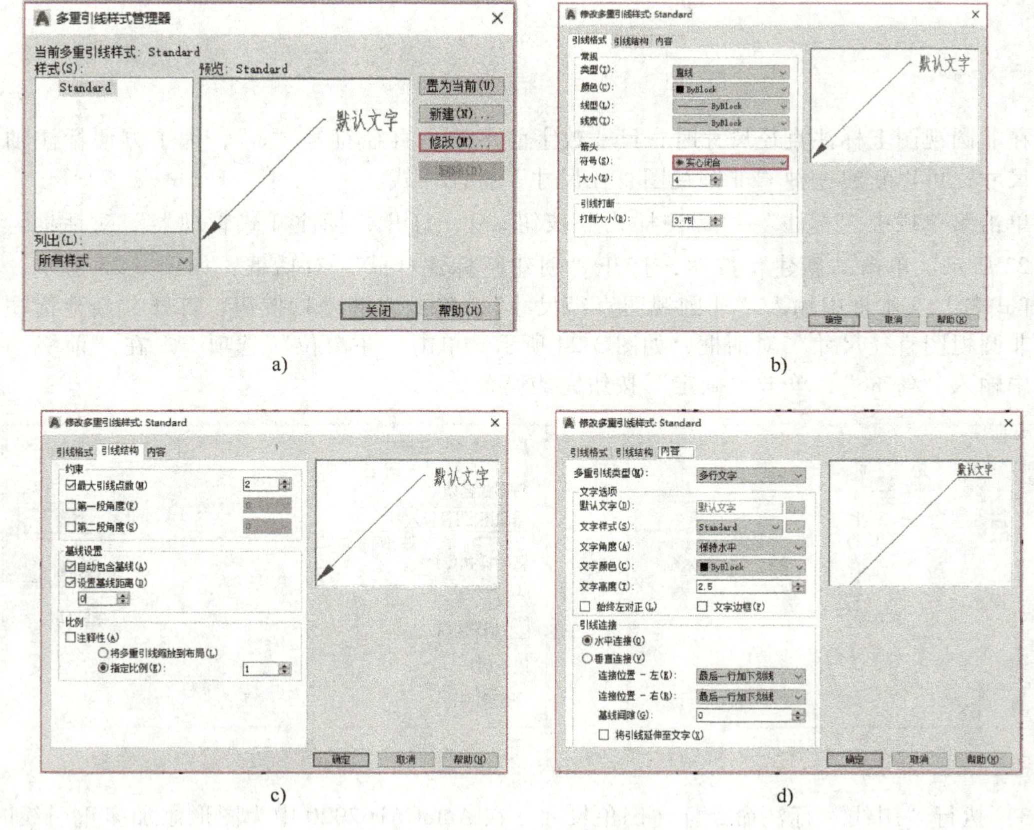

a) b) c) d)

图 3-25 标注倒角多重引线样式设置

“无”。单击“引线结构”选项卡，将“基线设置”选项组中的“基线距离”设置为“0”，如图 3-25c 所示。单击“内容”选项卡，将“文字选项”选项组中的“文字高度”设置为“2.5”，将“引线连接”选项组中的“连接位置”设置为“最后一行加下划线”，将“基线间隙”设置为“0”，如图 3-25d 所示。

单击菜单栏中“标注”→“多重引线”按钮，按照命令提示完成倒角的标注，如图 3-21c 所示。

4）绘制剖切符号。单击“绘图”面板上的“多段线”按钮，在齿轮轴键槽处单击，然后在命令行输入“pline”，将线条的起点宽度和端点宽度都定为“0.5”，线条长度定为“3”，方向为竖直向上，再将线条的长度改为水平向右，线条的起点宽度和端点宽度都定为“0”，线条长度定为“2”，再将线条起点宽度定为“1”，端点宽度定为“0”，长度定为“3”，绘制箭头。完成剖切符号的齿轮轴如图 3-21d 所示。

5）标注表面粗糙度。单击菜单栏中“插入”→“块选项板”按钮，在“当前图形”中找到需要插入的块，修改表面粗糙度值就可以将块摆放到合适的位置。标注剖切面尺寸和表面粗糙度。完整的齿轮轴视图如图 3-21e 所示。

【小结】

1）绘制齿轮轴的零件图时应先绘制上半部分的外轮廓，再使用镜像命令绘制下半部分的外轮廓。

2）表达齿轮轴键槽处的结构时通常需要绘制断面图。

【课后训练】

绘制图 3-26 所示齿轮轴的零件图，检查其标注是否存在错误，最后进行正确的标注。

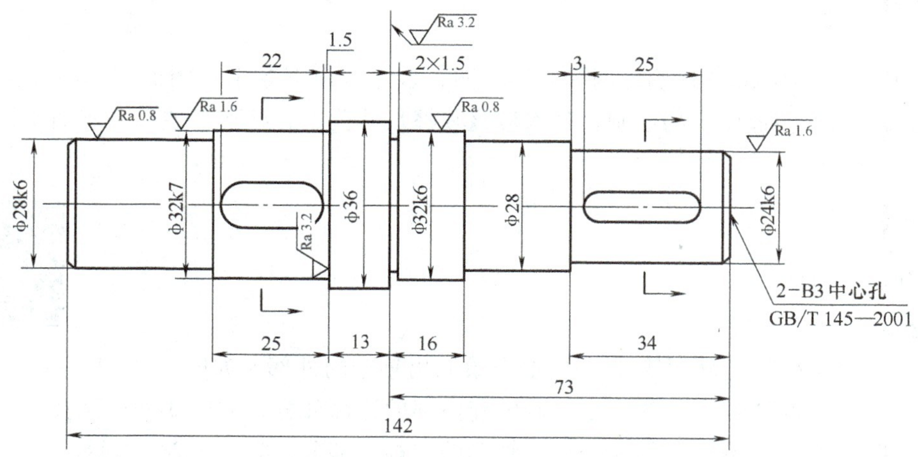

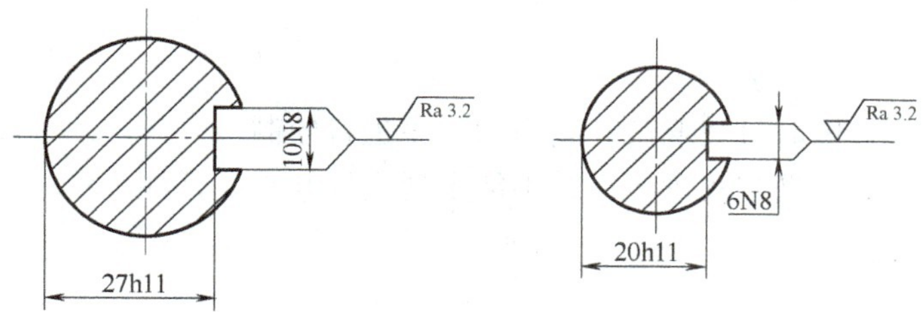

图 3-26 绘制轴零件图练习

任务2 绘制套筒零件图

【任务描述】

按照 1∶1 的比例绘制图 3-27 所示轴套的零件图。具体要求：所绘图形正确、完整、清晰，尺寸标注正确、齐全、清晰、合理。

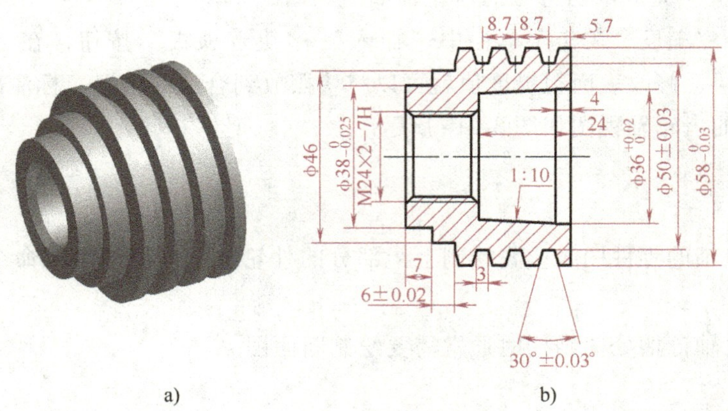

图 3-27 轴套

【任务分析】

要使用 AutoCAD 2020 正确绘制轴套零件图，首先应根据各个视图的图形特点选择合适的绘图与编辑命令完成图形的绘制，其次应该掌握尺寸公差、几何公差以及表面结构等技术要求的标注方法。

【任务实施】

绘图步骤如下。

1）绘制一条中心线。

2）选择“偏移”“旋转”“复制”等命令绘制出轴套的外部，如图 3-28a 所示。

3）选择“直线”“偏移”等命令绘制轴套内部的锥面部分，如图 3-28b 所示。

4）选择“直线”“偏移”等命令绘制轴套的内螺纹部分，如图 3-28c 所示。

5）绘制剖面线，并进行尺寸标注，如图 3-28d 所示。

【小结】

1）轴套的零件图时可按照从外到内的顺序进行绘制。

2）标注尺寸时应做到正确齐全，不能出现漏标和重复标注。

【课后训练】

绘制如图 3-29 所示套筒的零件图，并完成尺寸标注。

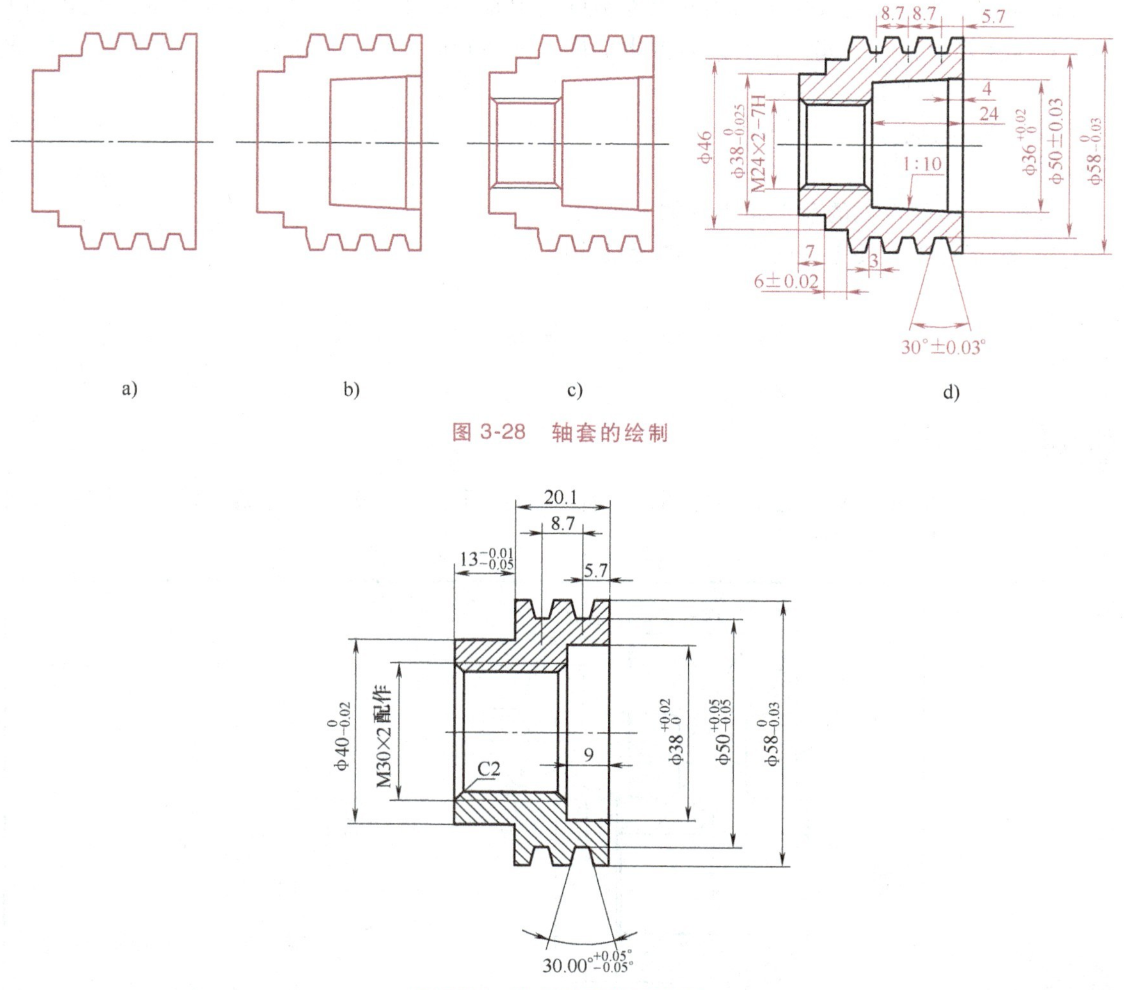

图 3-28 轴套的绘制

图 3-29 绘制套筒的零件图

项目 4 绘制盘盖类零件图

盘盖类零件通常指轮、盘、盖类零件。其主体部分多为同轴回转体，常包含倒角、键槽、销孔、凸缘、均布孔、轮辐、螺纹、退刀槽、砂轮越程槽等结构，主要在车床、镗床上加工。

盘盖类零件一般按主要加工位置选择主视图，轴线水平放置，多以垂直于轴线的方向作为主视图的投射方向。一般选择两个基本视图，采用全剖的主视图表达其内部结构及各组成部分的相对位置，再用左（或右）视图表达零件的外形及均布孔、轮辐等结构的数量及分布状况。

盘盖类零件的结构特点是以回转体为主，通常以轴孔的轴线作为径向基准，以重要端面（例如装配面）作为轴向基准，圆周上均匀分布小孔的定位圆直径是这类零件典型的定位尺寸。

盘盖类零件上有配合要求的轴孔尺寸精度要求较高，配合面及轴向定位端面（装配面）的表面质量要求较高。此外，有配合要求的内、外回转面应该有同轴度要求，重要端面有垂直度或跳动公差要求。

【学习目标】

1）能够绘制常见的盘盖类零件的零件图。

2）能够对盘盖类零件的零件图进行尺寸标注。

任务1　绘制V带轮零件图

【任务描述】

绘制图3-30所示V带轮的零件图。具体要求：所绘图形正确、完整、清晰，尺寸标注正确、齐全、清晰、合理。

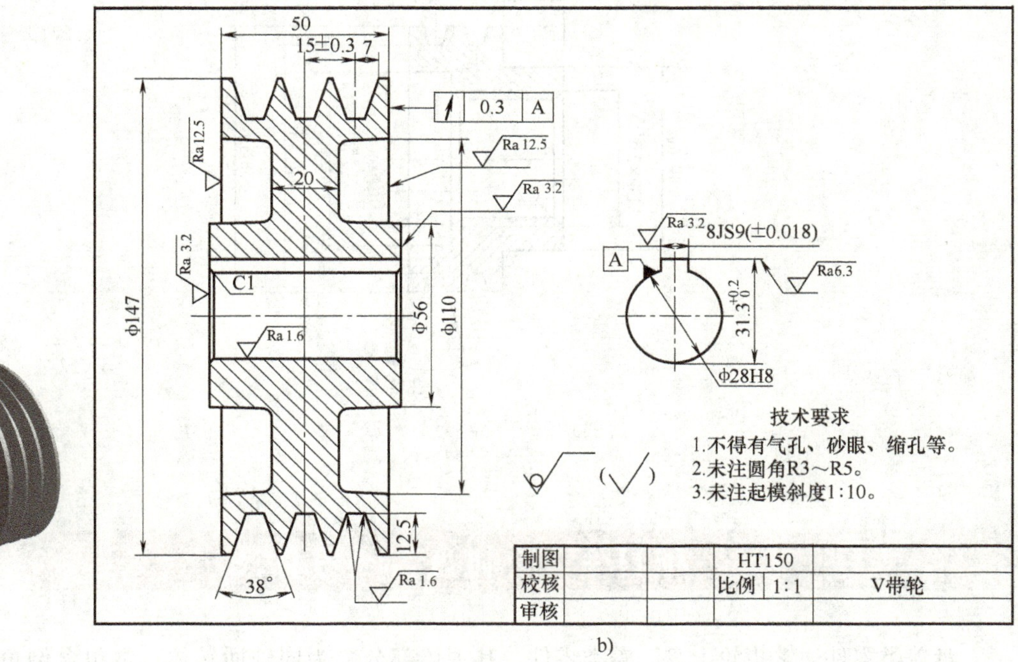

图3-30　V带轮

【任务分析】

V带轮零件图采用一个主视图和一个局部视图表达，主视图采用全剖视图。V带轮的主体结构为带轴孔的同轴回转体，V带轮通过键与轴连接。V带轮的轮毂上有轴孔和键槽结构，V带轮的轮缘上有三个V形槽，轮毂与轮缘用辐板连接。V带轮零件图由全剖的主视图和局部视图组成，主视图按加工位置三轴线水平放置，主视图采用全剖视图，表示V带轮的轮缘上V形槽的形状和数量、辐板、轮毂以及轴孔，轴孔键槽的宽度和深度用局部视图表示。在对V带轮进行尺寸标注时，以轴孔的轴线作为径向基准，直接标注基准圆直径“ϕ147”和轴孔“ϕ28H8”。以V带轮的左、右对称面作为轴向基准，直接标注“50”“15±0.3”“20”“7”等尺寸。V带轮的轮槽工作面及轴孔的表面质量要求比较高，表面粗糙度值Ra的上限值为1.6μm，轮缘两端对孔ϕ28mm轴线的圆跳动公差为0.3mm。

【任务实施】

绘图步骤如下。

1. 设置绘图环境

创建A4图幅（210mm×297mm），设置图层、文字样式、尺寸标注样式，绘制图框和标题栏，或者直接调用“A4.dwt”图形样板文件，使用设置好的绘图环境。

2. 绘制视图

1）选择“直线”“偏移”“圆角”等命令绘制V带轮上半部分右侧轮廓，如图3-31a所示。轮毂、轮缘处的起模斜度为1∶10，轮缘上V形槽的夹角为38°。

2）选择“镜像”命令快速生成带轮上半部分左侧轮廓，如图3-31b所示。

3）选择“镜像”命令快速生成带轮下半部分轮廓，如图3-31c所示。

4）选择“直线”“圆”“偏移”“修剪”等命令绘制布局视图以及主视图上轮毂轴孔的轮廓，如图3-31d所示。

5）选择“图案填充”命令绘制主视图中的剖面线，如图3-31e所示。

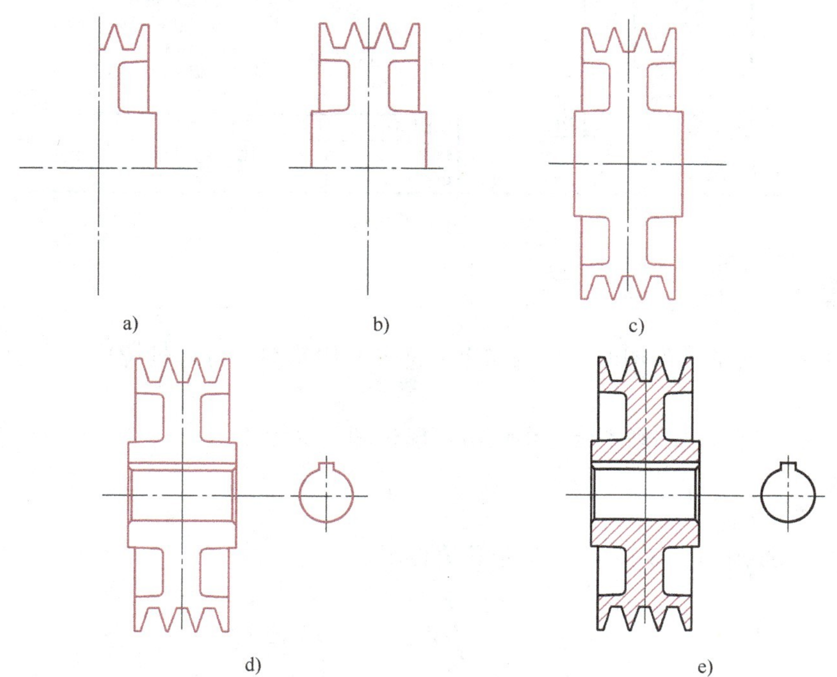

图3-31 V带轮零件图的绘制过程

3. 标注尺寸

1）选择“线性”标注命令，标注主视图的轴向和径向尺寸，倒角用“引线”命令标注。

2）选择“直径”“线性”标注命令，标注局部视图尺寸。

3）通过特性来标注尺寸公差。

4. 标注技术要求

1）标注表面结构代号。可以通过当前图形中“创建块”和“插入块”的方式，还可以选择“最近使用”的块进行表面结构代号的标注。

2）标注几何公差。执行“引线”以及“公差”命令标注图中的几何公差。

5. 注写技术要求

选择“多行文字”命令注写技术要求。完整的 V 带轮零件图如图 3-32 所示。

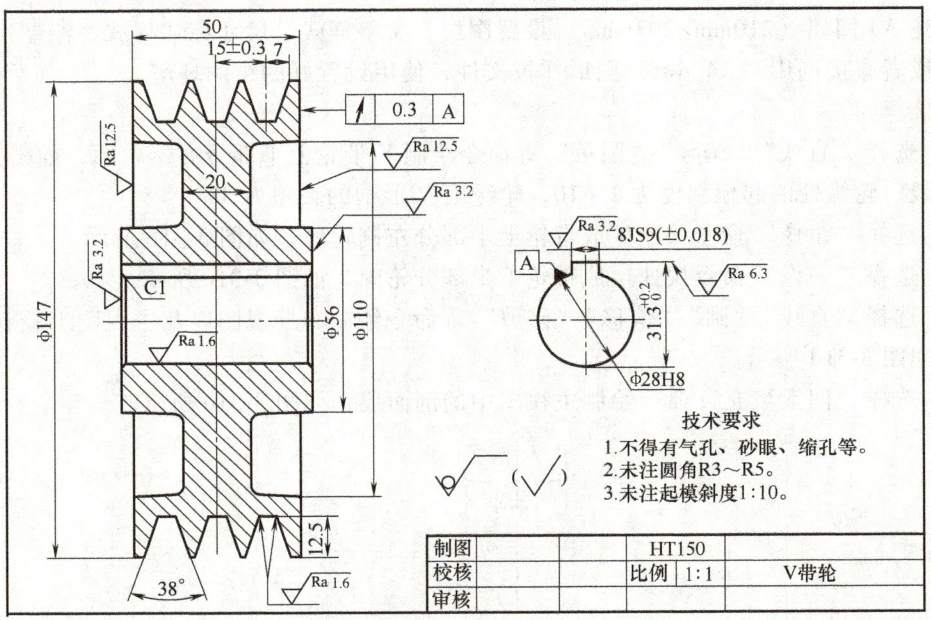

图 3-32　V 带轮零件图

【小结】

1）绘制 V 带轮的零件图时应先绘制上半部分右侧轮廓，再通过镜像命令绘制出完整的外轮廓。

2）尺寸标注应做到准确齐全，不应出现漏标和重复标注。

【课后训练】

绘制图框，抄画如图 3-32 所示 V 带轮零件图。

任务 2　绘制阀盖零件图

【任务描述】

绘制图 3-33 所示阀盖的零件图。具体要求：所绘图形正确、完整、清晰，尺寸标注正确、齐全、清晰、合理。

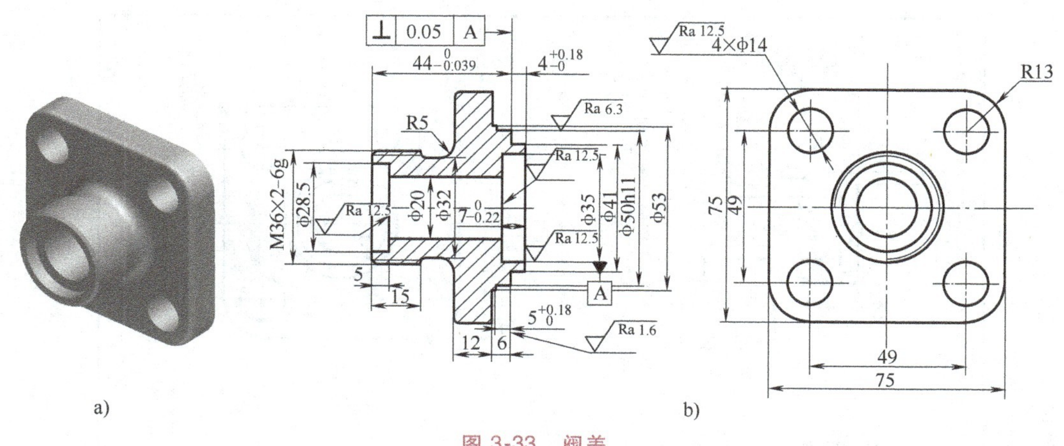

图 3-33 阀盖

【任务分析】

该阀盖的零件图采用一个主视图和一个左视图表达，主视图采用全剖视。阀盖的主体为带有四个通孔的长方体。阀盖左半部分为一个带有阶梯孔的圆柱体，该圆柱体的外部切有螺纹，长方体和圆柱体的结合部加工有一个圆弧槽。阀盖的主视图按加工位置轴线水平放置，主视图采用全剖视图，外螺纹、台阶孔、带有通孔的长方体用左视图表达。标注尺寸时以轴孔的轴线作为径向尺寸基准，直接标注其径向尺寸，再以阀盖左端面和长方体左端面作为轴向基准，标注轴向尺寸。该阀盖端面的表面质量要求较高，表面粗糙度值 Ra 的上限值为 1.6μm。

【任务实施】

绘图步骤如下。

1）选择“直线”“偏移”“圆角”等命令绘制阀盖主视图的上半部分，如图 3-34a 所示。

2）选择“镜像”命令绘制阀盖主视图的下半部分，如图 3-34b 所示。

3）绘制阀盖主视图上的剖面线，如图 3-34c 所示。

4）选择“直线”“偏移”“圆”等命令绘制阀盖的左视图，如图 3-34d 所示。

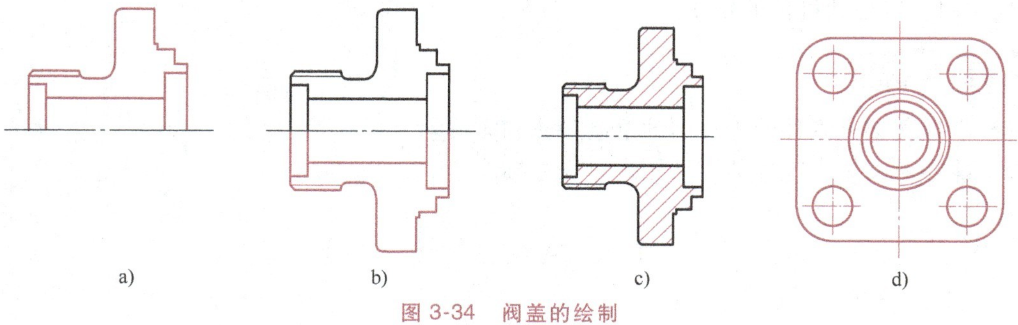

图 3-34 阀盖的绘制

5）标注尺寸，填写技术要求，并完善标题栏，得到完整的阀盖零件图，如图 3-35 所示。

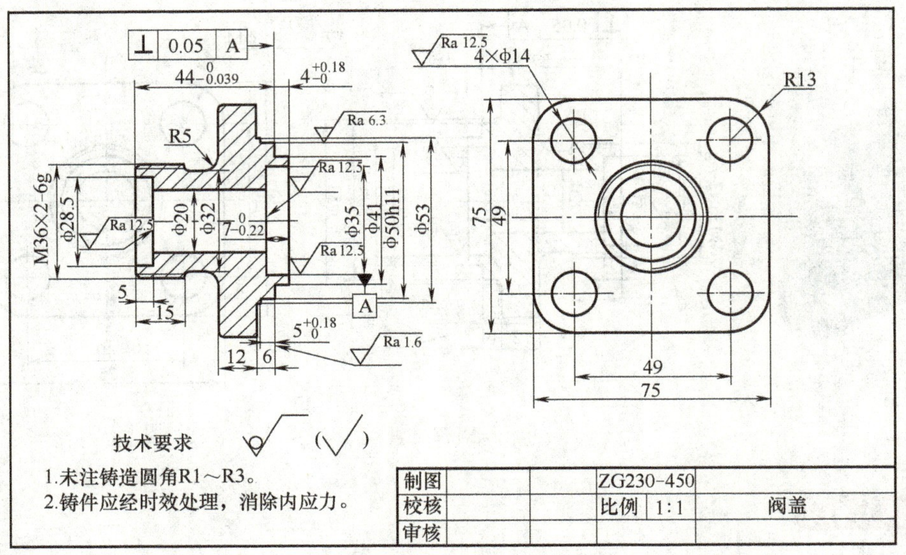

图 3-35　阀盖零件图

【小结】

1）绘制阀盖的零件图时可先绘制阀盖主视图的上半部分，再利用镜像命令绘制下半部分。

2）尺寸标注应做到准确齐全，不应出现漏标和重复标注。

【课后训练】

绘制图框，抄画图 3-35 所示阀盖零件图。

项目 5　叉架类零件图

叉架类零件是机器重要的基础件，它将轴、套、传动轮等多种零件连接组合成一体，并确定各个零部件之间的相互位置关系及相对运动关系。支承臂零件一般在机器中起到支承、固定的作用，以带动机器的转动。

【学习目标】

1）掌握叉架类零件的零件图的绘制步骤和方法。

2）能够对叉架类零件的零件图进行尺寸标注。

任务 1　绘制支承臂零件图

【任务描述】

绘制图 3-36 所示的支承臂零件图。为了满足零件的加工要求，需要绘制该支承臂零件的主视图、俯视图，同时要标注零件的尺寸偏差、几何公差、表面粗糙度以及技术要求等，其绘制具体要求如下。

1）本任务需要主视图、俯视图两个视图表达支承零件，俯视图要全部表达出该零件的内部结构特征。

2）在主视图和俯视图中要表达螺纹孔、柱孔、花键、凹槽、圆角等表面结构特征。

3）本任务零件螺纹孔共有 M12 和 M6 两种；柱孔直径为 17mm。

4）本任务零件调质处理为 28~32HRC；去除毛刺、锐边。

5）为支承臂零件图精确标出定形尺寸、定位尺寸、尺寸偏差和几何公差等内容。

6）为支承臂零件图标注表面粗糙度和相关技术要求。

7）为支承臂零件合理布置图纸边框并对图框进行必要的文字填充。

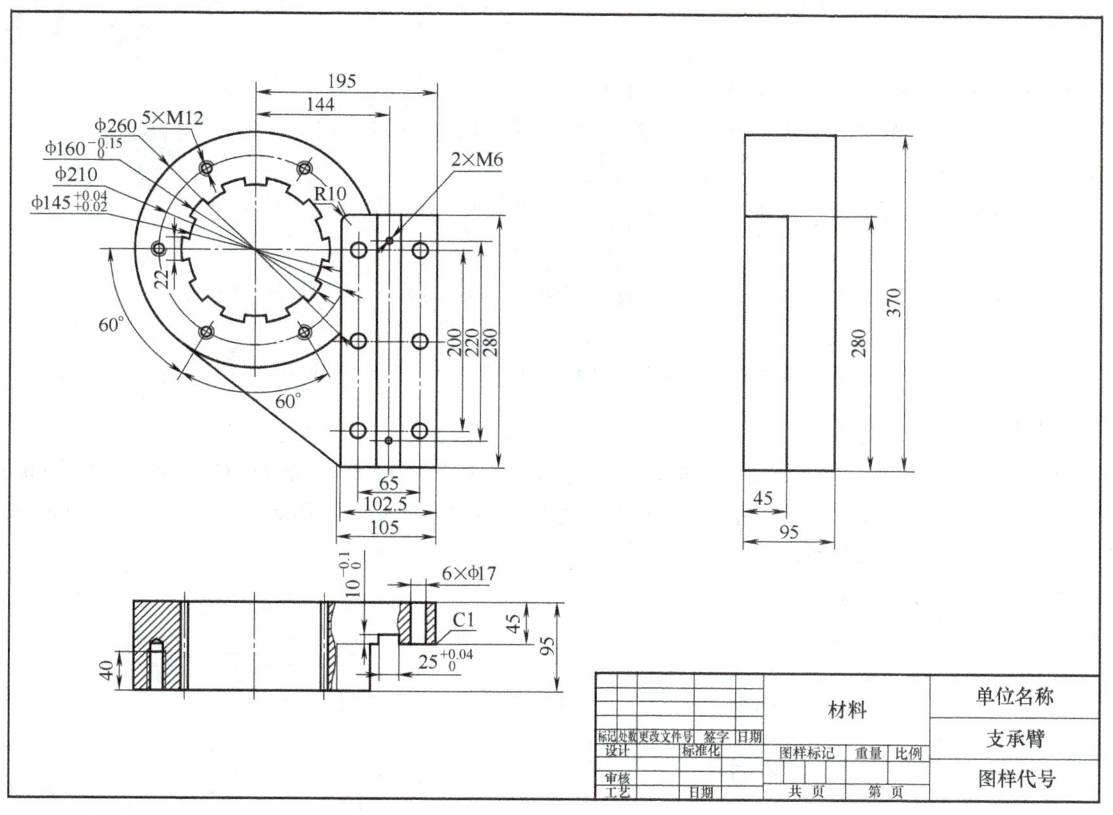

图 3-36 支承臂零件图

【任务实施】

绘图步骤如下。

1. 绘制支承臂零件主视图

1）选择“新建”命令，调用“机械样板 .dwt”作为基础样板，新建空白文件。

2）打开状态栏上的“对象捕捉”“极轴追踪”等功能。

3）展开“图层”工具栏中的“图层控制”下拉列表，将“轮廓线”设置为当前图层。

4）使用快捷命令“REC”激活“矩形”命令，绘制长度为 102.5mm、宽度为 280mm 的矩形，命令行提示：

```
命令:rec
RECTANG
指定第一个角点或[倒角(C)/标高(E)/圆角(F)/厚度(T)/宽度(W)]:
                                                        //任意选取一点
指定另一个角点或[面积(A)/尺寸(D)/旋转(R)]:@ 102.5,280
```

5）使用快捷命令“F”激活“圆角”命令，设置半径为 10mm，对矩形左上角进行圆角处理，命令行提示：

```
命令:f
FILLET
当前设置:模式=修剪,半径=0.0000
选择第一个对象或[放弃(U)/多段线(P)/半径(R)/修剪(T)/多个(M)]:R
指定圆角半径 <10.0000>:10
选择第一个对象或[放弃(U)/多段线(P)/半径(R)/修剪(T)/多个(M)]:
//选择矩形上边框
选择第二个对象,或按住<Shift>键选择对象以应用角点或[半径(R)]:
//选择矩形左边框
选择第一个对象或[放弃(U)/多段线(P)/半径(R)/修剪(T)/多个(M)]:
```

结果如图 3-37 所示。

6）选择“修改”→“偏移”命令，将矩形右边垂直边向左偏移 18.5mm、38.5mm、51mm、63.5mm 和 83.5mm，将矩形下水平边向上偏移 30mm、40mm、140mm、240mm 和 250mm，结果如图 3-38 所示。

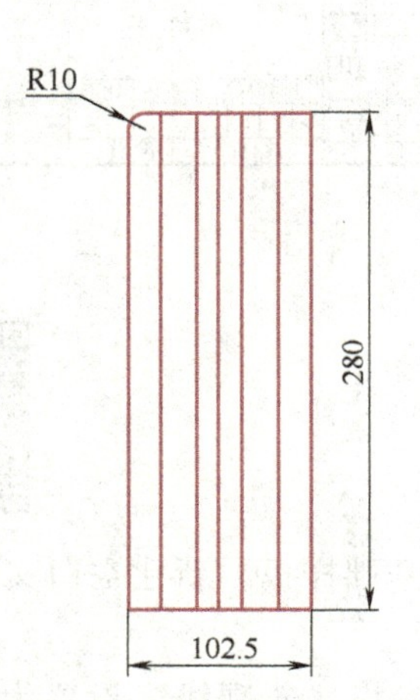

图 3-37　绘制矩形基本轮廓

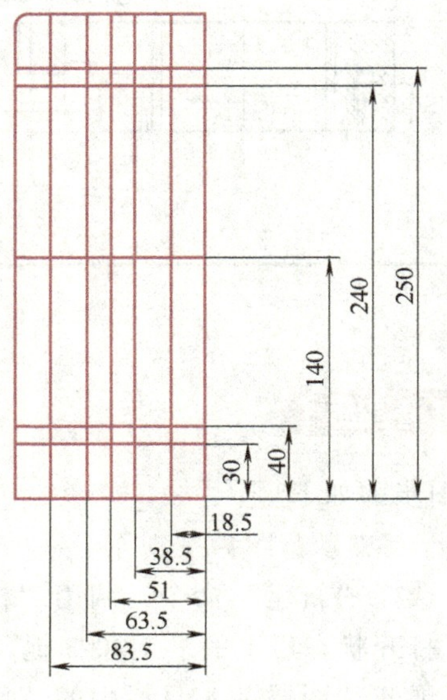

图 3-38　水平偏移边

7）使用快捷命令“C”激活“圆”命令，捕捉第三条水平边（由下往上数）与第二条垂直边（由右往左数）的交点作为圆的圆心，绘制半径为 8.5mm 的圆，然后使用“复制”命令将绘制的圆复制到图 3-39 所示位置。

8）重复执行“圆”命令，以第二条水平边（由下往上数）与第四条垂直边（由右往左数）的交点为圆心，绘制半径为 3mm 和半径为 4mm 的同心圆，结果如图 3-40 所示。

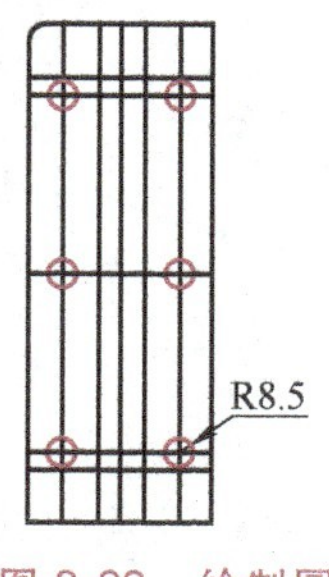

图 3-39　绘制圆

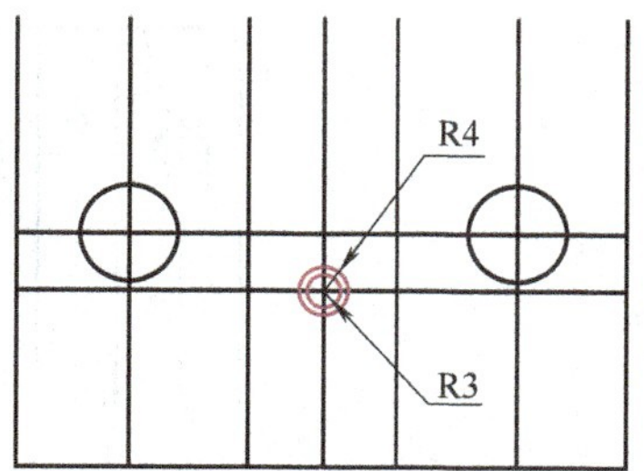

图 3-40　绘制同心圆

9）使用快捷命令“BR”激活“打断”命令，将半径为 4mm 的圆打断约 1/4 的圆弧，并将其放入“细线层”。

10）使用快捷命令“CO”激活“复制”命令，将半径为 3mm 和半径为 4mm 的同心圆复制到图 3-41 和图 3-42 所示位置，并调整中心线长度及所在层。

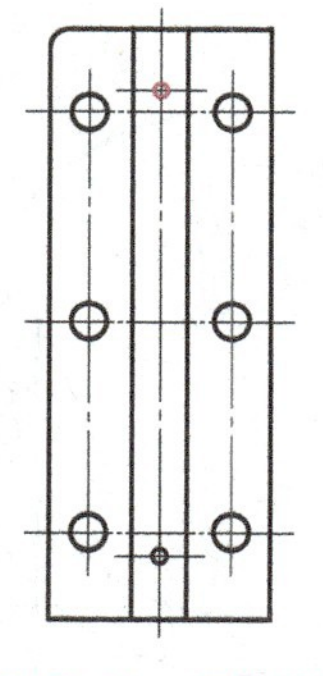
图 3-41　复制圆

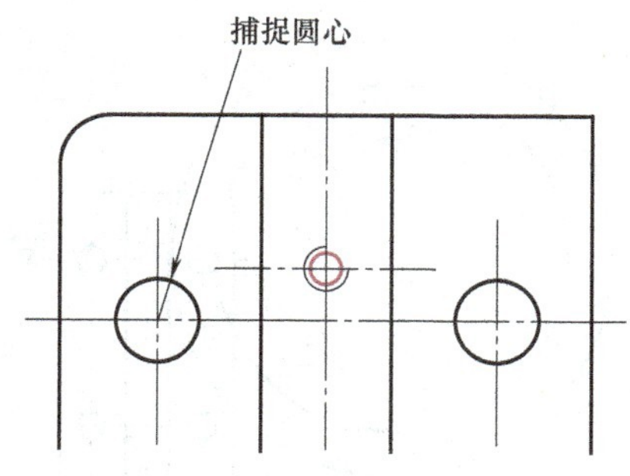

图 3-42　捕捉圆心

11）执行“圆”命令，配合圆心捕捉及“捕捉自”功能，在该图形左边位置绘制半径为 72.5mm 的圆，命令行提示：

```
命令:C
CIRCLE
指定圆的圆心或[三点(3P)/两点(2P)/切点、切点、半径(T)]:_from 基点:
//捕捉图 3-42 所示圆心
<偏移>:@ -111.5,0
指定圆的半径或[直径(D)] <0.0000>:72.5
```

结果如图 3-43 所示。

12）继续使用“圆”命令，以半径为 72.5mm 的圆的圆心为圆心，继续绘制半径分别为 80mm、105mm 和 130mm 的同心圆，结果如图 3-44 所示。

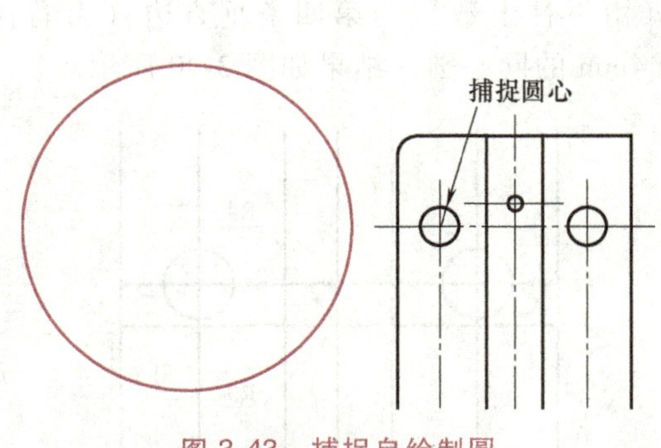

图 3-43　捕捉自绘制圆

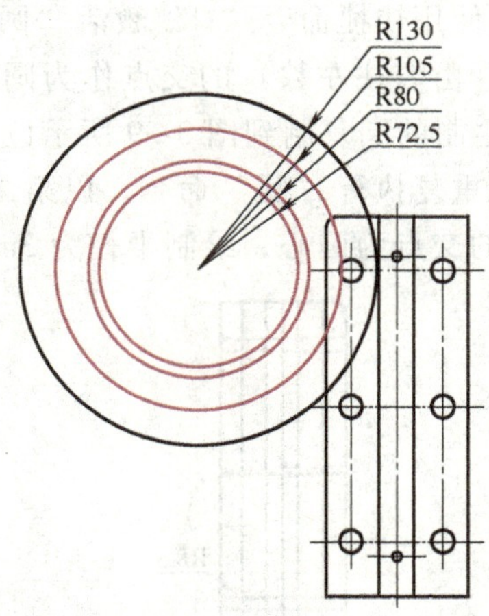

图 3-44　绘制同心圆

13）使用“直线”命令连接半径为 80mm 和半径为 72.5mm 的圆上的象限点，然后执行“旋转”命令，以同心圆的圆心作为旋转中心，将连线旋转-9°。

14）选择“修改”→“阵列/环形阵列”命令，捕捉同心圆的圆心作为阵列中心点，选择刚绘制的直线进行阵列，结果如图 3-45 所示。

15）选择“修改”→“修剪”命令，以阵列的直线作为修剪边，对半径为 72.5mm 和 80mm 的同心圆进行修剪，结果如图 3-46 所示。

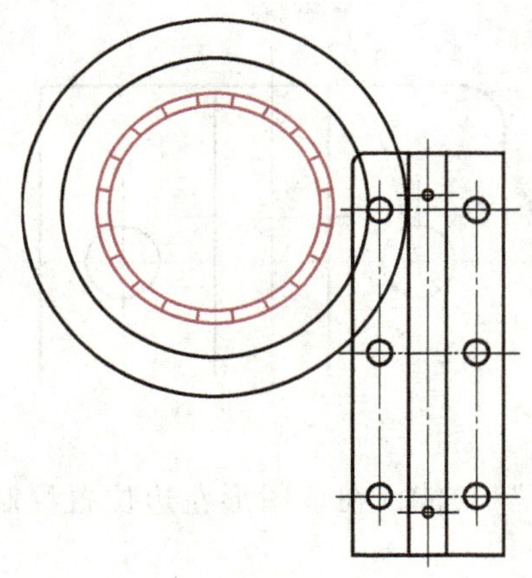

图 3-45　环形阵列直线

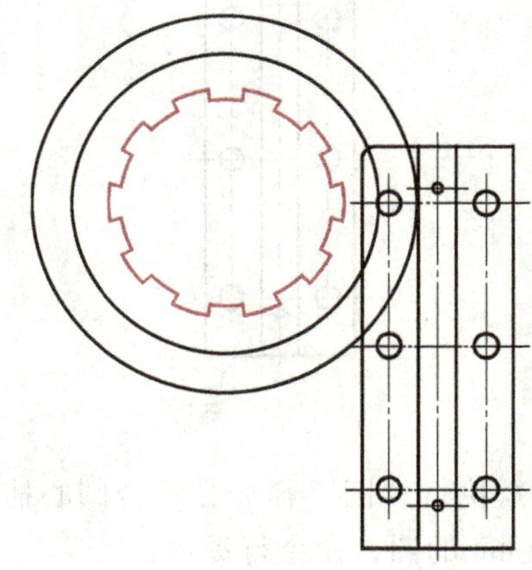

图 3-46　修剪同心圆

16）选择“绘图”→“直线”命令，配合端点捕捉与切点捕捉功能，绘制半径为 130mm 的圆的切线与左边图形的连线，命令行提示：

```
命令:L
LINE
指定第一个点://捕捉左边图形的左下角点
指定下一点或[放弃(U)]://水平向左引导光标输入 2.5
指定下一点或[退出(E)/放弃(U)]://捕捉半径为 130mm 的圆的切点
指定下一点或[关闭(C)/退出(X)/放弃(U)]:
```

17）选择“绘图”→“直线”命令，配合象限点捕捉功能绘制半径为105mm的圆的水平直径和垂直直径，然后使用旋转命令将垂直直径旋转30°和−30°复制，结果如图3-47所示。

18）选择“圆”命令，以30°的直径的上端点为圆心，绘制半径为6mm和8mm的同心圆，然后使用“打断”命令将半径为8mm的圆打断约1/4的圆弧，并将其放入“细线层”，最后使用“复制”命令，将半径为6mm和8mm的同心圆复制到图3-48所示位置。

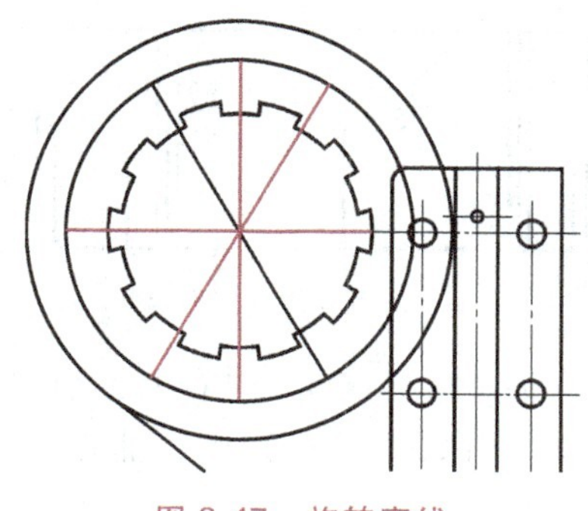
图3-47　旋转直线

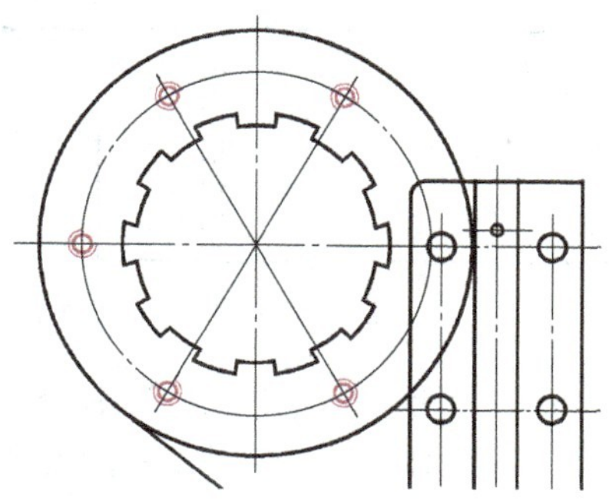
图3-48　绘制圆弧

19）使用“修剪”“打断”命令对图形进行完善，然后使用“夹点拉伸”功能调整各中心线的长度，调整图层，同时修改线型比例，结果如图3-49所示。

最后执行“保存”命令，将图形命名为“支承臂零件主视图.dwg”。

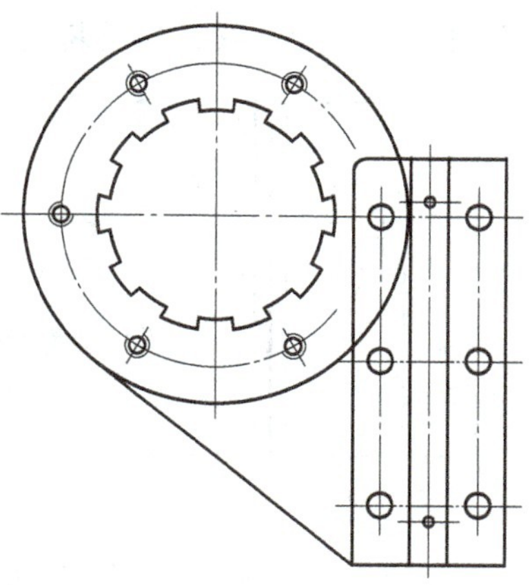
图3-49　支承臂零件主视图

2. 绘制支承臂零件俯视图

首先参照主视图，根据视图之间的对正关系绘制俯视图，然后绘制左视图。在具体的绘制过程中，主要使用了“直线”“偏移”“修剪”等命令，其绘制效果如图3-36所示。

1）以上述存储的“支承臂零件主视图.dwg”作为当前文件。

2）展开“图层”工具栏中的“图层控制”下拉列表，将“轮廓线”设置为当前图层。

3）选择“绘制”→“直线”命令，从半径为130mm的圆的左象限点向下引出追踪线，在合适位置捕捉一点，然后配合“正交”功能，根据图示尺寸绘制俯视图轮廓线，结果如图3-50所示。

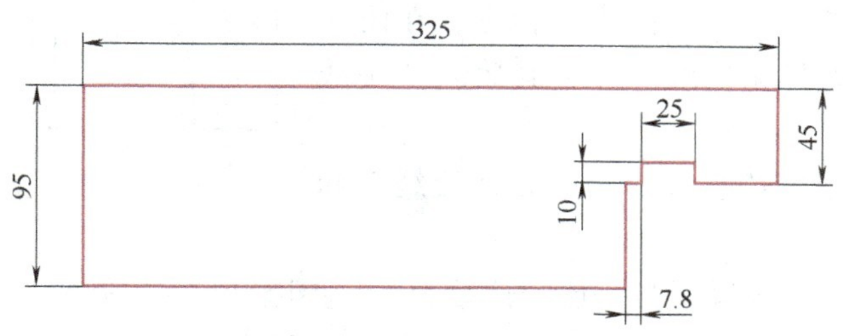

图3-50　支承臂零件俯视图轮廓

4）单击“修改”工具栏中的“偏移”按钮，将左侧的垂直边向右偏移 25mm、50mm、54. 5mm、58. 3mm、130mm、201. 7mm、205. 5mm 和 210mm，将右侧的垂直线 A 向左偏移 9mm、17. 5mm 和 27mm，将右侧的垂直线 B 向左偏移 30. 7mm、222. 7mm 和 234. 7mm，结果如图 3-51 所示。

5）选择“绘图”→“直线”命令，连接点 a 和点 b 以及点 c 和点 d，结果如图 3-52 所示。

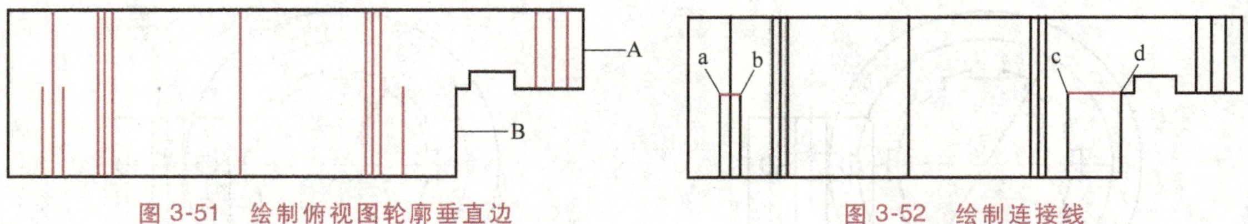

图 3-51　绘制俯视图轮廓垂直边　　图 3-52　绘制连接线

6）选择“绘图”→“直线”命令，配合极轴追踪功能，捕捉点 a，向右上方引出 30°的追踪线，捕捉追踪线与垂直线 c 的交点，然后向右下方引出 330°的追踪线，捕捉点 b 并按 <Enter>键绘制直线，结果如图 3-53 所示。

7）使用夹点编辑功能对垂直线 C、D、E、F 和 G 进行夹点编辑，并将其放入“中心线”图层作为中心线，然后将垂直线 H 和 R 放入“隐藏线”图层，结果如图 3-54 所示。

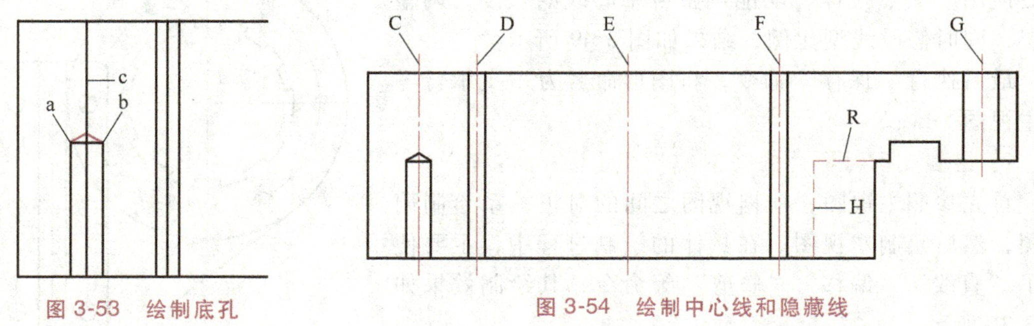

图 3-53　绘制底孔　　图 3-54　绘制中心线和隐藏线

8）使用快捷命令“O”激活“偏移”命令，将图线 1 向左偏移 2mm 生成图线 2，将图线 3 向右偏移 2mm 生成图线 4，然后执行“打断于点”命令，将图线 2 和图线 4 分别在 40mm 的位置打断。

9）使用相同的方法将图线 4 打断，然后将图线 2 和图线 4 放入“细线层”图层，结果如图 3-55 所示。

10）选择“绘图”→“样条曲线”命令，在图 3-55 所示位置绘制两条样条曲线，并将其放入“细线层”图层。

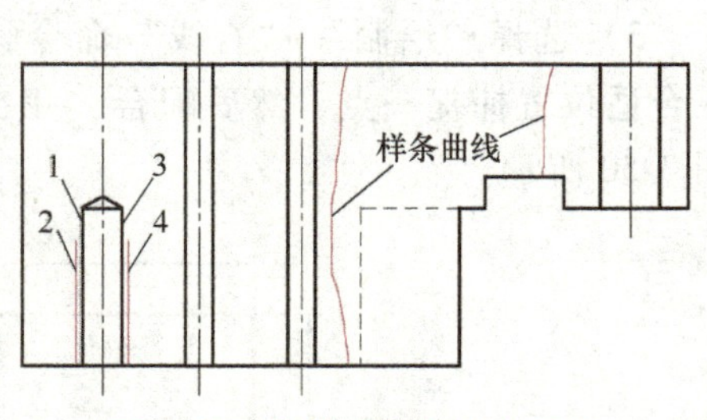

图 3-55　绘制螺纹和样条曲线

11）选择“绘图”→“直线”命令，连接线 2 和线 4 上方的端点。

12）将“剖面线”设置为当前层，然后执行“图案填充”命令，选择名为“ANSI31”的图案，使用系统默认的设置进行填充，结果如图 3-56 所示。

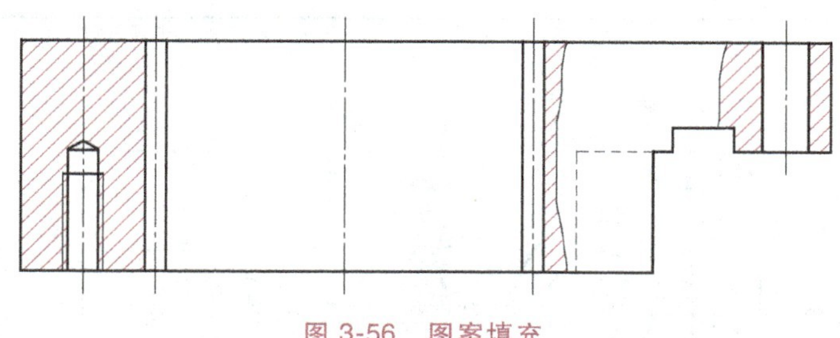

图 3-56 图案填充

3. 绘制左视图

根据图样主视图、俯视图，补全左视图，完成支承臂零件图，如图 3-36 所示。

【小结】

本任务学习了支承臂零件图的绘制方法，通过本任务的学习，可以掌握绘制及修改命令综合应用方法。

【课后训练】

完成图 3-57 所示支承架零件图的绘制。

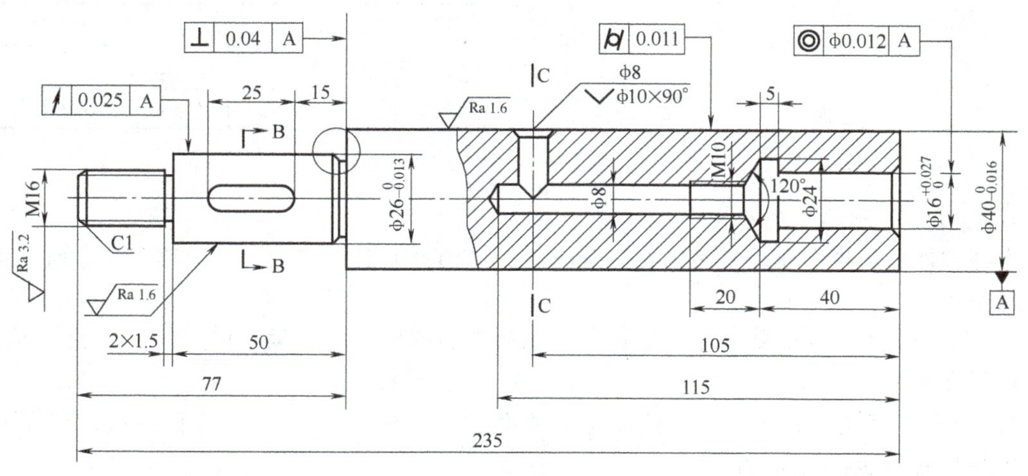

图 3-57 支承架

任务 2 绘制连杆零件图

【任务描述】

绘制图 3-58 所示连杆零件图。具体要求：所绘图形正确、完整、清晰，尺寸标注正确、齐全、合理。

【任务实施】

绘图步骤如下。

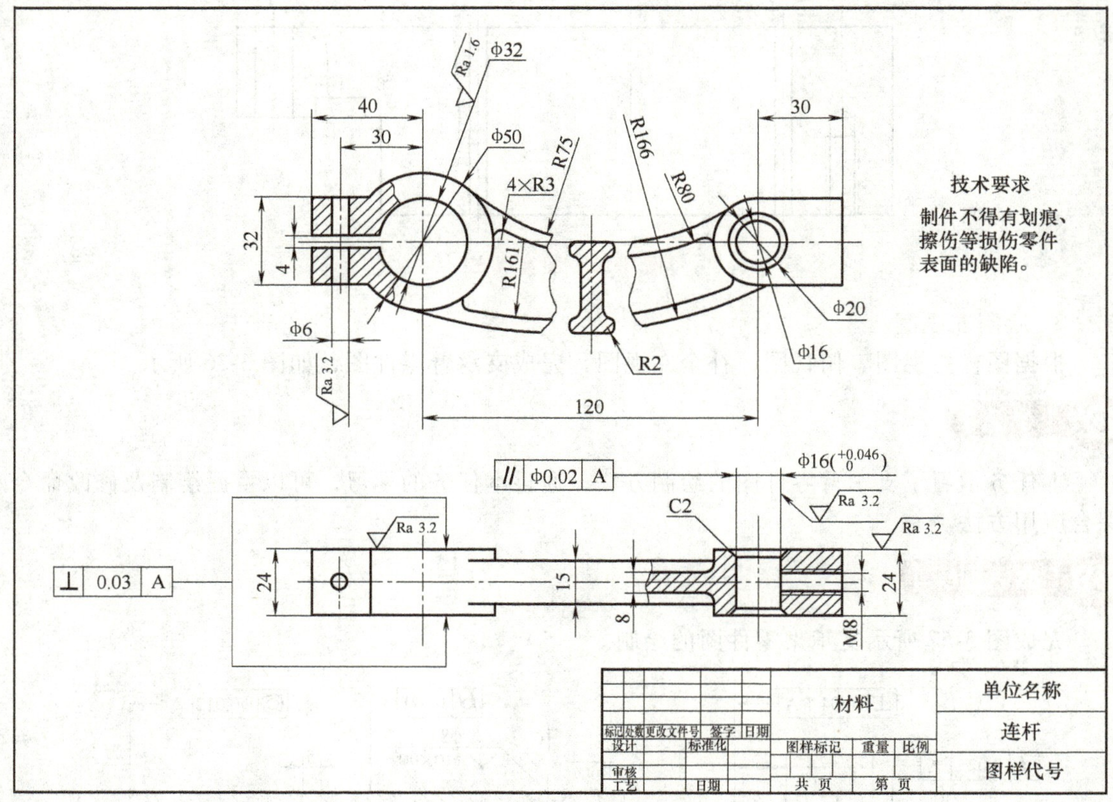

图 3-58 连杆零件图

1. 绘制连杆零件主视图

连杆零件的主视图比较复杂，在绘制时可以使用“直线”“圆”“偏移”“阵列”“修剪”等命令。

1）在“图层”面板中，将“中心线”置为当前图层。单击状态栏中的“正交”按钮，打开正交方式。

2）单击“默认”选项卡下“绘图”面板中的“直线”按钮。选择一点，在水平方向上绘制长度为 200mm 的直线。

3）重复步骤 2)，在竖直方向上绘制长度为 70mm 的直线，效果如图 3-59 所示。

4）单击“默认”选项卡下“修改”面板中的“偏移”按钮，通过对竖直方向上的基准线偏移 120mm，绘制另一条基准线，如图 3-60 所示。

图 3-59 绘制基准线 1　　图 3-60 绘制基准线 2

5）在“默认”选项卡下“图层”面板中，将“粗实线”置为当前图层。

6）单击“默认”选项卡下“绘图”面板中的“圆”按钮，单击左侧中心线的交点，输入半径值为“25”，按<Enter>键。

7）单击“默认”选项卡下“绘图”面板中的“圆”按钮，单击右侧中心线的交点，输入半径值为“16”，按<Enter>键，效果如图 3-61 所示。

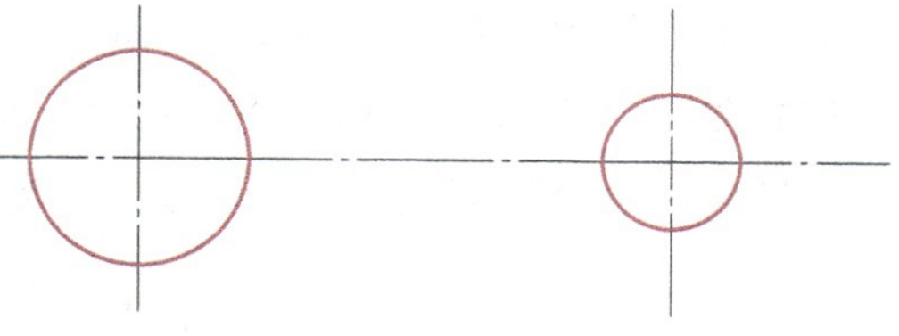

图 3-61 绘制圆

8）单击“默认”选项卡下“绘图”面板中的“圆”按钮，单击左侧中心线的交点，输入半径值为“100”，按<Enter>键，绘制辅助线 1。

9）单击“默认”选项卡下“绘图”面板中的“圆”按钮，单击右侧中心线的交点，输入半径值为“91”，按<Enter>键，绘制辅助线 2，效果如图 3-62 所示。

10）单击“默认”选项卡下“绘图”面板中的“圆”按钮，单击交点 1，输入半径值为“75”，按<Enter>键，绘制曲柄轮廓线。

11）单击“默认”选项卡下“绘图”面板中的“圆”按钮，单击交点 1，输入半径值为“80”，按<Enter>键，绘制曲柄轮廓线。选中两个辅助圆，按<Delete>键，效果如图 3-63 所示。

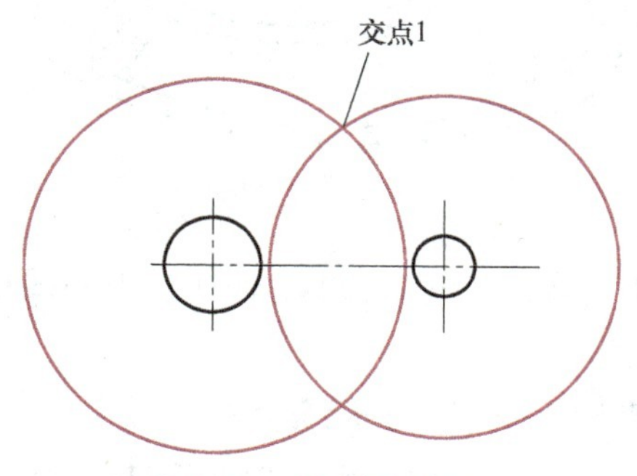

图 3-62 绘制辅助圆 1

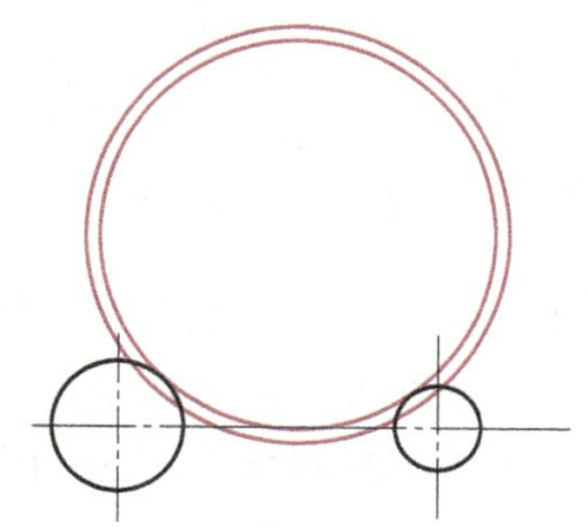

图 3-63 绘制曲柄轮廓线 1

12）单击“默认”选项卡下“绘图”面板中的“圆”按钮，单击左侧中心线的交点，输入半径值为“141”，按<Enter>键，绘制辅助线 3。

13）单击“默认”选项卡下“绘图”面板中的“圆”按钮，单击右侧中心线的交点，输入半径值为“150”，按<Enter>键，绘制辅助线 4，效果如图 3-64 所示。

14）单击“默认”选项卡下“绘图”面板中的“圆”按钮，单击交点 2，输入半径值为“166”，按<Enter>键，绘制曲柄轮廓线。

15）单击“默认”选项卡下“绘图”面板中的“圆”按钮，单击交点 2，输入半径值为“161”，按<Enter>键，绘制曲柄轮廓线。选中两个辅助圆，按<Delete>键，效果如图 3-65 所示。

16）单击“默认”选项卡下“修改”面板中的“修剪”按钮，选择相应线条进行修剪，得到主视图的外轮廓形状，效果如图 3-66 所示。

17）单击“默认”选项卡下“绘图”面板中的“圆”按钮，单击左侧中心线的交点，输入半径值为“16”，按<Enter>键。

18）单击“默认”选项卡下“绘图”面板中的“圆”按钮，单击右侧中心线的交点，分别绘制半径为10mm、8mm的圆，效果如图3-67所示。

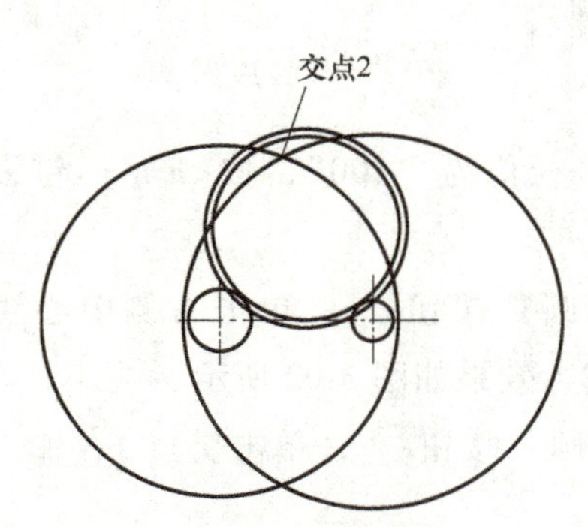

图3-64　绘制辅助圆2

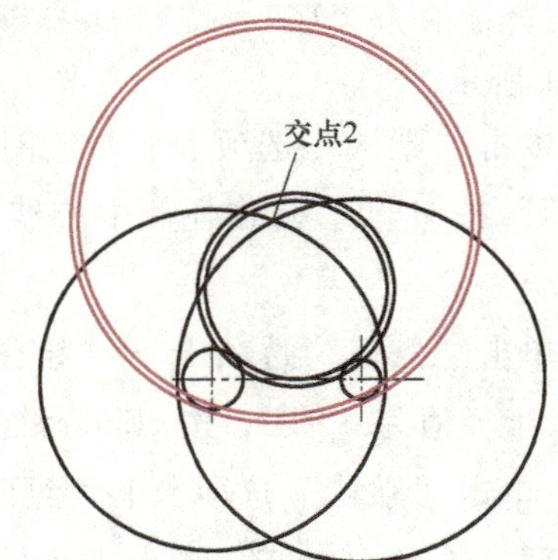

图3-65　绘制曲柄轮廓线2

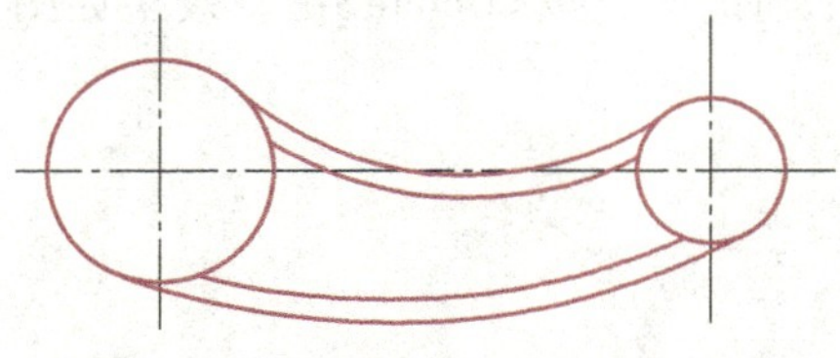
图3-66　主视图的外轮廓形状

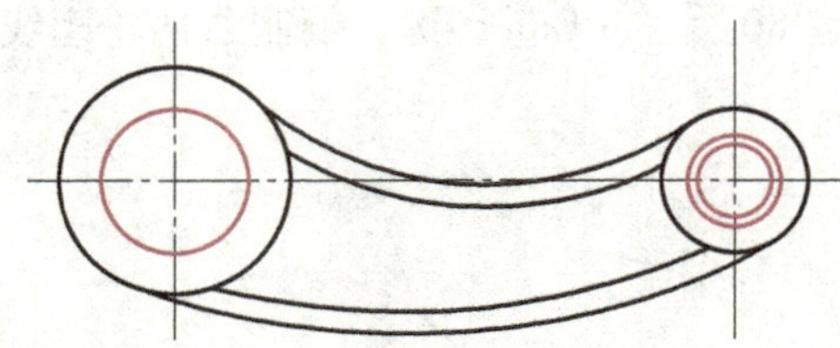
图3-67　绘制圆

19）单击“默认”选项卡下“修改”面板中的“偏移”按钮，通过对中心线的偏移绘制线条，效果如图3-68所示。

20）选中所绘制的线条，在“图层”下拉列表框中选择“粗实线”图层。

21）单击“默认”选项卡下“修改”面板中的“修剪”按钮，对步骤19）中创建的线条进行修剪，得到主视图的外轮廓形状，效果如图3-69所示。

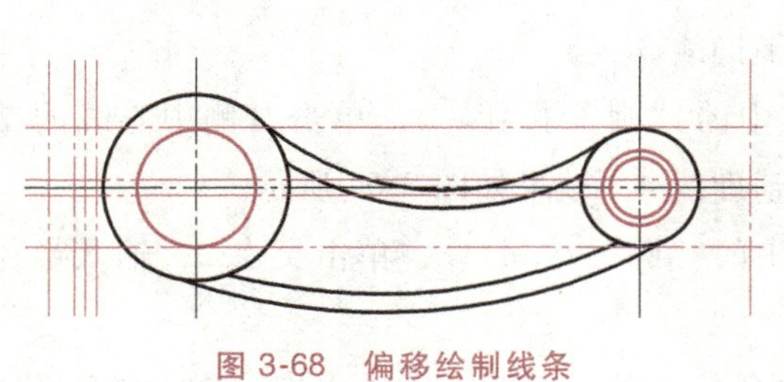
图3-68　偏移绘制线条

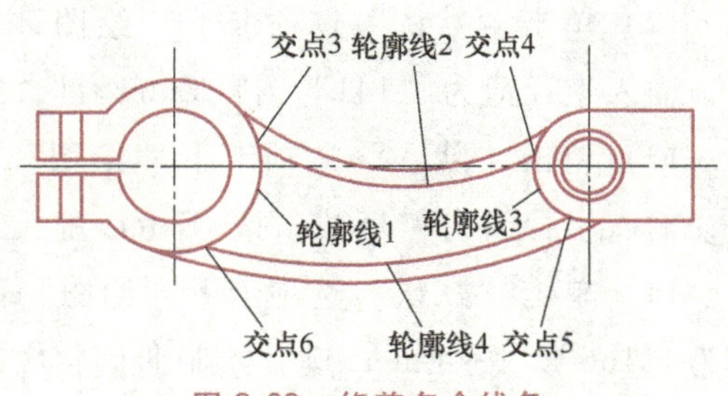

图3-69　修剪多余线条

22）单击“默认”选项卡下“修改”面板中的“打断于点”按钮，依次单击图3-69所示的交点3、交点4、交点5、交点6。

23）单击“默认”选项卡下“修改”面板中的“圆角”按钮，在命令行输入“R”后按<Enter>键，在命令行输入“3”后按<Enter>键，然后选择图3-69所示的轮廓线1和轮廓线2。

24）单击“默认”选项卡下“修改”面板中的“圆角”按钮，选择图 3-69 所示的轮廓线 2 和轮廓线 3。

25）单击“默认”选项卡下“修改”面板中的“圆角”按钮，选择图 3-69 所示的轮廓线 3 和轮廓线 4。

26）单击“默认”选项卡下“修改”面板中的“圆角”按钮，选择图 3-69 所示的轮廓线 4 和轮廓线 1，效果如图 3-70 所示。

27）选中图 3-69 所示的轮廓线 1 和轮廓线 3，使用夹点将圆弧补全，效果如图 3-71 所示。

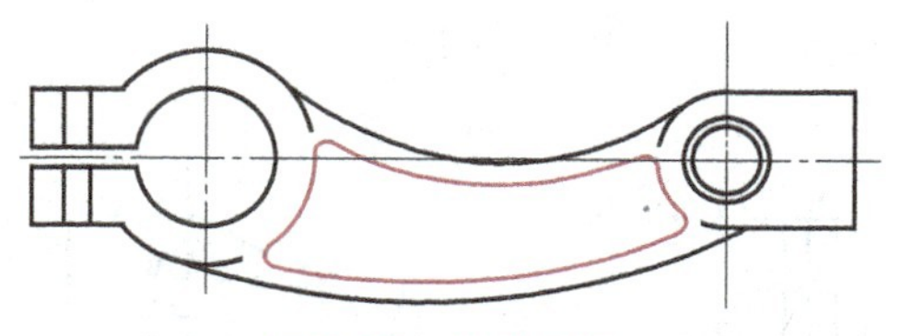
图 3-70 绘制圆角

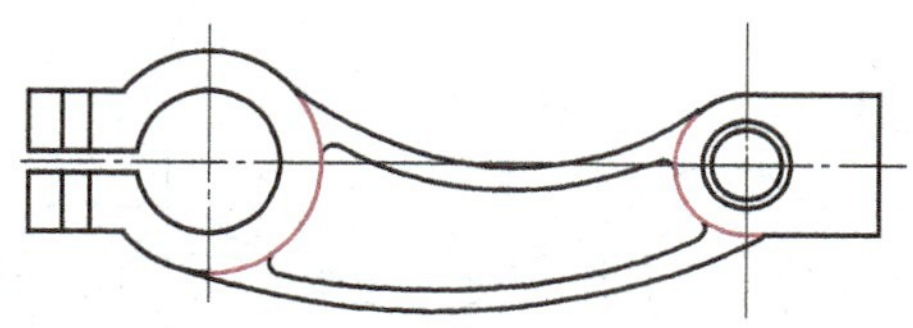
图 3-71 补全圆弧

28）在“默认”选项卡下的“图层”面板中，将“细实线”置为当前图层。

29）单击“默认”选项卡下“绘图”面板中的“样条曲线拟合”按钮，选择相应的点绘制断面线。

30）单击“默认”选项卡下“修改”面板中的“修剪”按钮，选择相应线条进行修剪，效果如图 3-72 所示。

31）单击“默认”选项卡下“修改”面板中的“偏移”按钮，通过对中心线的偏移绘制线条，选择所绘制的线条，在“图层”下拉列表框中选择“粗实线”图层，效果如图 3-73 所示。

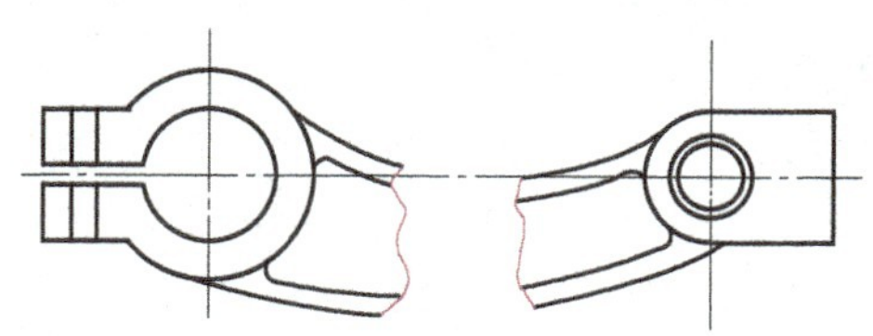
图 3-72 修剪轮廓

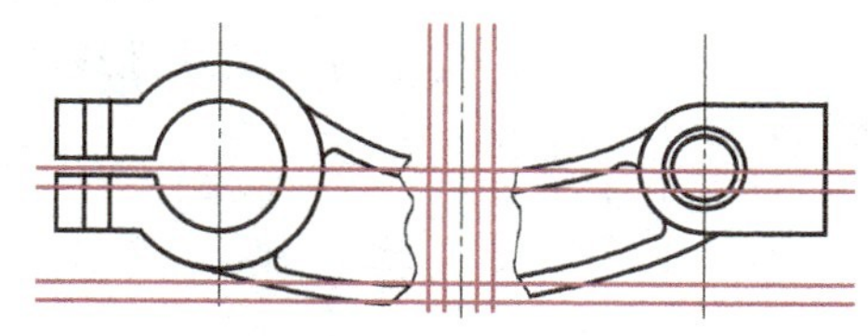
图 3-73 绘制断面轮廓

32）单击“默认”选项卡下“修改”面板中的“修剪”按钮，对线条进行修剪，效果如图 3-74 所示。

33）单击“默认”选项卡下“修改”面板中的“圆角”按钮，在命令行输入“R”，按<Enter>键，输入圆角半径值为“2”后按<Enter>键，对断面图进行倒圆角，效果如图 3-75 所示。

34）单击“默认”选项卡下“绘图”面板中的“样条曲线拟合”按钮，选择相应的点绘制局部剖视图断面线，效果如图 3-76 所示。

35）在“图层”面板中，将“细实线”置为当前图层。单击“默认”选项卡下“绘图”面板中的“图案填充”按钮，弹出“图案填充和渐变色”对话框，选择需要填充剖面线的图形区域。

36）在“图案填充创建”选项卡下的“图案”面板中，选择“ANSI31”，“角度”设置为“0”，“比例”设置为“1”。单击“关闭图案填充创建”按钮，完成剖面线的填充，效果如图 3-77 所示。

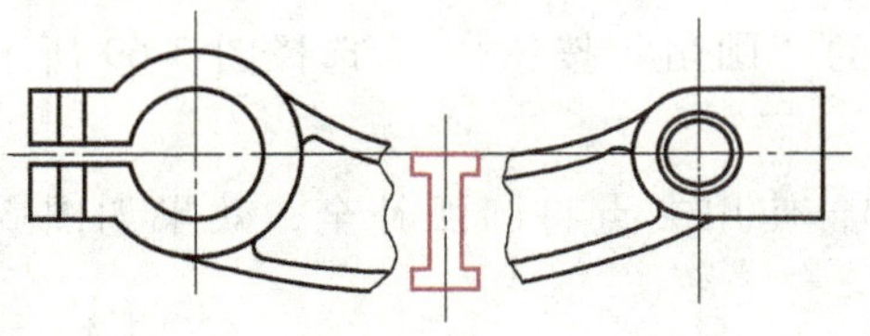

图 3-74　修剪线条

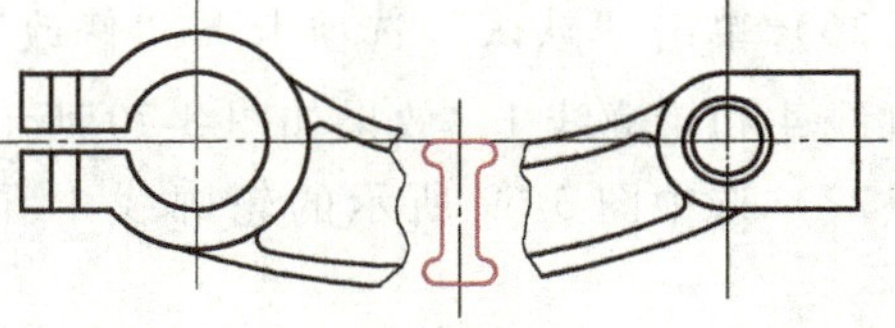

图 3-75　对断面图进行倒圆角

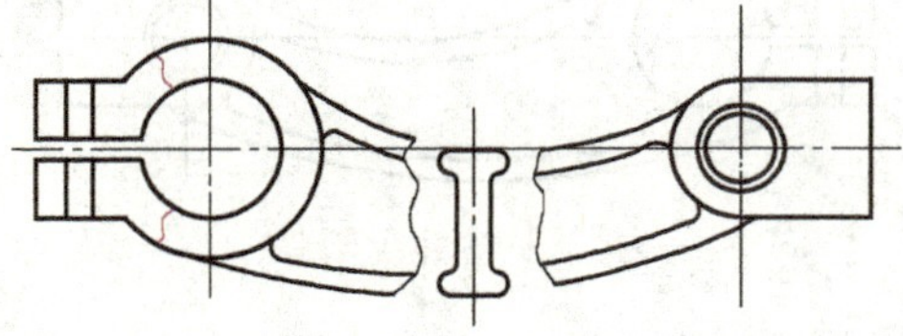

图 3-76　绘制剖视图断面线

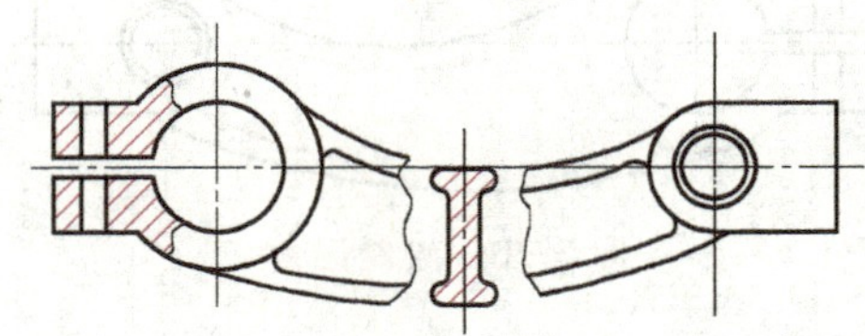

图 3-77　图案填充

2. 绘制连杆零件俯视图

1）在“图层”面板中，将“中心线”置为当前图层。单击“状态栏”中的“正交”按钮，打开正交方式。

2）单击“默认”选项卡下“绘图”面板中的“直线”按钮，选择一点，在水平方向上绘制长度为 200mm 的直线。

3）重复步骤 2），在竖直方向上绘制长度为 50mm 的直线，效果如图 3-78 所示。

4）单击“默认”选项卡下“修改”面板中的“偏移”按钮，通过对竖直方向上的基准线偏移 120mm，绘制另一条基准线，如图 3-79 所示。

图 3-78　绘制基准线 1

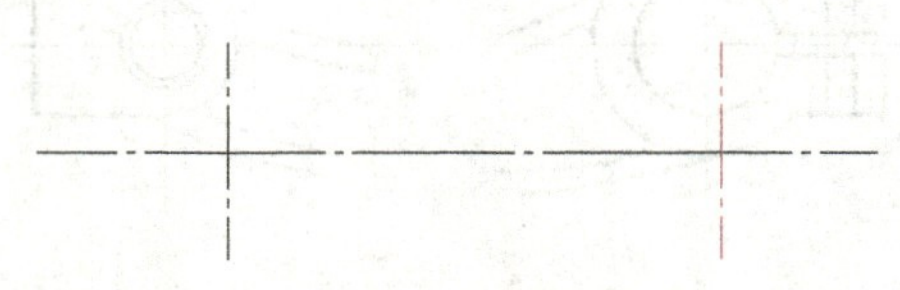

图 3-79　绘制基准线 2

5）单击“默认”选项卡下“修改”面板中的“偏移”按钮，通过对中心线的偏移绘制线条。

6）选中所绘制的线条，在“默认”选项卡下的“图层”面板中，选择“粗实线”，将所绘制的线条转换为粗实线，效果如图 3-80 所示。

7）单击“默认”选项卡下“修改”面板中的“修剪”按钮，对偏移的线条进行修剪，得到俯视图的外轮廓形状，效果如图 3-81 所示。

8）单击“默认”选项卡下“修改”面板中的“偏移”按钮，通过对左侧竖直方向上的中心线的偏移绘制通孔中心线，如图 3-82 所示。

9）单击“默认”选项卡下“绘图”面板中的“圆”按钮，单击交点7，输入半径值为“3”，按<Enter>键。在“默认”选项卡下的“图层”面板中，选择“粗实线”，将所绘制的线条转换为粗实线。

10）单击“默认”选项卡下“修改”面板中的“打断”按钮，对步骤9）所绘制的通孔中心线进行修剪，效果如图3-83所示。

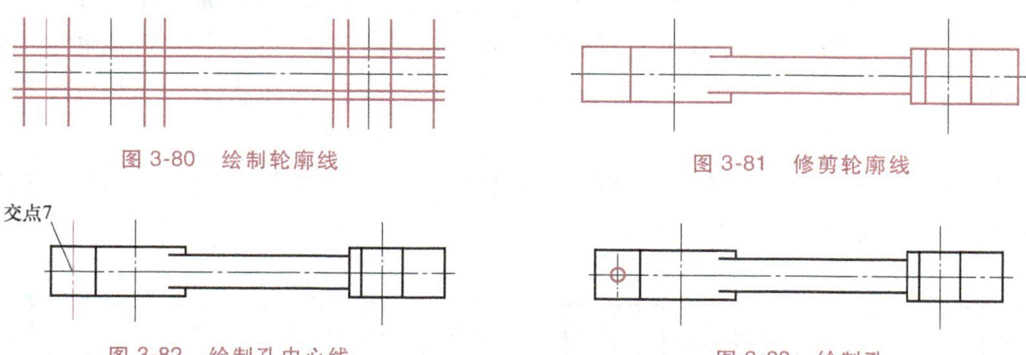

图3-80　绘制轮廓线

图3-81　修剪轮廓线

图3-82　绘制孔中心线

图3-83　绘制孔

11）在“图层”面板中将“细实线”置为当前图层。单击“默认”选项卡下“绘图”面板中的“样条曲线拟合”按钮，选择相应的点绘制局部剖视图断面线，如图3-84所示。

12）单击“默认”选项卡下“修改”面板中的“偏移”按钮，通过对中心线的偏移绘制局部剖视图轮廓线。选中所绘制的线条，在“默认”选项卡下的“图层”面板中，选择“粗实线”，将所绘制的线条转换为粗实线，效果如图3-85所示。

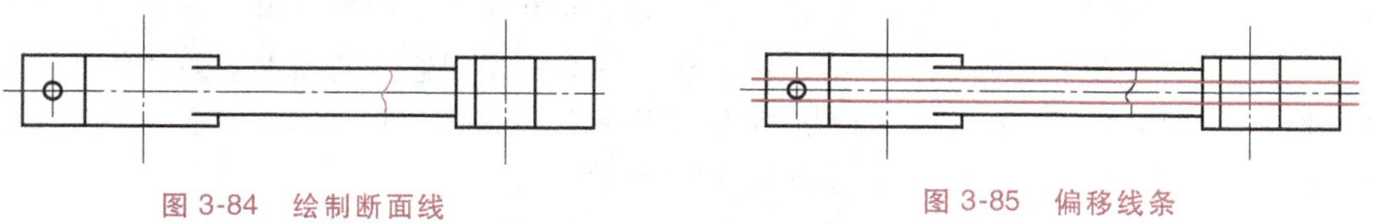

图3-84　绘制断面线

图3-85　偏移线条

13）单击“默认”选项卡下“修改”面板中的“修剪”按钮，对偏移的线条进行修剪，效果如图3-86所示。

14）在“图层”面板中将“粗实线”置为当前图层。单击“默认”选项卡下“修改”面板中的“圆角”按钮，在命令行输入“R”后按<Enter>键，在命令行输入“3”后按<Enter>键，在命令行输入“T”后按<Enter>键，在命令行输入“N”后按<Enter>键，然后选择图3-87所示的轮廓线1和轮廓线2。

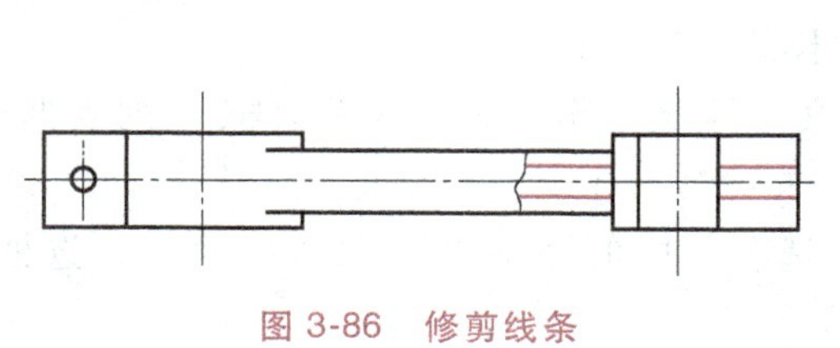

图3-86　修剪线条

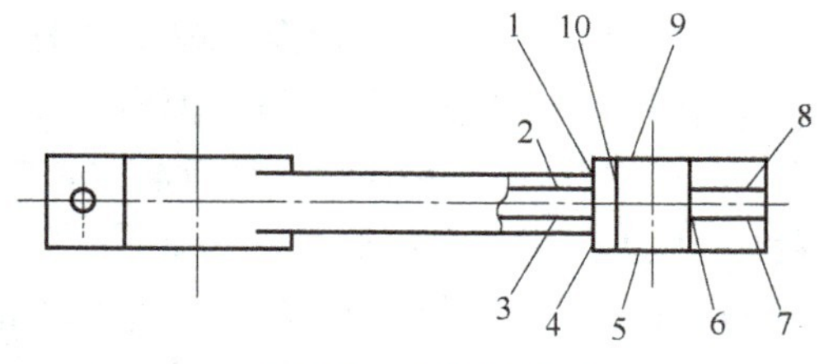

图3-87　绘制圆角1

15）重复步骤 14），选择图 3-87 所示的轮廓线 3 和轮廓线 4，效果如图 3-88 所示。

16）单击“默认”选项卡下“修改”面板中的“倒角”按钮，在命令行输入“A”后按<Enter>键，在命令行输入“2”后按<Enter>键，在命令行输入“45”后按<Enter>键，在命令行输入“T”后按<Enter>键，在命令行输入“N”后按<Enter>键，然后选择图 3-87 所示的轮廓线 5 和轮廓线 6。

17）重复步骤 16），选择图 3-87 所示的轮廓线 6 和轮廓线 9；重复步骤 16），选择图 3-87 所示的轮廓线 9 和轮廓线 10；重复步骤 16），选择图 3-87 所示的轮廓线 10 和轮廓线 5。

18）单击“默认”选项卡下“修改”面板中的“修剪”按钮，选择相应线条进行修剪。

19）单击“默认”选项卡下“绘图”面板中的“直线”按钮，选择相应的两点绘制倒角轮廓线，效果如图 3-89 所示。

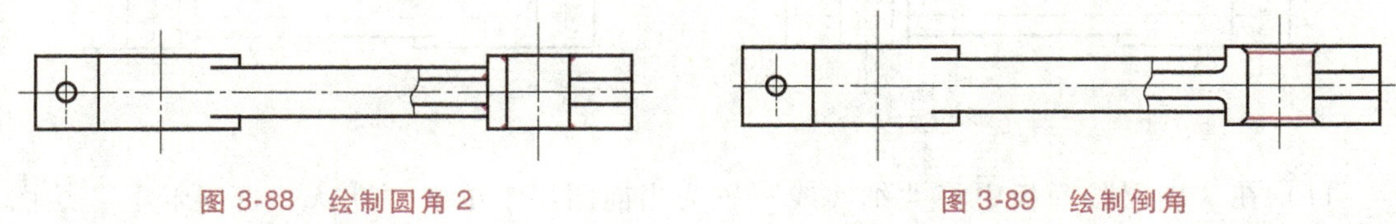

图 3-88　绘制圆角 2　　图 3-89　绘制倒角

20）单击“默认”选项卡下“修改”面板中的“偏移”按钮，通过对图 3-87 所示的轮廓线 7 和轮廓线 8 的偏移绘制螺纹线。选中所绘制的线条，在“图层”面板中选择“细实线”图层，单击“线宽”按钮，效果如图 3-90 所示。

21）在“图层”面板中，将“细实线”置为当前图层。单击“默认”选项卡下“绘图”面板中的“图案填充”按钮，选择需要填充剖面线的图形区域，在命令行中输入“T”，弹出“图案填充和渐变色”对话框。在“图案填充创建”选项卡下的“图案”面板中，选择“ANSI31”，“角度”设置为“0”，“比例”设置为“1”。单击“关闭图案填充创建”按钮，完成剖面线的填充，效果如图 3-91 所示。

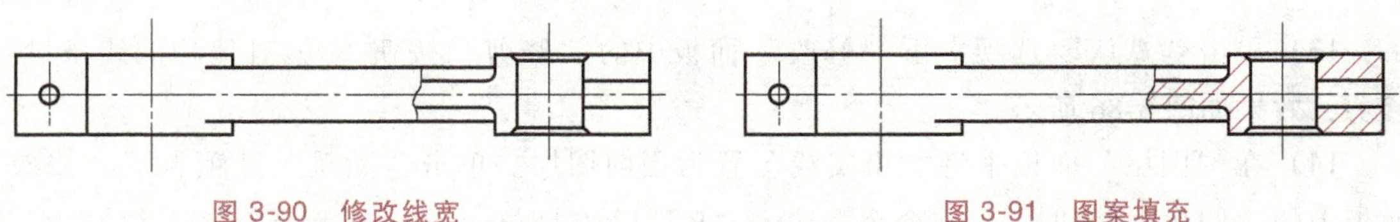

图 3-90　修改线宽　　图 3-91　图案填充

3. 标注尺寸

1）在“图层”面板中，将工作图层切换到“细实线”。

2）调用“dimstyle”命令，弹出“标注样式管理器”对话框。在“标注样式管理器”对话框中，单击“修改”按钮，弹出“修改标注样式”对话框。

3）在“修改标注样式”对话框中，打开“文字”选项卡，在“文字样式”列表框中选择“TH_GBDIM”选项。

4）打开“主单位”选项卡，选中“消零”选项组中的“前导”和“后续”复选框，单击“确定”按钮完成标注样式的设置。

5）单击“注释”选项卡下“标注”面板中的“线性”按钮，选择需要标注线性尺寸的端点，完成对主视图、俯视图外形尺寸的标注。

6）单击“注释”选项卡下“标注”面板中的“直径”按钮，选择需要标注线性尺寸的端点，完成对主视图的标注。

7）单击“注释”选项卡下“标注”面板→“角度”按钮，选择需要标注线性尺寸的端点，完成对主视图的标注。

8）单击“注释”选项卡下“标注”面板中的“引线”按钮，选择需要说明的部位进行标注，效果如图 3-92 所示。

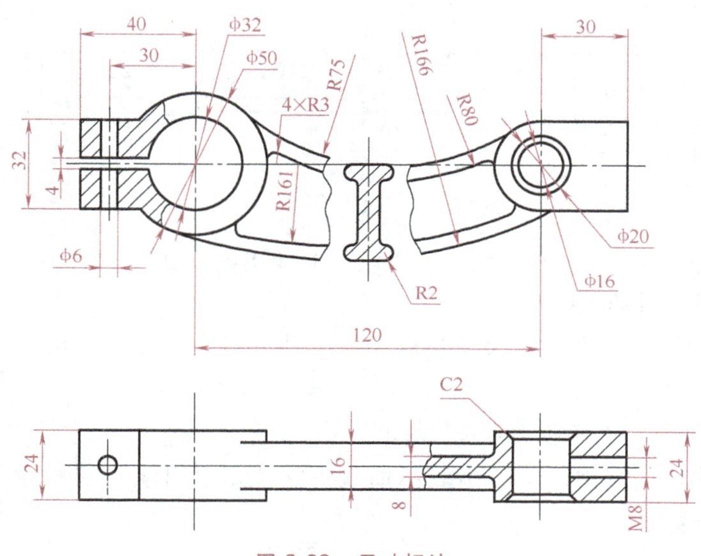

图 3-92　尺寸标注

9）使用“多行文字”命令标注极限偏差。调用“DLI”命令后，选择需要标注极限偏差的两个端点，在命令行中输入“M”。

10）弹出“文字格式”对话框，输入“%%c16（0.046~0）”。

11）选定公差部分，在弹出的“文字编辑器”选项卡中单击“格式”列表框中的“堆叠”按钮，效果如图 3-93 所示。

4. 标注几何公差和表面粗糙度

1）调用“insert”命令或单击“插入”选项卡下“块”面板中的“插入”按钮，弹出“插入”对话框。

2）选择已制作的基准代号图块文件，单击“打开”按钮。

3）返回“插入”对话框，选中插入点、比例、旋转三个选项组中的“在屏幕上指定”复选框，单击“确定”按钮。

4）在绘图区上指定插入点，并设置好相关的参数，插入基准代号。

5）单击“注释”选项卡下“文字”面板中的“多行文字”按钮 A，完成对基准代号的标注。

6）单击“注释”选项卡下“标注”面板中的“公差”按钮，弹出“几何公差”对话框。

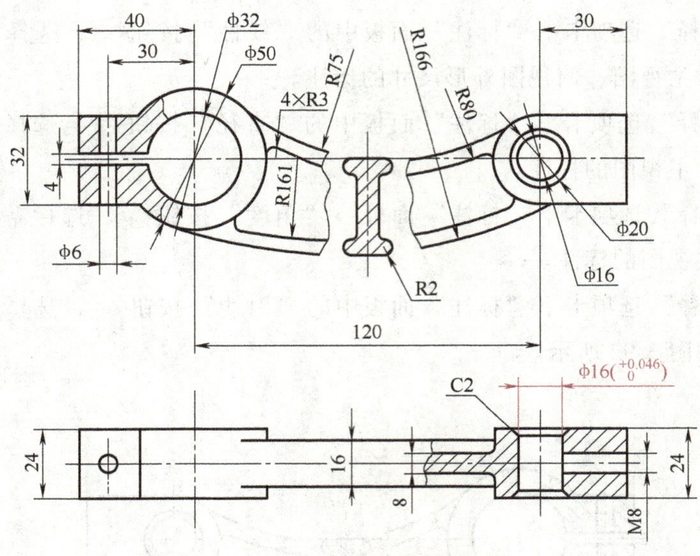

图 3-93　极限偏差尺寸标注

7）单击“几何公差”对话框中的“符号”下的黑框，弹出“特征符号”对话框，单击“垂直度”符号，自动关闭对话框。

8）在“公差 1”文本框中输入“0.03”，在“基准 1”文本框中输入“A”，单击“确定”按钮。

9）在绘图区单击，选择需要放置公差的位置。

10）单击“注释”选项卡下“引线”面板中的“多重引线”按钮，将公差指向需要标注几何公差的表面。

11）重复步骤 7)~10)，标注所需要的几何公差，效果如图 3-94 所示。

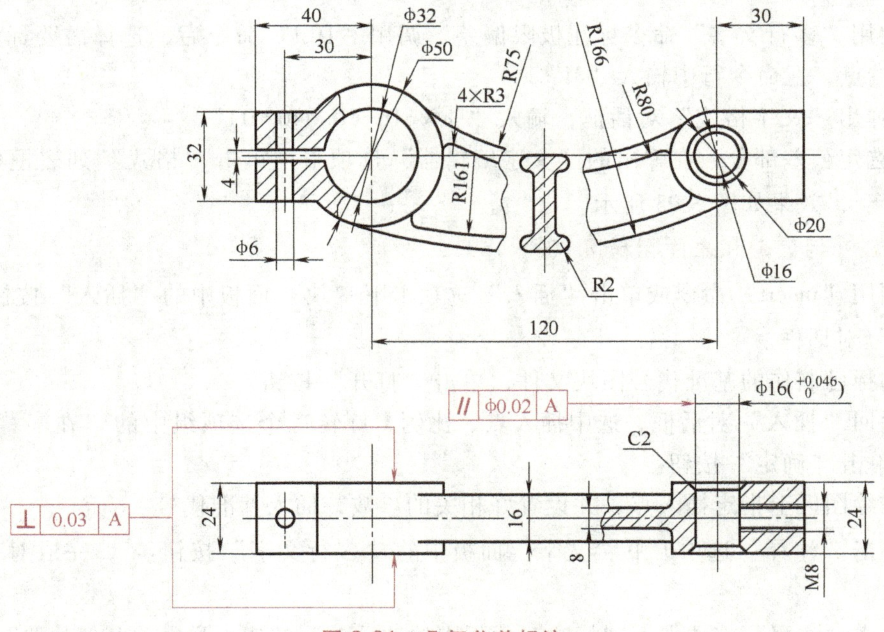

图 3-94　几何公差标注

12）完成表面粗糙度标注，效果如图 3-95 所示。

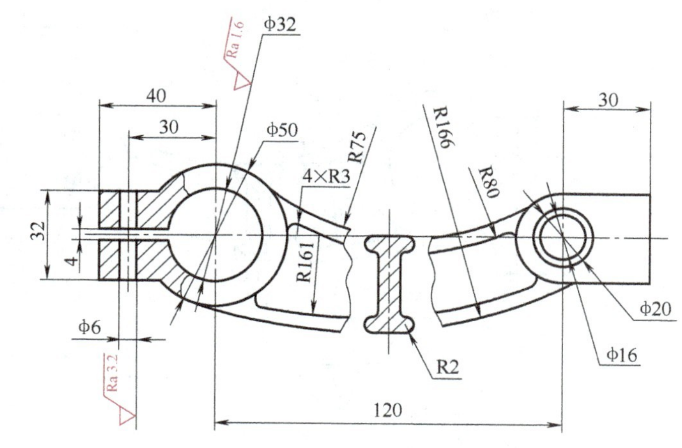

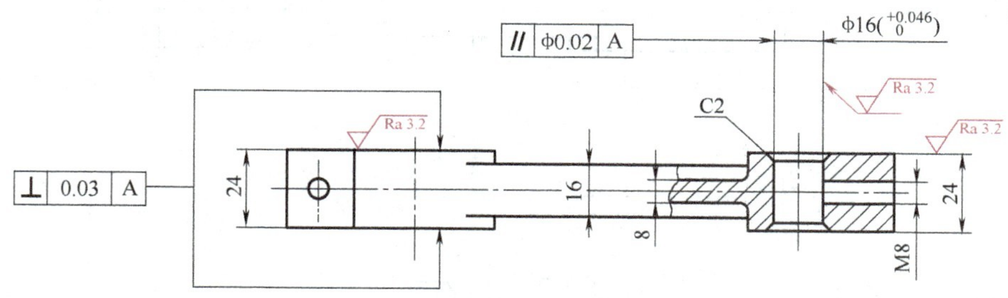

图 3-95 表面粗糙度标注

5. 标注技术要求

1）调用“mtext”命令进行技术要求的标注，在命令行输入“mtext”。

2）在绘图区选择需要标注的位置，确定文字插入位置并单击，弹出“文字编辑器”选项卡。

3）调整字体大小为“10”，输入“技术要求”。

4）调整字体大小为“7”，输入具体的技术要求内容，单击“确定”按钮完成技术要求的标注，效果如图 3-96 所示。

6. 填写标题栏

根据图样要求完成标题栏填写，完成连杆零件图绘制，如图 3-58 所示。

【小结】

本任务学习了连杆零件图的绘制方法，通过本任务的学习，可以掌握绘制及修改命令综合应用方法。

【课后训练】

请完成图 3-97 所示十字接头零件图的绘制。

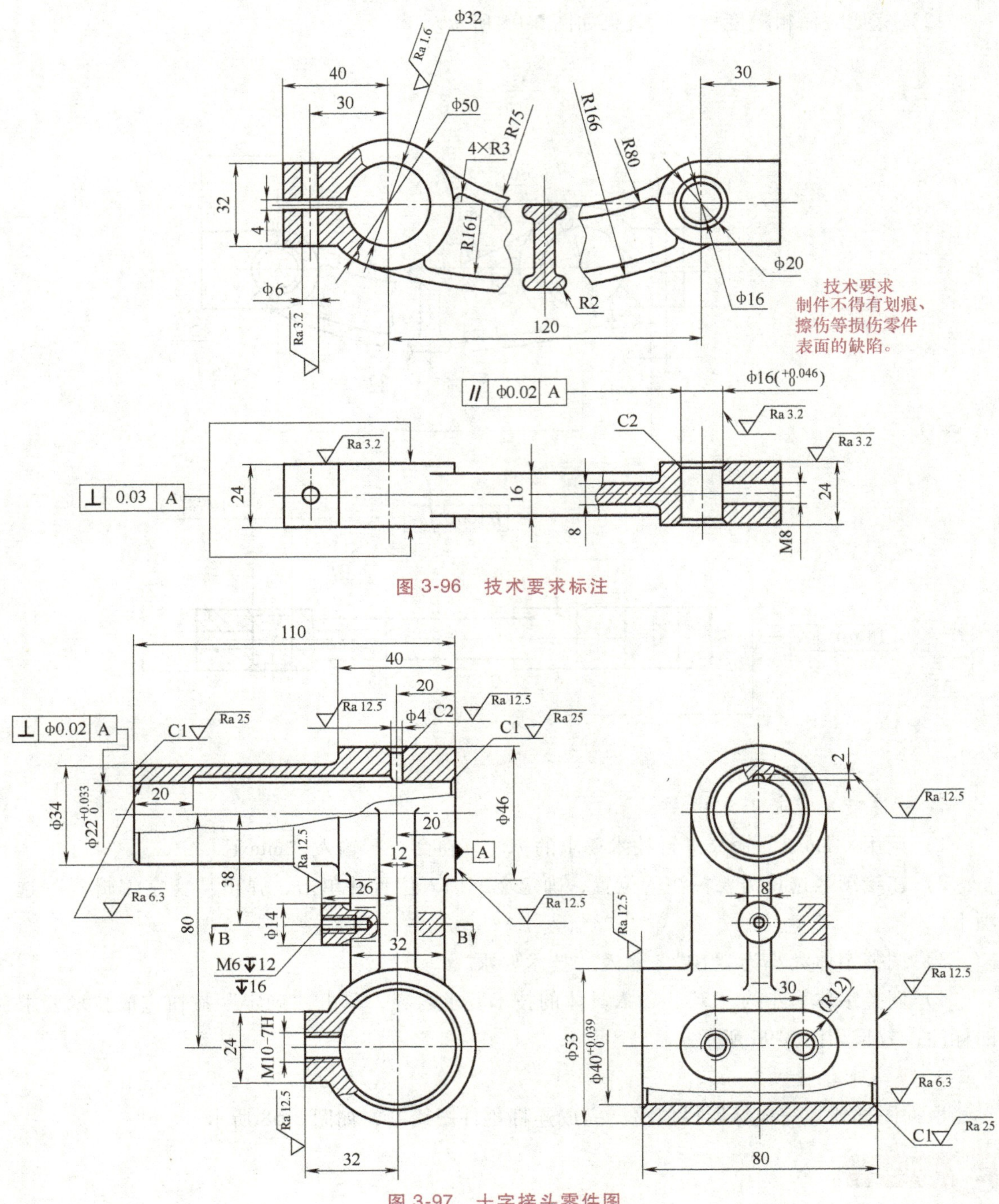

图 3-96　技术要求标注

图 3-97　十字接头零件图

项目 6　绘制箱体类零件图

箱体是机器或部件的基础零件，它将机器或部件中的轴、套、齿轮等有关零件组装成一个整体，使它们之间保持正确的相互位置，并按照一定的传动关系协调地传递运动或动力，因此箱体的加工质量将直接影响机器或部件的精度、性能和寿命。箱体结构较为复杂，一般为铸件，并且加工位置较多，要灵活运用各种视图，特别是剖视图（半剖视图、全剖视图、局部剖视图）来表达其结构。

【学习目标】

1）掌握箱体类零件图的绘制步骤和方法。

2）能够对箱体类零件图进行尺寸标注。

任务 绘制缸体零件图

【任务描述】

本任务是绘制图3-98所示的缸体零件图。箱体类零件的主要结构特点如下：

1）运动件的支持部分是箱体的主要部分，包括安装轴承的孔、箱壁、支承凸缘、肋等结构。

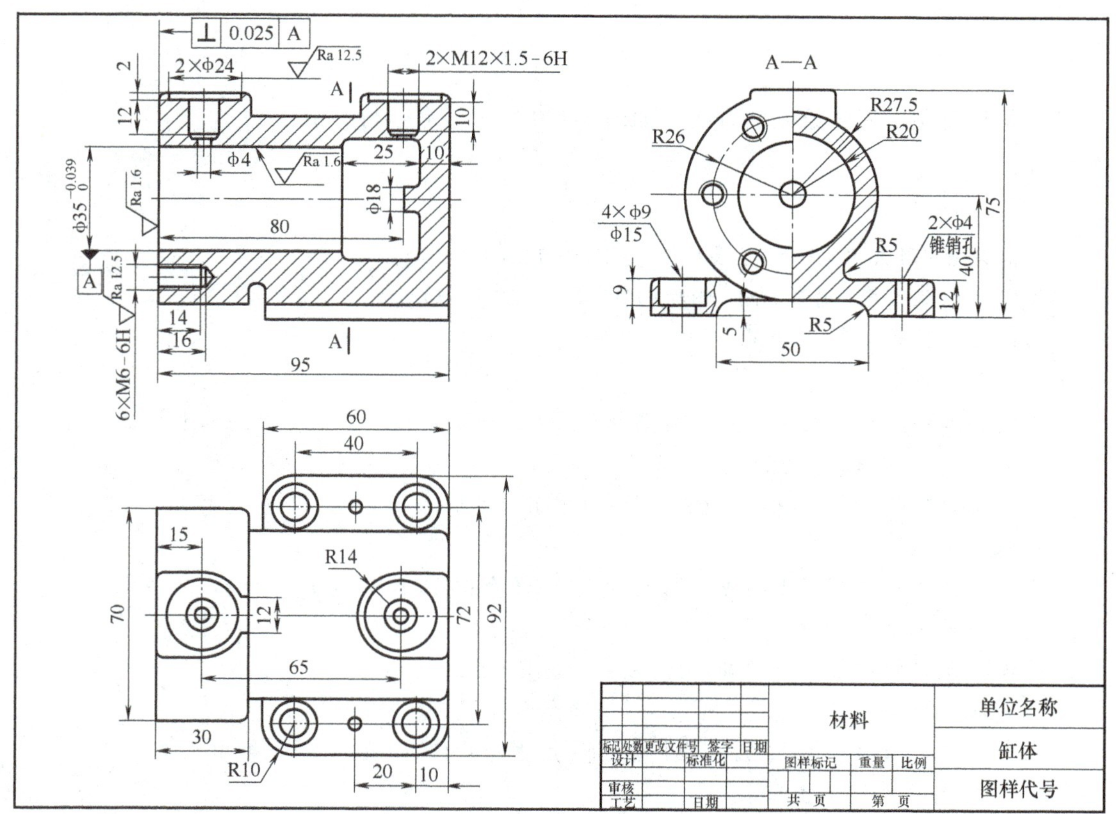

图3-98 缸体零件图

2）润滑部分主要用于运动部件的润滑，以提高部件的寿命，包括存油池、油针孔、放油孔。

3）为了安装箱盖，在上部有安装平面，其上有定位销孔和连接用的螺钉孔。

4）为了安装其他部件，在下部也有安装平面（也就是底板），并有安装螺栓或螺钉的结构，还有定位及导向用的导轨或导槽。

5）为了加强某些局部的强度，增加了肋等结构。

【任务实施】

绘图步骤如下。

1. 绘制缸体的俯视图

1）在俯视图区域内绘制一条长度为95mm的水平直线，过该直线的两个端点绘制两条长度为46mm的垂直线，如图3-99所示。

图3-99　绘制轮廓线

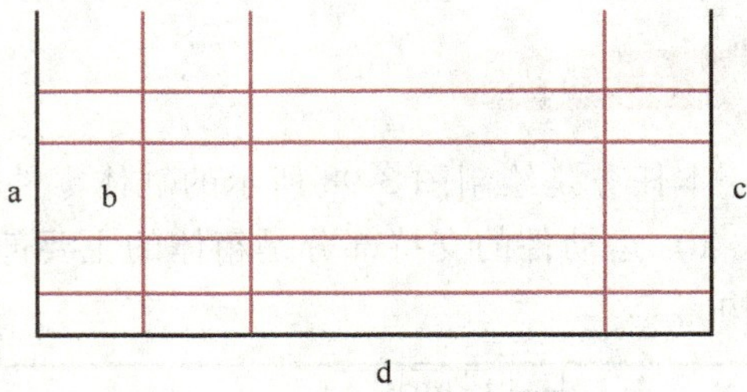

图3-100　偏移轮廓线

2）偏移复制上一步绘制的直线，如图3-100所示，命令行提示：

```
命令:O
OFFSET
当前设置:删除源=否  图层=源  OFFSETGAPTYPE=0
指定偏移距离或[通过(T)/删除(E)/图层(L)] <通过>: 15
选择要偏移的对象,或[退出(E)/放弃(U)] <退出>:
//选择直线a
指定要偏移的那一侧上的点,或[退出(E)/多个(M)/放弃(U)] <退出>:
//在直线a右侧单击生成直线b
选择要偏移的对象,或[退出(E)/放弃(U)] <退出>:
//选择直线b
指定要偏移的那一侧上的点,或[退出(E)/多个(M)/放弃(U)] <退出>:
//在直线b右侧单击
选择要偏移的对象,或[退出(E)/放弃(U)] <退出>:
//选择直线c
指定要偏移的那一侧上的点,或[退出(E)/多个(M)/放弃(U)] <退出>:
//在直线c左侧单击
选择要偏移的对象,或[退出(E)/放弃(U)] <退出>:
命令:CO
COPY
```

```
//选择直线 d
选择对象:找到 1 个
选择对象:
当前设置:  复制模式 = 多个
指定基点或[位移(D)/模式(O)] <位移>:
//任意拾取一点
指定第二个点或[阵列(A)] <使用第一个点作为位移>:@ 0,6
指定第二个点或[阵列(A)/退出(E)/放弃(U)] <退出>:@ 0,14
指定第二个点或[阵列(A)/退出(E)/放弃(U)] <退出>:@ 0,27
指定第二个点或[阵列(A)/退出(E)/放弃(U)] <退出>:@ 0,35
指定第二个点或[阵列(A)/退出(E)/放弃(U)] <退出>:
```

3）修剪直线对象，效果如图 3-101 所示。

4）如图 3-102 所示，以点 1 为圆心分别绘制半径为 2mm、5mm、6mm、12mm、14mm 的同心圆。

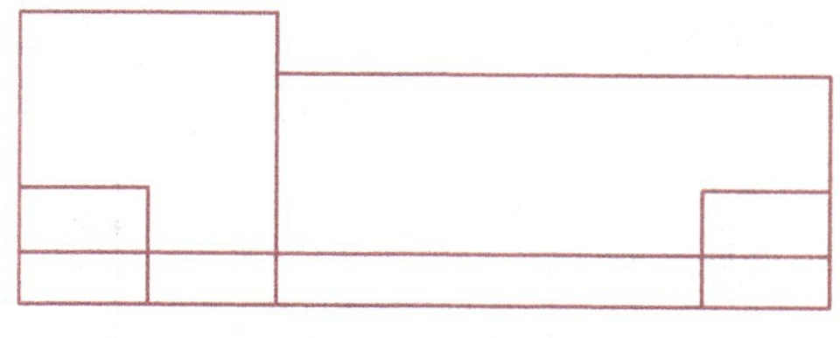

图 3-101　修剪直线对象

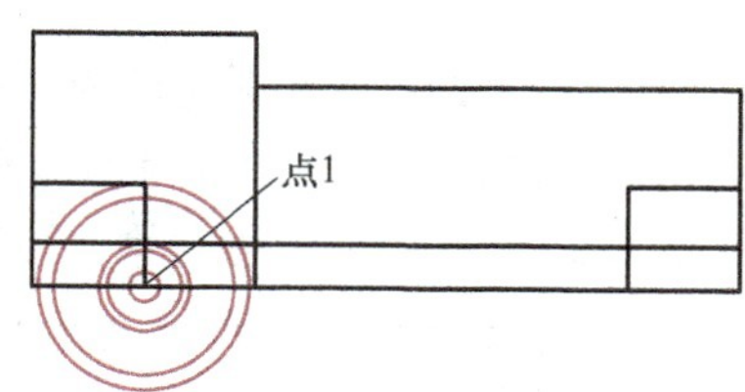

图 3-102　绘制圆

5）复制上一步绘制的五个圆，如图 3-103 所示。

6）修剪直线和圆弧，然后删除多余的线条，效果如图 3-104 所示。

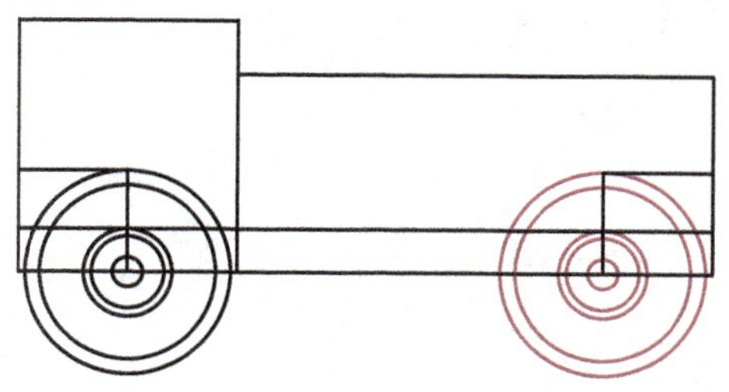

图 3-103　复制圆

图 3-104　修剪线条

7）修剪半径为 6mm 的圆，如图 3-105 和图 3-106 所示，这是螺纹孔（内螺纹 M12×1.5）的表示方法，命令行提示：

```
命令:BR
BREAK
选择对象:  //选择左边的半径为 6mm 的圆
指定第二个打断点或[第一点(F)]:F
指定第一个打断点:  //捕捉点 1
```

```
指定第二个打断点：                //捕捉点 2
命令：                            //按<Enter>键继续执行该命令
BREAK
选择对象：                        //选择有限的半径为 6mm 的圆
指定第二个打断点或[第一点(F)]:F
指定第一个打断点：                //捕捉点 3
指定第二个打断点：                //捕捉点 4
```

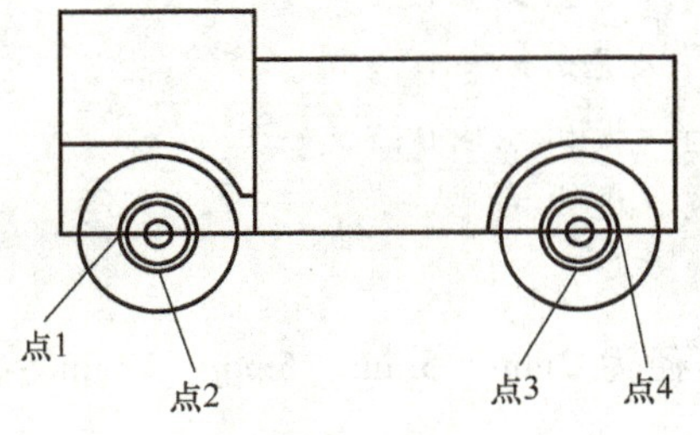

图 3-105　打断点

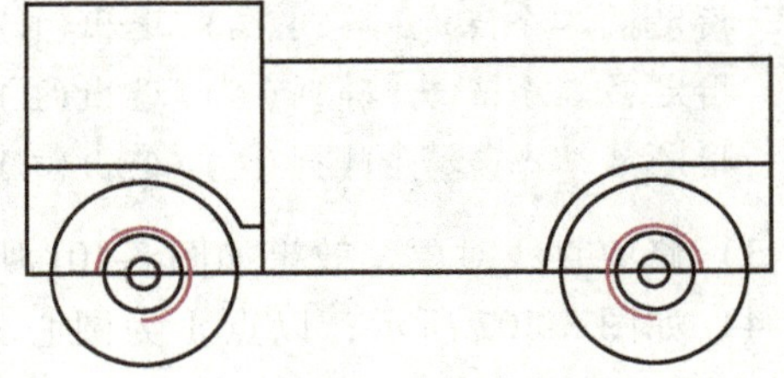

图 3-106　绘制螺纹孔

8）绘制过渡圆弧，圆弧半径为 2mm，如图 3-107 所示。

9）绘制直线，如图 3-108 所示，命令行提示：

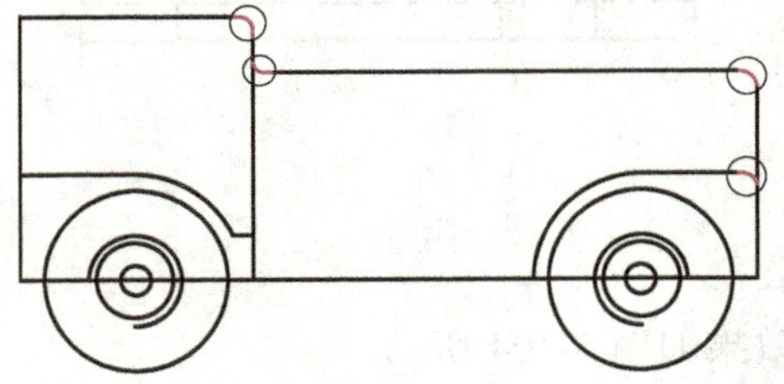

图 3-107　绘制圆角

图 3-108　绘制直线

```
命令:L
LINE
指定第一个点： //捕捉点 1
指定下一点或[放弃(U)]:@ 0,46
指定下一点或[退出(E)/放弃(U)]:@ -60,0
指定下一点或[关闭(C)/退出(X)/放弃(U)]:@ 0,-18.5
指定下一点或[关闭(C)/退出(X)/放弃(U)]:
```

10）偏移复制直线，如图 3-109 所示，命令行提示：

```
命令:O
OFFSET
当前设置:删除源=否  图层=源  OFFSETGAPTYPE=0
指定偏移距离或[通过(T)/删除(E)/图层(L)] <15.0000>:  36
选择要偏移的对象,或[退出(E)/放弃(U)] <退出>:
```

```
//选择 a 直线
指定要偏移的那一侧上的点,或[退出(E)/多个(M)/放弃(U)] <退出>:
//在 a 直线上方单击
选择要偏移的对象,或[退出(E)/放弃(U)] <退出>:
命令:CO
COPY
选择对象:找到 1 个  //选择 b 直线
选择对象:
当前设置:  复制模式 = 多个
指定基点或[位移(D)/模式(O)] <位移>:
//任意位置拾取一点
指定第二个点或[阵列(A)] <使用第一个点作为位移>:@ -10,0
指定第二个点或[阵列(A)/退出(E)/放弃(U)] <退出>:@ -30,0
指定第二个点或[阵列(A)/退出(E)/放弃(U)] <退出>:@ -50,0
指定第二个点或[阵列(A)/退出(E)/放弃(U)] <退出>:
```

11）如图 3-110 所示，以点 1 为圆心绘制半径分别为 4.5mm 和 7.5mm 的同心圆，然后将其复制一份到点 3 位置，接着以点 2 为圆心绘制半径为 2mm 的圆（锥销孔）。

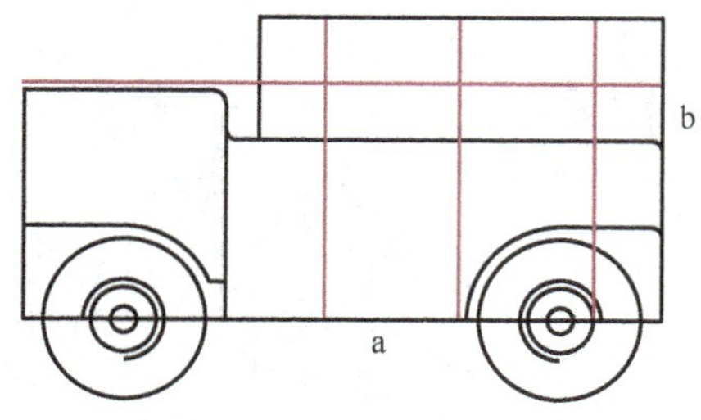

图 3-109　偏移直线

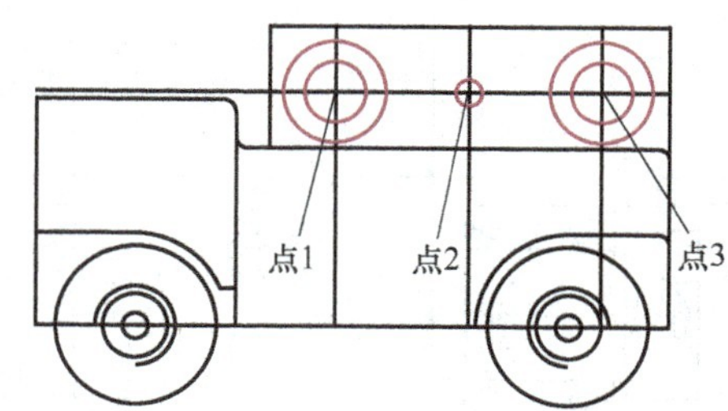

图 3-110　绘制圆

12）绘制过渡圆角，圆角半径为 10mm，如图 3-111 所示。

13）修剪图形对象并设置相关直线（轴线）的线型为点画线，如图 3-112 所示。

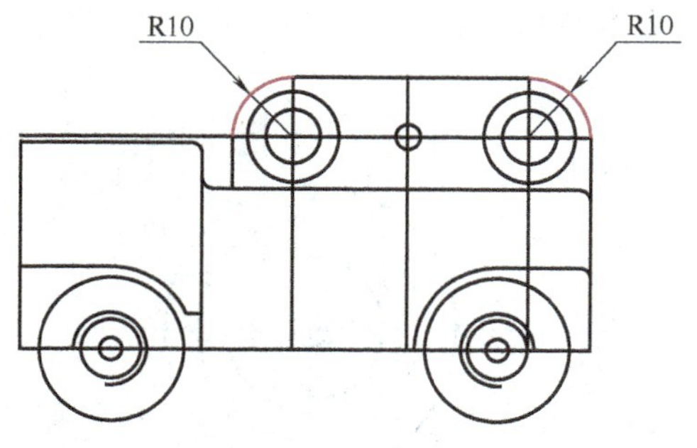

图 3-111　绘制圆角

图 3-112　修剪图形和设置线型

14）镜像复制图形对象（以虚线显示的对象），如图 3-113 所示。

15）如图 3-114 所示，绘制两条过圆心的点画线，完成俯视图的绘制工作。

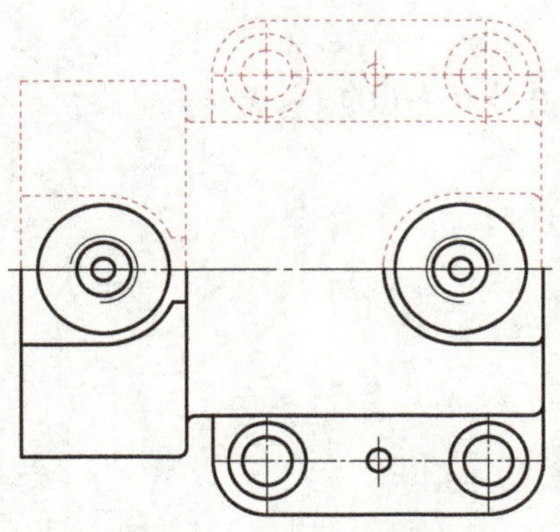
图 3-113　镜像复制图形对象

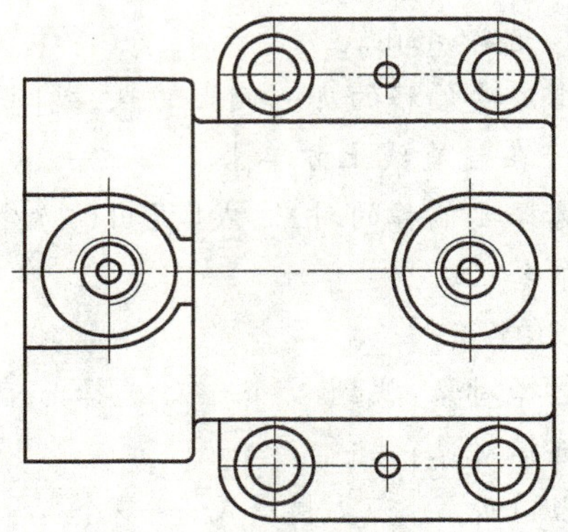
图 3-114　绘制点画线

2. 绘制缸体的左视图

1）在左视图区域绘制两条正交直线，把该视图区划分为四个面积相等的区域，如图 3-115 所示。

2）以上一步绘制的两条直线的交点为圆心，绘制直径分别为 8mm、35mm、40mm、52mm、55mm 和 70mm 的同心圆，其中直径为 52mm 的圆的线型为点画线，如图 3-116 所示。

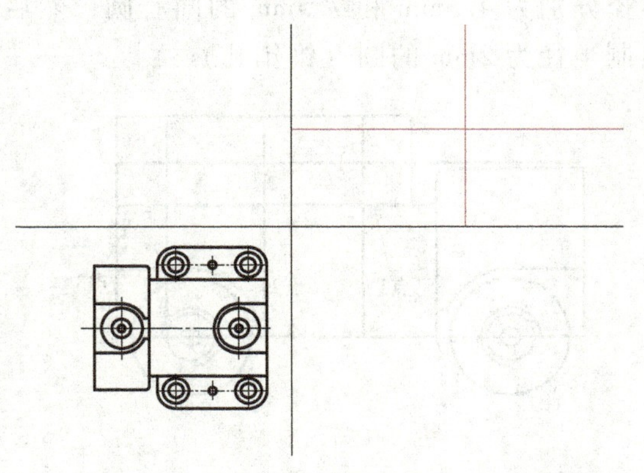
图 3-115　视图分区

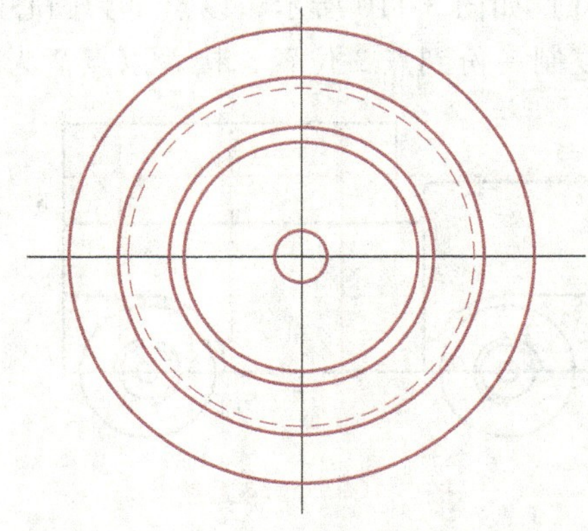
图 3-116　绘制左视图轮廓圆

3）修剪圆弧，结果如图 3-117 所示。

4）偏移复制两条正交直线，如图 3-118 所示，命令行提示：

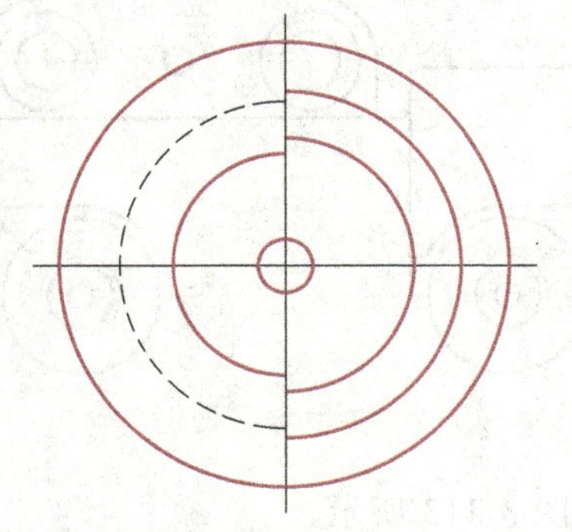
图 3-117　修剪圆弧

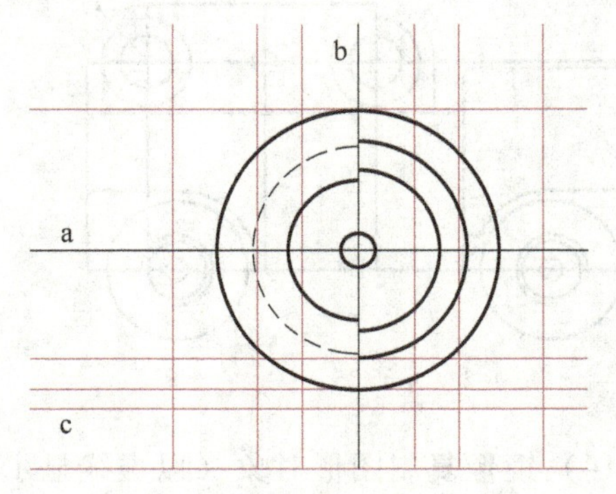

图 3-118　偏移复制正交直线

```
命令:O
OFFSET
当前设置:删除源=否  图层=源  OFFSETGAPTYPE=0
指定偏移距离或[通过(T)/删除(E)/图层(L)] <通过>:  35
选择要偏移的对象,或[退出(E)/放弃(U)] <退出>:
//选择直线a
指定要偏移的那一侧上的点,或[退出(E)/多个(M)/放弃(U)] <退出>:
//在直线a上方单击
选择要偏移的对象,或[退出(E)/放弃(U)] <退出>:
//选择直线a
指定要偏移的那一侧上的点,或[退出(E)/多个(M)/放弃(U)] <退出>:
//在直线a下方单击
选择要偏移的对象,或[退出(E)/放弃(U)] <退出>:
命令:
//按<Enter>键继续执行该命令
OFFSET
当前设置:删除源=否  图层=源  OFFSETGAPTYPE=0
指定偏移距离或[通过(T)/删除(E)/图层(L)] <35.0000>:  40
选择要偏移的对象,或[退出(E)/放弃(U)] <退出>:
//选择直线a
指定要偏移的那一侧上的点,或[退出(E)/多个(M)/放弃(U)] <退出>:
//在直线a下方单击生成直线c
选择要偏移的对象,或[退出(E)/放弃(U)] <退出>:
命令:
//按<Enter>键继续执行该命令
OFFSET
当前设置:删除源=否  图层=源  OFFSETGAPTYPE=0
指定偏移距离或[通过(T)/删除(E)/图层(L)] <40.0000>:  12
选择要偏移的对象,或[退出(E)/放弃(U)] <退出>:
//选择直线c
指定要偏移的那一侧上的点,或[退出(E)/多个(M)/放弃(U)] <退出>:
//在直线c上方单击
选择要偏移的对象,或[退出(E)/放弃(U)] <退出>:
命令:
//按<Enter>键继续执行该命令
OFFSET
当前设置:删除源=否  图层=源  OFFSETGAPTYPE=0
指定偏移距离或[通过(T)/删除(E)/图层(L)] <12.0000>:  14
```

```
选择要偏移的对象,或[退出(E)/放弃(U)]<退出>:
//选择直线b
指定要偏移的那一侧上的点,或[退出(E)/多个(M)/放弃(U)]<退出>:
//在直线b左侧单击
选择要偏移的对象,或[退出(E)/放弃(U)]<退出>:
//选择直线b
指定要偏移的那一侧上的点,或[退出(E)/多个(M)/放弃(U)]<退出>:
//在直线b右侧单击
选择要偏移的对象,或[退出(E)/放弃(U)]<退出>:
命令:
//按<Enter>键继续执行该命令
OFFSET
当前设置:删除源=否  图层=源  OFFSETGAPTYPE=0
指定偏移距离或[通过(T)/删除(E)/图层(L)]<14.0000>: 25
选择要偏移的对象,或[退出(E)/放弃(U)]<退出>:
//选择直线b
指定要偏移的那一侧上的点,或[退出(E)/多个(M)/放弃(U)]<退出>:
//在直线b左侧单击
选择要偏移的对象,或[退出(E)/放弃(U)]<退出>:
//选择直线b
指定要偏移的那一侧上的点,或[退出(E)/多个(M)/放弃(U)]<退出>:
//在直线b右侧单击
选择要偏移的对象,或[退出(E)/放弃(U)]<退出>:
命令:
//按<Enter>键继续执行该命令
OFFSET
当前设置:删除源=否  图层=源  OFFSETGAPTYPE=0
指定偏移距离或[通过(T)/删除(E)/图层(L)]<25.0000>: 46
选择要偏移的对象,或[退出(E)/放弃(U)]<退出>:
//选择直线b
指定要偏移的那一侧上的点,或[退出(E)/多个(M)/放弃(U)]<退出>:
//在直线b左侧单击
选择要偏移的对象,或[退出(E)/放弃(U)]<退出>:
//选择直线b
指定要偏移的那一侧上的点,或[退出(E)/多个(M)/放弃(U)]<退出>:
//在直线b右侧单击
选择要偏移的对象,或[退出(E)/放弃(U)]<退出>:
```

5）修剪图形对象，结果如图 3-119 所示。

6）绘制半径为 4mm 的过渡圆角，如图 3-120 所示。

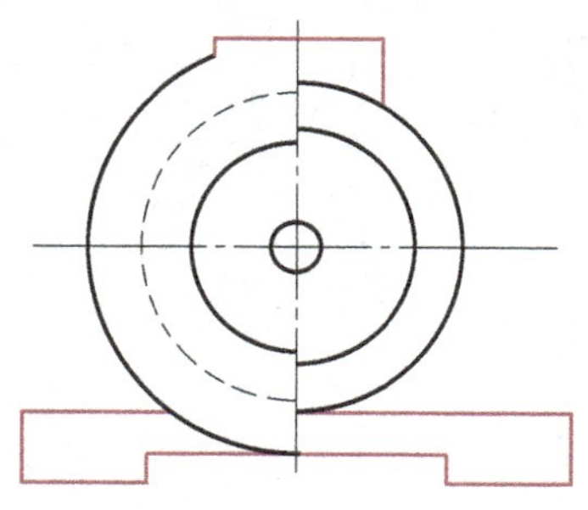

图 3-119　修剪图形对象

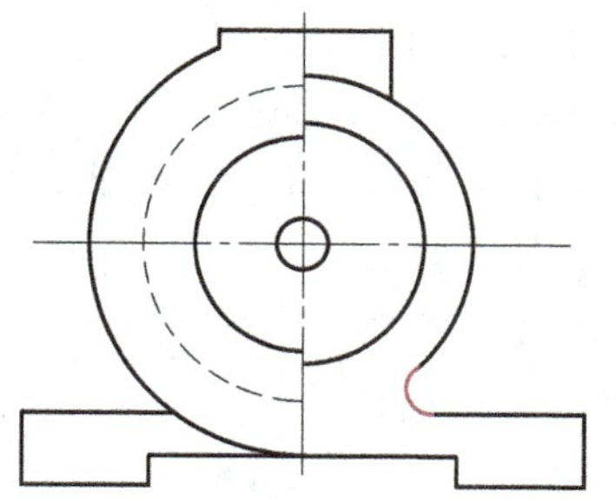

图 3-120　绘制过渡圆角

7）偏移复制直线，如图 3-121 和图 3-122 所示，命令行提示：

```
命令:O
OFFSET
当前设置:删除源=否　图层=源　OFFSETGAPTYPE=0
指定偏移距离或[通过(T)/删除(E)/图层(L)] <46.0000>:　36
选择要偏移的对象,或[退出(E)/放弃(U)] <退出>:
//选择直线 a
指定要偏移的那一侧上的点,或[退出(E)/多个(M)/放弃(U)] <退出>:
//在直线 a 左侧单击生成直线 b
选择要偏移的对象,或[退出(E)/放弃(U)] <退出>:
//选择直线 a
指定要偏移的那一侧上的点,或[退出(E)/多个(M)/放弃(U)] <退出>:
//在直线 a 右侧单击生成直线 c
选择要偏移的对象,或[退出(E)/放弃(U)] <退出>:
命令:
OFFSET
当前设置:删除源=否　图层=源　OFFSETGAPTYPE=0
指定偏移距离或[通过(T)/删除(E)/图层(L)] <36.0000>:　2
选择要偏移的对象,或[退出(E)/放弃(U)] <退出>:
//选择直线 c
指定要偏移的那一侧上的点,或[退出(E)/多个(M)/放弃(U)] <退出>:
//在直线 c 左侧单击
选择要偏移的对象,或[退出(E)/放弃(U)] <退出>:
//选择直线 c
指定要偏移的那一侧上的点,或[退出(E)/多个(M)/放弃(U)] <退出>:
//在直线 c 右侧单击
选择要偏移的对象,或[退出(E)/放弃(U)] <退出>:
```

```
命令:
OFFSET
当前设置:删除源=否  图层=源  OFFSETGAPTYPE=0
指定偏移距离或[通过(T)/删除(E)/图层(L)] <2.0000>:  4.5
选择要偏移的对象,或[退出(E)/放弃(U)] <退出>:
//选择直线 b
指定要偏移的那一侧上的点,或[退出(E)/多个(M)/放弃(U)] <退出>:
//在直线 b 左侧单击
选择要偏移的对象,或[退出(E)/放弃(U)] <退出>:
//选择直线 b
指定要偏移的那一侧上的点,或[退出(E)/多个(M)/放弃(U)] <退出>:
//在直线 b 右侧单击
选择要偏移的对象,或[退出(E)/放弃(U)] <退出>:
命令:
OFFSET
当前设置:删除源=否  图层=源  OFFSETGAPTYPE=0
指定偏移距离或[通过(T)/删除(E)/图层(L)] <4.5000>:  7.5
选择要偏移的对象,或[退出(E)/放弃(U)] <退出>:
//选择直线 b
指定要偏移的那一侧上的点,或[退出(E)/多个(M)/放弃(U)] <退出>:
//在直线 b 左侧单击
选择要偏移的对象,或[退出(E)/放弃(U)] <退出>:
//选择直线 b
指定要偏移的那一侧上的点,或[退出(E)/多个(M)/放弃(U)] <退出>:
//在直线 b 右侧单击
选择要偏移的对象,或[退出(E)/放弃(U)] <退出>:
命令:
OFFSET
当前设置:删除源=否  图层=源  OFFSETGAPTYPE=0
指定偏移距离或[通过(T)/删除(E)/图层(L)] <7.5000>:  3
选择要偏移的对象,或[退出(E)/放弃(U)] <退出>:
//选择直线 d
指定要偏移的那一侧上的点,或[退出(E)/多个(M)/放弃(U)] <退出>:
//在直线 d 上方单击
选择要偏移的对象,或[退出(E)/放弃(U)] <退出>:
```

8）修剪直线对象并设置相应的线型，结果如图 3-123 所示。

9）如图 3-124 所示，首先以直线和圆弧的交点为圆心绘制半径为 3mm 和 4mm 的同心圆，修剪半径为 4mm 的圆，这个结构表示螺纹孔（M6）。

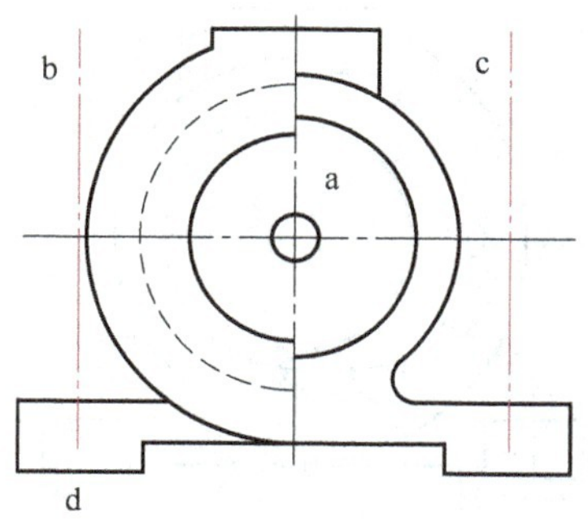

图 3-121 偏移复制正交直线

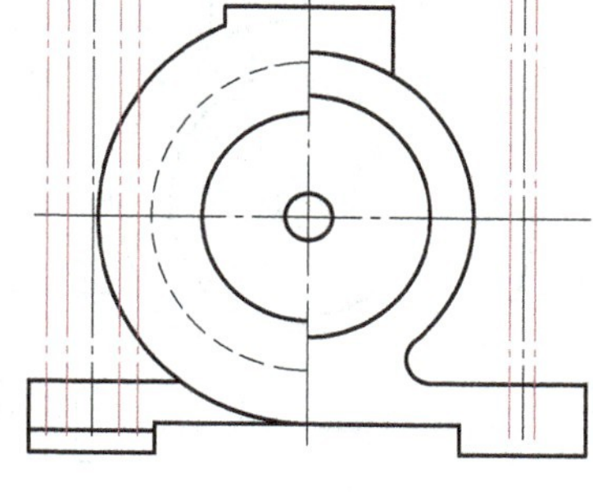

图 3-122 偏移复制直线

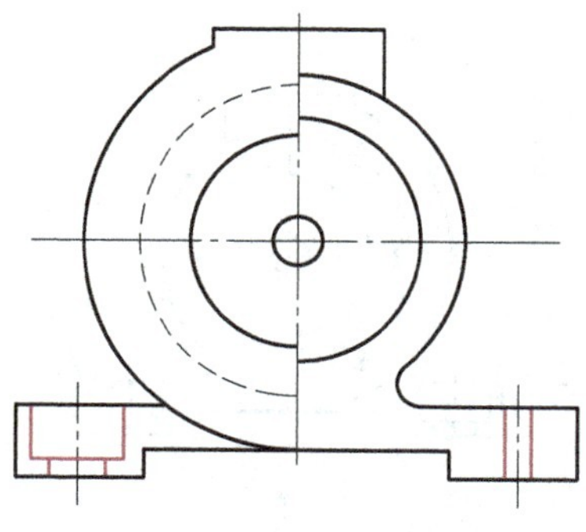

图 3-123 修剪直线和设置线型

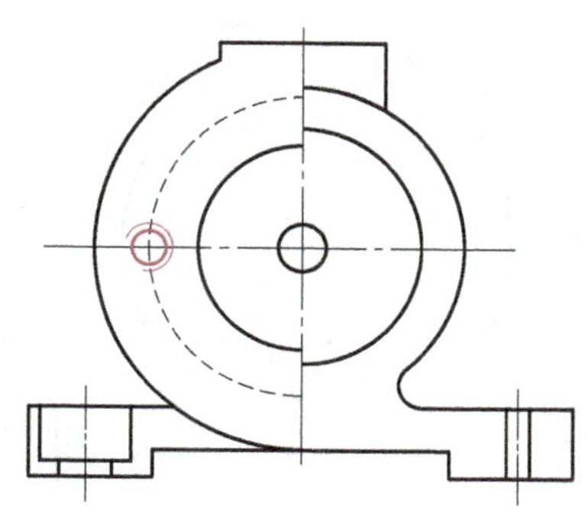

图 3-124 绘制螺纹孔

10）选择“修改”→“阵列”→“环形阵列”命令，阵列上一步绘制的螺纹孔结构，如图 3-125 所示，相关命令提示如下：

```
命令:arraypolar
选择对象:指定对角点:找到 2 个
//选择表示螺纹孔结构的图形
选择对象:
类型 = 极轴  关联 = 是
指定阵列的中心点或[基点(B)/旋转轴(A)]:
//捕捉圆心
选择夹点以编辑阵列或[关联(AS)/基点(B)/项目(I)/项目间角度(A)/填充角度(F)/行(ROW)/层(L)/旋转项目(ROT)/退出(X)] <退出>:I
输入阵列中的项目数或[表达式(E)] <6>:6
选择夹点以编辑阵列或[关联(AS)/基点(B)/项目(I)/项目间角度(A)/填充角度(F)/行(ROW)/层(L)/旋转项目(ROT)/退出(X)] <退出>:
```

11）将阵列对象分解，然后删除右边的三个螺纹孔结构，如图 3-126 所示。

12）绘制螺纹孔中心线，并设置其线型为点画线，如图 3-127 所示。

13）绘制如图 3-128 所示的过渡圆弧。

14）如图 3-129 所示，首先绘制一条样条曲线，然后在剖视区域填充剖面线。

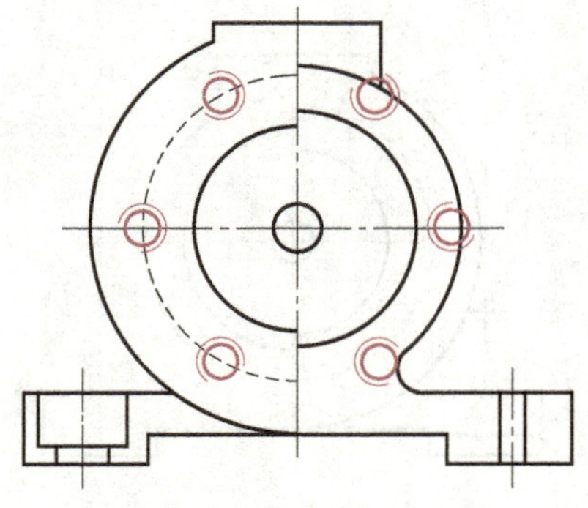

图 3-125　阵列螺纹孔

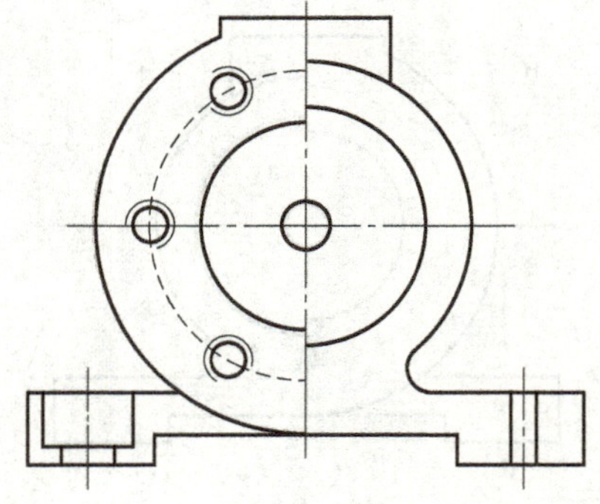

图 3-126　删除多余螺纹孔

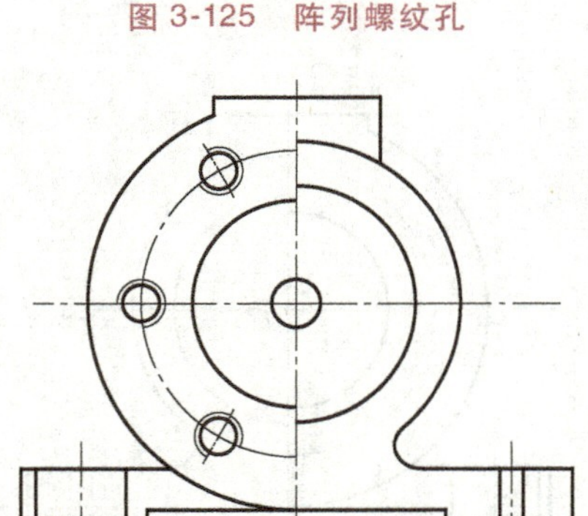

图 3-127　绘制螺纹孔中心线

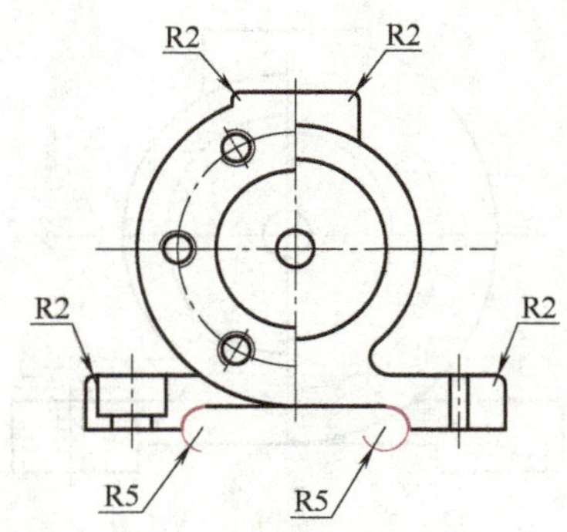

图 3-128　绘制过渡圆弧

3. 绘制缸体的主视图

1）绘制图 3-130 所示的辅助直线，其中直线 b 由直线 a 镜像而得。

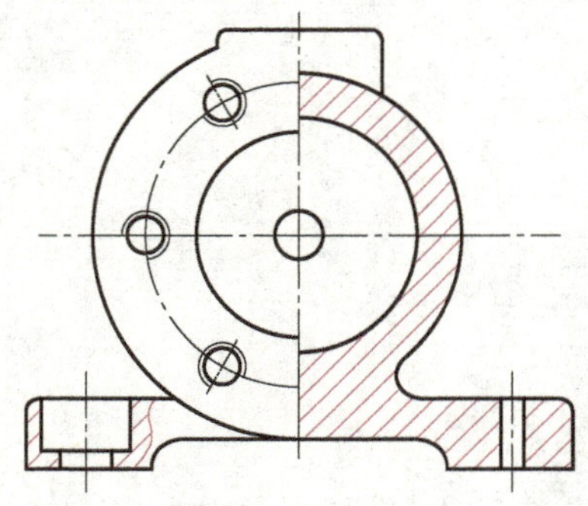

图 3-129　绘制样条曲线和剖面线

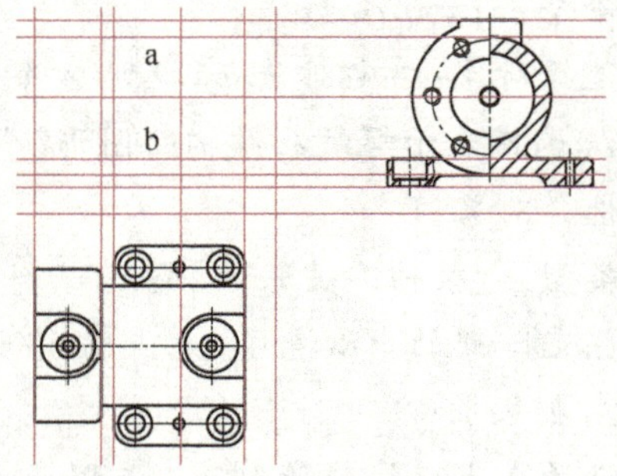

图 3-130　绘制辅助直线

2）修剪直线对象，生成主视图的外部轮廓，如图 3-131 所示。

3）再次绘制辅助直线，如图 3-132 所示。

4）修剪上一步绘制的直线对象，然后将垂直线 a 向左偏移复制 10mm 和 35mm，生成新的直线，如图 3-133 所示。

5）修剪直线对象，生成主视图的内部轮廓，结果如图 3-134 所示。

6）绘制图 3-135 所示的过渡圆角，圆角半径为 2mm。

7）如图 3-136 和图 3-137 所示，首先将直线 a 向下偏移 26mm 生成直线 b，然后将直线 b 向两侧分别偏移 3mm 和 4mm。

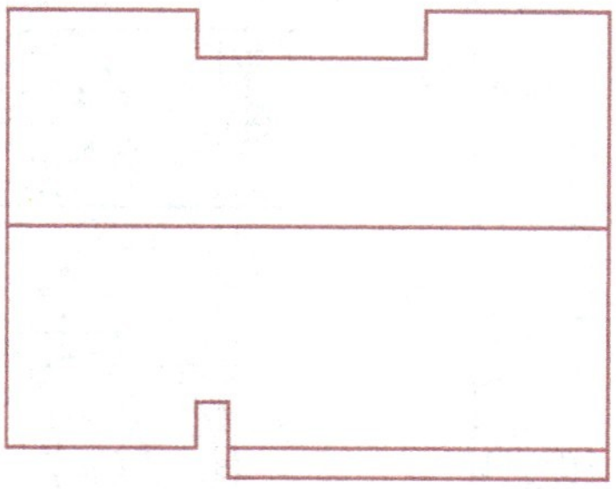

图 3-131　主视图外部轮廓

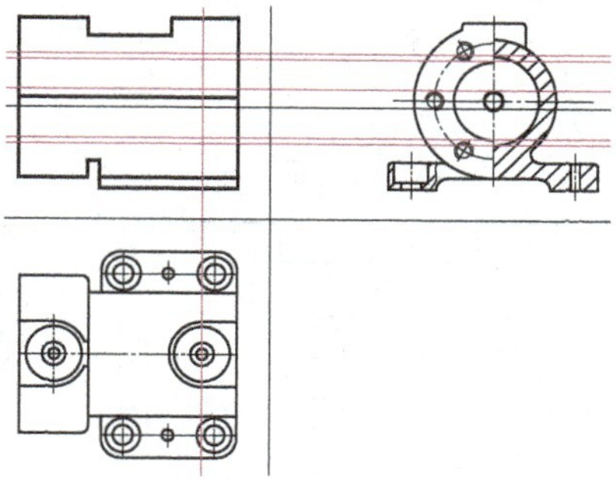

图 3-132　绘制辅助直线

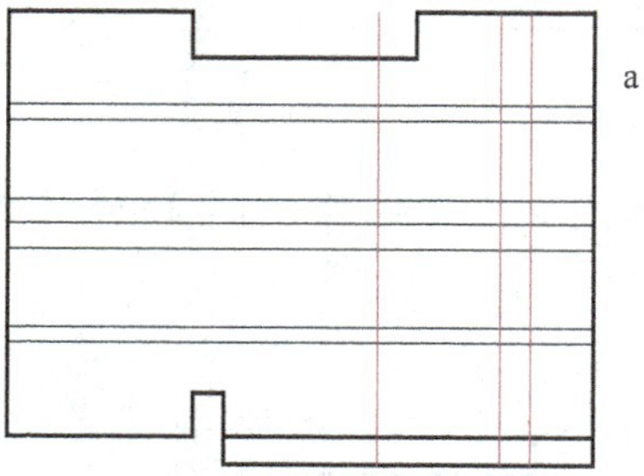

a

图 3-133　修剪辅助直线

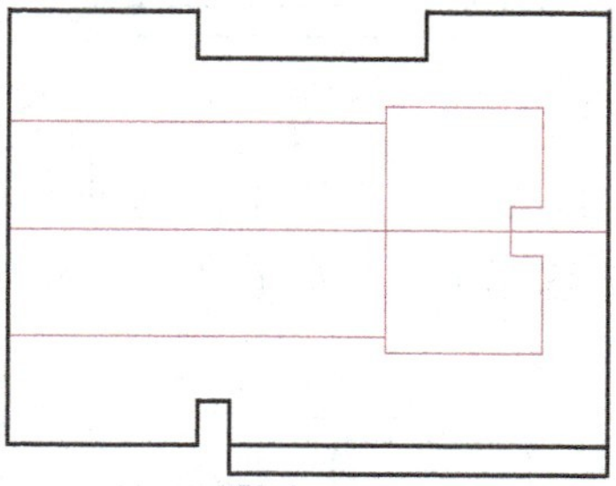

图 3-134　修剪直线

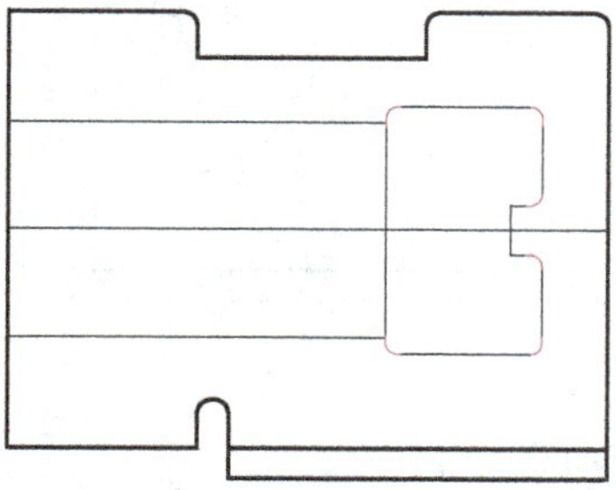

图 3-135　绘制过渡圆角

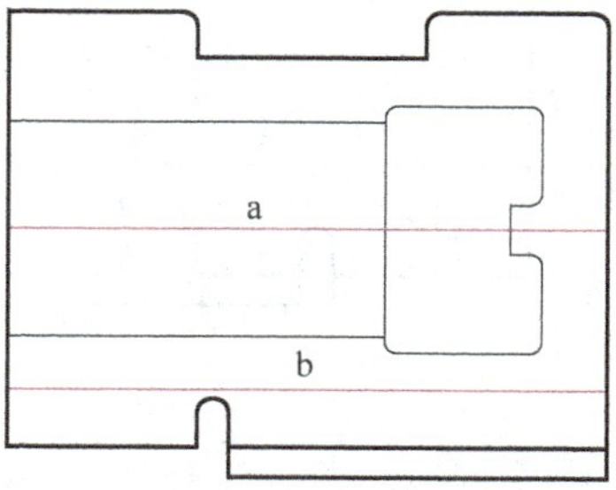

a

b

图 3-136　偏移直线 1

8）如图 3-138 所示，将直线 a 向右分别偏移 14mm、16mm 和 18mm。

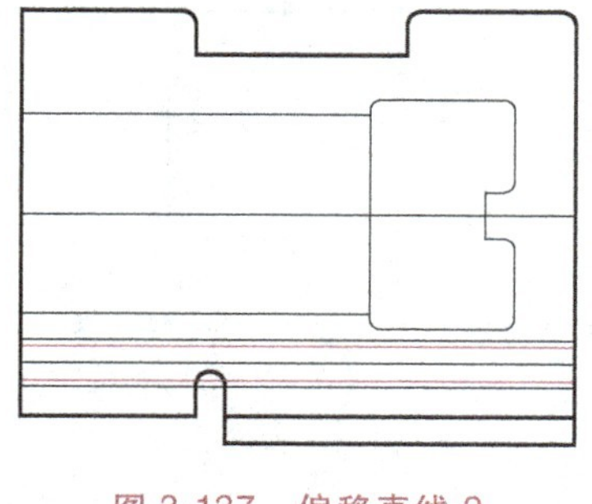

图 3-137　偏移直线 2

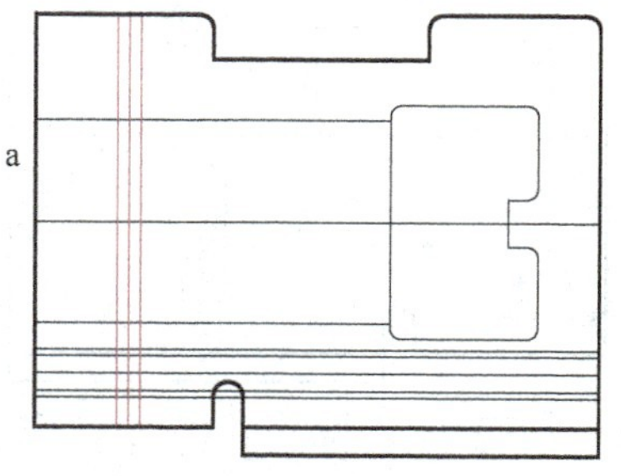

图 3-138　偏移直线 3

9）修剪直线对象，绘制两条倾斜直线，生成 M6 螺纹孔，如图 3-139 所示。

10）绘制图 3-140 所示的辅助直线。

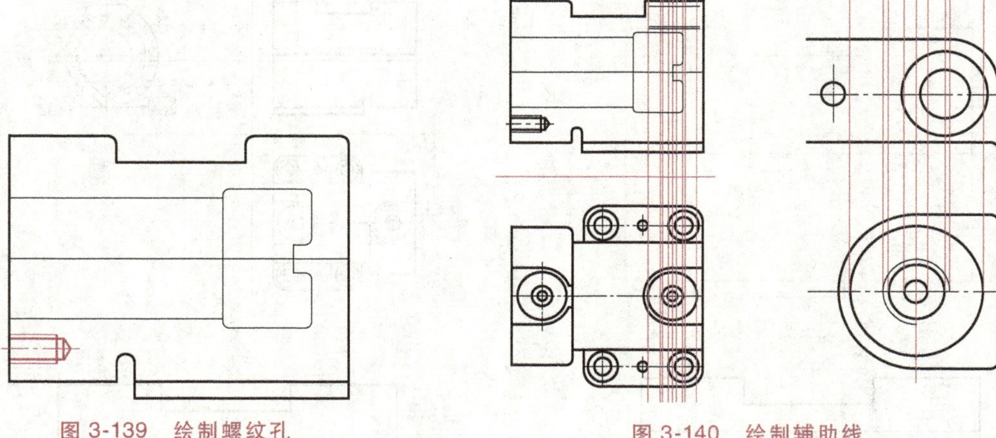

图 3-139 绘制螺纹孔 图 3-140 绘制辅助线

11）修剪上一步绘制的辅助直线，然后将水平直线 a 向下偏移复制 2mm、12mm 和 13mm，生成三条新的水平直线，如图 3-141 所示。

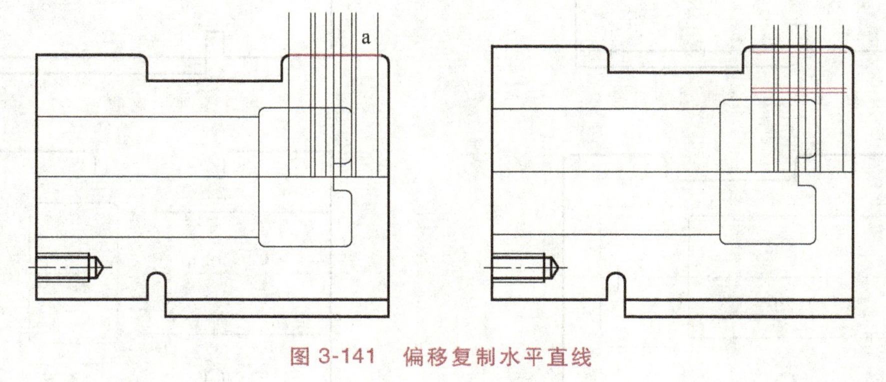

图 3-141 偏移复制水平直线

12）修剪直线对象，生成 M12 螺纹孔的基本形状，如图 3-142 所示。

13）绘制一条连接中点的直线，如图 3-143 中交点所示。

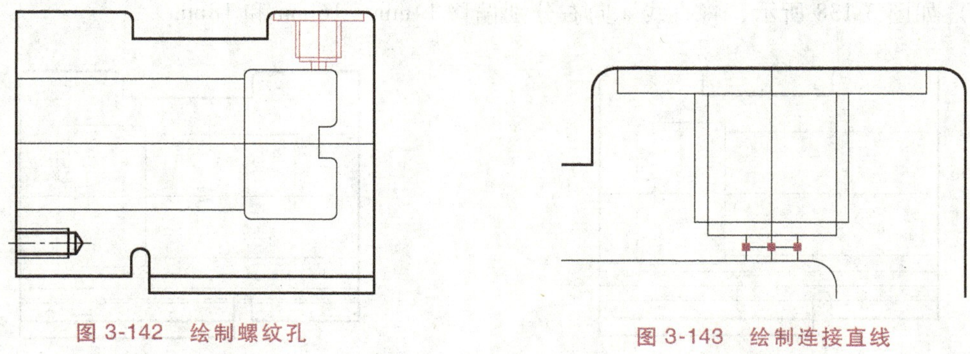

图 3-142 绘制螺纹孔 图 3-143 绘制连接直线

14）绘制两条倾斜直线并删除多余的直线段，如图 3-144 所示。

15）再次绘制一条辅助线，如图 3-145 所示。

16）如图 3-146 所示，复制图中以虚线显示的图形对象。

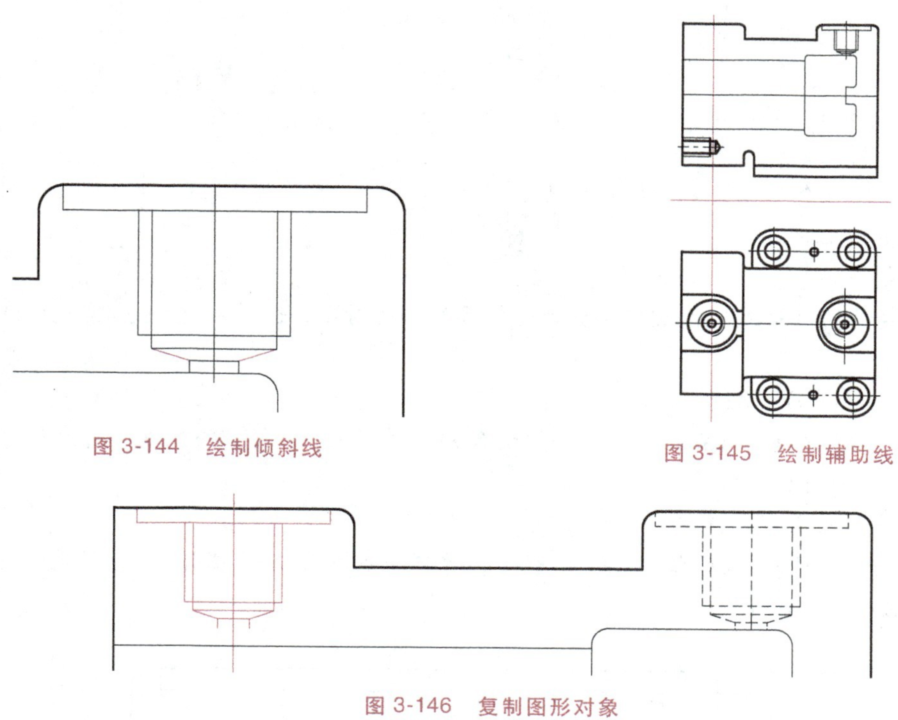

图 3-144　绘制倾斜线

图 3-145　绘制辅助线

图 3-146　复制图形对象

17）单击“修改”工具栏中的“拉伸”按钮，拉伸复制对象，如图 3-147 所示，命令行提示：

```
命令:S
STRETCH
以交叉窗口或交叉多边形选择要拉伸的对象...
选择对象:
指定对角点:找到 13 个
//从右下到坐上拖出一个矩形框,选择待拉伸的对象
选择对象:
指定基点或[位移(D)] <位移>:
//捕捉拉伸的基点
指定第二个点或 <使用第一个点作为位移>: @0,-2
```

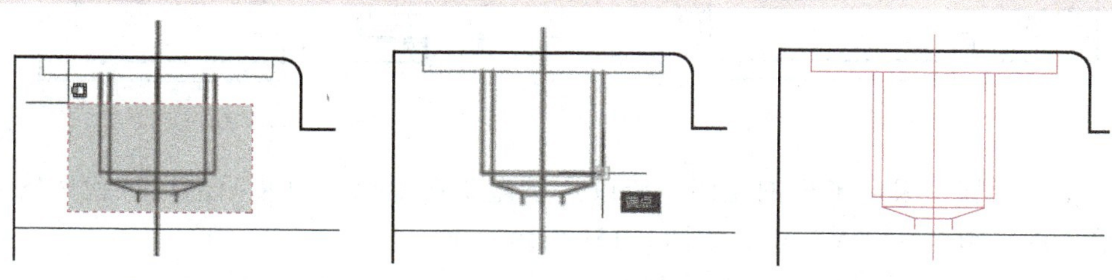

图 3-147　拉伸复制对象

18）如图 3-148 所示，将直线 b 和直线 c 延长至与直线 a 相交，命令行提示：

```
命令:EX
EXTEND
当前设置:投影=UCS,边=无
选择边界的边...
选择对象或 <全部选择>:  找到 1 个
//选择直线 a
选择对象:
选择要延伸的对象或按住<Shift>键选择要修剪的对象,或者[栏选(F)/窗交(C)/投影(P)/边(E)]:
//选择直线 b 的下端
选择要延伸的对象,或按住<Shift>键选择要修剪的对象,或[栏选(F)/窗交(C)/投影(P)/边(E)/放弃(U)]:
//选择直线 c 的下端
选择要延伸的对象,或按住<Shift>键选择要修剪的对象,或[栏选(F)/窗交(C)/投影(P)/边(E)/放弃(U)]:
```

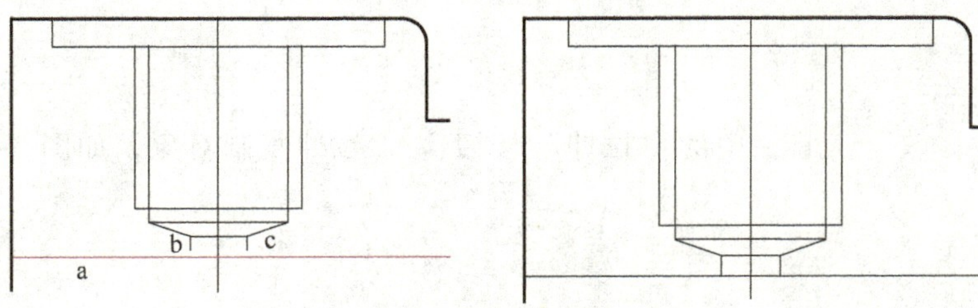

图 3-148　延长直线

19）修剪多余的线段，然后将轴线的线型设为点画线，如图 3-149 所示。

20）填充主视图（全剖视图）中的剖面线，结果如图 3-150 所示。

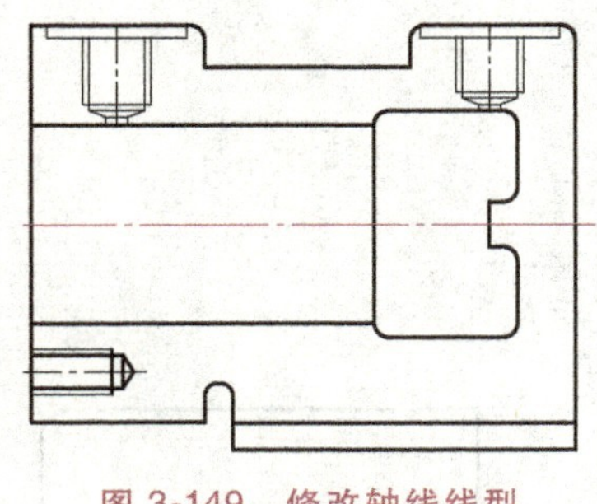

图 3-149　修改轴线线型

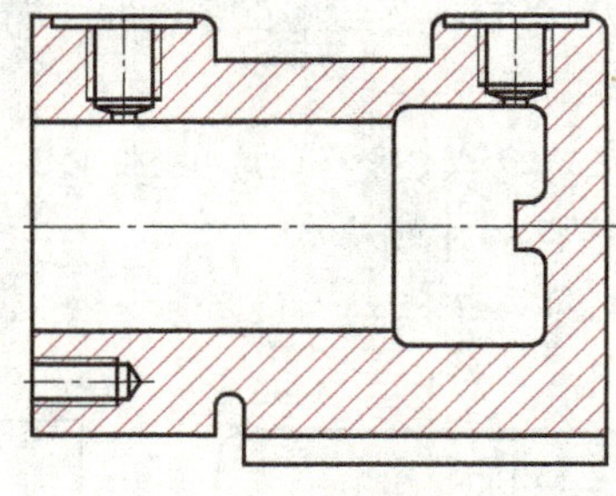

图 3-150　绘制剖面线

21）由于左视图采用了半剖视图，所以这里需要在主视图中注明剖切位置，然后在左视图中输入剖视图名称“A—A”，如图 3-151 所示。

4. 标注尺寸、表面粗糙度及几何公差

1）将“尺寸标注”图层设为当前工作图层。由于俯视图中的尺寸标注比较简单，所以这里就先标注俯视图中的尺寸、表面粗糙度及几何公差，结果如图 3-152 所示。

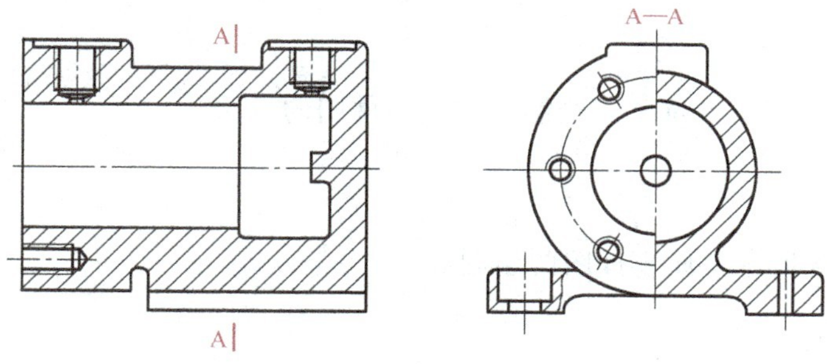

图 3-151　输入剖视图名称

2）标注左视图中的尺寸、表面粗糙度及几何公差，结果如图 3-153 所示。

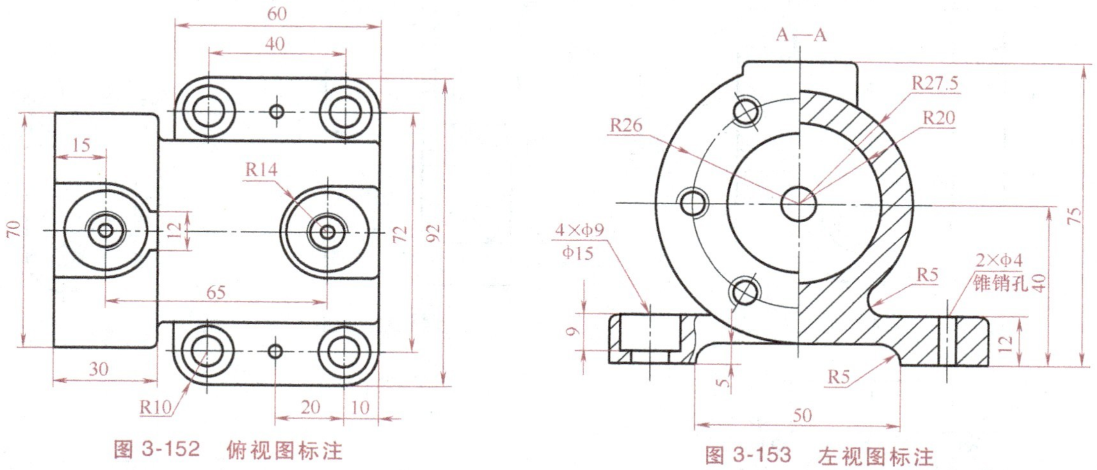

图 3-152　俯视图标注　　图 3-153　左视图标注

3）标注主视图中的尺寸、表面粗糙度及几何公差，结果如图 3-154 所示。

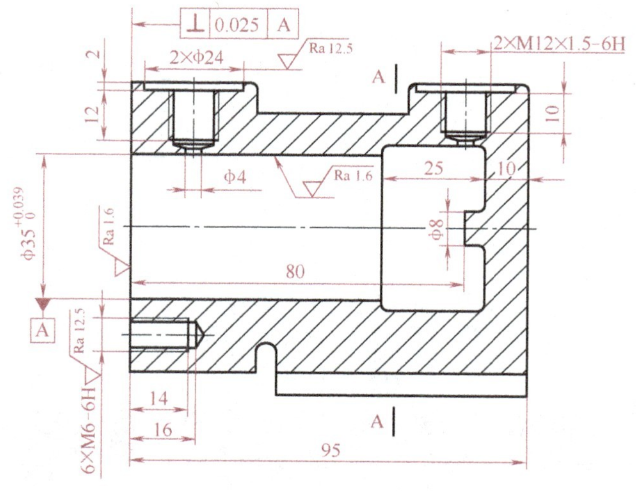

图 3-154　主视图标注

5. 填写标题栏

根据图样要求填写标题栏，完成缸体零件图的绘制，如图 3-98 所示。

【小结】

通过本任务的学习，熟练掌握绘制缸体类零件图的方法。

【课后训练】

请完成图 3-155 所示基座零件图的绘制。

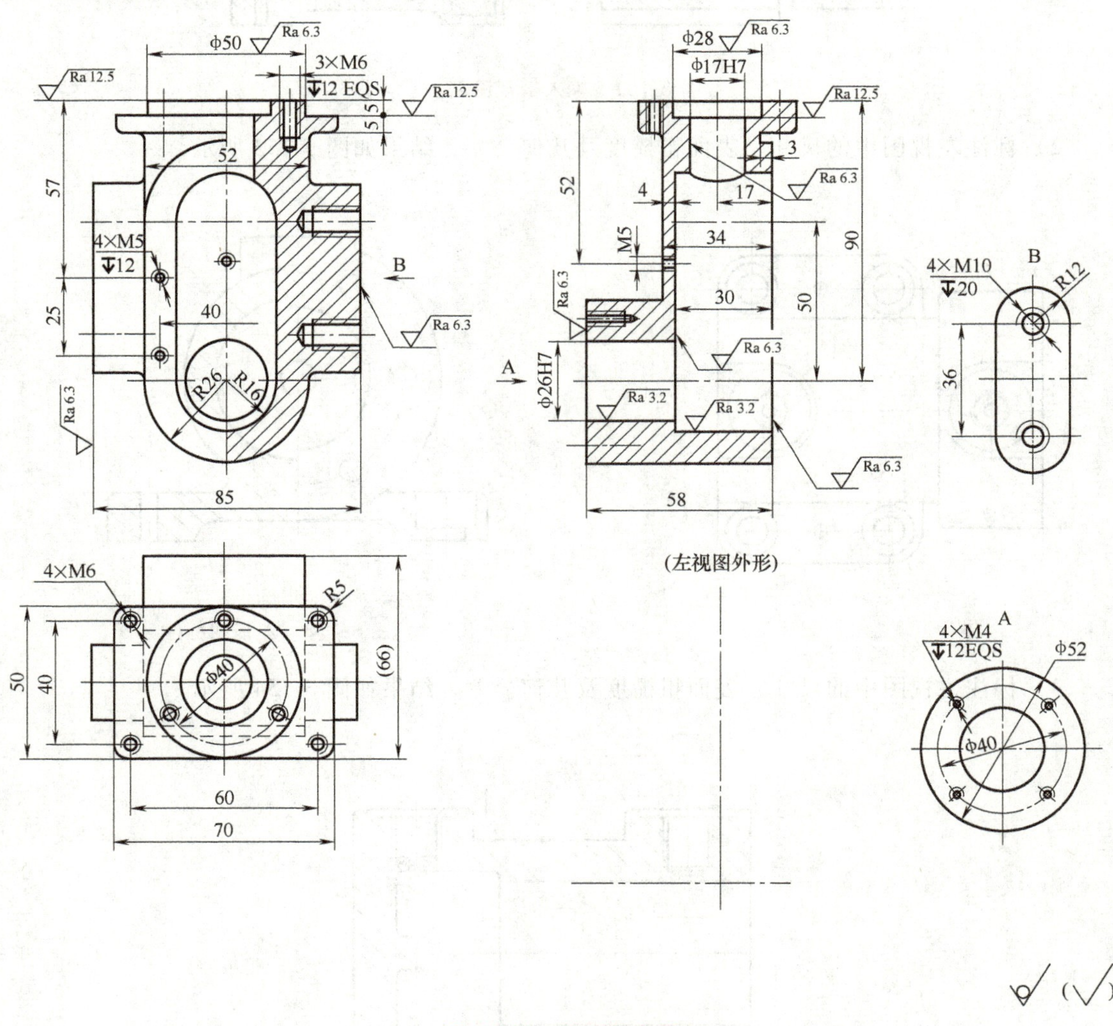

图 3-155　基座零件图

项目 7　机械装配图

装配图是用来表明机器或部件的装配关系、连接关系、工作原理、传动路线及主要形状的图样。在产品或部件的设计过程中，一般是先画出装配图，然后根据装配图进行零件设计，画出零件图；在产品或部件的制造过程中，先根据零件图进行零件加工和检验，再按照依据装配图所制定的装配工艺规程将零件装配成机器或部件。由于装配图一般比较复杂，所以绘制时应分清层次。本项目在绘制装配图时，采用绘制零件图→将零件图生成块→拼画装配图的顺序。将零件图生成块能有效避免拼画装配图时发生错误。

【学习目标】

1）掌握机械装配图的绘制步骤和方法。

2）能够对机械装配图的视图进行标注。

任务　绘制定位器装配图

【任务描述】

绘制图 3-156 所示定位器装配图。定位器安装在仪器箱体的内壁上，如工作时定位轴 1 的左侧插入被固定零件的孔中，当零件需要变换位置时，拉动把手 6，将定位轴从该零件的孔中拉出。松开把手后，由于弹簧 4 的存在，使定位轴恢复原位。

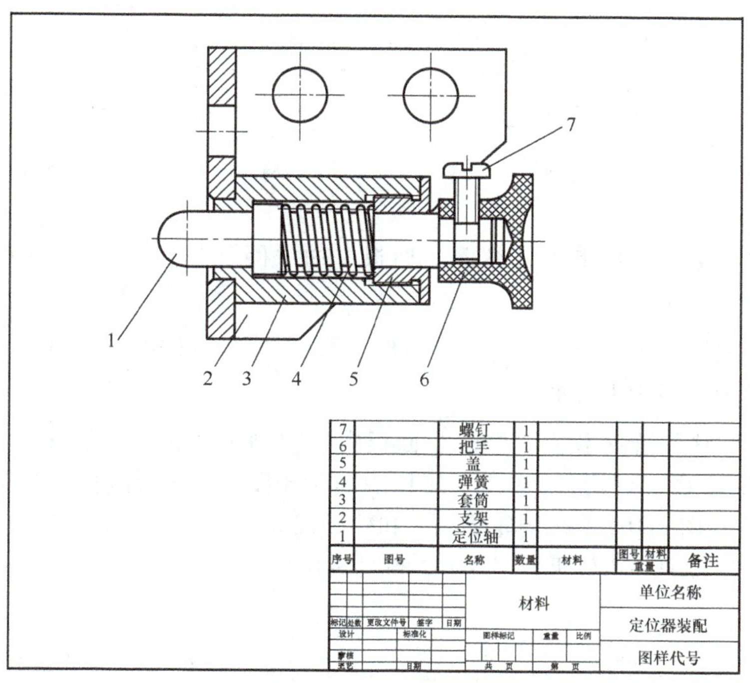

图 3-156　定位器装配图

【任务实施】

绘图步骤如下。

1. 绘制定位销

1）在“图层”面板中，将“中心线”置为当前图层。单击状态栏中的“正交”按钮，打开正交方式。

2）单击“默认”选项卡下“绘图”面板中的“直线”按钮，选择一点，在水平方向上绘制长度为154mm的直线。

3）重复步骤2），在竖直方向上绘制长度为34mm的直线，效果图3-157所示。

4）单击“默认”选项卡下“修改”面板中的“偏移”按钮，通过对中心线的偏移绘制线条，如图3-158所示。

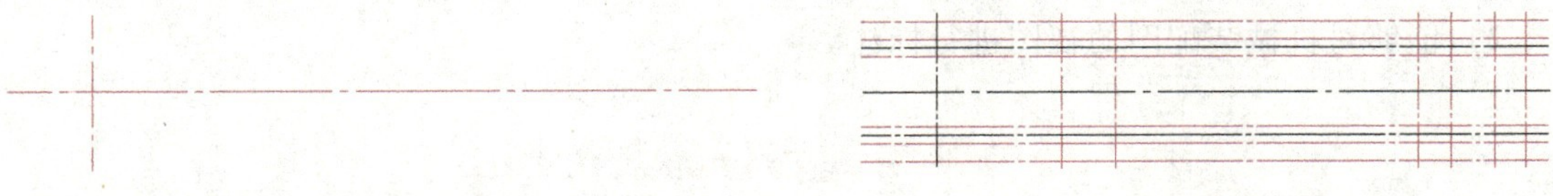

图3-157　绘制基准线　　图3-158　偏移绘制线条

5）选中步骤4）所绘制的线条，在“默认”选项卡下的“图层”面板中选择“粗实线”，将所绘制的线条转换为粗实线，效果如图3-159所示。

6）单击“默认”选项卡下“修改”面板中的“修剪”按钮，对偏移的线条进行修剪，得到定位轴外轮廓形状，效果如图3-160所示。

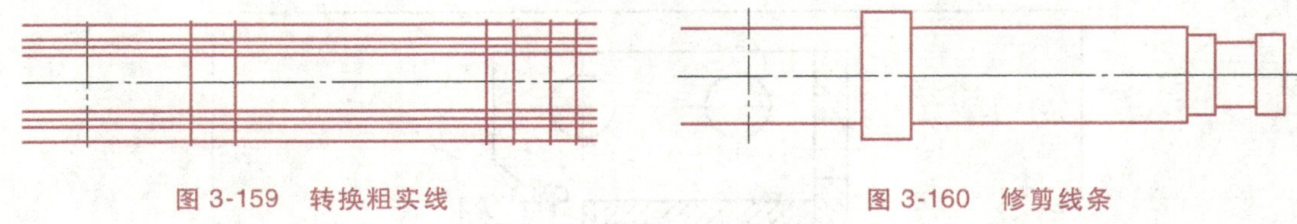

图3-159　转换粗实线　　图3-160　修剪线条

7）单击“默认”选项卡下“绘图”面板中的“圆”按钮，以中心线的交点为圆心，绘制半径为12mm的圆。

8）单击“默认”选项卡下“修改”面板中的“修剪”按钮，右击，选定相应线条进行修剪，效果如图3-161所示。

9）单击“默认”选项卡下“修改”面板中的“倒角”按钮，在命令行输入“A”后按<Enter>键，在命令行输入“0.5”后按<Enter>键，在命令行输入“45”后按<Enter>键，然后依次选择图3-162所示的轮廓线1和轮廓线2，按<Enter>键；依次选择图3-162所示的轮廓线2和轮廓线3，效果如图3-162和图3-163所示。

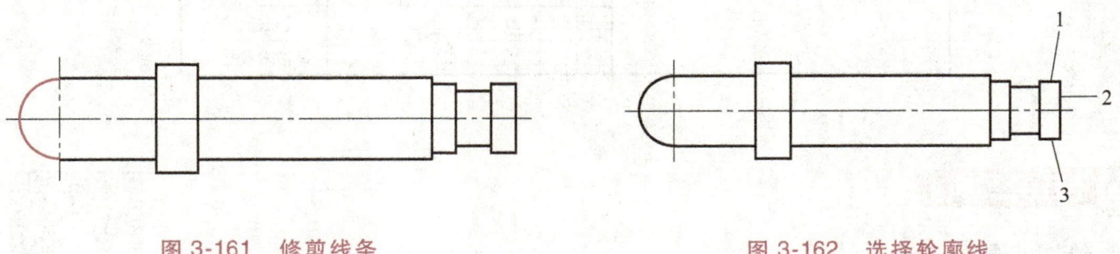

图3-161　修剪线条　　图3-162　选择轮廓线

10）单击“默认”选项卡下“绘图”面板中的“直线”按钮，依次单击图3-163所示的交点2和交点3。绘制倒角轮廓线，效果如图3-164所示。

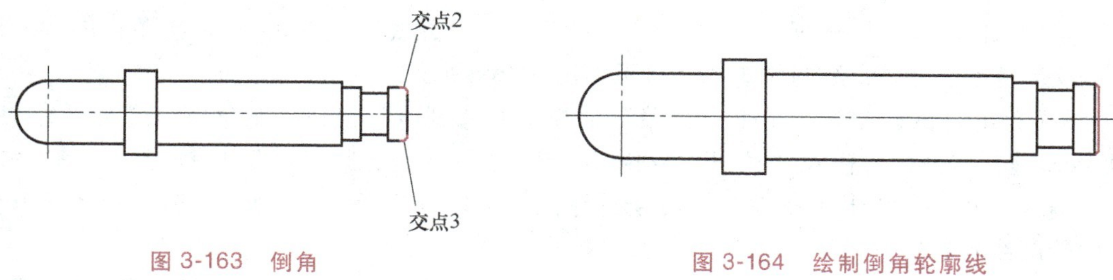

图 3-163　倒角　　　　图 3-164　绘制倒角轮廓线

2. 绘制支架

1）在“图层”面板中，将“中心线”置为当前图层。单击状态栏中的“正交”按钮，打开正交方式。

2）单击“默认”选项卡下“绘图”面板中的“直线”按钮，选择一点，在水平方向上绘制长度为 138mm 的直线。

3）重复步骤 2），在竖直方向上绘制长度为 138mm 的直线，效果如图 3-165 所示。

4）单击“默认”选项卡下“修改”面板中的“偏移”按钮，通过对中心线的偏移绘制线条，如图 3-166 所示。

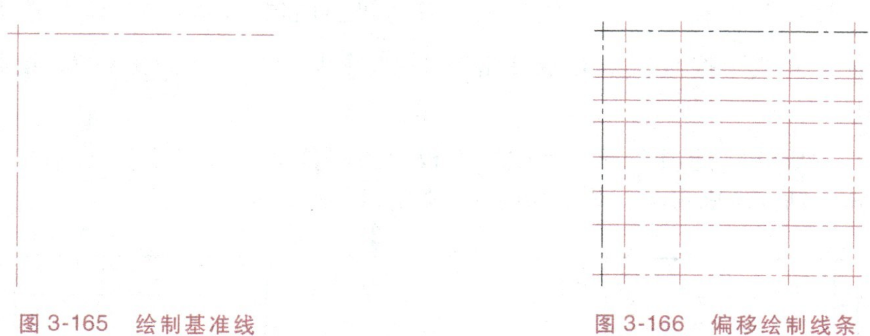

图 3-165　绘制基准线　　　　图 3-166　偏移绘制线条

5）选中步骤 4）所绘制的线条，在“默认”选项卡下的“图层”面板中选择“粗实线”，将所绘制的线条转换为粗实线，效果如图 3-167 所示。

6）单击“默认”选项卡下“修改”面板中的“修剪”按钮，对偏移的线条进行修剪，得到定位轴外轮廓形状，效果如 3-168 所示。

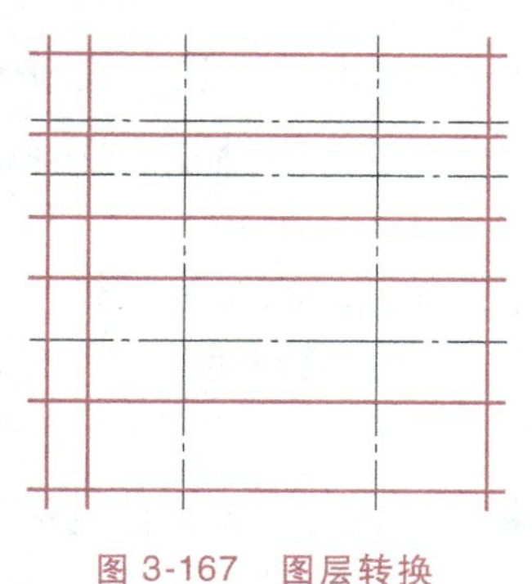

图 3-167　图层转换

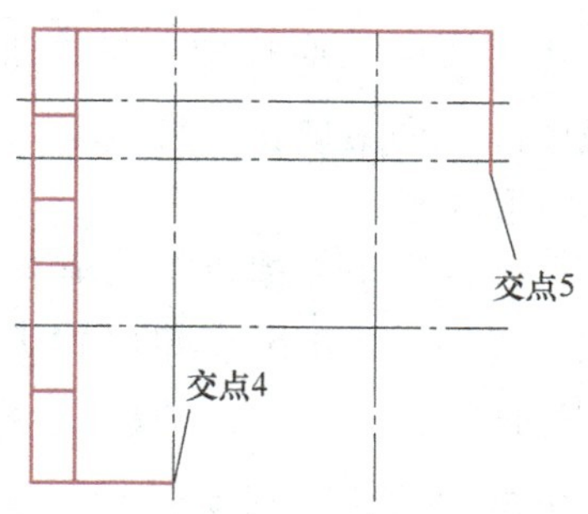

图 3-168　修剪外轮廓

7）单击“默认”选项卡下“绘图”面板中的“直线”按钮，依次单击图3-168所示的交点4和交点5，绘制轮廓线，效果如图3-169所示。

8）单击“默认”选项卡下“修改”面板中的“倒角”按钮，在命令行输入“A”后按<Enter>键，在命令行输入“3”后按<Enter>键，在命令行输入“45”后按<Enter>键，在命令行输入“T”后按<Enter>键，在命令行输入“N”后按<Enter>键，然后选择图3-169所示的轮廓线6和轮廓线7。

9）重复步骤8），选择图3-169所示的轮廓线6和轮廓线8，绘制效果如图3-170所示。

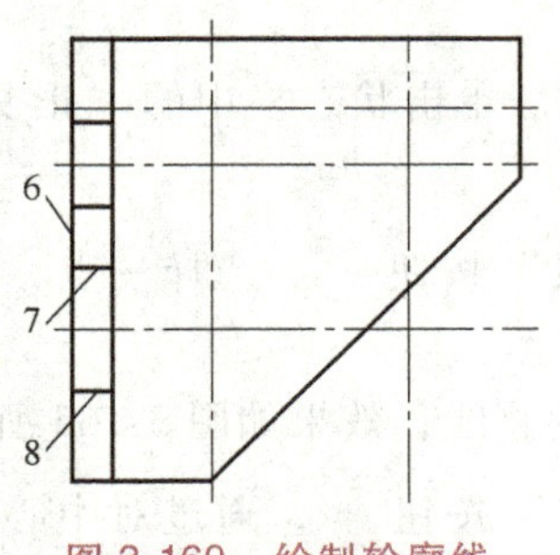

图3-169　绘制轮廓线

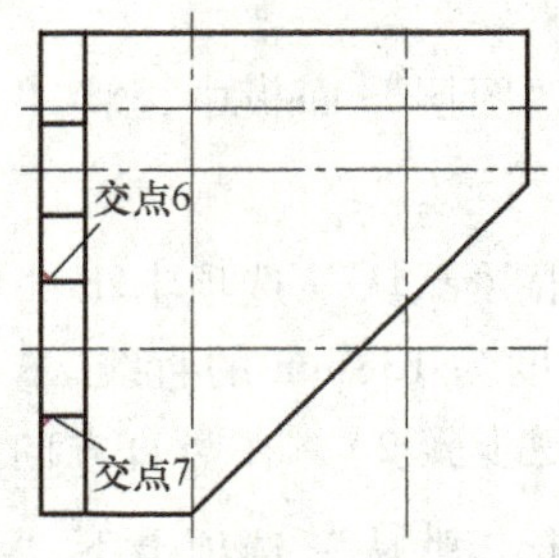

图3-170　绘制倒角

10）在“图层”面板中，将“粗实线”置为当前图层。单击“默认”选项卡下“绘图”面板中的“直线”按钮，依次单击图3-170所示的交点6和交点7，绘制倒角轮廓线，如图3-171所示。

11）单击“默认”选项卡下“修改”面板中的“修剪”按钮，对偏移的线条进行修剪，得到定位轴外轮廓形状，效果如图3-172所示。

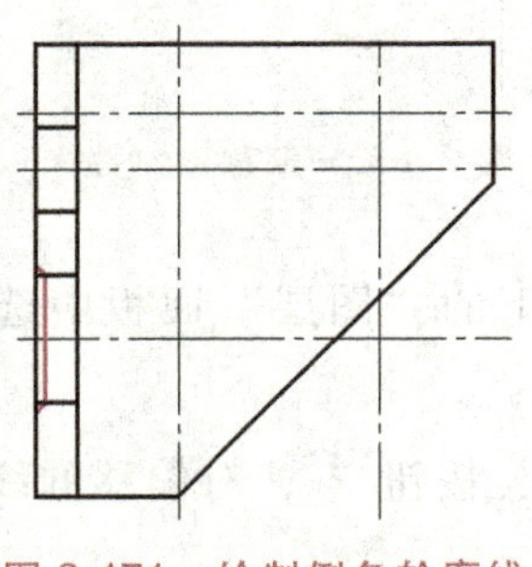
图3-171　绘制倒角轮廓线

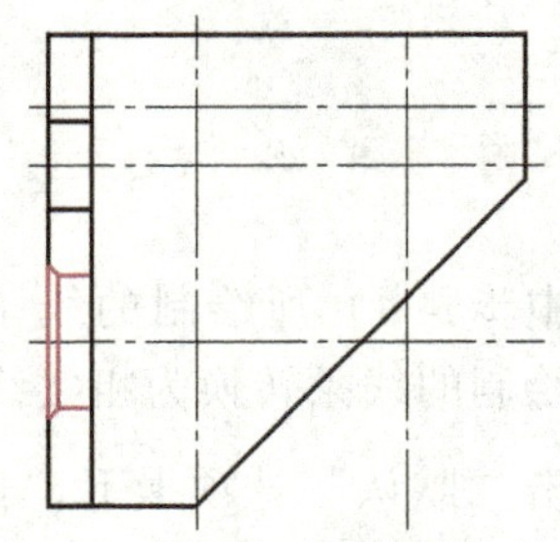
图3-172　修剪线条

12）在“图层”面板中，将“细实线”置为当前图层。单击“默认”选项卡下“绘图”面板中的“图案填充”按钮，弹出“图案填充和渐变色”对话框，选择需要填充剖面线的图形区域。

13）在“图案填充创建”选项卡下的“图案”面板中选择“ANSI31”，“角度”设置为0，“比例”设置为“0.5”。单击“关闭图案填充创建”按钮，完成剖面线的填充，效果如图3-173所示。

14）单击“默认”选项卡下“修改”面板中的“打断”按钮，对所绘制的线条进行修剪，效果如图3-174所示。

15）单击“默认”选项卡下“绘图”面板中的“圆”按钮，单击图3-174所示的交点8，输入半径值，按<Enter>键。

16）重复步骤15），以图3-174所示的交点9作为圆心绘制圆，效果如图3-175所示。

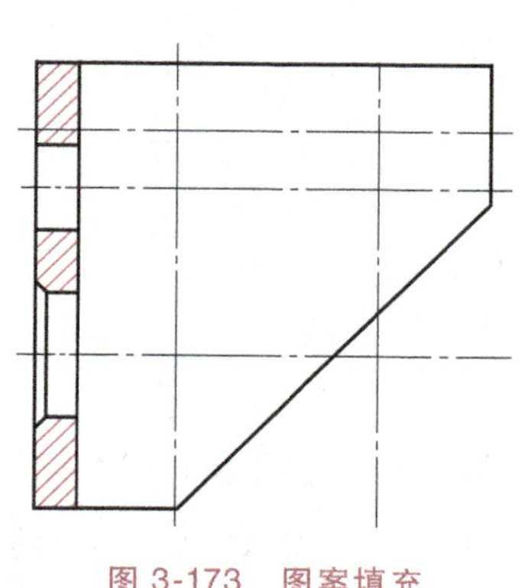

图3-173　图案填充

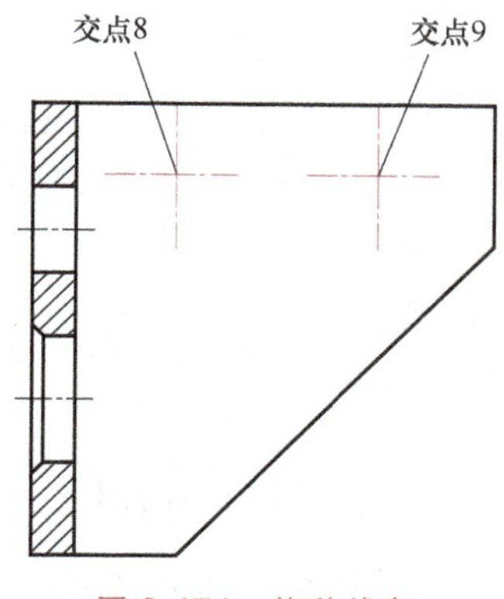

图3-174　修剪线条

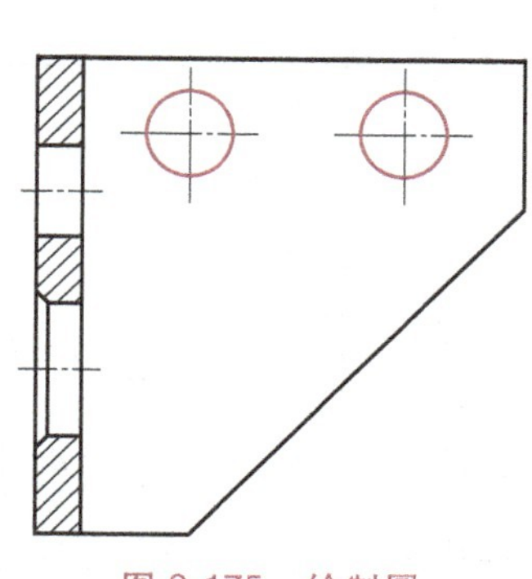

图3-175　绘制圆

3. 绘制套筒

1）在“图层”面板中，将“中心线”置为当前图层。单击状态栏中的“正交”按钮，打开正交方式。

2）单击“默认”选项卡下“绘图”面板中的“直线”按钮，选择一点，在水平方向上绘制长度为102mm的直线。

3）重复步骤2），在竖直方向上绘制长度为66mm的直线，效果如图3-176所示。

4）单击“默认”选项卡下“修改”面板中的“偏移”按钮，通过对中心线的偏移绘制线条，如图3-177所示。

图3-176　绘制中心线

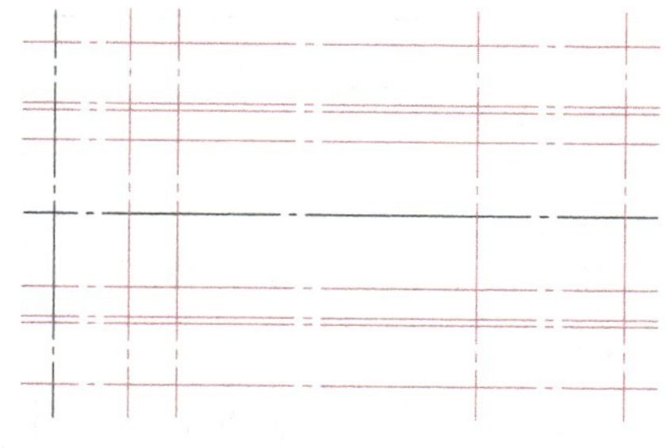

图3-177　偏移中心线

5）选中步骤4）所绘制的线条，在“默认”选项卡中的“图层”面板中选择“粗实线”，将所绘制的线条转换为粗实线，效果如图3-178所示。

6）单击“默认”选项卡下“修改”面板中的“修剪”按钮，对偏移的线条进行修剪，得到套筒外轮廓形状，效果如图3-179所示。

7）选择图3-179所示的轮廓线9和轮廓线10，选择“图层”下拉列表的“细实线”图层，单击“线宽”按钮，效果如图3-180所示。

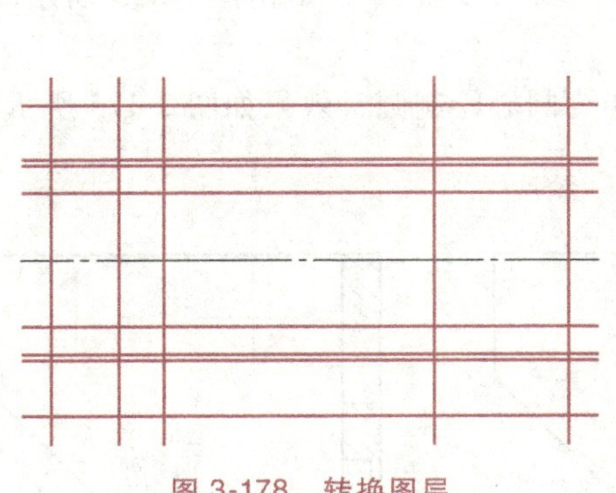
图 3-178　转换图层

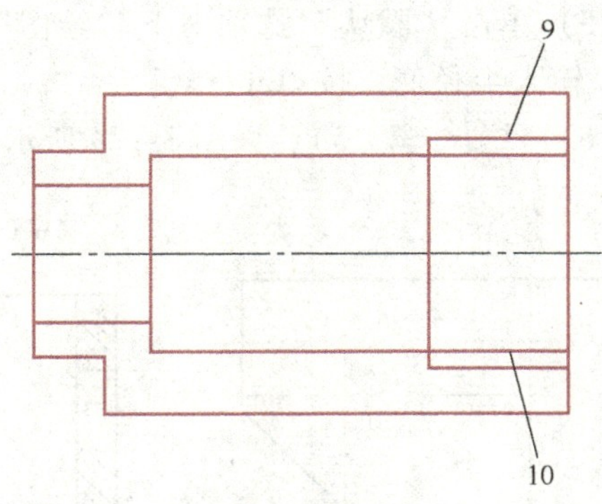

图 3-179　套筒外轮廓

8）在“图层”面板中，将“细实线”置为当前图层。单击“默认”选项卡下“绘图”面板中的“图案填充”按钮，弹出“图案填充和渐变色”对话框，选择需要填充剖面线的图形区域。

9）在“图案填充创建”选项卡下的“图案”面板中选择“ANSI31”，“角度”设置为“90”，“比例”设置为“0.5”。单击“关闭图案填充创建”按钮，完成剖面线的填充，效果如图 3-181 所示。

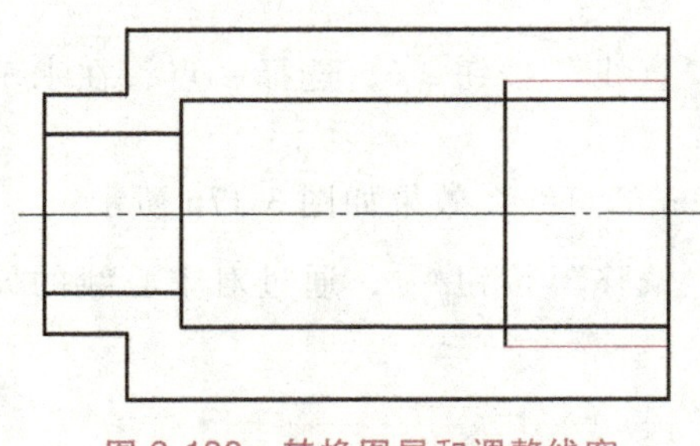
图 3-180　转换图层和调整线宽

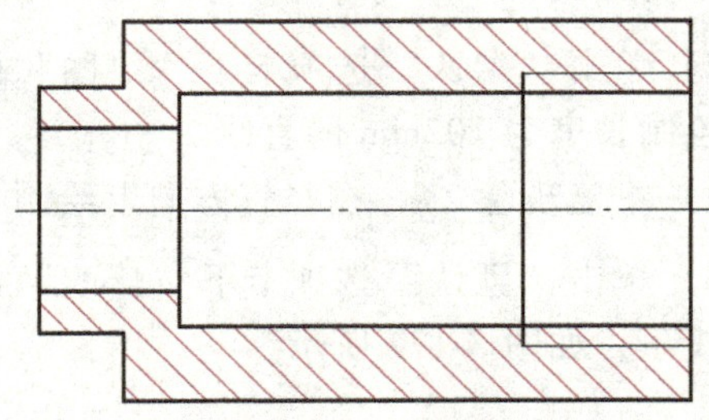
图 3-181　图案填充

4. 绘制盖

1）在“图层”面板中，将“中心线”置为当前图层。单击状态栏中“正交”按钮，打开正交方式。

2）单击“默认”选项卡下“绘图”面板中的“直线”按钮，选择一点，在水平方向上绘制长度为 30mm 的直线。

3）重复步骤 2)，在竖直方向上绘制长度为 66mm 的直线，效果如图 3-182 所示。

4）单击“默认”选项卡下“修改”面板中的“偏移”按钮，通过对中心线的偏移绘制线条，如图 3-183 所示。

5）选中步骤 4）所绘制的线条，在“默认”选项卡中的“图层”面板中选择“粗实线”，将所绘制的线条转换为粗实线，效果如图 3-184 所示。

6）单击“默认”选项卡下“修改”面板中的“修剪”按钮，对偏移的线条进行修剪，得到盖外轮廓形状，效果如图 3-185 所示。

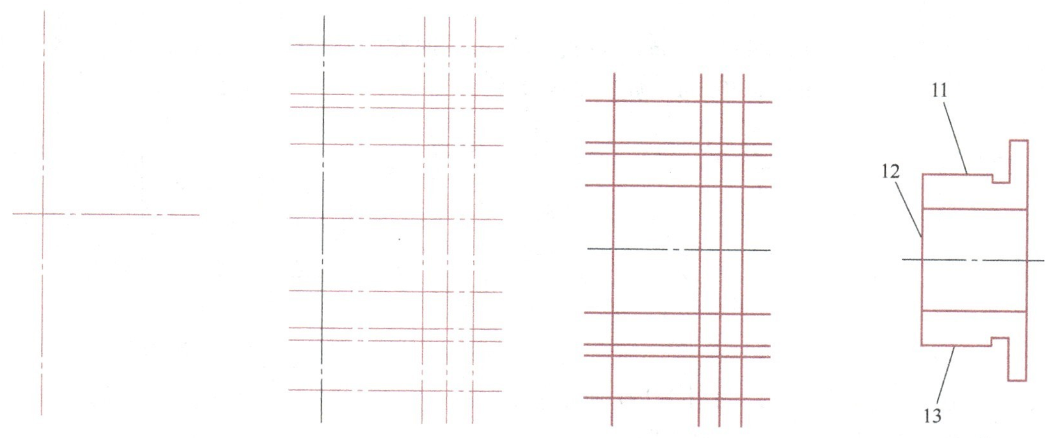

图 3-182　绘制中心线　　图 3-183　偏移中心线　　图 3-184　转换图层　　图 3-185　盖外轮廓

7）单击“默认”选项卡下“修改”面板中的“倒角”按钮，在命令行输入“A”后按<Enter>键，在命令行输入“1”后按<Enter>键，在命令行中输入“45”后按<Enter>键，然后选择图 3-185 所示的轮廓线 11 和轮廓线 12。

8）重复步骤 7)，选择图 3-185 所示的轮廓线 12 和轮廓线 13，效果如图 3-186 所示。

9）单击“默认”选项卡下“绘图”面板中的“直线”按钮，选择图 3-186 所示的交点 10，在水平方向上绘制平行于中心线的直线。

10）单击“默认”选项卡下“绘图”面板中的“直线”按钮，选择如图 3-186 所示的交点 11，在水平方向上绘制平行于中心线的直线，效果如图 3-187 所示。

11）在“图层”面板中，将“细实线”置为当前图层。单击“默认”选项卡下“绘图”面板中的“图案填充”按钮，弹出“图案填充和渐变色”对话框，选择需要填充剖面线的图形区域。

12）在“图案填充创建”选项卡→“图案”面板中选择“ANSI31”，“角度”设置为“0”，“比例”设置为“0. 5”。单击“关闭图案填充创建”按钮，完成剖面线的填充，效果如图 3-188 所示。

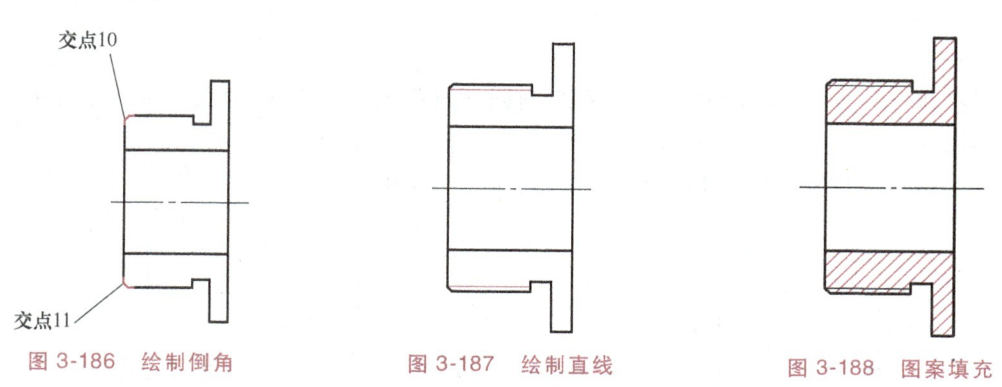

图 3-186　绘制倒角　　图 3-187　绘制直线　　图 3-188　图案填充

5. 绘制把手

1）绘制一条长度为 40mm 的水平直线，过直线的端点绘制两条长度为 30mm 的竖直直线，如图 3-189 所示。

2）将直线 a 水平向右偏移 28mm，将直线 b 水平向左偏移 4mm，然后将直线 c 竖直向上分别偏移 10mm、18mm 和 30mm，如图 3-190 所示。

图 3-189　绘制直线

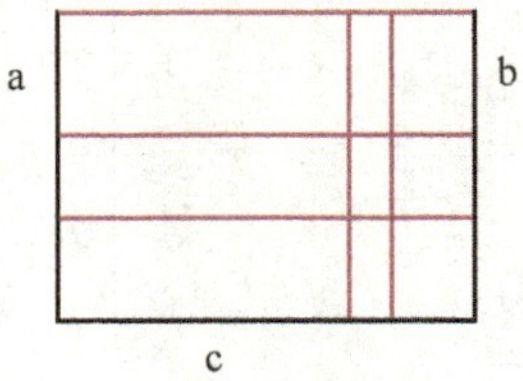

图 3-190　偏移直线

3）绘制一条倾斜直线，如图 3-191 所示。

4）修剪图形对象，如图 3-192 所示。

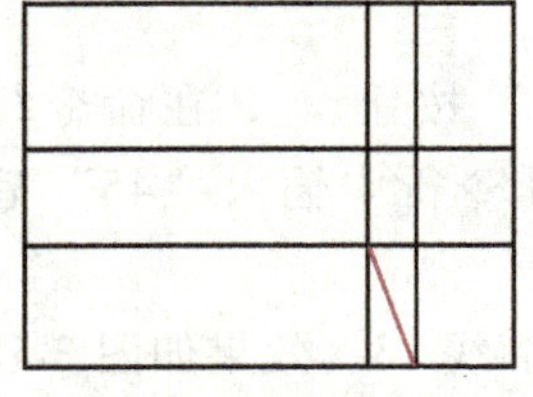

图 3-191　绘制倾斜直线

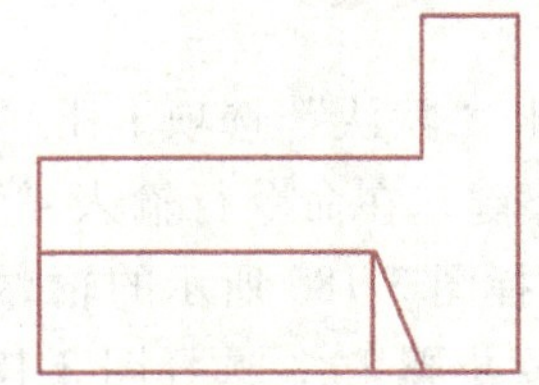

图 3-192　修剪图形对象

5）将轴线的线型设置为点画线，并调整长度，然后镜像复制图形对象，如图 3-193 所示。

6）如图 3-193 所示，将直线 a 向右偏移 12mm 生成直线 b，将直线 b 分别向两侧各偏移 5mm，如图 3-194 所示。

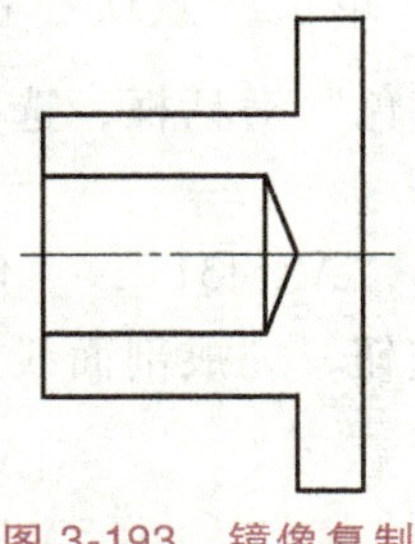

图 3-193　镜像复制

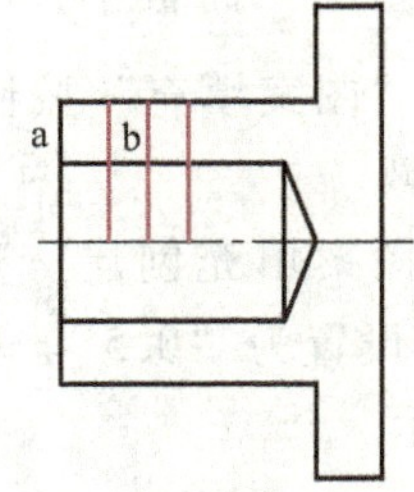

图 3-194　偏移直线

7）修剪上一步偏移后的直线，然后绘制圆弧（圆柱面与圆柱面相交而形成的圆弧交线），如图 3-195 所示。

8）绘制图 3-196 所示的过渡圆弧，圆弧半径为 12mm。

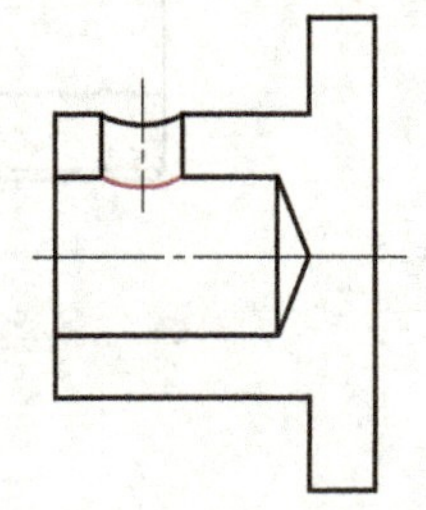

图 3-195　绘制圆弧

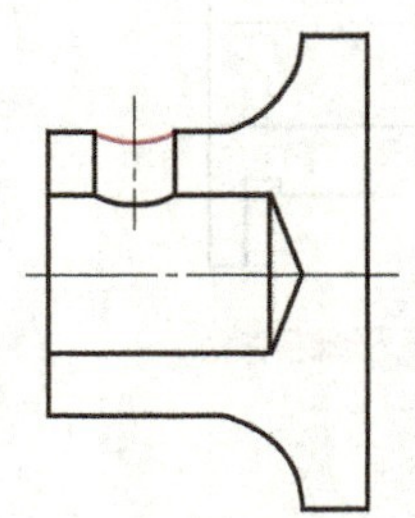

图 3-196　绘制过渡圆弧

9）绘制把手右端凹槽，如图 3-197 所示，命令行提示：

```
命令：C
CIRCLE
指定圆的圆心或[三点(3P)/两点(2P)/切点、切点、半径(T)]:  //按住<Shift>键的同时右击，在弹出的菜单中选择“自(F)”命令
_from 基点:  //捕捉点 1
<偏移>: @ 36,0
指定圆的半径或 [直径(D)]<0.0000>: 40
```

10）修剪图形，效果如图 3-198 所示。

11）填充表示网纹的图案，如图 3-199 所示，完成把手的绘制工作。

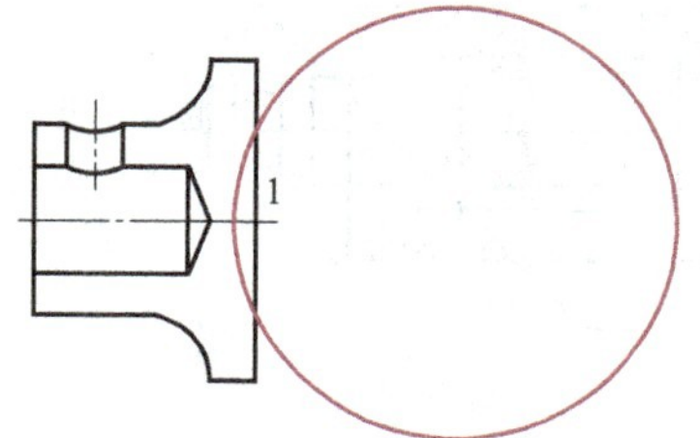

图 3-197　绘制把手右端凹槽

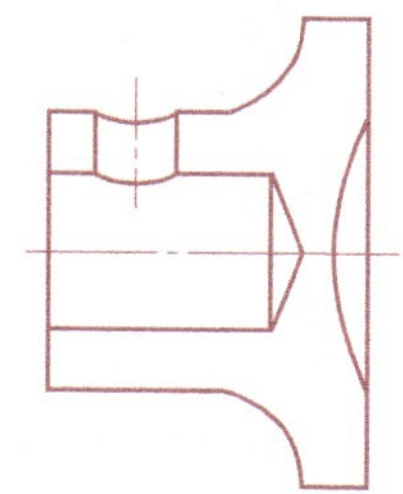

图 3-198　修剪图形

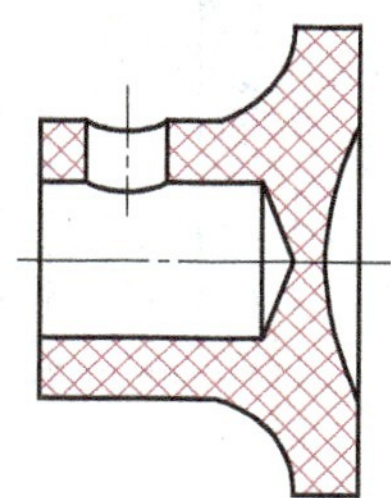

图 3-199　填充网纹

6. 绘制螺钉和弹簧

本例中的螺钉代号是 M10×20，这表示螺钉的螺纹大径为 10mm、公称长度为 20mm。由于螺钉属于标准件，可以通过购买方式来获得，所以在绘制装配图的时候只需绘制它的“示意图”即可，并标注清楚。

同理，图中弹簧也是标准件，在装配图中绘制其示意图即可。

7. 拼画装配图

1）单击“默认”选项卡下“块”面板中的“创建”按钮，选择所绘制的支架，将支架生成块。

2）重复步骤 1），将前面所绘的零件全部生成块。

3）单击“默认”选项卡下“块”面板中的“插入”按钮，首先插入支架，效果如图 3-200 所示。

4）单击“默认”选项卡下“块”面板中的“插入”按钮，插入套筒，效果如图 3-201 所示。

5）单击“默认”选项卡下“块”面板中的“插入”按钮，插入定位销，效果如图 3-202 所示。

6）单击“默认”选项卡下“块”面板中的“插入”按钮，插入弹簧，效果如图 3-203 所示。

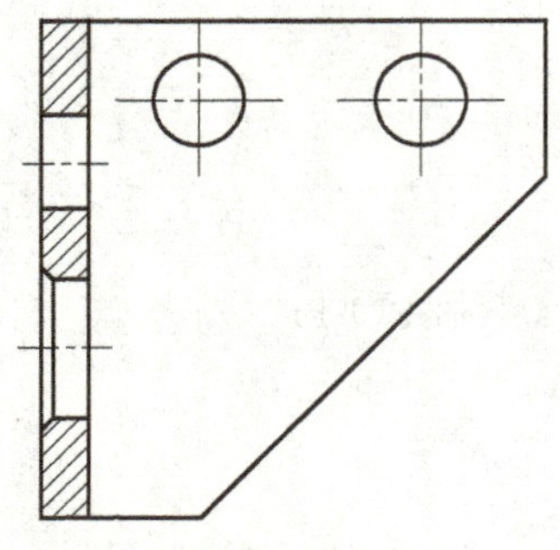
图 3-200　插入支架

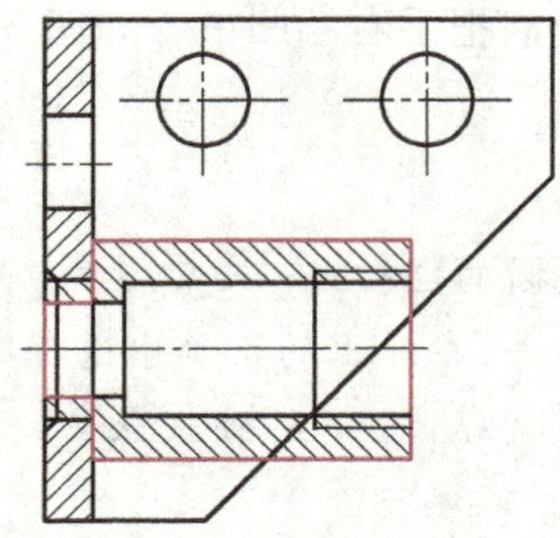
图 3-201　插入套筒

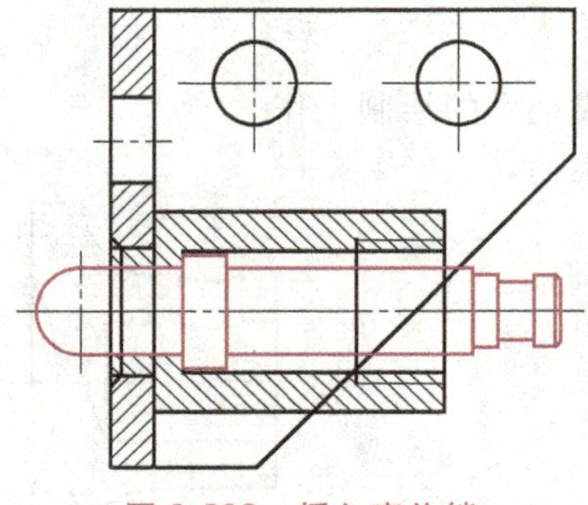
图 3-202　插入定位销

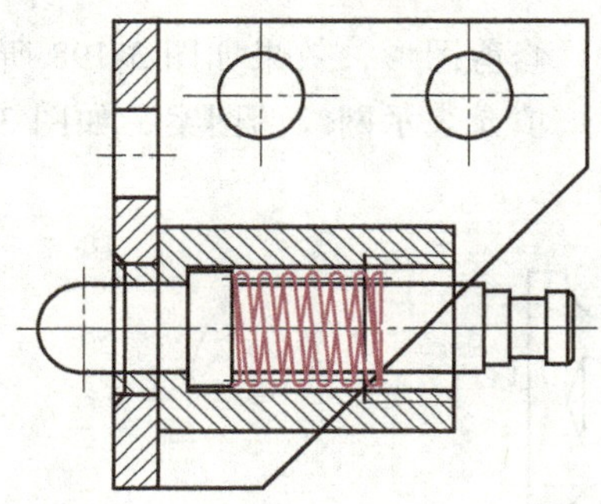
图 3-203　插入弹簧

7）单击“默认”选项卡下“块”面板中的“插入”按钮，插入盖，效果如图 3-204 所示。

8）单击“默认”选项卡下“块”面板中的“插入”按钮，插入把手，效果如图 3-205 所示。

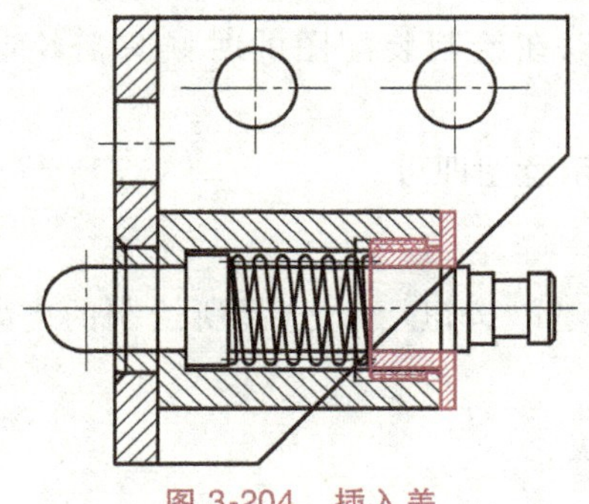
图 3-204　插入盖

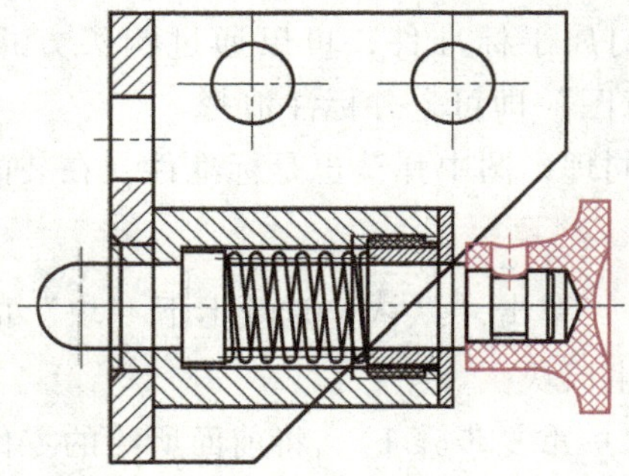
图 3-205　插入把手

9）单击“默认”选项卡下“块”面板中的“插入”按钮，插入螺钉，效果图 3-206 所示。

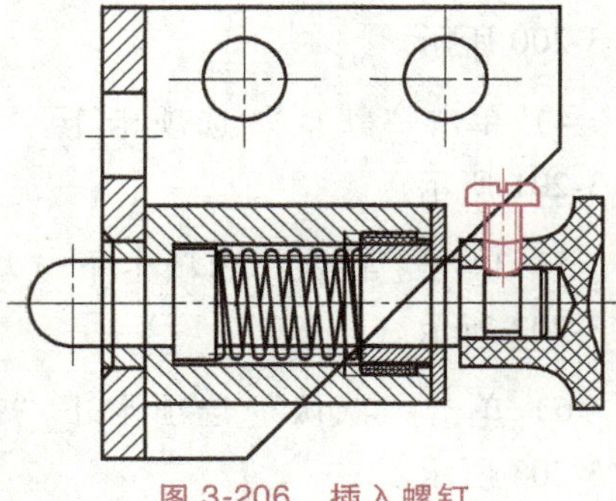
图 3-206　插入螺钉

10）单击“默认”选项卡下“修改”面板中的“分解”按钮，选中图 3-206 所示的视图，按 <Enter>键。

11）单击“默认”选项卡下“修改”面板中的“修剪”按钮，选择相应线条进行修剪，效果如

图 3-207 所示。

12）单击“注释”选项卡下“标注”面板中的“引线”按钮，选择各个零件进行件号标注，单击“线宽”按钮，如图 3-208 所示。

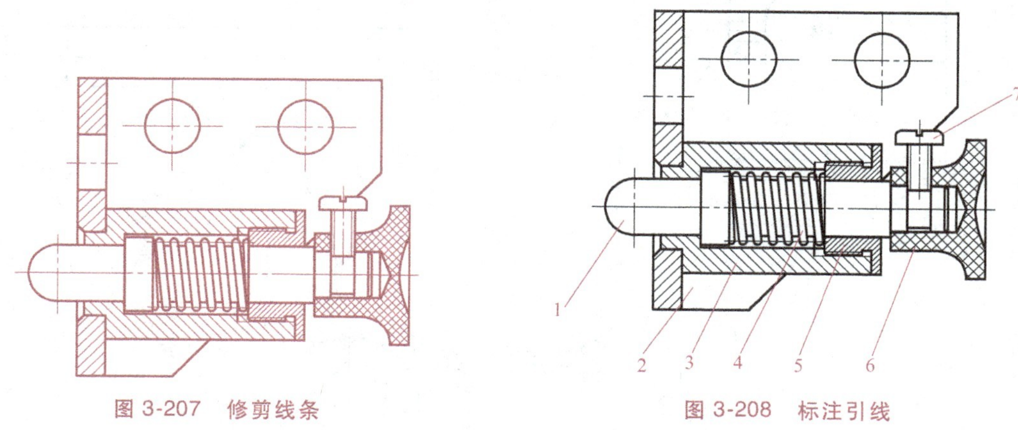

图 3-207　修剪线条

图 3-208　标注引线

8. 填写标题栏

根据图样要求完成标题栏填写，完成定位器装配图绘制，如图 3-156 所示。

【小结】

通过本任务的学习，可以熟练绘制装配图。

【课后训练】

完成图 3-209 所示千斤顶装配图的绘制。其零件图如图 3-210～图 3-216 所示。

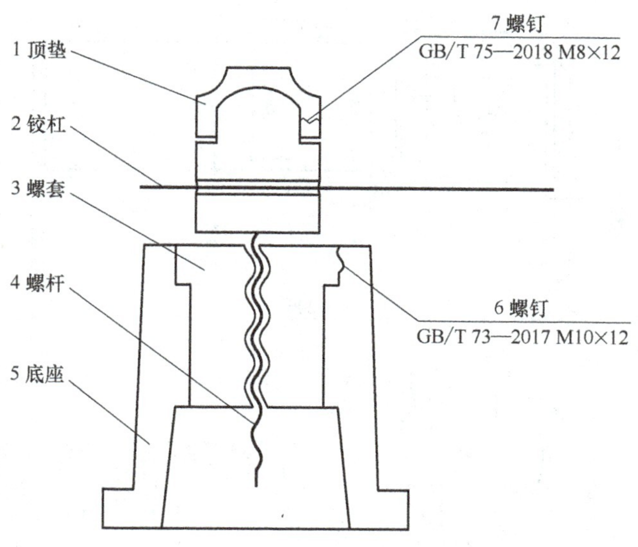

图 3-209　千斤顶装配示意图

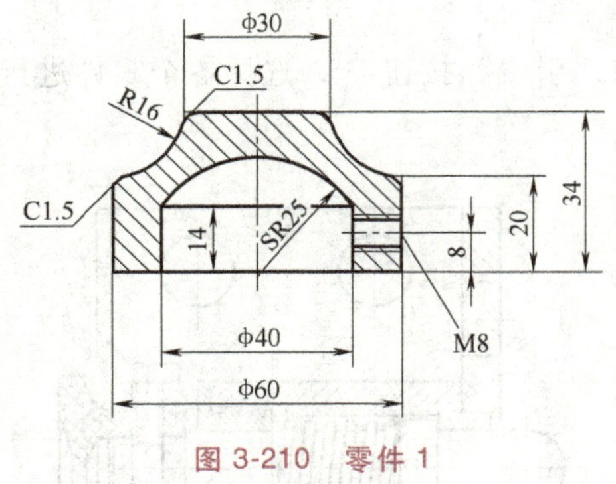

图 3-210　零件 1

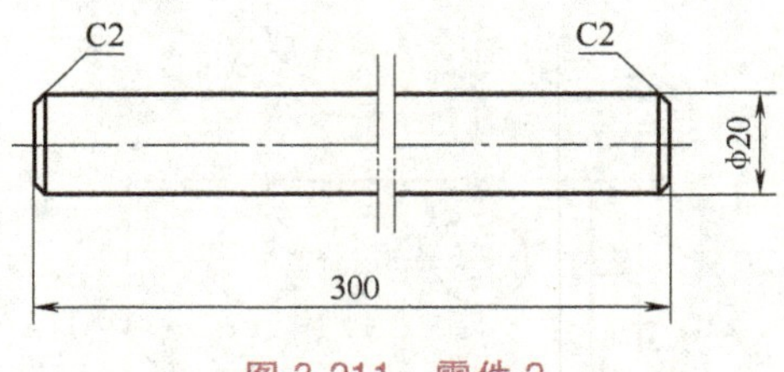

图 3-211　零件 2

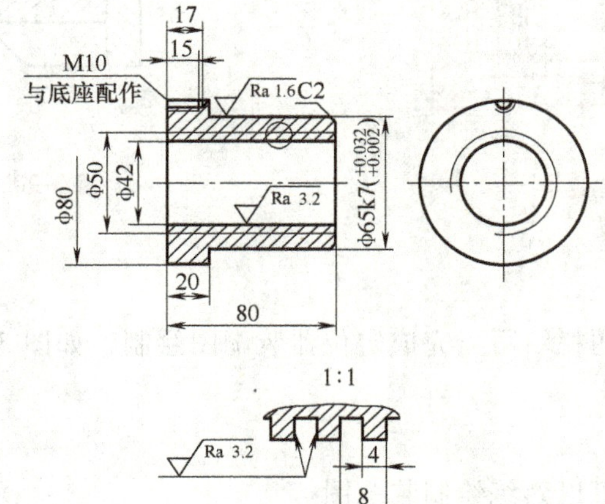

图 3-212　零件 3

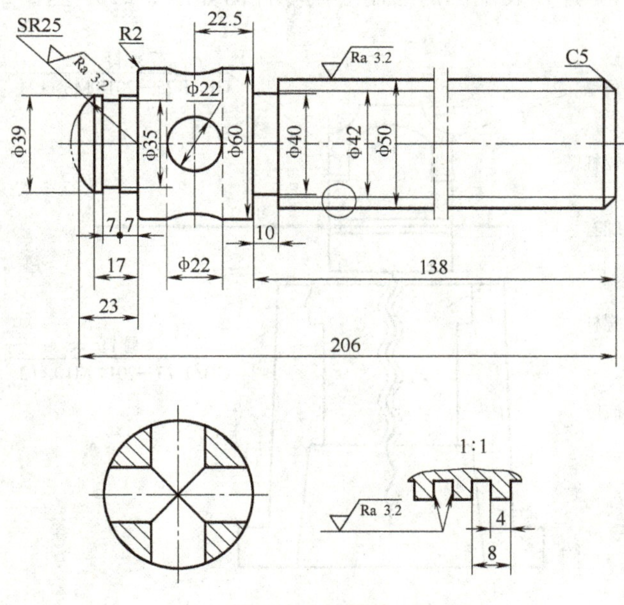

图 3-213　零件 4

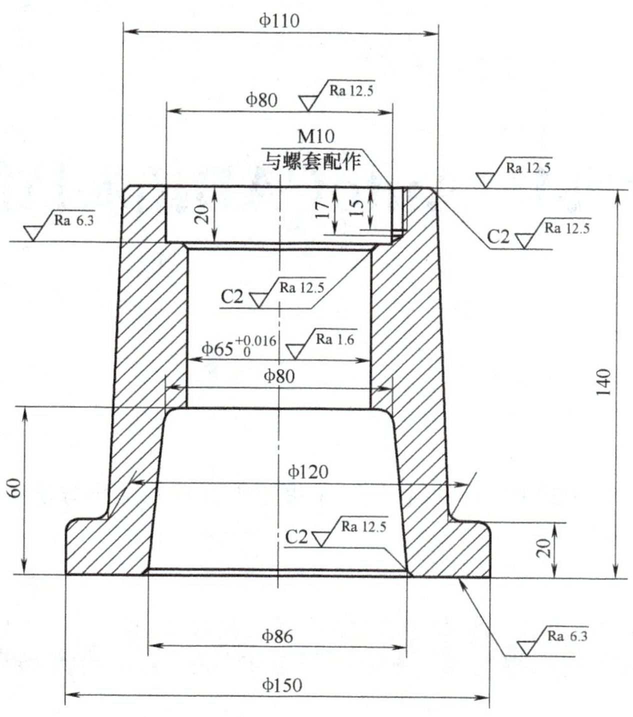

图 3-214 零件 5

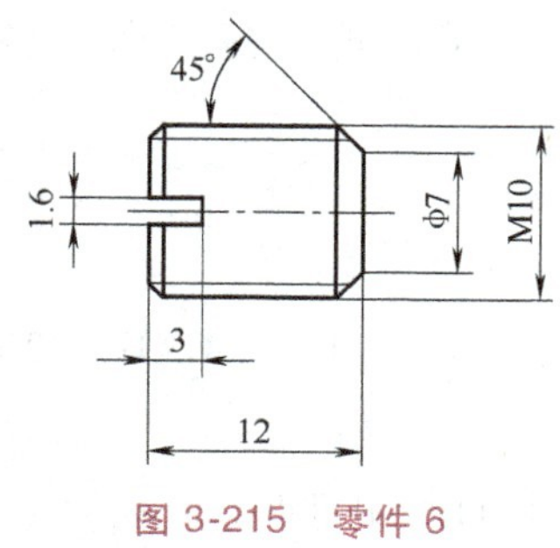

图 3-215 零件 6

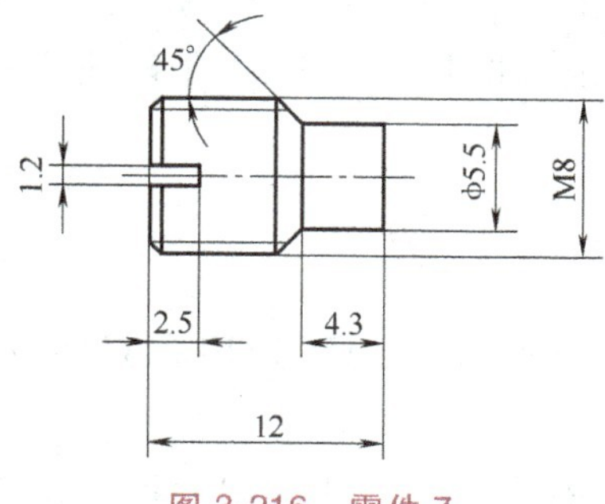

图 3-216 零件 7

模块4　AutoCAD拓展技能

【素养目标】

通过学习 AutoCAD 2020 中的拓展技能，掌握图形文件的输出方法，培养学生有的放矢，善作善成的品质。

项目 1　文件的打印

在使用 AutoCAD 完成所有的设计和制图工作之后，就需要将图形文件打印为图样或输出为其他格式。在这个过程中，为在一张图纸上得到一幅完整的图形，必须恰当地规划图形的布局，合理地安排图纸规格和尺寸，正确地选择打印设备及打印参数。

【学习目标】

1）掌握 AutoCAD 2020 的打印方法，具备使用不同方法打印 AutoCAD 2020 图样的能力。

2）熟悉 AutoCAD 2020 打印参数的设置方法，能熟练进行打印页面设置。

3）掌握 AutoCAD 2020 打印命令的调用方法，能根据图样选择合适的打印方法。

任务　打 印 文 件

【任务描述】

本任务是完成图 4-1 所示图样的单比例打印设置。具体要求：打开图 4-1 所示素材图样，将图样按照单比例打印输出为 PDF 文件，并将其命名为“4-1. pdf”存入练习目录中。

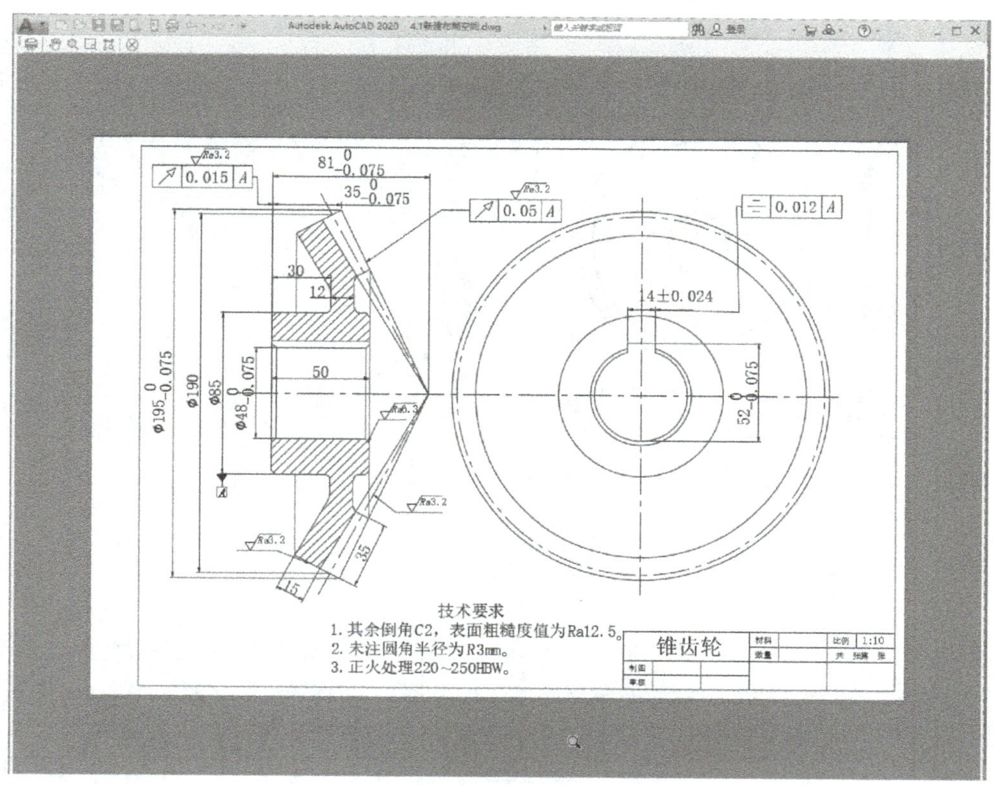

图 4-1　打印图样

【任务分析】

单比例打印通常用于打印简单的图形，机械零件图样多用这种方法打印。通过本任务，用户可以熟悉布局空间的创建、多视口的创建、视口的调整、打印比例的设置、图形的打印等操作过程。

【任务实施】

操作步骤如下。

1）打开素材图样源文件，如图 4-2 所示。

2）按组合键<Ctrl+P>，弹出“打印-模型”对话框。在“名称”列表框中选择所需的打印机，本任务以“DWG To PDF. pc3”打印机为例。

3）设置图纸尺寸。在“图纸尺寸”列表框中选择“ISO full bleed A3（420.00×297.00毫米）”选项，如图 4-3 所示。

4）设置打印区域。在“打印范围”列表中选择“窗口”选项，系统自动返回绘图区，然后在其中框选出要打印的区域，如图 4-4 所示。

5）设置打印偏移。返回“打印-模型”对话框之后，勾选“打印偏移（原点设置在可打印区域）”选项组中的“居中打印”复选框，如图 4-5 所示。

6）设置打印比例。取消勾选“打印比例”选项组中的“布满图纸”复选框，然后在“比例”列表框中选择“1∶1”选项，如图 4-5 所示。

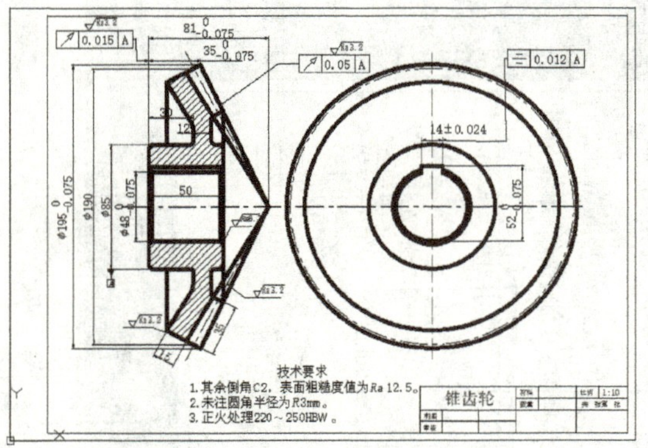

图 4-2 素材图样源文件

图 4-3 “打印-模型”对话框

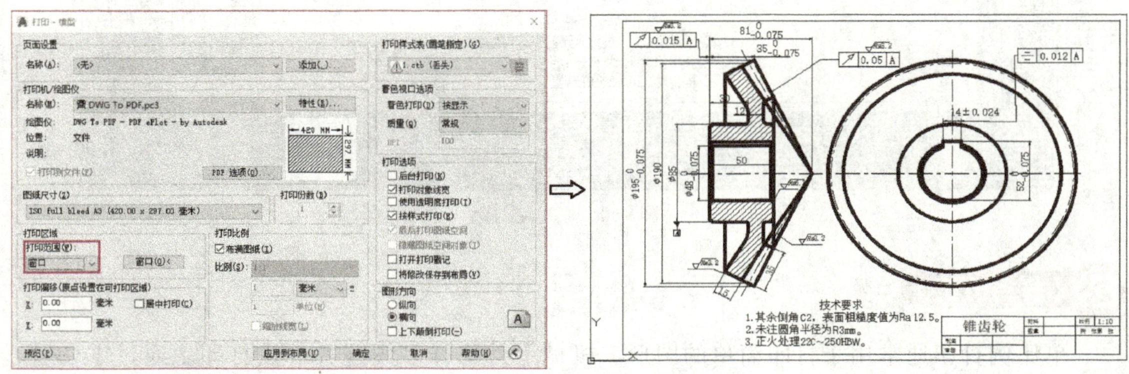

图 4-4 设置打印区域

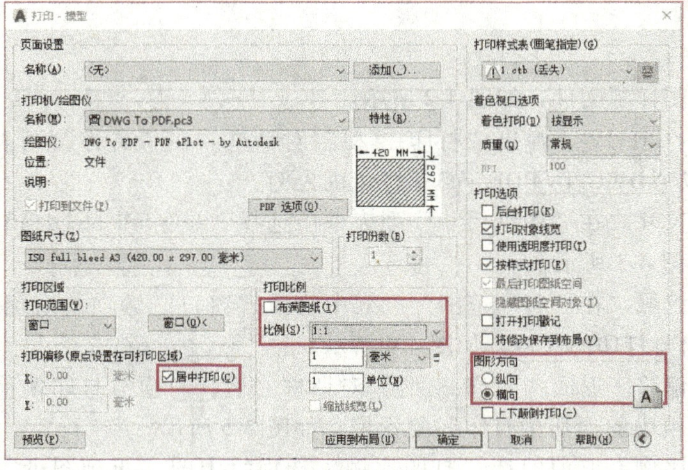

图 4-5 设置其他参数

7）设置图形方向，本任务图框为横向放置，因此在“图形方向”选项组中设置打印方向为横向，如图 4-5 所示。

8）打印预览。所有参数设置完成后，单击“打印-模型”对话框左下角的“预览”按钮进行打印预览，效果如图 4-1 所示。

9）打印图形。图形显示无误后，便可以在预览窗口中右击，在弹出的快捷菜单中选择“打印”命令，即可进行打印。

【相关知识】

一、打印设备的设置

常见的打印设备有打印机和绘图仪。在输出图样时，首先需要添加和配置要使用的打印设备。

1. 命令调用

1）菜单栏：选择“文件”→“绘图仪管理器”命令。

2）功能区：单击“输出”选项卡下“打印”面板中的“绘图仪管理器”按钮。

3）命令行：输入“plottermanager”。

2. 操作方法

1）选择菜单栏中的“视图”→“界面”命令，打开“选项”对话框，如图 4-6a 所示。

2）选择“打印和发布”选项卡，单击“添加或配置绘图仪”按钮，如图 4-6a 所示。

3）系统打开“Plotters”窗口，如图 4-6b 所示。

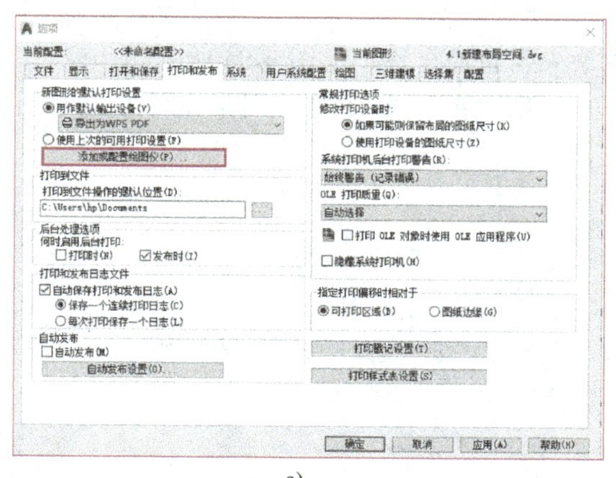

a)

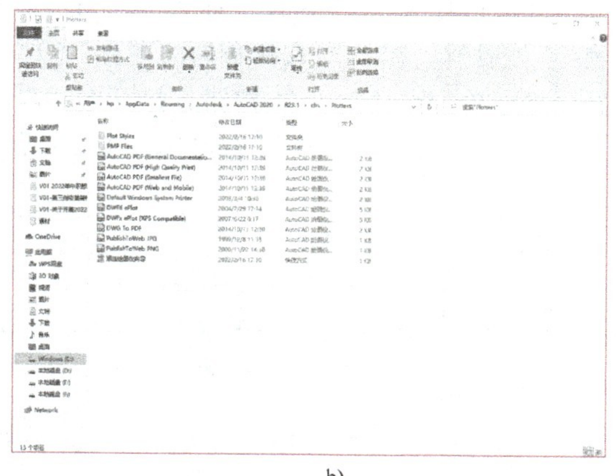

b)

图 4-6 打印设备的设置

4）添加新的绘图仪器或打印机，可双击“Plotters”窗口中的“添加绘图仪向导”按钮，打开“添加绘图仪-简介”对话框，如图 4-7 所示，然后按向导逐步添加。

5）双击“Plotters”窗口中的绘图仪配置图标，例如 DWF6 ePlot，打开“绘图仪配置编辑器”对话框，如图 4-8 所示，然后对绘图仪进行相关设置。

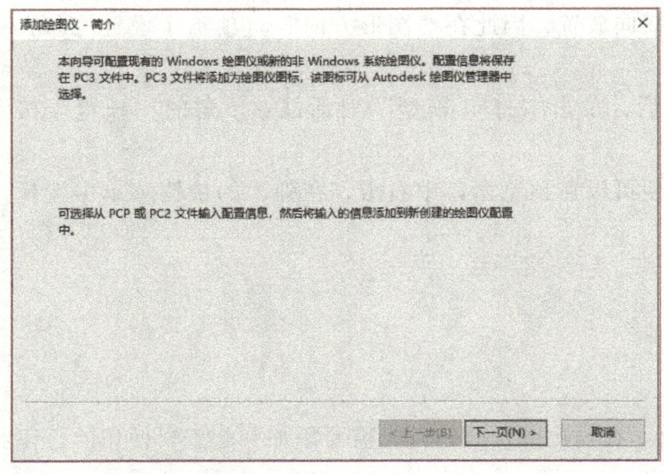

图 4-7　添加新的绘图仪器或打印机

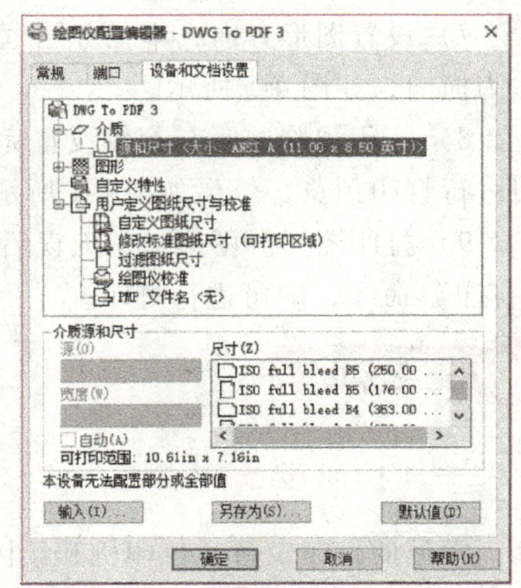

图 4-8　“绘图仪配置编辑器”对话框

二、创建布局

图纸空间是图纸布局环境，可以在这里指定图纸大小、添加标题栏、显示模型的多个视图及创建图形标注和注释。

1. 命令调用

1）菜单栏：选择“插入”→“布局”→“创建布局向导”命令。

2）命令行：输入“layoutwizard”。

2. 操作方法

1）选择菜单栏中的“插入”→“布局”→“创建布局向导”命令，打开“创建布局-开始”对话框。在“输入新布局的名称”文本框中输入新布局名称，如图 4-9a 所示。

2）单击“下一页”按钮，打开图 4-9b 所示的“创建布局-打印机”对话框。在该对话框中为新建的“机械图”布局选择配置的绘图仪。

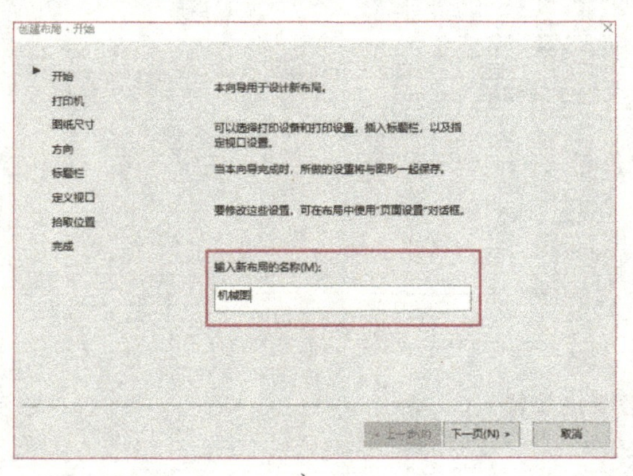

a)

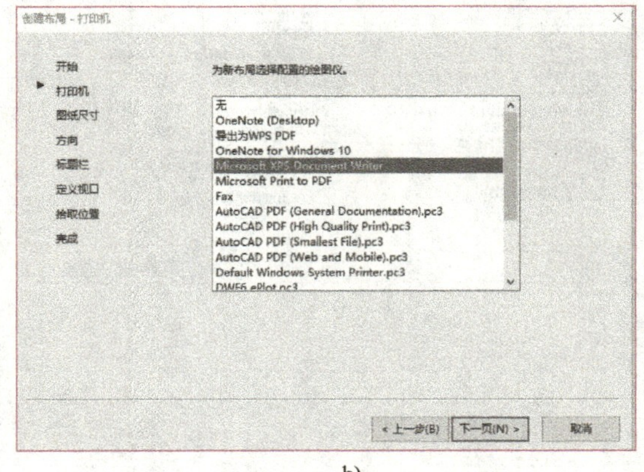

b)

图 4-9　“创建布局-开始”和“创建布局-打印机”对话框

3）单击“下一页”按钮，打开图 4-10a 所示的“创建布局-图纸尺寸”对话框。该对话框用于选择打印图纸的大小和所用的单位。在“图纸尺寸”列表框中列出可用的各种格式的图纸，由选择的打印设备决定，可从中选择一种格式。“图形单位”选项组用于控制输出图形的单位，可以选择“毫米”“英寸”“像素”。选中“毫米”单选按钮，即以毫米为单位，再选择图纸的大小，如 ISO A4（297.01mm×210.02mm）。

4）单击“下一页”按钮，打开如图 4-10b 所示的“创建布局-方向”对话框。在该对话框中选中“纵向”或“横向”单选按钮，可设置图形在图纸上的布置方向。

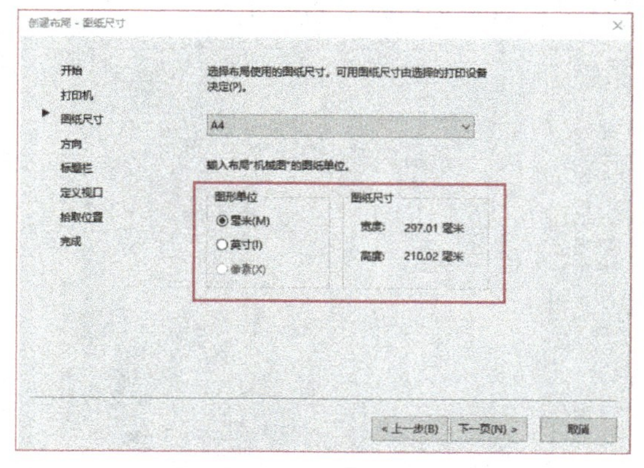

a)

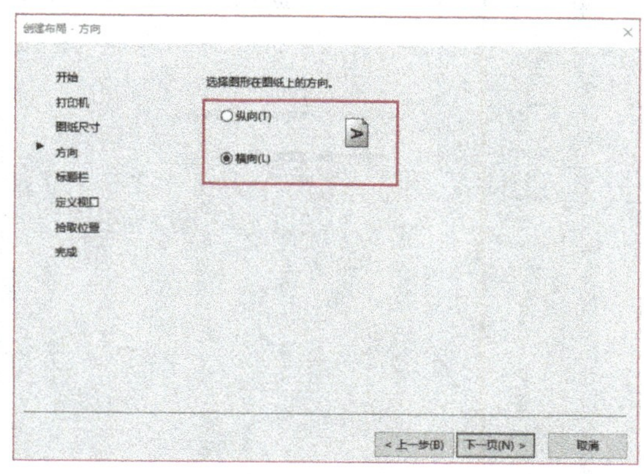

b)

图 4-10　“创建布局-图纸尺寸”和“创建布局-方向”对话框

5）单击“下一页”按钮，打开图 4-11a 所示的“创建布局-标题栏”对话框。在该对话框左侧的列表框中列出当前可用的图纸边框和标题栏样式，可从中选择一种，作为创建布局的图纸边框和标题栏样式，在对话框右侧的预览框中显示所选的样式。在对话框下面的“类型”选项组中，可以指定所选标题栏图形文件是作为“块”，还是作为“外部参照”插入当前图形中。一般情况下，在绘图时都已经绘制出标题栏，因此在“路径”列表框中选择“无”选项即可。

6）单击“下一页”按钮，打开图 4-11b 所示的“创建布局-定义视口”对话框。在该对话框中可以指定新创建的布局默认视口设置和比例等。其中，“视口设置”选项组用于设置当前布局，定义视口数；“视口比例”列表框用于设置视口的比例。选中“阵列”单选按

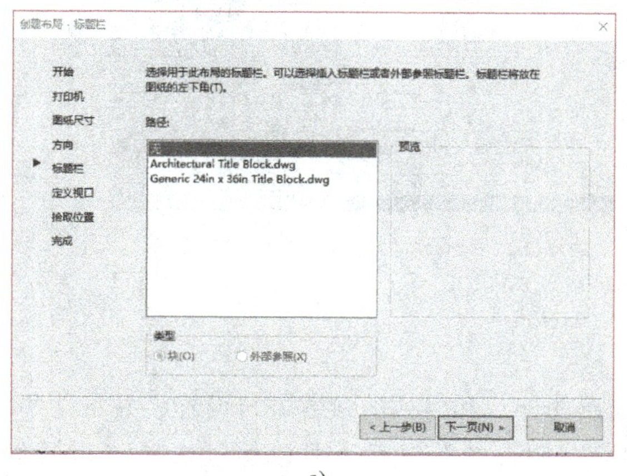

a)

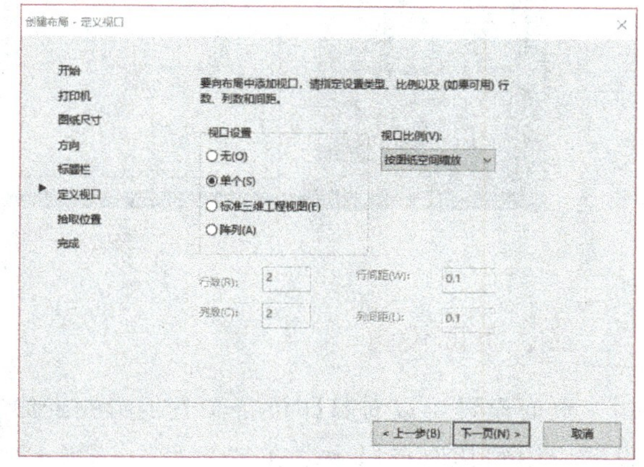

b)

图 4-11　“创建布局-标题栏”和“创建布局-定义视口”对话框

钮时，下面四个文本框变为可用，“行数”和“列数”两个文本框分别用于输入视口的行数和列数，“行间距”和“列间距”两个文本框分别用于输入视口的行间距和列间距。

7）单击“下一页”按钮，打开图4-12a所示的“创建布局-拾取位置”对话框。在该对话框中单击“选择位置”按钮，系统暂时关闭该对话框，返回绘图区，从图形中指定视口配置的大小和位置。

8）单击“下一页”按钮，打开图4-12b所示的“创建布局-完成”对话框。

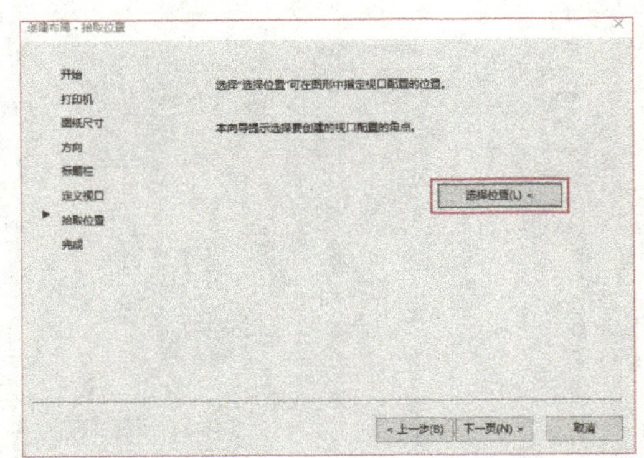

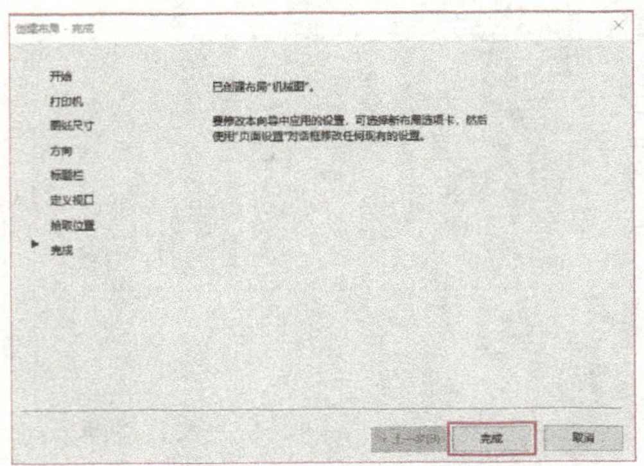

图4-12 “创建布局-拾取位置”和“创建布局-完成”对话框

9）单击“完成”按钮，完成新布局“机械图”的创建。系统自动返回布局空间，显示新创建的“机械图”布局，如图4-13所示。

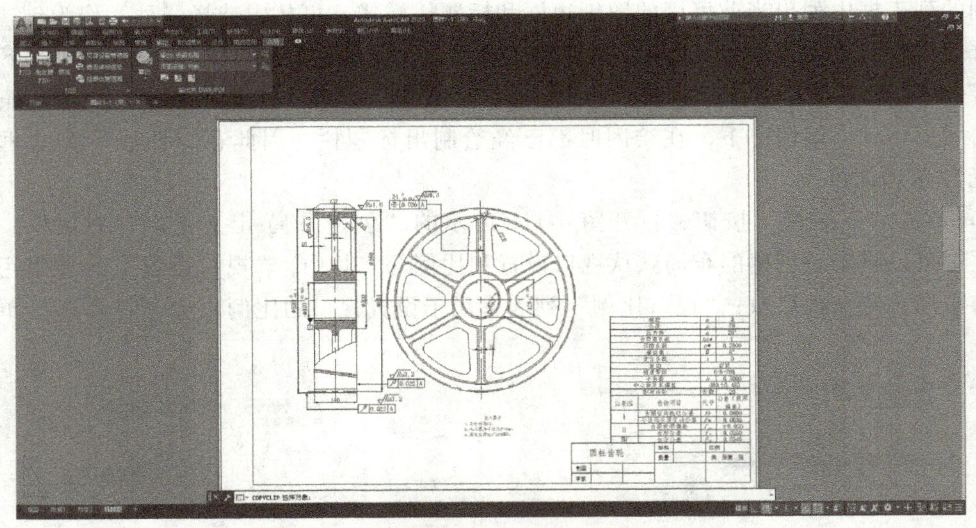

图4-13 完成新布局“机械图”的创建

三、页面设置

页面设置可以对打印设备和其他影响最终输出的外观和格式的参数进行设置，并将这些设置应用到其他布局中。在“模型”选项卡中完成图形的绘制后，可以通过选择“布局”选项卡创建要打印的布局。“页面设置”中指定的各种设置和布局将一起存储在图形文件中，用户可以随时修改页面设置中的选项。

1. 命令调用

1）菜单栏：选择“文件”→“页面设置管理器”命令。

2）功能区：单击“输出”选项卡下“打印”面板中的“页面设置管理器”按钮。

3）快捷菜单：在“模型”空间或“布局”空间中右击“模型”或“布局”选项卡，在弹出的快捷菜单中选择“页面设置管理器”命令。

4）命令行：输入“pagesetup”。

2. 操作方法

1）选择菜单栏中的“文件”→“页面设置管理器”命令，在打开的“页面设置管理器”对话框中可以完成新建布局、修改原有布局、输入存在的布局和将某一布局置为当前等操作，如图 4-14 所示。

2）在“页面设置管理器”对话框中单击“新建”按钮，打开“新建页面设置”对话框，如图 4-15 所示。

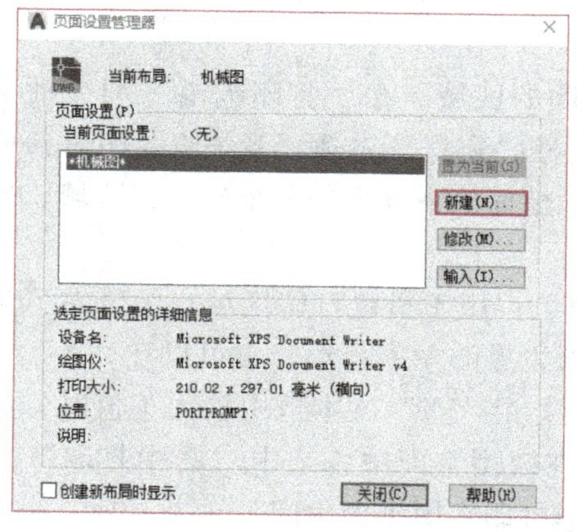

图 4-14 “页面设置管理器”对话框

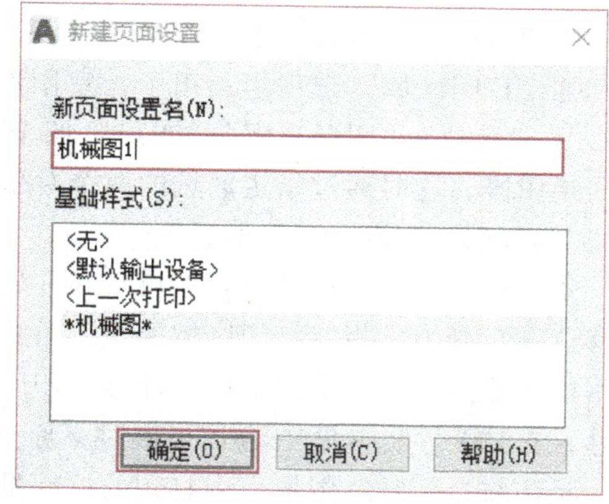

图 4-15 “新建页面设置”对话框

3）在“新页面设置名”文本框中输入新建页面的名称，例如“机械图 1”，单击“确定”按钮，打开“页面设置-机械图”对话框，如图 4-16 所示。

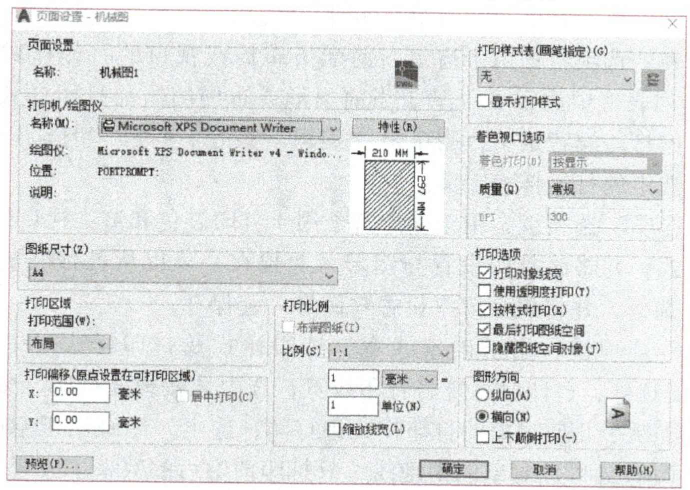

图 4-16 “页面设置-机械图”对话框

在“页面设置-机械图”对话框中可以设置布局和打印设备并预览布局的结果。对于一个布局，可利用“页面设置-机械图”对话框来完成其设置，虚线表示图纸中当前配置的图纸尺寸和绘图仪的可打印区域。设置完毕后，单击“确定”按钮。

“页面设置-机械图”对话框中的各选项功能介绍如下。

①“打印机/绘图仪”选项组：用于选择打印机或绘图仪。在“名称”列表框中列出所有可用的系统打印机和PC3文件，从中选择一种打印机，指定为当前已配置的系统打印设备，以打印输出布局图形。单击“特性”按钮，可打开“绘图仪配置编辑器”对话框。

②“图纸尺寸”选项组：用于选择图纸尺寸。其列表框中可用的图纸尺寸由当前为布局所选的打印设备确定。如果配置绘图仪进行光栅输出，则必须按像素指定输出尺寸。通过“绘图仪配置编辑器”可以添加存储在绘图仪配置（PC3）文件中的自定义图纸尺寸。如果使用系统打印机，则图纸尺寸由Windows控制面板中的默认纸张设置决定。为已配置的设备创建新布局时，默认图纸尺寸显示在“页面设置-机械图”对话框中。如果在“页面设置-机械图”对话框中修改了图纸尺寸，则在布局中保存的将是新图纸尺寸，而忽略绘图仪配置文件（PC3）中的图纸尺寸。

③“打印区域”选项组：用于指定图形实际打印的区域。在“打印范围”列表框中有“显示”“窗口”“图形界限”“布局”四个选项。选择“窗口”选项，系统将关闭对话框并返回绘图区，这时通过指定区域的两个对角点或输入坐标值来确定一个矩形打印区域，然后返回“页面设置-机械图”对话框。

④“打印偏移（原点设置在可打印区域）”选项组：用于指定打印区域自图纸左下角的偏移。在布局中，指定打印区域的左下角默认在图纸边界的左下角点，也可以在“X”“Y”文本框中输入一个正值或负值来偏移打印区域的原点。在“X”文本框中输入正值时，原点右移；在“Y”文本框中输入正值时，原点上移。在模型空间中，选中“居中打印”复选框，系统将自动计算图形居中打印的偏移量，将图形打印在图纸的中间。

⑤“打印比例”选项组：用于控制图形单位与打印单位之间的相对尺寸。打印布局时的默认比例是1∶1，在“比例”列表框中可以定义打印的精确比例，选中“缩放线宽”复选框，将对有宽度的线进行缩放。一般情况下，打印时图形中的各实体按图层中指定的线宽来打印，不随打印比例缩放。在模型空间中打印时，默认设置为“布满图纸”。

⑥“打印样式表”选项组：用于指定当前赋予布局或视口的打印样式表。在“打印样式表（画笔指定）列表框中显示了可赋予当前图形或布局的当前打印样式。如果要更改包含在打印样式表中的打印样式定义，则单击“编辑”按钮，打开“打印样式表编辑器”对话框，从中可修改选中的打印样式定义。

⑦“着色视口选项”选项组：用于确定若干用于打印着色和渲染视口的选项。可以指定每个视口的打印方式，并将该打印设置与图形一起保存。可以从各种分辨率（最大为绘图仪分辨率）中进行选择，并将该分辨率设置与图形一起保存。

⑧“打印选项”选项组：用于确定线宽、打印样式及打印样式表等相关属性。选中“打印对象线宽”复选框，打印时系统将打印线宽；选中“按样式打印”复选框，以使用在打印样式表中定义、赋予几何对象的打印样式来打印；选中“隐藏图纸空间对象”复选框，不打印布局环境（图纸空间）对象的消隐线，只打印消隐后的效果。

⑨“图形方向”选项组：用于设置打印时图形在图纸上的方向。选中“横向”单选按

钮，横向打印图形，使图形的顶部在图纸的长边；选中“纵向”单选按钮，纵向打印，使图形的顶部在图纸的短边；选中“上下颠倒打印”复选框，使图形颠倒打印。

四、从模型空间输出图形

从模型空间输出图形时，需要在打印时指定图纸尺寸，即在“打印”对话框中选择要使用的图纸尺寸。在该对话框中列出的图纸尺寸取决于在“打印”或“页面设置”对话框中选定的打印机或绘图仪。

1. 命令调用

1）菜单栏：选择“文件”→“打印”命令。

2）工具栏：单击“标准”工具栏中的“打印”按钮。

3）功能区：单击“输出”选项卡下“打印”面板中的“打印”按钮。

4）命令行：输入“plot”。

2. 操作方法

1）打开需要打印的图形文件，例如“机械图”。

2）选择菜单栏中的“文件”→“打印”命令。

3）打开“打印-模型”对话框，如图 4-17 所示，在该对话框中设置相关选项。

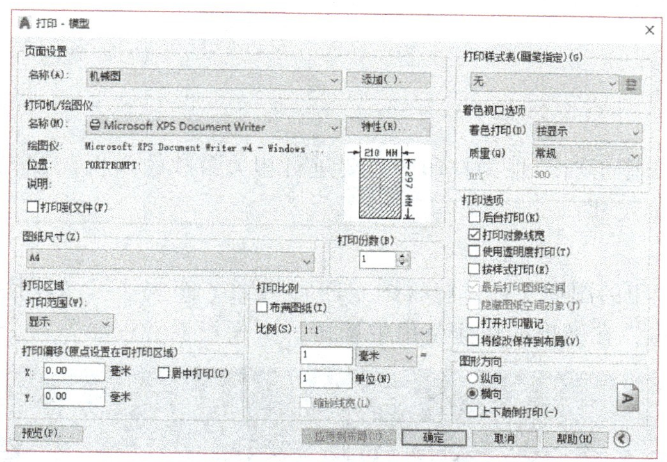

图 4-17　“打印-模型”对话框

①“页面设置”选项组：列出图形中已命名或已保存的页面设置，可以将这些已保存的页面设置作为当前页面设置，也可以单击“添加”按钮，基于当前设置创建一个新的页面设置。

②“打印机/绘图仪”选项组：用于指定打印时使用已配置的打印设备。在“名称”列表框中列出可用的 pc3 文件或系统打印机，可以从中进行选择。设备名称前面的图标识别区分为 pc3 文件，或是系统打印机。

③“打印份数”微调框：用于指定要打印的份数。打印到文件时，此选项不可用。

④“应用到布局”按钮：将当前打印设置保存到当前布局中。

其他选项与“页面设置”对话框中的相同，此处不赘述。

4）完成所有的设置后，单击“确定”按钮开始打印。

执行“preview”（打印预览）命令，以在图纸上打印的方式显示图形。要退出打印预览并返回“打印”对话框，可先按<Esc>键，然后按<Enter>键，或者右击，在弹出的快捷菜单中选择“退出”命令。打印预览效果如图 4-18 所示。

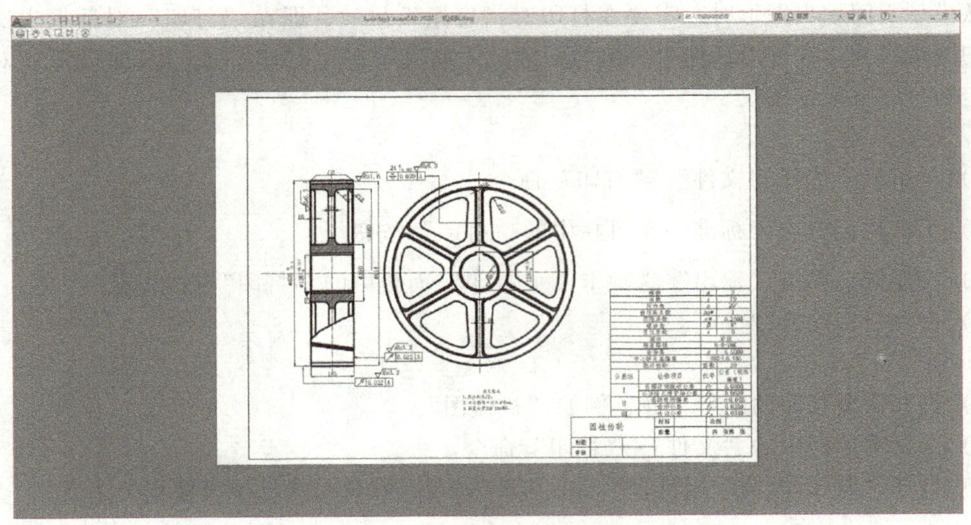

图 4-18　打印预览效果

五、从图纸空间输出图形

从图纸空间输出图形时，根据打印的需要进行相关参数的设置，首先应在“页面设置”对话框中指定图纸的尺寸。

操作方法如下。

1）打开需要打印的图形文件，将视图空间切换到“布局 1”，如图 4-19 所示。在“布局 1”选项卡上右击，在弹出的快捷菜单中选择“页面设置管理器”命令。

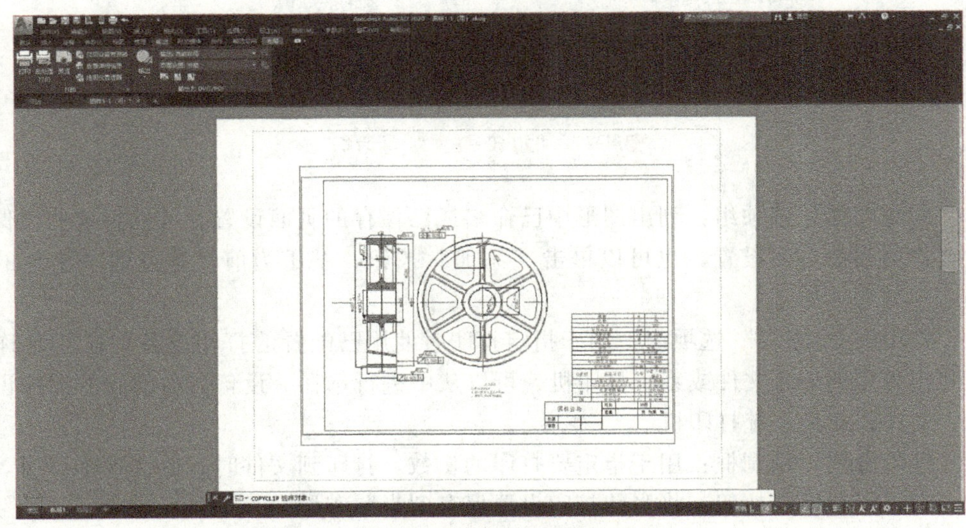

图 4-19　从图纸空间输出图形

2）打开“页面设置管理器”对话框，如图4-20a所示。单击“新建”按钮，打开“新建页面设置”对话框。

3）在“新建页面设置”对话框的“新页面设置名”文本框中输入“零件图”，如图4-20b所示。

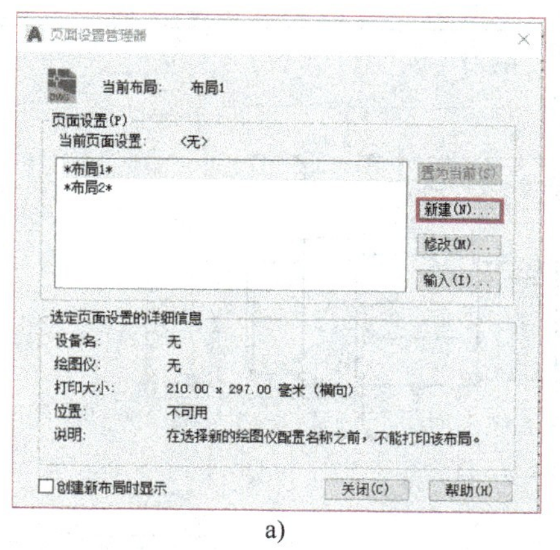

a)

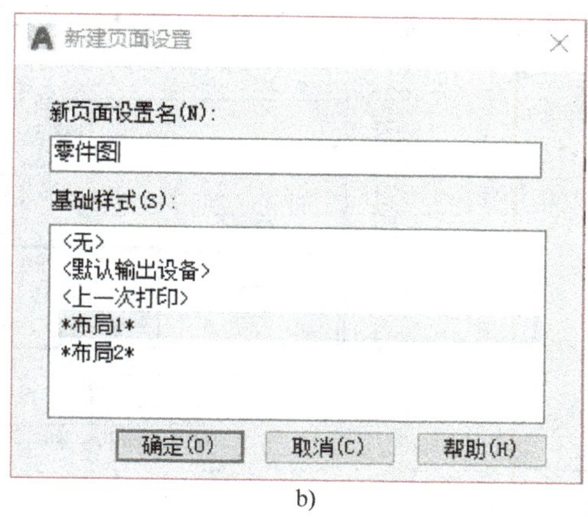

b)

图4-20　“页面设置管理器”和“新建页面设置”对话框

4）单击“确定”按钮，打开“页面设置-布局1”对话框，根据打印的需要进行相关参数的设置，如图4-21所示。

5）设置完成后，单击“确定”按钮，返回“页面设置管理器”对话框。在“当前页面设置”列表框中选择“零件图”选项，单击“置为当前”按钮，将其设置为当前布局，如图4-22所示。

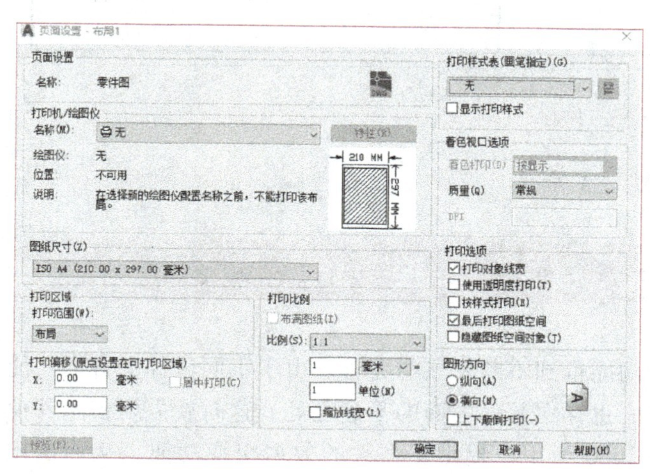
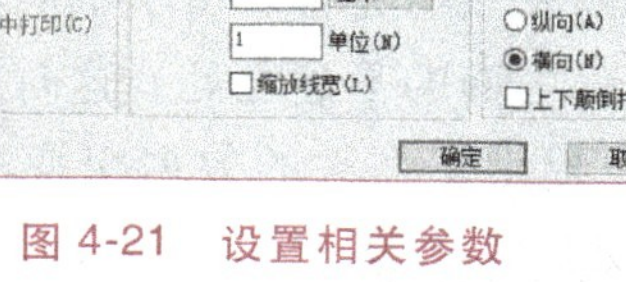

图4-21　设置相关参数

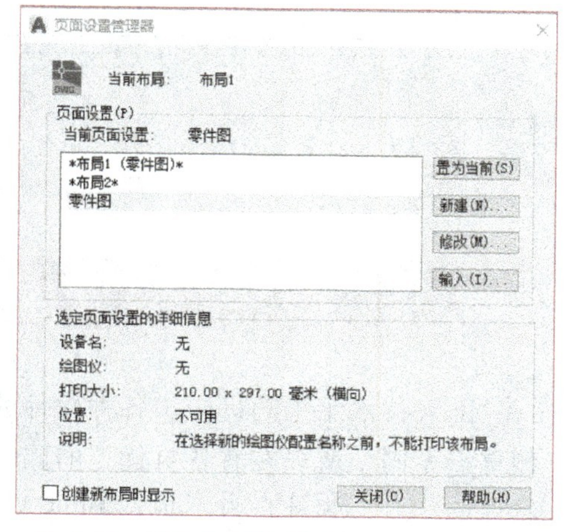

图4-22　“零件图”选项设置为当前布局

6）单击“关闭”按钮，完成“零件图”布局的创建。

【小结】

本项目讲解了AutoCAD 2020的模型空间和布局空间下的打印功能、打印样式、页面设置等操作，用户可以根据实际情况选择适当的打印样式。

【课后训练】

完成图 4-23 所示图样的打印。具体要求：打开素材图样（图 4-22），将图样尺寸选择单比例打印输出为 PDF 文件，并将其命名为“4-23. pdf”存入练习目录中。

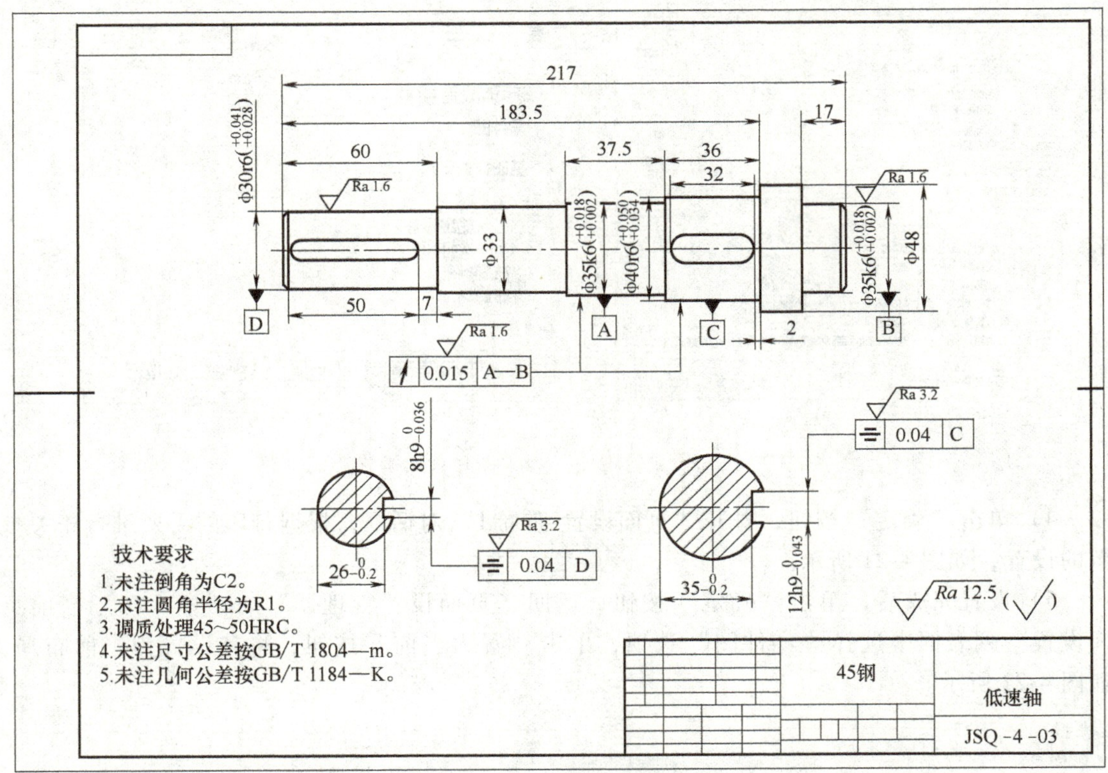

图 4-23 图样打印练习

项目 2 数据交换

随着技术水平的进步，各种软件的功能得到不断发展与完善。由于不同软件平台的功能侧重点不同，所以在有各自优点的同时，也存在其他方面的不足之处，这时就需要借鉴其他软件的优点，弥补自身不足。AutoCAD 2020 为用户提供了强大的数据交换功能，从而实现了 AutoCAD 2020 与其他软件间的数据对接与信息交互。

【学习目标】

1）掌握 AutoCAD 2020 的电子出图的方法和步骤。

2）掌握 AutoCAD 2020 的电子传递与图形发布的方法。

3）熟练使用超链接、输入/输出其他文件格式等功能。

任务　电子出图

【任务描述】

完成图 4-24 所示图样的电子出图。具体要求：打开素材图样，将图样按照单比例打印输出为 DWF 文件，并将其命名为“4-24. dwf”存入练习目录中。

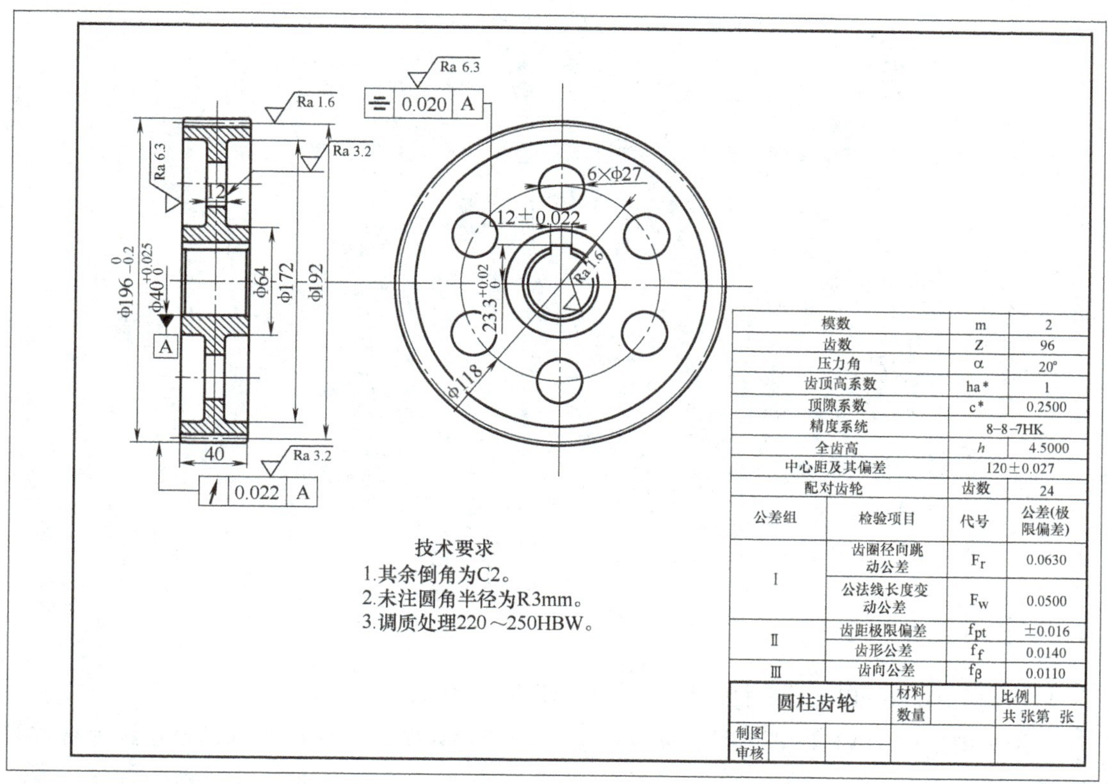

图 4-24　图样的电子出图

【任务分析】

为了更好地在互联网上应用 DWF 文件，提供高质量、高精度的硬备份输出，在此引入“电子出图”（ePlot）的概念，这实际上是一种自动打印到 DWF 文件的打印机制。即便对非 AutoCAD 的用户，也可以创建与传统纸介质输出相同质量和精度的电子图纸，并允许在 DWF Viewer7 中查看打印的 DWF 文件，从而实现随时随地交流信息、沟通与共享设计方案的目的。单比例打印通常用于打印简单的图形，机械图纸多用这种方法打印。通过本任务的操作，用户可以熟悉布局空间的创建、多视口的创建、视口的调整、打印比例的设置、图形的打印等功能。

【任务实施】

操作步骤如下。

1）打开图 4-24 所示素材文件。

2）单击快速访问工具栏中的“打印”按钮，打开“打印-模型”对话框，如图 4-25 所示。默认值为 A4 图纸，用户也可根据需要选择不同型号的图纸，在“打印机/绘图仪”选项组的“名称”列表框中选择“DWF6 ePlot. pc3”打印机，单击“确定”按钮。

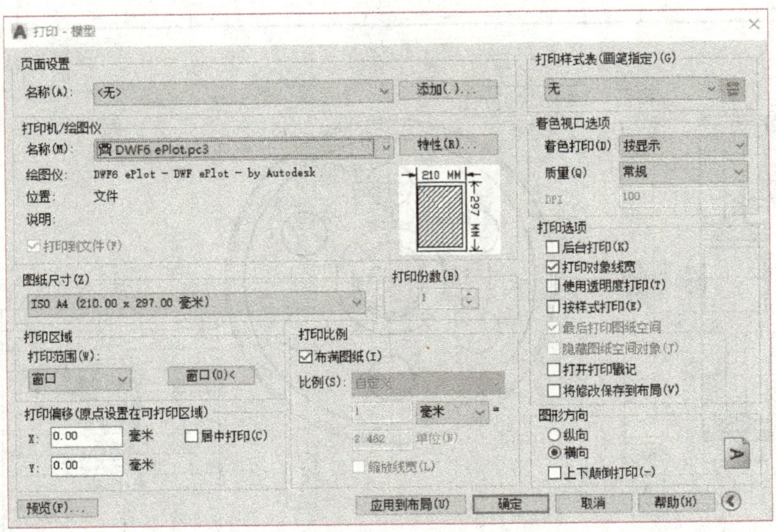

图 4-25 “打印-模型”对话框

3）选择 DWF6 ePlot. pc3 打印机后，图形便可以 DWF 格式输出。

电子出图后的 DWF 格式文件必须在安装 DWF Viewer7 插件的计算机操作系统中被打开并查看。安装 DWF Viewer7 插件后，即可在浏览器中查看 DWF 文件，而且在浏览器的窗口上右击，在弹出的快捷菜单中选择“缩放”（ZOOM）或“平移”（PAN）命令执行图形的显示调整功能，还可以进行打开或关闭图层和打印操作。

【相关知识】

利用 AutoCAD 的电子出图（ePlot）特性，用户可在网络上发布 DWF 文件。DWF 文件具有高速、安全、精确、易于使用等特点。该文件可由互联网浏览器或 Autodesk WHIP4. 0 插件打开、查看或输出。DWF 不是创建工程文档的 CAD 文件格式，仅用来通过互联网发布 CAD 文件和通过浏览器查看发布到网络上的 CAD 数据。

一、DWF 文件的输出

AutoCAD 提供两个配置好的 ePlot. pc3（plotter configuration）文件用于生成 DWF 文件。

用户可以修改这些文件或使用“添加打印机向导”创建新的 DWF 文件并对其进行输出配置。

1. 命令调用

1）菜单栏：选择“文件”→“打印”命令。

2）工具栏：单击“标准”工具栏中的“打印”按钮。

3）命令行：输入“dwfout”或“plot”。

2. 操作方法

执行上述命令后，系统打开“打印-模型”对话框，如图 4-26 所示。在“打印机/绘图仪”选项组的“名称”列表框中选择“DWF6 ePlot. pc3”打印机。该对话框的其他设置与“打印”命令相同，单击“确定”按钮，系统打开“浏览打印文件”对话框，在其中指定文件要输出的文件夹或 URL 地址，以及文件名称后，保存即可。

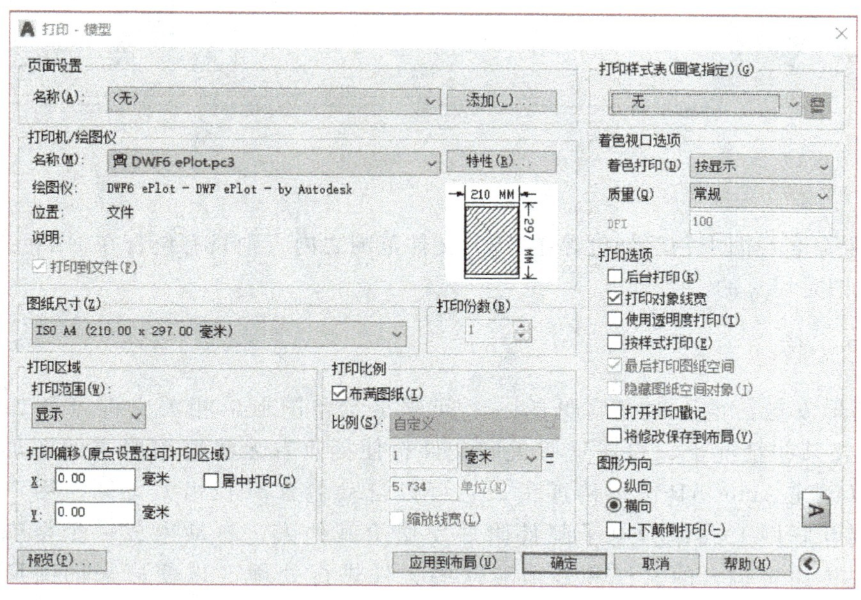

图 4-26 “打印-模型”对话框

二、浏览 DWF 文件

如果用户在计算机中安装了 DWF Viewer7 插件，则可在其中查看 DWF 文件。如果 DWF 文件中包含图层和命名视图，还可在浏览器中控制其显示特征，如图 4-27 所示。

浏览 DWF 文件时，需要注意以下几点。

1）在创建 DWF 文件时，只能把当前用户坐标系下创建的命名视图写入 DWF 文件，任何在非当前用户坐标系下创建的命名视图均不能写入 DWF 文件。

2）在模型空间输出 DWF 文件时，只能把模型空间下的命名视图写入 DWF 文件。

3）在图纸空间输出 DWF 文件时，只能把图纸空间下的命名视图写入 DWF 文件。

4）如果命名视图在 DWF 文件输出范围之外，则在此 DWF 文件中不包含此命名视图。

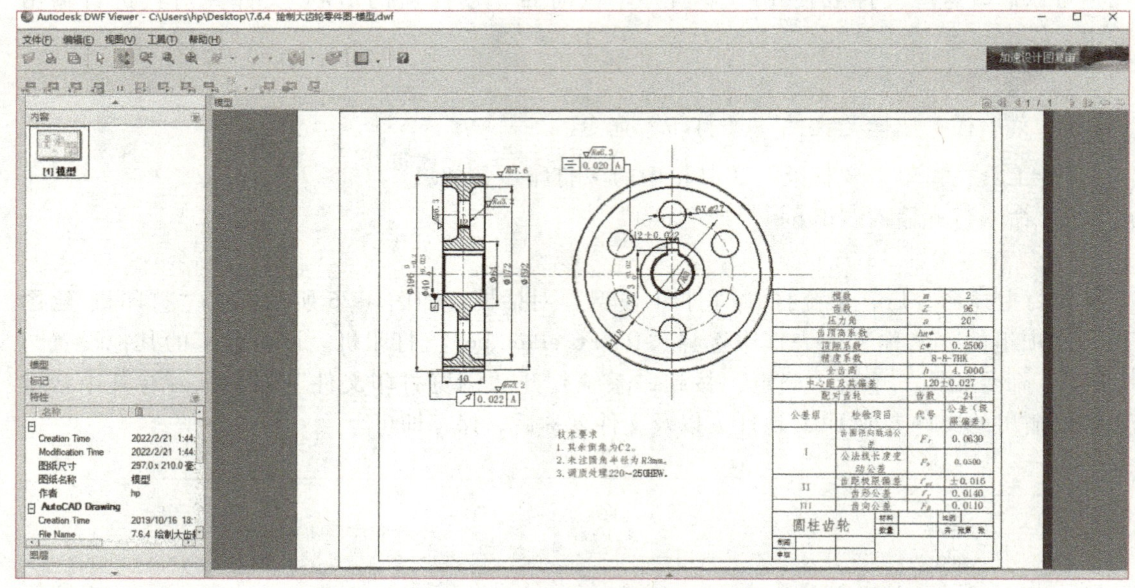

图 4-27　浏览 DWF 文件

5）如果命名视图中一部分包含在 DWF 文件范围之内，则只有包含在 DWF 文件范围之内的命名视图是可见的。

三、电子传递

在将图形发送给他人时，常见的一个问题是忽略图形的相关文件（例如字体和外部参照）。在某些情况下，没有这些关联文件将使接收者无法使用原来的图形。使用电子传递可以创建 AutoCAD 图形传递集，它可以自动包含所有相关文件。用户可以将传递集发布到互联网上或作为电子邮件附件发送给其他人，自动生成一个报告文件，其中包括有关传递集包含的文件和必须对这些文件进行处理（以使原来的图形可以使用这些文件）的详细说明，也可以在报告中添加注释或指定传递集的口令保护。用户可以指定一个文件夹存放传递集中的各个文件，也可以创建自解压可执行文件或 Zip 文件（将所有文件打包）。

1. 命令调用

1）菜单栏：选择“文件”→“电子传递”命令。

2）命令行：输入“etransmit”。

2. 操作方法

执行上述命令后，系统自动打开“创建传递”对话框，如图 4-28 所示。在该对话框中有“文件树”和“文件表”两个选项卡，分别显示传递文件的有关信息。可以通过“添加文件”或“传递设置”按钮添加文件或进行传递设置。完成设置后，单击“确定”按钮，系统打开“指定 Zip 文件”对话框，如图 4-29 所示。指定文件后，系统自动进行传递。

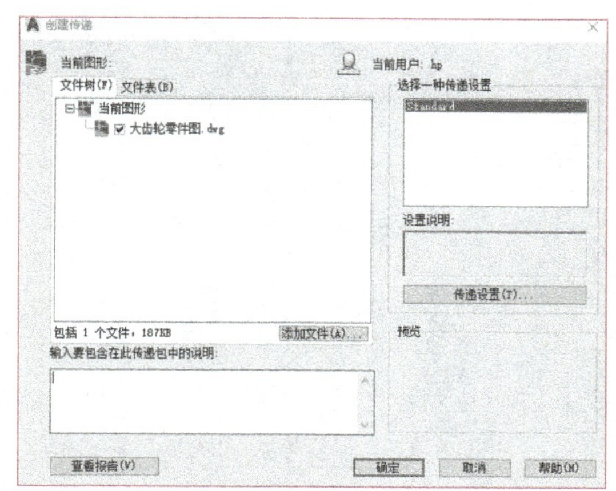

图 4-28　“创建传递”对话框

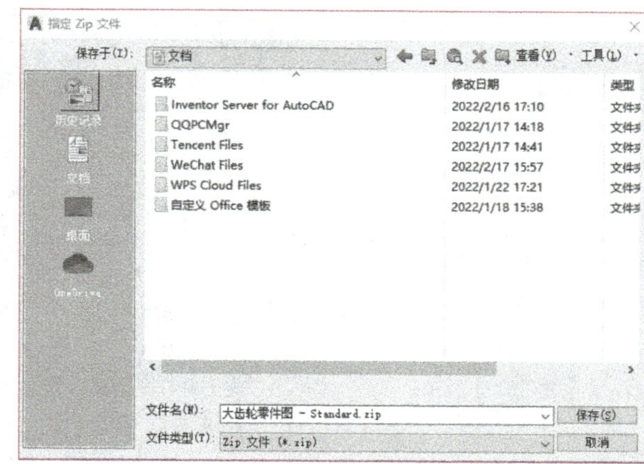

图 4-29　“指定 Zip 文件”对话框

四、图形发布

使用图形发布（Design Publisher）功能可以将图形和打印集直接合并到图纸或发布为DWF（Web 图形格式）文件，该功能可以将图形集发布为单个多页 DWF 文件或多个单页DWF 文件，并将其发布到每个布局的页面设置中指定的设备（打印机或文件）中。使用Design Publisher 功能可以灵活地创建电子或图纸图形集并将其用于分发，接收方可以查看或打印图形集。

使用 Design Publisher 功能可以在任何工程环境中创建图形集合，同时维护原始图形的完整性。与原始 DWG 文件不同，DWF 文件不能更改，它可以为特定用户自定义图形集，也可以随着项目的进展在图形集中添加和删除图纸，或者发布到可使用电子邮件、FTP（文件传送协议）站点、项目网站或光盘进行分发的中间电子格式。

DWF 文件的接收方无须安装 AutoCAD 或了解 AutoCAD，且接收方可在任何地方通过网络，使用 Autodesk Express Viewer 查看和打印高质量的布局。

1. 命令调用

1）菜单栏：选择“文件”→“发布”命令。

2）工具栏：单击“标准”工具栏中的“发布”按钮。

3）命令行：输入“publish”。

2. 操作方法

执行上述命令后，系统打开“发布”对话框，如图 4-30 所示。

1）用户可以通过“添加图纸”“加载图纸列表”“保存图纸列表”等按钮对所选图纸进行操作。

2）可以选择“页面设置中指定的绘图仪”或“DWF”选项将图纸发布到相应的位置。

3）单击“发布”按钮，打开“DWF 发布选项”对话框，如图 4-31 所示，对发布选项进行相应设置。

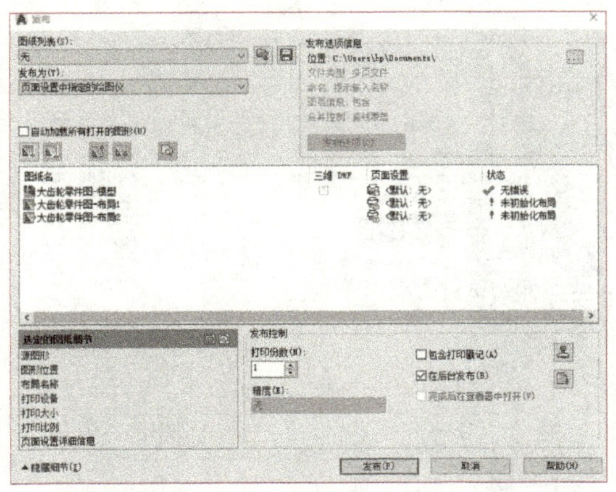

图 4-30 “发布”对话框

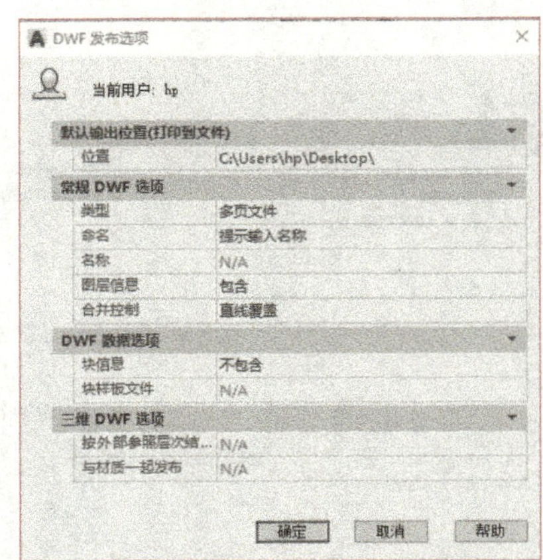

图 4-31 “DWF 发布选项”对话框

五、超链接

超链接是 AutoCAD 图形中的一种指针，利用超链接可实现由当前页到关联文件的跳转。在 AutoCAD 中可以为某个视图或多个视图创建超链接，还可以将超链接附着于 AutoCAD 的任意图形对象上。超链接可提供简单而有效的方式，快速地将各种文档（例如其他图形、明细表、数据库信息或项目计划等）与 AutoCAD 图形相关联。超链接可指向本地计算机、网络驱动器或互联网上存储的文件。在默认情况下，将光标放在某个附着超链接的图形对象上，AutoCAD 可提供光标的反馈提示，然后选择该对象，使用“超链接”快捷菜单打开与之相关联的文件。

在 AutoCAD 2020 中，可创建两种类型的超链接文件：绝对超链接与相对超链接。绝对超链接存储文件位置的完整路径；相对超链接存储文件位置的相对路径，该路径是由系统变量 HYPERLINKBASE 指定的默认 URL 或目录的路径。

1. 添加超链接

（1）命令调用

① 菜单栏：选择“插入”→“超链接”命令。

② 命令行：输入“hyperlink”。

（2）操作方法

在命令行输入“hyperlink”，选择对象，系统打开“插入超链接”对话框，如图 4-32 所示。

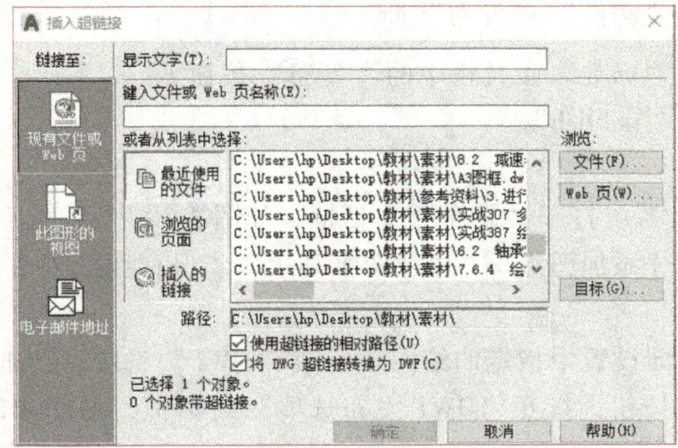

图 4-32 “插入超链接”对话框

完成设置后，按<Ctrl>键的同时单击对象，超链接效果如图 4-33 所示。

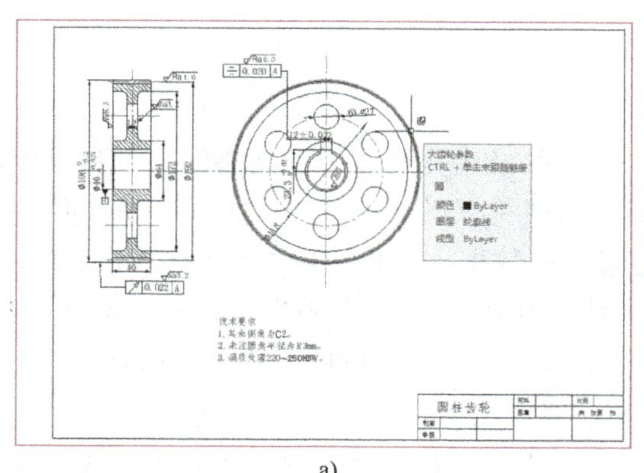

a)

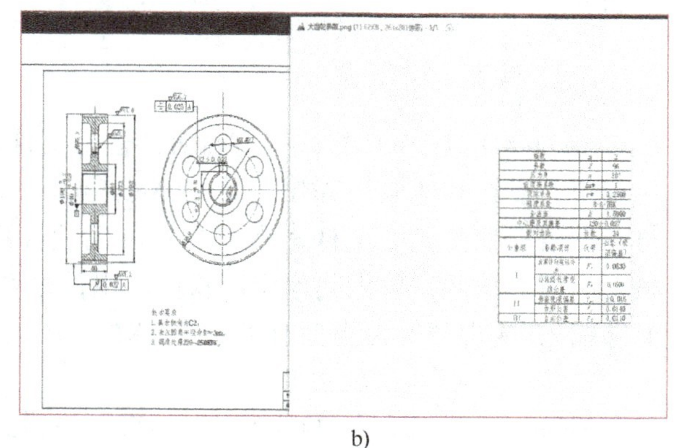

b)

图 4-33 超链接效果

2. 编辑和删除超链接

（1） 命令调用

① 菜单栏：选择“插入”→”超链接” 命令。

② 快捷菜单：选择包含超链接的对象，右击，在弹出的快捷菜单中选择 “超链接”→“编辑超链接” 命令。

③ 命令行：输入 “hyperlink”。

（2） 操作方法

在命令行输入 “hyperlink”，选择对象，右击，在弹出的快捷菜单中选择 “超链接”→“编辑超链接” 命令，如图 4-34 所示。

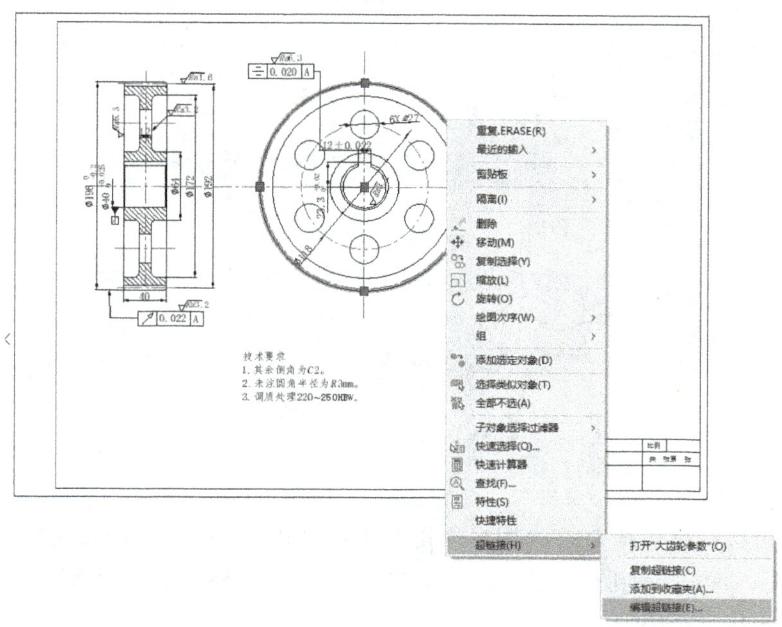

图 4-34 “超链接” 快捷菜单

上述操作完成后，系统打开“插入超链接”对话框，用户可根据需要对超链接进行编辑和删除。

六、输入/输出其他格式的文件

AutoCAD 以 DWG 格式保存自身的图形文件，但这种格式不能适用于其他软件平台或应用程序。要在其他应用程序中使用 AutoCAD 图形，必须将其转换为特定的格式。AutoCAD 可以输出多种格式的文件，供用户在不同软件之间交换数据。AutoCAD 不仅能够输出其他格式的图形文件，以供其他应用软件使用，也可以使用其他软件生成的图形文件。AutoCAD 能够输入/输出的文件类型有 DXF、DXB、ACIS、3D Studio、WMF 和封装 Post Script 等。

1. 输入不同格式文件

AutoCAD 可以输入包括 DXF（图形交换格式）、DXB（二进制图形交换）、ACIS（实体造型系统）、3DS（3D Studio）、WMF（Windows 图元）等格式文件，输入方法类似。下面以 3DS 文件为例进行讲述。

（1）命令调用

① 菜单栏：选择“插入”→“Windows 图元”命令。

② 命令行：输入“import”。

（2）操作方法

执行上述操作后，系统打开“插入超链接”对话框，用户可根据需要对超链接进行编辑和删除，选择需要插入的 Windows 图元文件，如图 4-35 所示。

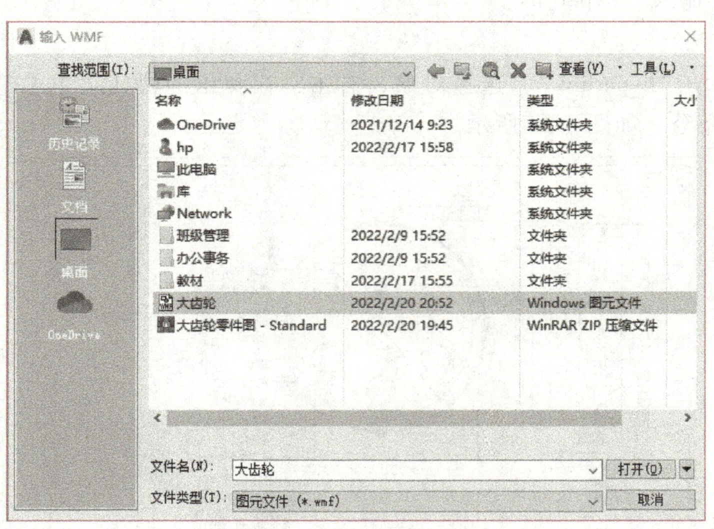

图 4-35 “输入 WMF”对话框

2. 输出不同格式文件

AutoCAD 可以输出包括 DXF（图形交换格式）、EPS（封装 Post Script）、ACIS（实体造型系统）、WMF（Windows 图元）、BMP（位图）、STL（平版印刷）、DXX（属性数据提取）等格式文件，输出方法类似。

（1）命令调用　在命令行输入“bmport”。

（2）操作方法

在命令行输入“bmport”，选择对象。

执行上述操作后，AutoCAD 打开“创建光栅文件”对话框，如图 4-36 所示。在该对话框的“文件名”列表框中输入要输出的文件名后，单击“保存”按钮，AutoCAD 选择的对象输出成 BMP 格式文件。

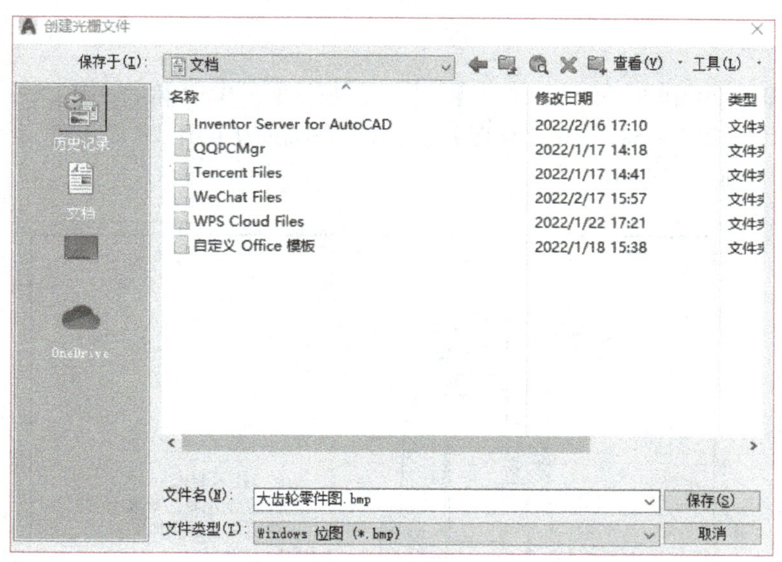

图 4-36　“创建光栅文件”对话框

用户也可以通过“输出”命令输出各种格式文件。其命令调用方式如下。

在命令行输入“export”或在菜单栏中选择“文件”→“输出”命令，系统打开“输出数据”对话框，如图 4-37 所示。在“文件类型”列表框中可以选择各种格式的文件类型。

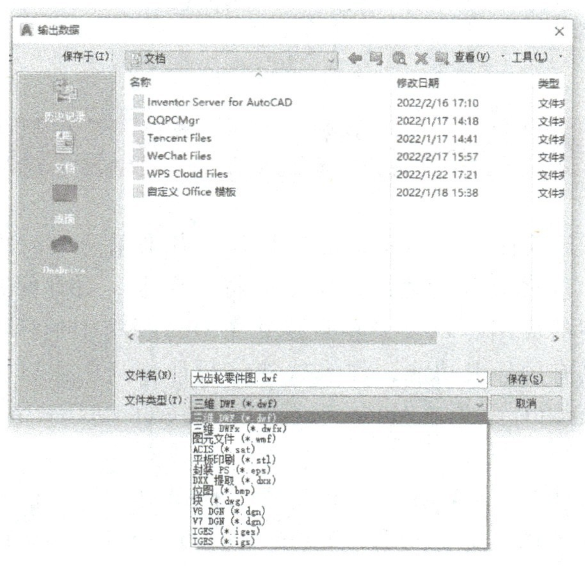

图 4-37　“输出数据”对话框

【小结】

本任务学习了 AutoCAD 2020 的电子出图以及电子传递与图形发布和输入/输出其他格式等功能，用户可以对 AutoCAD 2020 提供的各类格式图样根据不同需求将图形输出为不同形式，满足多格式文件出图的需求。

【课后训练】

在 AutoCAD 2020 中选择合适的命令将图示文件输出成 BMP 格式文件。

具体要求：打开图 4-38 所示素材图样，将图样输出为 BMP 格式文件，并将其命名为“4-38. bmp”存入练习目录中。

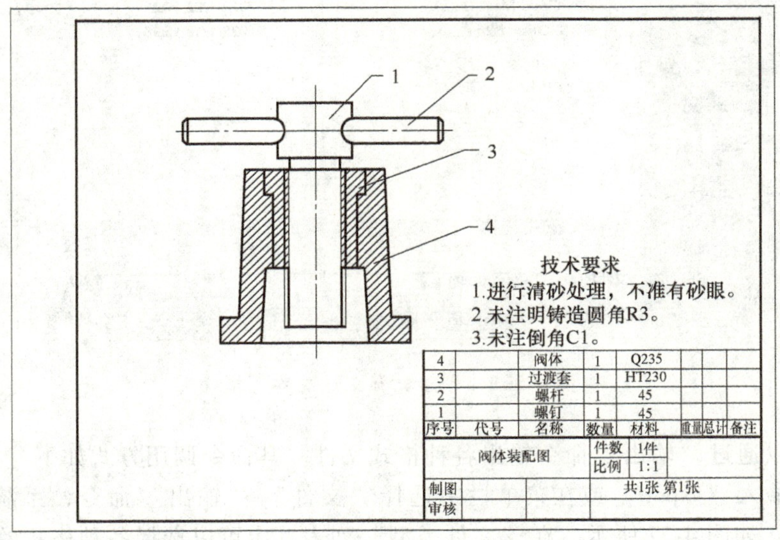

图 4-38　电子出图练习

项目 3　AutoCAD VBA 编程

AutoCAD 提供的开放式体系结构允许用户和开发者采用高级编程语言对其进行扩充和修改，即二次开发，能最大限度地满足用户的特殊要求，更方便、更规范、更专业地实现其在设计和绘图中的应用。VBA 最早是建立在 Office 97 中的标准宏语言，由于它在开发方面的易用性及具有的强大功能，许多软件公司都将其嵌入自己的应用程序中，作为一种开发工具提供给用户使用。Autodesk 公司自从 AutoCAD R14. 01 版开始，内置了 VBA 开发工具。

新一代程序开发工具 Visual Basic，不仅继承了面向对象方法的特性，同时具备可视化程序语言及程序产生器的概念。VBA（Visual Basic for Application）是 AutoCAD R12 以后推出的一种新的编程环境，提供了以 Visual Basic 为基础的面向对象的开发特征及程序接口，能真正快速地访问 AutoCAD 图形数据库，能明显提高软件开发和维护的效率。

【学习目标】

1）掌握 AutoCAD 2020 VBA 的功能和用途。

2）熟悉 AutoCAD 2020 VBA 用户界面，能熟练进行程序的录入、修改和运行。

任务　运行 AutoCAD 2020 VBA 程序

【任务描述】

以录入代码的方式完成图 4-39 所示三维同心圆的绘制。具体要求：在 AutoCAD VBA 编辑器中复制素材文件 4.1.txt 代码，完成图 4-38 所示图样的绘制，并将其命名为“4-39.dwg”存入练习目录中。

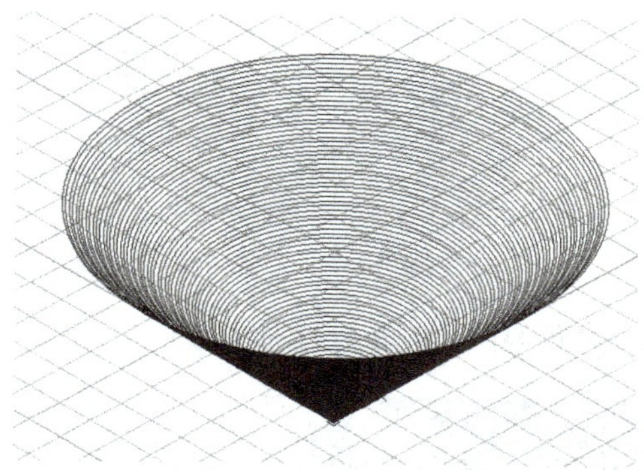

图 4-39　三维同心圆

【任务分析】

AutoCAD VBA 是一个功能强大的开发工具，使用 AutoCAD VBA 可以成倍提高工作效率。通过本任务的操作，用户可以熟悉 AutoCAD VBA 的编程环境，掌握程序运行的操作方法。

【任务实施】

绘图步骤如下。

1）在命令行输入“vbaide”，进入 AutoCAD VBA IDE 界面，如图 4-40 所示。

2）打开素材文件“4.1.txt”，将其复制到 AutoCAD VBA IDE 中，程序指令如下：

```
Sub c80()
Dim cc(0 To 2)As Double '  声明坐标变量
cc(0) = 0 '  定义圆心坐标
cc(1) = 0
For i = 1 To 160 Step 2 '  开始循环
cc(2) = i * 10
```

```
  Call ThisDrawing.ModelSpace.AddCircle(cc, i * 10)'  画圆
Next i
ZoomExtents '  显示整个图形
End Sub
```

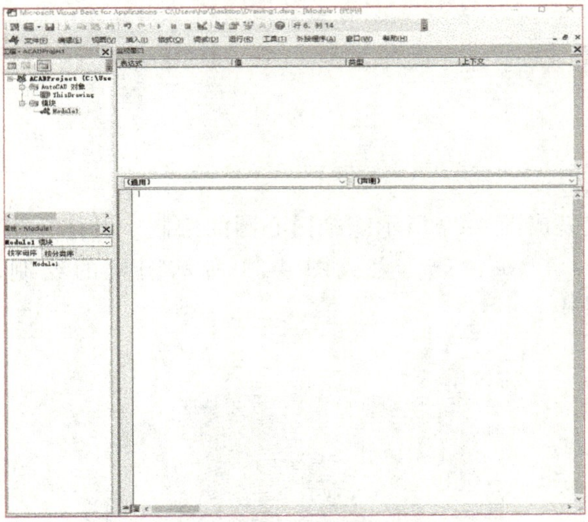

图 4-40　AutoCAD VBA IDE 界面

3）在 VBA IDE 环境中运行程序，如图 4-41 所示。

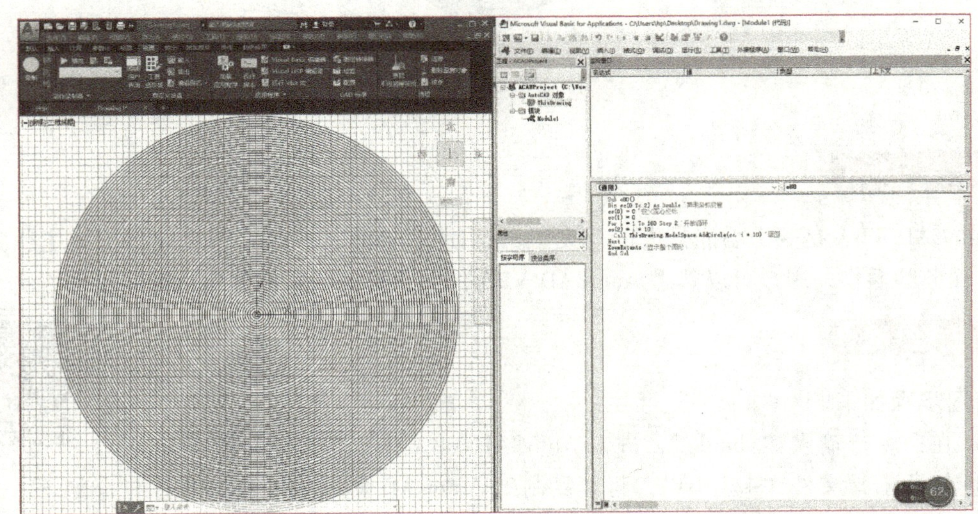

图 4-41　运行程序

4）选择“视图”→“三维视图”→“东南等轴测”命令，结果如图 4-39 所示。

5）将图样按照任务要求保存。

程序分析。

其中，第 1 行和最后 1 行：

```
Sub c80()
……
End Sub
```

c80 是宏的名称，也称过程名，程序开始运行后将执行 Sub c80（）和 End Sub 之间的所有指令。

第 2 行：

```
Dim cc(0 To 2)As Double '  声明坐标变量
```

后半段声明坐标变量自动变为绿色字体，VBA 单引号后面的绿色文字都是代码语句的注释，它不会影响程序运行，其作用是将程序员的想法告诉用户。对于简单的程序，一般不需要写注释，如果要编写非常复杂的程序，最好多加注释。

计算机真正编译执行的是这条语句：

```
Dim cc(0 To 2)As Double
```

Dim 语句的作用是声明变量（另有翻译为定义变量）并分配存储空间。

语法：Dim 变量名 As 数据类型。

本任务中变量名为 cc，而括号中的 0 To 2 声明这个 cc 是一个数组，这个数组有三个元素：cc（0）、cc（1）、cc（2），如果改为 cc（1 To 3），则三个元素是 cc（1）、cc（2）、cc（3）。有了这个数组，就可以把坐标值放到这个变量之中。

Double 是数据类型中的一种，称为双精度浮点数。一般在 AutoCAD 中需要定义坐标时会使用该数据类型。AutoCAD 的数据类型有很多，下面两个是比较常用的数据类型，初学者要有所理解。

Object：各种对象类型，AutoCAD 的各种图元都可以用这个变量类型。

Variant：变体类型变量，可以理解为一种通用的数据类型。

如果 Dim 语句写在 Sub 和 End Sub 之间，那么这个变量只是在这个过程中有效，称为私有变量，与之对应的是公共变量，在所有 Sub 中都有效，通常写在 Sub 的前面。

第 3~4 行：

```
cc(0) = 0 '  定义圆心坐标
cc(1) = 0
```

以上两行的作用是给 cc 数组的 X、Y 元素赋值，即给圆心坐标的 X、Y 坐标赋值，本任务中，圆心坐标三个变量分别存放 X、Y、Z 坐标值。

第 5、6、8 行：

```
For i = 1 To 160 Step 2 '  开始循环
cc(2) = i * 10
……
Next i
```

这三行的作用是循环运行指令，每循环一次，i 值要增加 2，当 i 加到 160 时，结束循环。

i 也是一个变量，虽然没有声明 i 变量，程序还是认可的。这样做也有缺点，如果不小心打错了一个字母，程序不会报错，如果程序很长，那就会出现一些意想不到的错误。

Step 后面的数值就是每次循环时增加的数值，Step 后也可以用负值。例如 For i =100 To 1 Step -10，这是 1 个等差数列，$i_0=100$，$i_{n+1}=i_n-10$。很多情况下，后面 Step 可以省略不用。例如 For i=1 To 100，它的作用是每循环一次 i 值就增加 1。

为实现同心圆圆心沿着 Z 轴移动，将 cc 数组的 Z 赋值也添加到了循环当中，即圆的 Z 坐标值分别是 10、30、50、70、90……最大圆心 Z 轴坐标值为 1590，因为 i=159 时，这个程序画出最后 1 个圆，下一个循环时 i=159+2，这个数字已经超过 i 的最大值 160，这时程序会退出循环体。

Next i 语句必须放在需要结束循环的位置，不然程序没法运行。为了方便阅读，建议循环体内的代码全部缩进两个空格，这样代码结构会更加清晰。

第 7 行：

```
Call ThisDrawing.ModelSpace.AddCircle(cc, i * 10)' 画圆
```

Call 语句的作用是调用其他方法或过程。

ThisDrawing. ModelSpace 是确定在 AutoCAD 当前文档的模型空间中的画圆位置。

AddCircle 是画圆方法，括号里需要填两个参数：圆心和半径。

圆心参数要先声明为 Double 或 Variant 类型，必须是三个元素的数组，存储圆心的 X、Y、Z 坐标值。

半径参数应该是大于 0 的数值，也可以填入计算结果大于 0 的表达式。在本例中 i＊10 就是一种典型的表达式。这些圆的半径分别是 10、30、50、70、90……最大圆半径为 1590，因为 i=159 时，这个程序画出最后一个圆下一个循环时 i=159+2，这个数字已经超过 i 的最大值 160，这时程序会退出循环体，不再执行画圆指令。

【相关知识】

一、VBA 的基本概念

1. 过程

过程是包含 VBA 代码的单位。它包含一系列的语句和方法，以执行操作或计算数值。在 VBA 中有两种过程：子过程和函数过程（通常简单地称为函数）。子过程执行一个操作或一系列的运算，但是不返回值。子过程的声明使用 Sub 关键字，用 End Sub 语句来结束。函数过程将返回一个值，可以在表达式中使用。函数过程的声明使用 Function 关键字，并用 End Function 语句来结束。VBA 包含许多内置函数，当然，用户也可以创建自己的自定义函数。Sub 和函数过程都可以接收参数。

2. 宏

宏是指一个或多个操作的集合，其中每个操作实现特定的功能。在 VBA 中可以认为与过程等同。

3. 工程

工程（或工程文件）是 VBA 对其开发中的应用程序的称呼。它包含了很多功能单元，如窗体、模块和过程及其代码等。在 AutoCAD VBA 中，工程文件被保存为扩展名为“. dvb”的文件。

4. 模块

模块是将 VBA 声明和过程作为一个单元进行保存的集合。模块有两种基本类型：类模块和标准模块。模块中的每个过程都可以是一个函数过程或一个子程序。在 AutoCAD VBA 中，类模块通常含有新对象定义的模块。新建一个类实例时，也就创建了新的对象。模块中定义的任何过程都会变成该对象的属性和方法。类模块可以被保存为“.cls”文件。标准模块包含的是子过程和函数过程，这些过程不与任何对象相关联，可以被保存为“.bas”文件。

5. 窗体

窗体是为方便人机交互而提供的图形界面。在窗体上可以放置各种控件。在 AutoCAD VBA 中，窗体可以被保存为“.frm”文件。

6. 事件处理器

事件处理器是事件被触发后，程序对之响应的一段代码，也称事件过程。

7. 过程关键字

在 VBA 中，在 Sub 和 Function 前面的关键字 Public 和 Private 是用来表示作用域的。关键字 Public 表示该过程或函数在整个过程中是公用的，任何窗体、模块都可以调用该过程。关键字 Private 表示该过程或函数不能被任何其他窗体、模块和应用程序（如 AutoCAD）调用，只能在自身的过程中运行。

二、VBA 集成开发环境

在 AutoCAD 2020 中，有三种方式可以启动 VBA 集成开发环境（VBA IDE）。

1）从菜单中选择“管理”→“Visual Basic 编辑器”命令。

2）从菜单中选择“管理”→“VBA 管理器”→“Visual Basic 编辑器”命令。

3）在命令行输入“vbaide”。

这里采用第一种方式进入 VBA IDE 并对其做一介绍。VBA IDE 的界面主要由标题栏、菜单栏、工具栏和窗口四个区域组成，如图 4-42 所示。

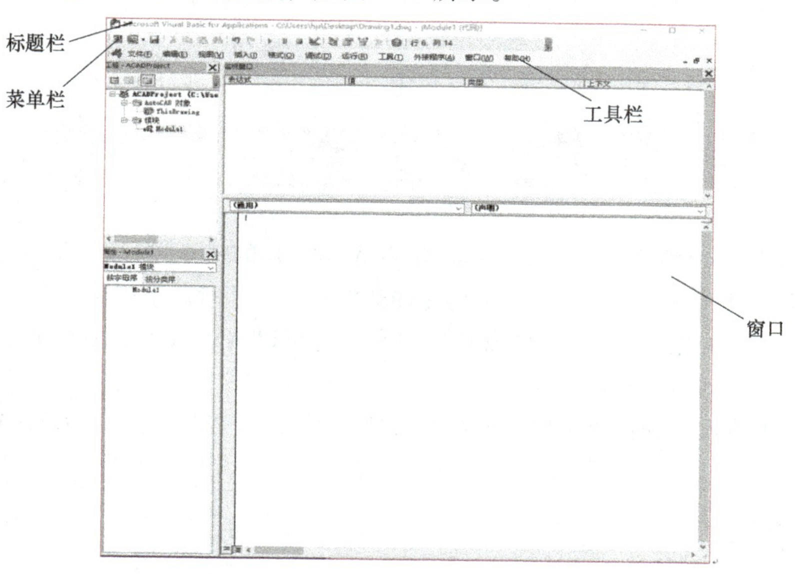

图 4-42 VBA IDE 的界面

其中，标题栏是大部分 Windows 窗口都具有的。菜单栏的菜单项则对应着 VBA IDE 的所有命令。在工具栏区域显示的是标准工具条，它将 VBA IDE 中的些常用命令集合在一起，使命令的调用更加直观和高效。此外，可以依据场合的不同，从菜单的“视图”→“工具栏”分别选定调试工具栏、编辑工具栏和用户窗体工具栏。

【小结】

本任务讲解了 AutoCAD 2020 VBA 的操作界面和程序调用及运行过程，进一步熟悉 AutoCAD 2020 VBA 的操作方法和程序运行方法。通过本任务的学习，用户可以调用 AutoCAD 2020 VBA 程序或编辑简单的程序，提高绘图效率。

【课后训练】

请编写简单程序，完成以（5，5）为圆心，画图 4-43 所示五个同心圆，其半径分别为 3mm、5mm、7mm、9mm、11mm。具体要求：在 AutoCAD VBA 编辑器中编写程序，在 AutoCAD 模型绘图环境中完成图样的绘制，并将其命名为“4-43. dwg”存入练习目录中。

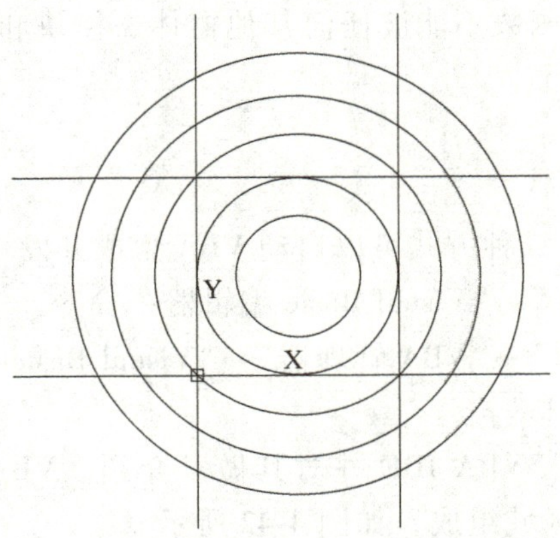

图 4-43　编写程序绘制同心圆

项目 4　AutoCAD VBA 绘制函数曲线

由于 Visual Basic 编程环境易学易用，作为 AutoCAD 的一个过程运行，可使程序运行速度变得非常快，对话框结构快速有效，且允许开发者在设计时启动应用程序并能得到快速反馈（易于代码纠错和维护），对象可以独立出来，也可以嵌入 AutoCAD 图形，灵活性很强，所以在 AutoCAD 中使用 VBA。

AutoCAD 本身没有提供函数曲线的绘制功能，但我们可以通过 AutoCAD VBA 实现函数曲线的绘制。

【学习目标】

1）掌握 AutoCAD 2020 VBA 程序的调试和保存方法。

2）熟悉 AutoCAD 2020 VBA 编程环境，能熟练完成函数曲线的绘制。

任务　绘制抛物线

【任务描述】

通过录入代码，绘制一条红色抛物线：$y=0.05x^2+5$，其中 x 取值范围在±50 之间，完成后抛物线如图 4-44 所示。

具体要求：在 AutoCAD VBA 编辑器中复制素材文件 4.3.txt 代码，完成图 4-44 所示函数曲线的绘制，并将其命名为“4-43.dwg”存入练习目录中。

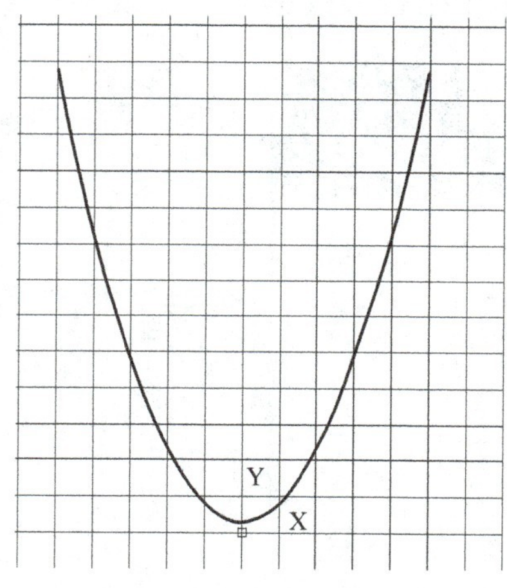

图 4-44　绘制抛物线

【任务分析】

AutoCAD 没有直接用于绘制抛物线的命令，本任务使用 VBA 程序编写多段线近似绘制抛物线，理论上，抛物线的 x 值可以是无限小或无限大，这里取值范围在±50 之间。

【任务实施】

绘图步骤如下。

1）在菜单栏中选择“管理”→“Visual Basic 编辑器”命令，进入 AutoCAD VBA IDE。

2）打开素材文件“4.3.txt”，将其复制到 AutoCAD VBA IDE 中，程序指令如下：

```
Sub paraline()
Dim x As Variant
Dim y As Variant
Dim p(0 To 101)As Double '  共有 51 个点,需要 102 个坐标值
Dim paral As AcadLWPolyline
For i = 0 To 100 Step 2
```

```
    x=i-50
    y=0.05 *  x *  x+5
    p(i) = x
    p(i+1) =y
  Next i
  Set paral=ThisDrawing.ModelSpace.AddLightWeightPolyline(p)
  paral.color=1
  ZoomExtents
  End Sub
```

3）在 VBA IDE 环境中单击“运行”按钮 ▸ ，如图 4-45 所示。

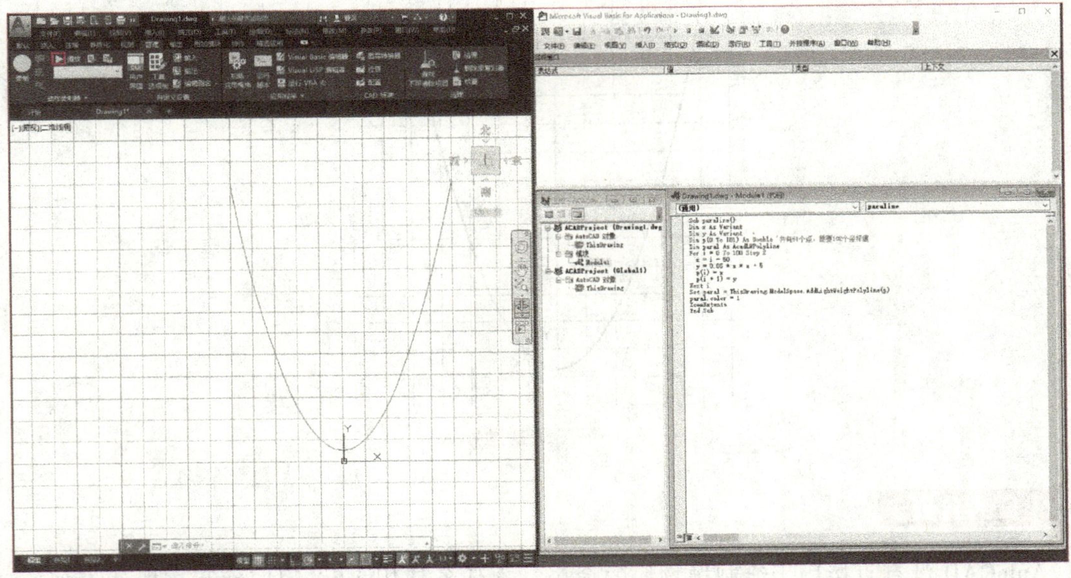

图 4-45　运行程序

4）将函数图像按照任务要求保存。

程序分析。

程序第 2 行：

```
Dim x As Variant
```

本任务中将引用多段线，Variant 定义为可变类型。

二维多段线对象也可以声明为 AcadLWPolyline 类型：

```
Dim paral As AcadLWPolyline
```

AcadLWPolyline 对象只能是二维多段线。

画多段线命令：

```
Set paral = ThisDrawing.ModelSpace.AddLightWeightPolyline(p)
```

其中括号中的 p 是一个数组，这个数组的元素数必须是偶数，每两个元素分别是一个点坐标的 x、y 值。等号前面部分 Set paral 的作用就将 paral 变量去引用画好的多段线。

```
paral.color = 1
```

color 是 AutoCAD 对象的颜色属性，在 AutoCAD 中，颜色可以用数字表示，本任务中抛物线颜色为红色。AutoCAD 常用颜色对应数值：1 为红色，2 为黄色，3 为绿色，4 为青色，5 为蓝色，6 为洋红，7 为白色。

【相关知识】

一、程序的调试

在编写复杂程序时往往会出现一些意想不到的错误，因此程序的调试显得尤为重要。程序中的缺陷和漏洞也只有在程序的不断调试中被发现，用户可通过调试程序不断摸索并积累经验。

在程序输入阶段，应该充分利用 VBA 编辑器的智能功能。当用户在输入指令时，输入一些字母后，编辑器可以自动列出合适的语句、对象、方法和函数提供用户参考，用户可以使用上、下键进行选择，按<Tab>键确认。当按一下<Enter>键后程序会自动对这条语句进行分析，如果出现错误就会提示。如果遇到程序的运行结果和预计的不一样，首先要考虑可能是哪一个变量有问题，然后去监视这个变量（或表达式），通过在程序合适的位置设置断点，使程序运行到断点处停止，对变量进行查看，以达到查错和纠错的目的。

例如查看以下程序，设置合适的断点，对程序中变量进行监视。

```
option Explicit
Sub test()
Dim i, j, k
For i = 2 To 4 Step 0.5
  For j = -5 To 2 Step 5.6
k = i Mod j
  Next j
Next i
End Sub
```

以上程序中，option Explicit 的作用是强制声明所有变量，这样程序编译时出现没有声明过的变量就会报错。

操作方法如下。

1）在菜单栏中选择“管理”→“Visual Basic 编辑器”命令，进入 AutoCAD VBA IDE。

2）打开素材文件“4.5.txt”，将其复制到 AutoCAD VBA IDE 中。

3）在表达式 k= i Mod j 处，右击，选择“添加监视”命令，设置对变量 k 进行监视，如图 4-46 所示。

4）在程序中依次选中变量 i、j，按照上述步骤，设置对变量 i、j 进行监视，如图 4-47 所示。

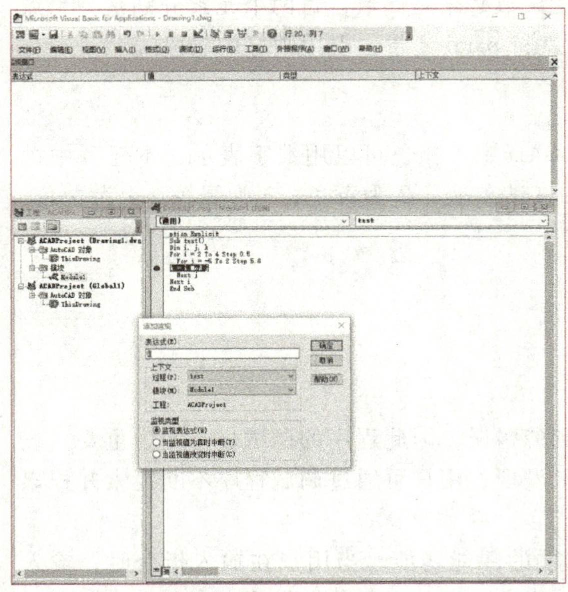
图 4-46　监视变量 k

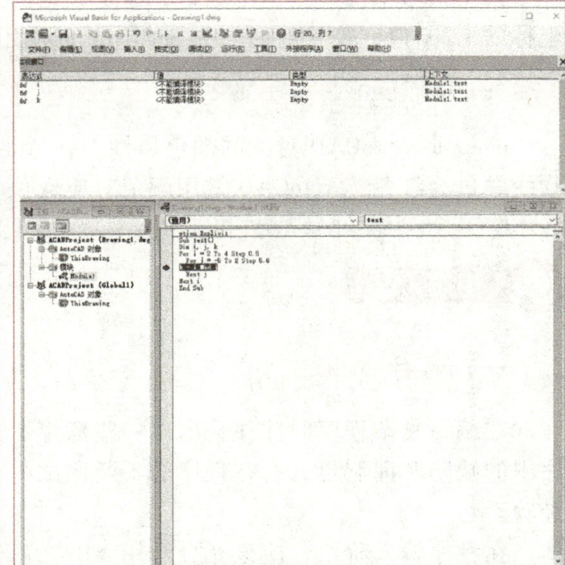
图 4-47　监视变量 i、j

5）在 VBA IDE 环境中单击“运行”按钮，用户可在监视窗口参看变量 i、j、k 的变化情况，如图 4-48 所示。

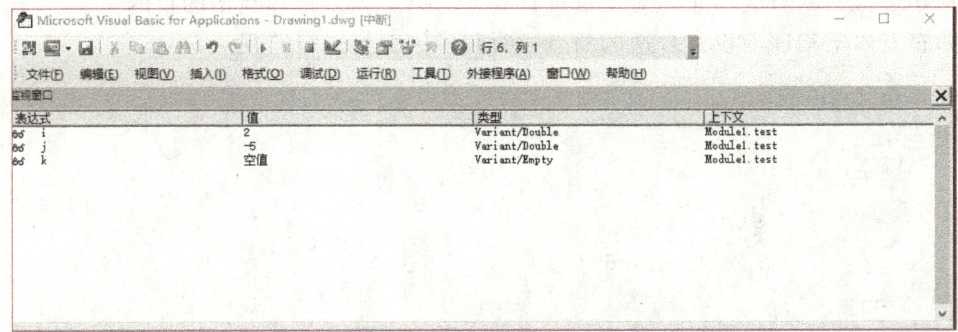

图 4-48　变量 i、j、k 的变化情况

二、程序的保存

以上程序编辑和运行均在 AutoCAD 环境中进行，称为嵌入式工程。VBA 程序会嵌入当前的 AutoCAD 图形文件中，保存图形时同 AutoCAD 图形文件一起保存，打开这个 AutoCAD 图形文件后，文件程序也会被加载。

AutoCAD VBA 还有一种工程，称为通用式工程即程序可以在不同用户、不同的图形文件中共享。下面以上述程序为例进行演示。

操作方法如下：

1）在菜单栏中选择“管理”→“Visual Basic 编辑器”命令，进入 AutoCAD VBA IDE。

2）在 VBA 编辑器中，选择“工程资源管理器”命令，如图 4-49a 所示。

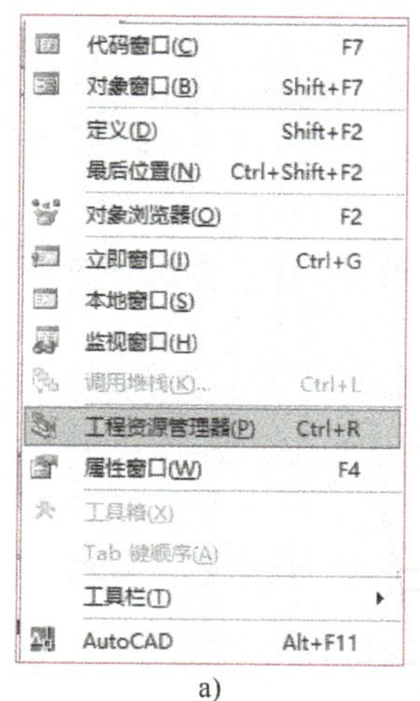

a)

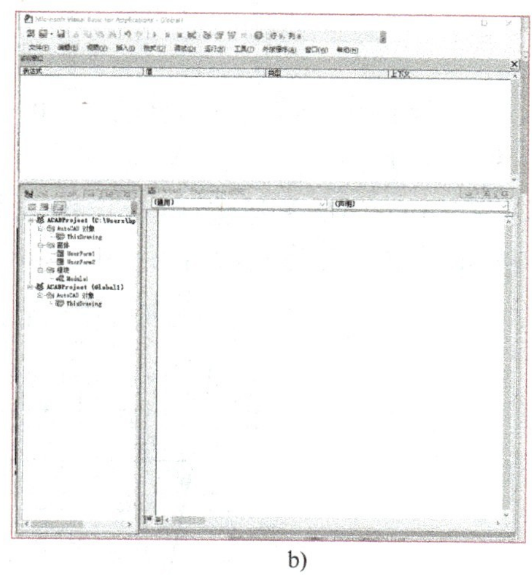

b)

图 4-49　工程资源管理器

3）双击“Global1”→“ThisDrawing”，打开通用代码编辑窗口（图 4-49b），并将素材文件“4. 5. txt”程序复制到 VBA IDE 中。

4）单击“保存”按钮，设置文件名和保存路径后，完成程序的通用保存，如图 4-50 所示。

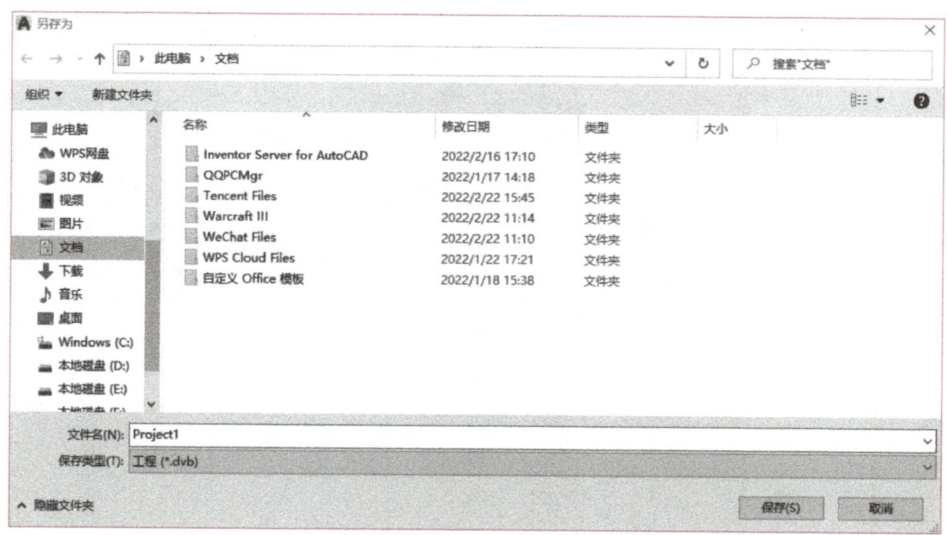

图 4-50　设置文件名和保存路径

【小结】

本任务学习了 AutoCAD 2020 VBA 程序的调试、保存及绘制函数曲线的方法。用户可以使用 AutoCAD 2020 VBA 编辑器进行程序的编辑、调试和保存，并可利用 VBA 强大的编程功能，完成函数曲线的绘制。

【课后训练】

编写简单程序，绘制一条蓝色抛物线：$y=0.03x^2+5$，其中 x 取值范围在±100 之间，完成后抛物线如图 4-51 所示。

具体要求：在 AutoCAD VBA 编辑器中编写程序，在 AutoCAD 模型绘图环境中完成图 4-51 所示图样的绘制，并将其命名为“4-51. dwg”存入练习目录中。

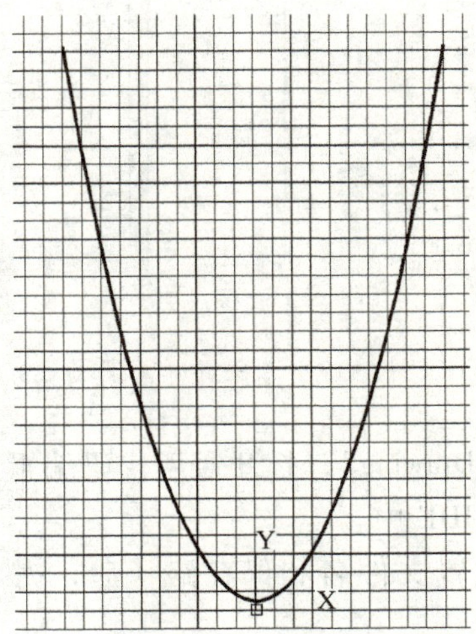

图 4-51　绘制抛物线练习

附　录

附录 A　AutoCAD 常用快捷命令

命　令	快捷命令	功　能
ARC	A	创建圆弧
AREA	AA	计算对象或定义区域的面积和周长
ADCENTER	ADC	管理和插入块、外部参照，以及填充图案等
ALIGN	AL	在二维和三维空间中将对象与其他对象对齐
APPLOAD	AP	加载应用程序
ARRAY	AR	创建按阵列排列的对象的多个副本
ACTRECORD	ARR	启动动作录制器
ACTUSERMESSAGE	ARM	将用户消息插入动作宏
ACTUSERINPUT	ARU	在动作宏中暂停以等待用户输入
ACTSTOP	ARS	停止动作录制器，并提供用于将已录制的动作保存至动作宏文件的选项
ATTIPEDIT	ATI	更改块中属性的文本内容
ATTDEF	ATT	重定义块并更新关联属性
ATTEDIT	ATE	更改块中的属性信息
BLOCK	B	从选定对象中创建块定义
BCLOSE	BC	关闭块编辑器
BEDIT	BE	在块编辑器中打开块定义
BHATCH	BH	使用填充图案、实体填充或渐变填充来填充封闭区域或选定对象
BOUNDARY	BO	从封闭区域创建面域或多段线
BREAK	BR	在两点之间打断选定的对象
BSAVE	BS	保存当前块定义
BVSTATE	BVS	创建、设置或删除动态块中的可见性状态
CIRCLE	C	创建圆
CAMERA	CAM	设置相机位置和目标位置，以创建并保存对象的三维透视视图

（续）

命　　令	快捷命令	功　　能
CONSTRAINTBAR	CBAR	类似于工具栏的 UI 元素，可显示对象上可用的几何约束
PROPERTIES	CH	控制现有对象的特性
CHAMFER	CHA	给对象加倒角
CHECKSTANDARDS	CHK	检查当前图形中是否存在标准冲突
COMMANDLINE	CLI	显示命令行
COLOR	COL	设置新对象的颜色
COPY	CO	在指定方向上按指定距离复制对象
CTABLESTYLE	CT	设置当前表格样式的名称
NAVVCUBE	CUBE	控制 ViewCube 工具的可见性和显示特性
CYLINDER	CYL	创建实体三维圆柱体
DIMSTYLE	D	创建和修改标注样式
DIMANGULAR	DAN	创建角度标注
DIMARC	DAR	创建弧长标注
DIMBASELINE	DBA	从上一个标注或选定标注的基线处创建线性标注、角度标注或坐标标注
DBCONNECT	DBC	提供至外部数据库表的接口
DIMCENTER	DCE	创建圆和圆弧的圆心标记或中心线
DIMCONTINUE	DCO	创建从上一次所创建标注的延伸线处开始的标注
DIMCONSTRAINT	DCON	向选定对象或对象上的点应用标注约束
DIMDISASSOCIATE	DDA	删除选定标注的关联性
DIMDIAMETER	DDI	为圆或圆弧创建直径尺寸标注
DIMEDIT	DED	编辑标注文字和延伸线
DIST	DI	测量两个点的距离和角度
DIVIDE	DIV	创建沿对象的长度或周长等间隔排列的点对象或块
DIMJOGLINE	DJL	在线性标注或对齐标注中添加或删除折弯线
DIMJOGGED	DJO	创建圆和圆弧的折弯标注
DATALINK	DL	显示“数据链接”对话框
DATALINKUPDATE	DLU	将数据更新至已建立的外部数据链接或从已建立的外部数据链接更新数据
DONUT	DO	创建实心圆或较宽的环
DIMORDINATE	DOR	创建坐标标注
DIMOVERRIDE	DOV	控制在选定标注中使用的系统变量的替代值
DRAWORDER	DR	更改图像和其他对象的绘制顺序
DIMRADIUS	DRA	为某个圆或圆弧创建半径标注
DIMREASSOCIATE	DRE	将选定的标注关联或重新关联到对象或对象上的点
DRAWINGRECOVERY	DRM	显示可以在程序或系统故障后修复的图形文件的列表
DSETTINGS	DS	设置栅格和捕捉、极轴和对象捕捉追踪、对象捕捉模式、动态输入和快捷特性

（续）

命　　令	快捷命令	功　　能
TEXT	DT	创建单行文字对象
DVIEW	DV	使用相机和目标来定义平行投影或透视视图
DATAEXTRACTION	DX	从外部源提取图形数据，并将数据合并至数据提取表或外部文件
ERASE	E	从图形中删除对象
DDEDIT	ED	编辑单行文字、标注文字、属性定义和特征控制框
ELLIPSE	EL	创建椭圆或椭圆弧
EXPORTPDF	EPDF	将图形输出为 PDF
EXTERNALREFERENCES	ER	打开“外部参照”选项
EXTEND	EX	扩展对象以与其他对象的边相接
QUIT	EXIT	退出程序
EXPORT	EXP	将图形中的对象保存为其他文件格式
EXTRUDE	EXT	将二维对象或三维面的标注拉伸为三维空间
FILLET	F	给对象加圆角
FILTER	FI	创建一个要求列表，对象必须符合这些要求才能包含在选择集中
FSMODE	FS	创建将接触选定对象的所有对象的选择集
FLATSHOT	FSHOT	基于当前视图创建所有三维对象的二维表示形式
GROUP	G	创建和管理已保存的对象集(称为组)
GEOCONSTRAINT	GCON	应用对象之间或对象上的点之间的几何关系或使其永久保持
GRADIENT	GD	使用渐变填充填充封闭区域或选定对象
GEOGRAPHICLOCATION	GEO	指定图形文件的地理位置信息
HATCH	H	使用填充图案、实体填充或渐变填充来填充封闭区域或选定对象
HATCHEDIT	HE	修改现有的图案填充或填充
HIDE	HI	重生成不显示隐藏线的三维线框模型
INSERT	I	将块或图形插入当前图形中
IMAGEADJUST	IAD	控制图像的亮度、对比度和淡入度
IMAGEATTACH	IAT	将参照插入图像文件中
IMAGECLIP	ICL	根据指定边界修剪选定图像的显示
ID	ID	显示指定位置的 UCS 坐标值
IMAGE	IM	显示“外部参照”选项
IMPORT	IMP	将不同格式的文件输入当前图形中
INTERSECT	IN	通过重叠实体、曲面或面域创建三维实体、曲面或二维面域
INTERFERE	INF	通过两组选定三维实体之间的干涉创建临时三维实体
INSERTOBJ	IO	插入链接或嵌入对象
JOIN	J	合并相似对象以形成一个完整的对象
DIMJOGGED	JOG	创建圆和圆弧的折弯标注
LINE	L	创建直线段

（续）

命　　令	快捷命令	功　　能
LAYER	LA	管理图层和图层特性
LAYERSTATE	LAS	保存、恢复和管理命名的图层状态
QLEADER	LE	创建引线和引线注释
LENGTHEN	LEN	修改对象的长度和圆弧的包含角
MESHSMOOTHLESS	LESS	将网格对象的平滑度降低一个级别
LIST	LI	显示选定对象的特性数据
LAYOUT	LO	创建和修改图形的布局选项卡
LINETYPE	LT	加载、设置和修改线型
LTSCALE	LTS	用于更改图形中所有对象的线型比例因子
LWEIGHT	LW	设置当前线宽、线宽显示选项和线宽单位
MOVE	M	在指定方向上按指定距离移动对象
MATCHPROP	MA	将选定对象的特性应用于其他对象
MATERIALS	MAT	显示或隐藏“材料”窗口
MEASURE	ME	沿对象的长度或周长按测定间隔创建点对象或块
MEASUREGEOM	MEA	测量选定对象或点序列的距离、半径、角度、面积和体积
MIRROR	MI	创建选定对象的镜像副本
MLINE	ML	创建多条平行线
MLEADERALIGN	MLA	对齐并间隔排列选定的多重引线对象
MLEADERCOLLECT	MLC	将包含块的选定多重引线整理到行或列中，并通过单引线显示结果
MLEADER	MLD	创建多重引线对象
MLEADEREDIT	MLE	将引线添加至多重引线对象或从多重引线对象中删除引线
MLEADERSTYLE	MLS	创建和修改多重引线样式
PROPERTIES	MO	控制现有对象的特性
MESHSMOOTHMORE	MORE	将网格对象的平滑度提高一级
MSPACE	MS	从图纸空间切换到模型空间视口
MARKUP	MSM	打开标记集管理器
MTEXT	MT	创建多行文字对象
MVIEW	MV	创建和控制布局视口
GEOGRAPHICLOCATION	NORTH	指定图形文件的地理位置信息
NEWSHOT	NSHOT	创建其中包含运动的命名视图，该视图将在使 ShowMotion 进行查看时回放
NEWVIEW	NVIEW	创建不包含运动的命名视图
OFFSET	O	创建同心圆、平行线和等距曲线
OPTIONS	OP	自定义程序设置
3DORBIT	ORBIT	在三维空间中旋转视图，但仅限于在水平和竖直方向上进行动态观察
OSNAP	OS	设置执行对象捕捉模式

（续）

命　令	快捷命令	功　能
REDRAW	R	刷新当前视口中的显示
REDRAWALL	RA	刷新所有视口中的显示
RENDERCROP	RC	渲染视口内指定的矩形区域(称为修剪窗口)
REGEN	RE	从当前视口重生成整个图形
REGENALL	REA	重生成图形并刷新所有视口
RECTANG	REC	创建矩形多段线
REGION	REG	将包含封闭区域的对象转换为面域对象
RENAME	REN	更改指定给项目(例如图层和标注样式)的名称
REVOLVE	REV	通过绕轴扫掠二维对象来创建三维实体或曲面
ROTATE	RO	围绕基点旋转对象
RENDERPRESETS	RP	指定渲染预设和可重复使用的渲染参数,以便渲染图像
RPREF	RPR	显示或隐藏用于访问高级渲染设置的“高级渲染设置”选项板
RENDER	RR	创建三维实体或表面模型的真实照片级或真实着色图像
RENDERWIN	RW	显示“渲染”窗口而不启动不渲染操作
STRETCH	S	拉伸与选择窗口或多边形交叉的对象
SCALE	SC	放大或缩小选定对象,保持该对象在缩放之后的比例不变
SCRIPT	SCR	执行源自脚本文件的一系列命令
SECTION	SEC	用平面和实体的截面、曲面或网格创建面域
SETVAR	SET	列出系统变量或修改变量值
SHADEMODE	SHA	启动 VSCURRENT 命令
SLICE	SL	通过剖切或分割现有对象,创建新的三维实体和曲面
SNAP	SN	限制光标按指定的间距移动
SOLID	SO	创建实心三角形和四边形
SPELL	SP	检查图形中的拼写
SPLINEDIT	SPE	编辑样条曲线或样条曲线拟合多段线
SPLINE	SPL	创建通过或接近指定点的平滑曲线
SECTIONPLANE	SPLANE	创建一个用作三维对象的剪切平面的截面对象
SEQUENCEPLAY	SPLAY	播放一种类别中的指定视图
MESHSPLIT	SPLIT	将一个网格面分割为两个面
SPLINEDIT	SPE	编辑样条曲线或样条曲线拟合多线段
SHEETSET	SSM	打开图纸集管理器
STYLE	ST	创建、修改或指定文字样式
STANDARDS	STA	管理标准文件与图形之间的关联性
SUBTRACT	SU	按差集来合并选定的三维实体、曲面或二维面域。限于在水平和竖直方向上进行动态观察

（续）

命　　令	快捷命令	功　　能
MTEXT	T	创建多行文字对象
TEXTALIGN	TA	竖直、水平或倾斜对齐多个文字对象
TABLE	TB	创建空的表格对象
TEXTEDIT	TEDIT	编辑标注约束、标注或文字对象
THICKNESS	TH	在创建二维几何对象时，设置默认的三维厚度特性
TILEMODE	TI	控制是否可以访问图纸空间
TOOLBAR	TO	显示、隐藏和自定义工具栏
TOLERANCE	TOL	创建包含在特征控制框中的几何公差
TORUS	TOR	创建圆环形三维实体
TOOLPALETTES	TP	打开"工具"选项
TRIM	TR	修剪对象以与其他对象的边相接
TABLESTYLE	TS	创建、修改或指定表格样式
UCSMAN	UC	管理已定义的用户坐标系
UNITS	UN	控制坐标和角度的显示格式和精度
UNISOLATEOBJECTS	UNHIDE/UNISOLATE	显示之前已通过 ISOLATEOBJECTS 或 HIDEOBJECTS 命令隐藏的对象
UNION	UNI	合并两个实体或两个面域对象
VIEW	V	保存和恢复命名视图、相机视图、布局视图和预设视图
VIEWGO	VGO	恢复命名视图
DDVPOINT	VP	设置三维观察方向
VIEWPLAY	VPLAY	播放与命名视图关联的动画
VSCURRENT	VS	设置当前视口中的视觉样式
VISUALSTYLES	VSM	创建和修改视觉样式，并将视觉样式应用于视口
WBLOCK	W	将对象或块写入新图形文件
WEDGE	WE	创建三维实体楔体
NAVSWHEEL	WHEEL	显示包含一系列视图导航工具的控制盘
EXPLODE	X	将复合对象分解为其组件对象
XATTACH	XA	插入 DWG 文件作为外部参照（xref）
XBIND	XB	将 xref 中命名对象的一个或多个定义绑定到当前图形
XCLIP	XC	根据指定边界修剪选定外部参照或块参照的显示
XLINE	XL	创建无限长的直线
XREF	XR	启动 EXTERNALREFERENCES 命令
ZOOM	Z	增大或减小当前视口中视图的比例
ANALYSISZEBRA	ZEBRA	将条纹投影到三维模型上，以便分析曲面连续性
ETRANSMIT	ZIP	创建自解压或压缩传递包

附录B AutoCAD常用工具按钮

分类	按钮	名称	命令	功能
绘图工具按钮和命令		直线	LINE	创建直线段
		构造线	XLINE	创建无限长的线
		多段线	PLINE	创建二维多段线
		正多边形	POLYGON	创建等边闭合多段线
		矩形	RECTANG	创建矩形多段线
		圆弧	ARC	创建圆弧
		圆	CIRCLE	创建圆
		修订云线	REVCLOUD	创建连续圆弧的多段线构成云线形
		样条曲线	SPLINE	创建非一致有理B样条曲线
		椭圆	ELLIPSE	创建椭圆或椭圆弧
		椭圆弧	ELLIPSE	创建椭圆弧
		插入块	INSERT	向当前图形中插入块或图形
		创建块	BLOCK	从选定对象创建块定义
		点	POINT	创建多个点对象
		图案填充	BHATCH	用图案填充封闭区域或选定对象
		渐变色	GRADIENT	使用渐变填充对封闭区域或选定对象进行填充
		面域	REGION	将包含封闭区域的对象转换为面域对象
		添加选定对象	ADDSELECTED	根据选定对象的对象类型启动绘制命令
	A	多行文字	MTEXT	创建多行文字对象
标准工具按钮和命令		新建	QNEW	创建空白的图形文件
		打开	OPEN	打开现有的图形文件
		保存	QSAVE	保存当前图形文件
		打印	PLOT	将图形打印到绘图仪、打印机或文件
		打印预览	PREVIEW	模拟图形的打印效果
		3DDWF	3DDWF	启动三维DWF发布界面
		剪切到剪贴板	CUTCLIP	将对象复制到剪贴板并从图形中删除

（续）

分类	按钮	名称	命令	功　能
标准工具按钮和命令		复制到剪贴板	COPYCLIP	将对象复制到 Windows 剪贴板
		粘贴	PASTECLIP	插入 Windows 剪贴板的数据
		特性匹配	MATCHPROP	将选定对象的特性应用到其他对象
		块编辑器	BEDIT	在块编辑器中打开块定义
		放弃	U	取消上一次操作
		重做	REDO	恢复上一个用 UNDO 或 U 命令放弃的效果
		实时平移	PAN	在当前视口中移动视图
		实时缩放	ZOOM	放大或缩小显示当前视口中对象的外观尺寸
		窗口缩放	ZOOM W	按指定的矩形窗口缩放显示区域
		缩放上一个	ZOOM P	显示上一个视图
		特性	PROPERTIES	控制现有对象的特性
		设计中心	ADCENTER	管理和插入块、外部参照和填充图案等内容
		工具选项板	TOOLPALETTES	显示或隐藏“工具”选项
		图纸集管理器	SHEETSET	打开“图纸集管理器”
		标记集管理器	MARKUP	显示已加载标记集的相关信息及其状态
		快速计算器	QUICKCALC	显示或隐藏快速计算器
		帮助	HELP	显示联机帮助
修改工具按钮和命令		删除	ERASE	从图形删除对象
		复制	COPY	复制选定的对象
		镜像	MIRROR	创建对象的镜像图像副本
		偏移	OFFSET	创建同心圆、平行线和等距曲线
		阵列	ARRAY	创建按指定方式排列的多个对象副本
		移动	MOVE	将对象在指定方向上平移指定的距离
		旋转	ROTATE	绕基点旋转对象
		缩放	SCALE	在 X、Y 和 Z 方向上同比放大或缩小对象
		拉伸	STRETCH	移动或拉伸对象
		延伸	EXTEND	将对象延伸到另一对象
		打断于点	BREAK	在一点打断选定的对象
		打断	BREAK	在两点之间打断选定的对象

（续）

分类	按钮	名称	命令	功　　能
修改工具按钮和命令		合并	JOIN	合并相似对象以形成一个完整的对象
		倒角	CHAMFER	给对象加倒角
		圆角	FILLET	给对象加圆角
		光顺曲线	BLEND	在两条开放曲线的端点之间创建相切或平滑的样条曲线
		分解	EXPLODE	将复合对象分解为其部件对象
		修剪	TRIM	用其他对象定义的剪切边修剪对象
标注工具按钮和命令		线性标注	DIMLINEAR	创建线性标注
		对齐标注	DIMALIGNED	创建对齐线性标注
		弧长标注	DIMARC	创建弧长标注
		坐标标注	DIMORDINATE	创建坐标点标注
		半径标注	DIMRADIUS	创建圆和圆弧的半径标注
		折弯标注	DIMJOGGED	创建圆和圆弧的折弯标注
		直径标注	DIMDIAMETER	创建圆和圆弧的直径标注
		角度标注	DIMANGULAR	创建角度标注
		快速标注	QDIM	从选定对象中快速创建一组标注
		基线标注	DIMBASELINE	从上一个或选定标注的基线作连续的线性、角度或坐标标注
		连续标注	DIMCONTINUE	从上一个或选定标注的第二条尺寸界线作连续的线性、角度或坐标标注
		等距标注	DIMSPACE	调整线性标注或角度标注之间的间距
		折断标注	DIMBREAK	在标注或延伸线与其他对象交叉处折断或恢复标注和延伸线
		公差	TOLERANCE	创建几何公差
		圆心标记	DIMCENTER	创建圆和圆弧的圆心标记或中心线
		检验	DIMINSPECT	添加或删除与选定标注相关联的检验信息
		折弯线性	DIMJOGLINE	在线性或对齐标注上添加或删除折弯线
		编辑标注文字	DIMTEDIT	移动和旋转标注文字
		编辑标注	DIMEDIT	编辑标注
		标注更新	-DIMSTYLE	用当前标注样式更新标注对象
		标注样式	DIMSTYLE	创建和修改标注样式
	ISO-25	标注样式控制		快速选取标注的样式

（续）

分类	按钮	名称	命令	功　能
图层与对象特性工具按钮和命令		图层特性管理器	LAYER	管理图层和图层特性
		将对象的图层置为当前	LAYMCUR	将当前图层设置为选定对象所在的图层
		上一个图层	LAYERP	恢复上一个图层设置
		图层状态管理器	LAYERSTATE	保存、恢复或管理命名的图层对象
	■ ByLayer	颜色控制		设置新对象的默认颜色和编辑现有对象的颜色
	ByLayer	线型控制		设置新对象的默认线型和编辑现有对象的线型
	ByLayer	线宽控制		设置新对象的默认线宽和编辑现有对象的线宽
文字工具按钮和命令		多行文字	MTEXT	创建多行文字对象
		单行文字	TEXT	输入文字的同时在屏幕上显示
		编辑	DDEDIT	编辑文字、标注文字和属性定义
		查找	FIND	查找、替换、选择或缩放到指定的文字
		拼写检查	SPELL	检查整个或部分图形中的拼写错误
		文字样式	STYLE	创建、修改或指定文字样式
		比例	SCALETEXT	保持选定文字对象位置不变，对其进行放大或缩小
		对正	JUSTIFYTEXT	保持选定文字对象位置不变，更正其对正点
		在空间之间转换距离	SPACETRANS	将距离或高度在模型空间或图纸空间之间转换

附录 C　AutoCAD 常用快捷键

快 捷 键	功　能	快 捷 键	功　能
<F1>	显示帮助	<F11>	对象捕捉追踪模式控制
<F2>	实现绘图窗口和文本窗口的切换	<F12>	切换“动态输入”
<F3>	控制是否实现对象自动捕捉	<Ctrl+A>	选择图形中未锁定或冻结的所有对象
<F4>	数字化仪控制	<Ctrl+B>	切换捕捉模式
<F5>	切换等轴测平面	<Ctrl+C>	将选择的对象复制到剪贴板上
<F6>	控制状态行中坐标的显示方式	<Ctrl+D>	切换“动态 UCS”
<F7>	栅格显示模式控制	<Ctrl+E>	在等轴测平面之间循环
<F8>	正交模式控制	<Ctrl+F>	切换执行对象捕捉
<F9>	栅格捕捉模式控制	<Ctrl+G>	切换执行对象捕捉
<F10>	切换“极轴追踪”	<Ctrl+I>	切换坐标显示

（续）

快捷键	功　能	快捷键	功　能
<Ctrl+J>	重复执行上一个命令	<Ctrl+8>	切换“快速计算器”选项
<Ctrl+K>	插入超链接	<Ctrl+9>	切换“命令行”窗口
<Ctrl+L>	切换正交模式	<Ctrl+Shift+A>	切换组
<Ctrl+M>	重复上一个命令	<Ctrl+Shift+C>	使用基点将对象复制到 Windows 剪贴板
<Ctrl+N>	新建图形文件	<Ctrl+Shift+S>	另存为
<Ctrl+O>	打开图形文件	<Ctrl+Shift+V>	将剪贴板中的数据作为块进行粘贴
<Ctrl+P>	打印当前图形	<Ctrl+Shift+P>	切换“快捷特性”界面
<Ctrl+S>	保存文件	<Shift+A>	切换捕捉模式
<Ctrl+T>	切换数字化仪模式	<Shift+C>	对象捕捉替代：圆心
<Ctrl+U>	极轴模式控制（<F10>）	<Shift+D>	禁用所有捕捉和追踪
<Ctrl+V>	粘贴剪贴板上的内容	<Shift+E>	对象捕捉替代：端点
<Ctrl+W>	对象捕捉追踪模式控制（<F11>）	<Shift+L>	禁用所有捕捉和追踪
<Ctrl+X>	将所选内容剪切到剪贴板上	<Shift+M>	对象捕捉替代：中点
<Ctrl+Y>	取消前面的“放弃”动作	<Shift+P>	对象捕捉替代：端点
<Ctrl+Z>	恢复上一个动作	<Shift+Q>	切换“对象捕捉追踪”
<Ctrl+1>	打开“特性”选项	<Shift+S>	启用强制对象捕捉
<Ctrl+2>	切换“设计中心”	<Shift+V>	对象捕捉替代：中点
<Ctrl+3>	切换“工具”选项	<Shift+X>	切换“极轴追踪”
<Ctrl+4>	切换“图纸集管理器”	<Shift+Z>	切换动态 UCS 模式
<Ctrl+6>	切换“数据库连接管理器”	<Delete>	删除
<Ctrl+7>	切换“标记集管理器”	<End>	跳到最后一帧

附录 D　AutoCAD 一键快捷键

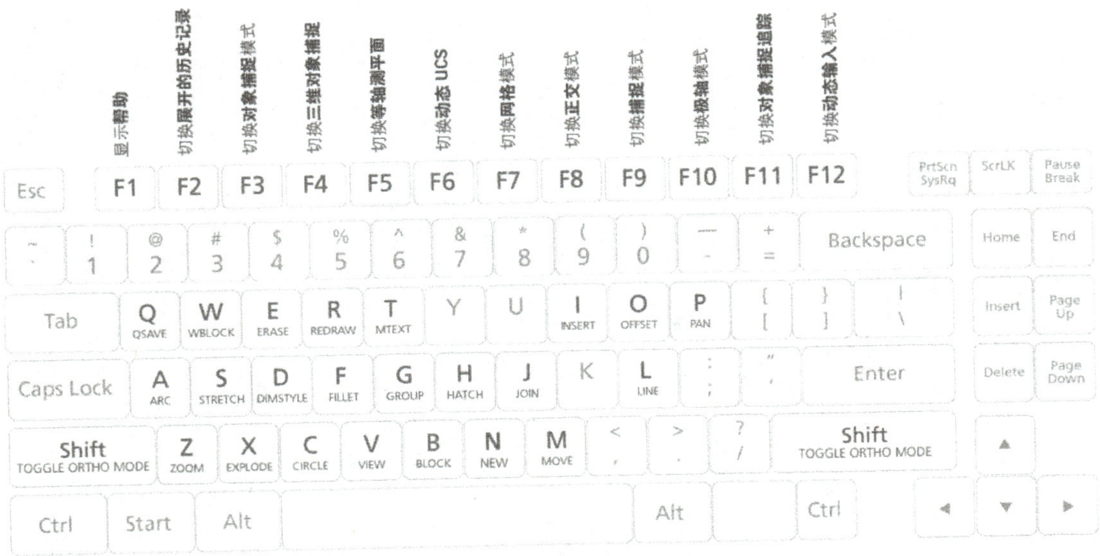

键	功能
F1	显示帮助
F2	切换展开的历史记录
F3	切换对象捕捉模式
F4	切换三维对象捕捉
F5	切换等轴测平面
F6	切换动态 UCS
F7	切换网格模式
F8	切换正交模式
F9	切换捕捉模式
F10	切换极轴模式
F11	切换对象捕捉追踪
F12	切换动态输入模式

键	命令
Q	QSAVE
W	WBLOCK
E	ERASE
R	REDRAW
T	MTEXT
I	INSERT
O	OFFSET
P	PAN
A	ARC
S	STRETCH
D	DIMSTYLE
F	FILLET
G	GROUP
H	HATCH
J	JOIN
L	LINE
Z	ZOOM
X	EXPLODE
C	CIRCLE
V	VIEW
B	BLOCK
N	NEW
M	MOVE
Shift	TOGGLE ORTHO MODE

命　　令	快捷命令	功　　能
QSAVE	Q	保存当前图形
ARC	A	创建圆弧
ZOOM	Z	增大或减小当前视口中视图的比例
WBLOCK	W	将对象或块写入新图形文件
STRETCH	S	拉伸与选择窗口或多边形交叉的对象
EXPLODE	X	将复合对象分解为其组件对象
ERASE	E	从图形中删除对象
DIMSTYLE	D	创建和修改标注样式
CIRCLE	C	创建圆
REDRAW	R	刷新当前视口中的显示
FILLET	F	为对象的边加圆角和倒角
VIEW	V	保存和恢复命名视图、相机视图、布局视图和预设视图
MTEXT	T	创建多行文字对象
GROUP	G	创建和管理已保存的对象集（称为组）
BLOCK	B	根据选定的对象创建块定义
HATCH	H	使用填充图案、实体填充或渐变填充来填充封闭区域或选定对象
JOIN	J	合并多个相似对象以形成一个完整对象
MOVE	M	在指定方向上按指定距离移动对象
INSERT	I	将块或图形插入当前图形
OFFSET	O	创建同心圆、平行线和等距曲线
LINE	L	创建直线段
PAN	P	向动态块定义中添加带有夹点的参数

参考文献

[1] 丁绪东. AutoCAD 2015 实用教程 [M]. 北京：中国电力出版社，2014.

[2] 刘哲. AutoCAD 实例教程 [M]. 3 版. 大连：大连理工大学出版社，2019.

[3] 果连成. 机械制图 [M]. 7 版. 北京：中国劳动社会保障出版社，2018.

[4] 胡建生. 机械制图：少学时 [M]. 4 版. 北京：机械工业出版社，2020.

[5] CAD 辅助设计教育研究室. 中文版 AutoCAD 2014 实用教程 [M]. 北京：人民邮电出版社，2015.

[6] 邵娟琴. 机械制图与计算机绘图 [M]. 3 版. 北京：北京邮电大学出版社，2020.

[7] 王技德，王艳. AutoCAD 机械制图教程 [M]. 3 版. 大连：大连理工大学出版社，2018.

[8] 苏采兵. AutoCAD 2012 机械制图实例教程 [M]. 北京：北京邮电大学出版社，2015.

[9] 北京兆迪科技有限公司. AutoCAD 机械设计实例精解：2018 中文版 [M]. 8 版. 北京：机械工业出版社，2018.

[10] 张晓燕. AutoCAD 2020 实战从入门到精通 [M]. 北京：人民邮电出版社，2021.

[11] CAD/CAM/CAE 技术联盟. AutoCAD 2020 中文版从入门到精通：标准版 [M]. 北京：清华大学出版社，2020.

[12] 张云杰. AutoCAD 2020 完全实训手册 [M]. 北京：清华大学出版社，2020.

[13] 曾洪飞，卢择临，张帆. AutoCAD VBA&VB. NET 开发基础与实例教程 [M]. 2 版. 北京：中国电力出版社，2013.